P. Dubas · E. Gehri

Stahlhochbau

Grundlagen, Konstruktionsarten
und Konstruktionselemente
von Hallen- und Skelettbauten

Mit 304 Abbildungen

Springer-Verlag Berlin Heidelberg New York
London Paris Tokyo

Dr. sc. techn. Pierre Dubas

Professor für Baustatik und Stahlbau
Eidg. Technische Hochschule Zürich

Dipl.-Ing. Ernst Gehri

Wissenschaftlicher Adjunkt am Lehrstuhl für Baustatik und Stahlbau
Eidg. Technische Hochschule Zürich

ISBN 3-540-19348-0 Springer-Verlag Berlin Heidelberg New York
ISBN 0-387-19348-0 Springer-Verlag New York Berlin Heidelberg

CIP-Kurztitelaufnahme der Deutschen Bibliothek

Dubas Pierre:
Stahlhochbau: Grundlagen, Konstruktionsarten u.
Konstruktionselemente von Hallen- u. Skelettbauten
Berlin; Heidelberg; New York; London; Paris; Tokyo: Springer, 1988
ISBN 3-540-19348-0 (Berlin ...) brosch.
ISBN 0-387-19348-0 (New York ...) brosch.
NE: Gehri, Ernst:

Satzarbeiten: Thomas Müntzer, Bad Langensalza,
Offsetdruck: Saladruck, Steinkopf & Sohn, Berlin
Bindearbeiten: Lüderitz & Bauer GmbH, Berlin
2362/3020-54321

Vorwort

Das von F. Stüssi geplante Werk „Entwurf und Berechnung von Stahlbauten" hätte drei Teile umfassen sollen. Neben dem 1958 in 1. Auflage beim Springer-Verlag erschienenen Band „Grundlagen des Stahlbaues" waren ein Teil „Stahlhochbau" sowie ein Teil „Brückenbau" vorgesehen. Aus verschiedenen Gründen konnte dieses Vorhaben nicht verwirklicht werden, so daß 1971 bei der neubearbeiteten Auflage der „Grundlagen" auf das Einbinden in das Gesamtwerk verzichtet wurde.

Das vorliegende Werk „Stahlhochbau" ist in dieser Linie zu sehen. Das Buch entspricht weitgehend den an der Abteilung für Bauingenieurwesen der Eidgenössischen Technischen Hochschule Zürich gehaltenen Vorlesungen über Stahlhochbau, die in ihrem Grundgefüge noch auf die von Professor Stüssi gewählte Darstellung basieren.

Das Werk ersetzt die im Laufe der Jahre entstandenen Vorlesungsskripte und wendet sich daher primär an Studierende. Umfassende Kenntnisse der Grundlagen des Stahlbaues, wie sie im vorherigen Semester gelehrt werden, sind somit vorausgesetzt. Wegen der begrenzten Zahl der zur Verfügung stehenden Unterrichtsstunden beschränkt sich der Stoff auf die zwei Hauptgebiete des Stahlhochbaues, d. h. auf die Hallenbauten und auf die Skelettbauten. Andererseits ist die Veröffentlichung leicht umfangreicher gestaltet als die Vorlesungen. Zudem sind Literaturangaben für ein vertieftes Studium aufgenommen. Der Text ist so verfaßt, daß der Stoff von Studierenden zu Beginn der zweiten Hälfte ihres Studiums bearbeitet werden kann.

Das Hauptgewicht der Darstellung wurde bewußt auf den Entwurf von Stahlhochbauten, insbesondere auf die Kriterien für eine wirtschaftliche Wahl des räumlichen Aufbaues, sowie auf die Besonderheiten der baulichen Ausbildung gelegt. Die eigentlichen Berechnungsverfahren werden dagegen nur erwähnt, falls Ergänzungen zu dem in den Grundlagen dargestellten Stoff erforderlich sind.

Das Werk gliedert sich in die drei Hauptteile A „Allgemeine Grundlagen", B „Hallenbauten" und C „Skelettbauten". Die Feingliederung geht aus dem ausführlichen Inhaltsverzeichnis hervor, so daß sich ein Sachregister erübrigt.

Literaturhinweise im Text sind mit dem (den) Autorenname(n) und dem Erscheinungsjahr aufgeführt. Die genauen Angaben befinden sich gesamthaft im alphabetischen Literaturverzeichnis am Schluß des Buches. In jedem der drei Hauptteile sind die Bilder durchgehend numeriert. Hinweise auf Abschnitte in anderen Hauptteilen sind mit dem dazugehörigen Buchstaben gekennzeichnet. Für Hinweise auf Abschnitte des gleichen Teiles konnte darauf verzichtet werden.

Die wichtigsten Bezeichnungen sind am Anfang des Werkes zusammengefaßt. Sie entsprechen grundsätzlich den ISO-Richtlinien und weichen deshalb vereinzelt von den in Deutschland und in Österreich üblichen ab. So wird z. B. die Querkraft mit V, nicht mit Q bezeichnet. Die für die Achsen gewählte Orientierung geht aus den Bildern hervor.

Die Erstellung der Druckunterlagen war nur durch den bereitwilligen Einsatz der Mitarbeiter des Lehrstuhles für Baustatik und Stahlbau möglich. Es ist uns eine angenehme Pflicht, besonders Frau B. Schneeberger für die saubere Anfertigung des Manuskriptes sowie den Herren Dipl.-Ing. Amsler und Bernasconi für die rechnerische Abklärung besonderer Probleme zu danken. Unser Dank gilt nicht zuletzt dem Springer-Verlag Berlin für die sorgfältige Drucklegung.

Zürich, im August 1988   P. Dubas · E. Gehri

Inhaltsverzeichnis

Literaturverzeichnis

Bezeichnungen

Die verwendeten Bezeichnungen entsprechen weitgehend der ISO-Norm IS 3898. Die unten aufgeführten Bezeichnungen sind diejenigen, die öfters vorkommen. Die anderen werden direkt im Text oder in den Bildern definiert.

Lateinische Buchstaben

A	Querschnittsfläche; Bezugsfläche Windlast
b	Breite; Abstand; Profilhöhe (Flanschmitte zu Flanschmitte)
b_e	mitwirkende Breite
d	Durchmesser; Stegdicke
e	Exzentrizität
E	Elastizitätsmodul
f	Baustoffestigkeit
f_y	Fließgrenze
F	Kraft allgemein
g	verteilte Eigenlast
G	Schubmodul
GA^*	Schubsteifigkeit
h	Höhe
H	Horizontalkraft
i	Trägheitsradius
J	Trägheitsmoment
l	Spannweite; Länge
M	Biegemoment
M_{pl}	plastisches Moment
N	Normalkraft, Stabkraft
q	verteilte variable Last
q_s	verteilte Schneelast
q_w	verteilte Windlast
R	Tragwiderstand; Resultierende
S	statisches Moment
u, v, w	Verschiebungen in Richtungen x, y, z
V	Querkraft
W	Widerstandsmoment (elastisch); Windlast
x, y, z	Koordinaten

Griechische Buchstaben

α	Winkel
γ	Sicherheitsfaktor; Schiebung
ε	Dehnung
λ	Schlankheit (Knickstab)
σ	Normalspannung
τ	Schubspannung

Fußzeiger (soweit nicht vorher angegeben)

a	Baustahl
c	Beton
cr	kritisch (Verzweigungstheorie)
m	Mittelwert; in der Mitte
u	Bruch, Versagenszustand

A Allgemeine Grundlagen

1 Übersicht

1.1 Gebiete des Stahlhochbaues

Die hier behandelten Gebiete des Stahlbaues — Hallenbauten und Skelettbauten —
sind die wichtigsten Anwendungsbereiche des Stahlhochbaues. Die Art der Belastung, vorwiegend ruhende oder quasi-statisch wirkende Lasten, sowie Verwendungszweck und Entwurfsbedingungen führen zu Ausbildungsformen, die für den
Stahlhochbau typisch sind.

Für die Aufnahme der im Hochbau vorkommenden Beanspruchungen genügen
in der Regel kleinere und mittlere Träger- und Stützenquerschnitte, wofür weitgehend
Walzprofile verwendet werden. Zudem wird eine Typisierung angestrebt. Durch Einsatz von Normprodukten und Serienherstellung werden Kostensenkungen und kürzere Produktionsabläufe ermöglicht.

Die stählerne Tragstruktur kann in Hallen- und Skelettbauten nur bei genauer
Kenntnis der Gestaltung des Raumabschlusses optimal entworfen werden. Dach-,
Fassaden-, Geschoßausbildung stehen in enger Beziehung mit der konstruktiven
Gestaltung der Tragstruktur, so daß — obwohl mit dem Stahlbau nur indirekt
verbunden — diese wichtigen Bauwerksteile zumindest generell ebenfalls behandelt
werden.

1.2 Hallenbauten

Unter Hallenbauten versteht man Bauwerke, die einen größeren Arbeits-, Aus-
stellungs- oder Lagerraum durch Dach und Wände gegen Witterungseinflüsse
abschließen. Charakteristische Merkmale einer Halle sind die *Eingeschossigkeit* und
die verhältnismäßig großen Grundrißabmessungen.

Der abgeschlossene Raum kann Innenstützen aufweisen. Je nach den Anforderungen des Betriebes können durch Zwischenwände Nebenräume geschaffen werden.
Zudem kann die Eingeschossigkeit in einzelnen Nebenräumen oder durch Einbauten
unterbrochen werden, ohne daß dadurch das Bauwerk als Ganzes seinen Charakter
als Hallenbau verliert.

Bild A 1. a Fabrikationshalle; **b** Rundhalle für ein Zementwerk

Der Raum braucht nicht allseitig abgeschlossen zu sein. Die Umfassungswände können teilweise oder sogar ganz fehlen. Man spricht dann von teilweise offenen Hallen bzw. von offenen Hallen, wofür normalerweise die Bezeichnung Überdachung verwendet wird. Beispiele solcher Hallen sind offene Lagerräume, Markthallen, Bahnhofshallen. Bei Flugzeughangars ist ein Teil der Umfassungswände, die Torwand, beweglich.

Bild A 2. a Mehrgeschossiges Industriegebäude; **b** Verwaltungsgebäude

Der Raumabschluß kann auf vielfältige Weise durchgeführt und ausgebildet werden. Bestimmend ist der Verwendungszweck der Halle und die an das Bauwerk gestellten Anforderungen in bezug auf:
— Innenklima (Beleuchtung, Temperatur, Feuchtigkeit, Lüftung);
— Ausrüstung (Einbauten, Fördermittel, sonstige Ausstattung);
— Größe (Raumbedarf, Hauptabmessungen, Grundrißform, Querschnittsgestaltung, Erweiterungsmöglichkeiten);
— Standort (Form des Grundstückes, Tragfähigkeit des Baugrundes, Setzungen; Belastungen infolge Schnee, Wind und evtl. Erdbebenwirkungen);
— zur Verfügung stehende finanzielle Mittel sowie vorgesehene Nutzungsdauer.

Je nach der Bedeutung der einzelnen Anforderungen ergeben sich für den gleichen Verwendungszweck die unterschiedlichsten Lösungen. Dabei wird die äußere Formgebung durch architektonische Gesichtspunkte entscheidend beeinflußt.

1.3 Skelettbauten

Ein Stahlskelettbau ist ein meist *vielgeschossiger* Bau, bei dem die tragende Konstruktion aus Stahl besteht (Stahlskelett), während die Funktion des Raumabschlusses durch Bauelemente aus anderen Baustoffen übernommen wird.

Durch die Funktionstrennung in tragende Elemente aus Stahl und raumabschließende Elemente wird eine bestmögliche Anpassung dieser Elemente an ihre Funktion erreicht. Zur Aufnahme der Belastungen wird Stahl, d. h. ein Baustoff hoher Tragfähigkeit verwendet, wodurch die Tragglieder im Verhältnis zur Last schlank gehalten werden können. Den Raumabschluß übernehmen Baustoffe geringerer Festigkeit, jedoch mit der Funktion optimal angepaßten bauphysikalischen Eigenschaften und einer geringen Eigenmasse.

Neben den reinen Skelettbauten sind auch Geschoßbauten in gemischter Bauweise zu betrachten, deren Tragstruktur meist aus Beton- und Stahlelementen aufgebaut ist, und die z. T. im Verbund wirken.

Der Bau von Stahlskeletten wird durch die starke Konzentration in wirtschaftlich bevorzugten Gebieten gefördert. Nur durch den Bau höherer Gebäude ist eine bessere Ausnützung der vorhandenen Baugrundfläche möglich. Allerdings wachsen die reinen Baukosten stärker als proportional mit zunehmender Gebäudehöhe an. Die wirtschaftliche Höhe ist somit vom Bodenpreis abhängig: je teurer die Grundfläche ist, desto mehr Nutzräume wird man versuchen darauf zu bauen, desto höher wird man bauen wollen. Dabei spielen zum Teil auch Prestigegründe eine entscheidende Rolle.

Aus städtebaulichen Gründen werden in den historisch gewachsenen Stadtzentren bezüglich Gebäudehöhe Einschränkungen auferlegt. Wenn der Stahlbau im Bereich der Geschoßbauten trotzdem auch in Europa stärker eingedrungen ist, so ist dies weniger auf die damit erreichbaren größeren Höhen sondern auf die schlankere Ausbildung der Tragkonstruktion (besseres Verhältnis Nutzraum/Bruttoraum), auf die höhere Flexibilität der Nutzung, sowie auf die kürzere Bauzeit (niedrigere Bauzinskosten, frühere Nutzung) zurückzuführen.

2 Entwurfskriterien

2.1 Kriterium Wirtschaftlichkeit

Primäre Aufgabe des Bauingenieurs ist die Erarbeitung eines Konzeptes für die Ausbildung und Gestaltung der Tragstruktur. Dabei sind durch Bauherrn und Architekten festgelegte oder mit diesen gemeinsam erarbeitete Bedingungen zu erfüllen. Innerhalb dieser Anforderungen bleibt allerdings meistens ein weiter Raum für verschiedenartige Lösungen bestehen, bei deren Bewertung neben qualitativen Aspekten die Wirtschaftlichkeit der maßgebende Faktor ist.

Ein einfaches Rezept zur sofortigen Ermittlung des wirtschaftlichsten Entwurfes existiert nicht. Meistens sind Vergleichsentwürfe auszuarbeiten und anschließend zu beurteilen. Bei der Bewertung verschiedener Lösungen sind neben den Gesamtbaukosten einschließlich Bauzinsen auch die Unterhaltskosten sowie die betrieblichen Erfordernisse gebührend zu berücksichtigen. Zu beachten sind zukünftige Änderungen im Verwendungszweck des Bauwerkes, insbesondere bei Industriehallen, aber auch bei Bürogebäuden. Anpassungsfähige Konstruktionen, die eine größere Flexibilität bezüglich Nutzung aufweisen, vermeiden ein zu rasches Veraltern des Gebäudes und sind oft, trotz höherer Investitionskosten, gesamthaft wirtschaftlicher.

2.2 Statische Gesichtspunkte

Bei der Auslegung der Tragstruktur ist auf eine optimale statische Wirkungsweise zu achten. Dies kann u. a. durch die Einhaltung folgender Grundsätze erreicht werden:

a) Die Tragstruktur ist so zu wählen, daß sie sich möglichst gut den gegebenen Kräften anpaßt. Insbesondere sind die verschiedenen angreifenden Kräfte auf dem kürzesten Weg in die Fundationen zu leiten.

b) Das Tragwerk ist stets als ein räumliches System aufzufassen. Liegt eine Struktur vor, die aus einer Reihe ebener Systeme oder Scheiben aufgebaut ist, so wird die räumliche Betrachtung meist nur im Hinblick auf die Gewährleistung der Gesamtstabilität durchgeführt. Dabei sind die einzelnen Scheiben z. B. durch Verbände gegeneinander verstrebt, so daß auch Kräfte, die nicht in die Scheibenebene fallen, aufgenommen werden können.

c) Die Bauelemente sind möglichst für mehrere Tragfunktionen heranzuziehen; dadurch kann unter Umständen eine wirtschaftlichere Tragstruktur gefunden werden. So kann z. B. der Laufsteg zur seitlichen Aussteifung des Kranbahnträgers herangezogen werden. Neben dieser lokalen Tragfunktion kann der so versteifte Kranbahnträger, bei durchlaufender Ausbildung, als lastverteilendes Element für horizontale Einzellasten aus dem Kranbetrieb wirken.

d) Statisch unbestimmte Systeme ergeben bei vergleichbarem Materialaufwand größere Tragfähigkeit und größere Steifigkeit. Derartige Systeme sind wegen der höheren Sicherheitsreserven zu bevorzugen; das Versagen eines einzelnen Traggliedes führt hier nicht zwangsläufig zum Einsturz des Tragwerkes. Allerdings ist zu berücksichtigen, daß der Arbeitsaufwand höher liegt, weil die Durchlaufwirkung teure, biegesteife Anschlüsse erfordert. Deshalb können statisch bestimmte Tragelemente, bedingt durch die geringeren Gesamtkosten aus Material- und Bearbeitungsaufwand, für sekundäre Bauteile, in gewissen Fällen auch für Haupttragelemente wie Fachwerkbinder, interessant sein.

e) Bei größeren oder ausgedehnten Bauwerken ist durch entsprechende Auslegung der Tragstruktur eine Begrenzung des Schadens anzustreben. Dies kann z. B. durch eine Aufteilung des Baukörpers in unabhängige Tragstrukturen oder durch die Anordnung besonderer Festpunkte mit genügenden Tragreserven, die einen progressiven Einsturz einzudämmen vermögen, erreicht werden.

2.3 Baugrundverhältnisse

Die Baugrundverhältnisse haben einen wesentlichen Einfluß auf die Auslegung der Tragstruktur und auf die daraus resultierenden Anforderungen an die Fundierung des Bauwerkes. Bei gutem Baugrund ist ein möglichst vollständiger Einbezug des Baugrundes anzustreben, z. B. durch die Einspannung der Tragstruktur, da dies meist zu einer wirtschaftlicheren Lösung führt. Liegt jedoch ein lockerer Boden vor, so müßten die Einsparungen in der Tragkonstruktion mit aufwendigen Fundationen erkauft werden; gesamtwirtschaftlich betrachtet somit eine uninteressante Lösung.

Wenn größere differentielle Setzungen oder Verschiebungen zu erwarten sind, z. B. bei sehr schlechtem Baugrund, Kohlenabbaugebieten usw., bieten statisch bestimmte Tragstrukturen gewisse Vorteile, da sich theoretisch die Verformungen ohne Zwängungen einstellen können. Allerdings sind in der Regel größere Setzungsdifferenzen aus anderen Gründen nicht zulässig, da dies zu Schäden an den Verkleidungen, Verklemmen von Türen und Toren, Änderung der Spurweite bei Kranbahnen usw. führen würde.

Sind Setzungen des Baugrundes zu erwarten, so ist entweder eine steife Fundamentplatte anzuordnen — Normalfall für Geschoßbauten — oder die Tragkonstruktion ist derart auszubilden, daß sie laufende Korrekturen der eintretenden Verschiebungen erlaubt — Normalfall für Hallenbauten. Auch im letzteren Fall kann die Verwendung statisch unbestimmter Tragstrukturen sinnvoll und wirtschaftlich sein. Allerdings sind keine starren oder zu steifen Scheiben zu verwenden. Weichere, nachgiebigere Systeme, wie z. B. Rahmenkonstruktionen, erlauben größere Verschiebungen ohne wesentliche Zwängungen. Die daraus resultierenden zusätzlichen Beanspruchungen sind selbstverständlich im Entwurf und bei der Bemessung zu berücksichtigen.

2.4 Fertigung und Montage

Die Kosten einer Stahlkonstruktion werden schon durch den Entwurf weitgehend festgelegt. Bereits zu diesem Zeitpunkt ist somit auf rationelle Fertigungsmöglichkeiten sowie auf die Transport- und Montagebedingungen zu achten. Bei Berücksichtigung nachstehender Punkte können die Fertigungs- und Montagekosten der Stahlkonstruktion beträchtlich gesenkt werden:

— Walzprofile sind wo immer möglich anzuwenden; die kleineren Bearbeitungskosten rechtfertigen einen allfälligen höheren Materialaufwand.

— Normierte Konstruktionselemente wie Wabenträger, Rundstahlträger — auch Walzprofile, Hohlprofile und Kaltprofile gehören selbstverständlich hierzu — sind vorzugsweise zu benützen.
— Die Verwendung möglichst gleicher Elemente ist, wegen der erreichten Serienwirkung, anzustreben.
— Für die geläufigsten Anschluß- und Trägerarten sind typisierte Verbindungen (Regelanschlüsse) vorhanden und vorzugsweise anzuwenden, da dies zu wesentlichen Einsparungen sowohl beim Entwurf (Berechnung und Zeichnung der Anschlüsse) als auch bei der Fertigung führt. Tabellenwerke mit den gebräuchlichsten Regelanschlüssen wurden vom DSTV/DASt (1978) und von der Schweiz. Zentralstelle für Stahlbau (1983) herausgegeben.
— Die Transportmöglichkeiten zur Baustelle und die Hebezeugkapazität sind auszunützen. Arbeitsleistungen sind möglichst in die Werkstatt zu verlegen, da dort kostengünstiger produziert werden kann.
— Bei der Montage sind bevorzugt Schraubverbindungen vorzusehen, da diese eine schnellere, witterungsunabhängige Ausführung ermöglichen. Die Verbindungen sind so anzuordnen und zu gestalten, daß die angeschlossenen Teile nicht eingefädelt werden müssen.

2.5 Dauerhaftigkeit

Neben angemessener Tragsicherheit und Gebrauchstauglichkeit soll das Bauwerk eine genügende Dauerhaftigkeit aufweisen. Diese kann erreicht werden durch:
— geeignete bauliche Konzeption, die sich gegenüber den zu erwartenden Einwirkungen als unempfindlich erweist;
— sorgfältige Detailkonstruktion und Verarbeitung unter Beachtung der materialspezifischen Eigenschaften;
— Auswechselbarkeit von Bauteilen kürzerer Lebensdauer, z. B. bedingt durch Nutzungsart; Vorbereitungen bezüglich Unterhaltungsmaßnahmen.

Bei Verwendung der üblichen Baustähle und bei normalen Umwelt- und Nutzungsbedingungen sind bezüglich Dauerhaftigkeit weder bei Hallenbauten noch bei Skelettbauten Probleme zu erwarten. Durch einen sorgfältigen Entwurf, insbesondere in den Details, durch einen angepaßten Korrosionsschutz, insbesondere direkt der Witterung ausgesetzter Stahlteile, und durch erleichterte Zugänglichkeit für den späteren Unterhalt ergeben sich unterhaltsarme Tragstrukturen hoher Dauerhaftigkeit.

3 Belastungen

3.1 Allgemeines

Eine wichtige Voraussetzung für eine sichere und zugleich wirtschaftliche Bemessung von Tragwerken ist die genaue Kenntnis der auftretenden Belastungen.
   Die Sicherheit eines Tragwerkes kann vereinfachend durch das Verhältnis Tragvermögen des Tragwerkes bezogen auf die effektive Belastung dargestellt werden;

wobei unter Tragvermögen diejenige Belastung zu verstehen ist, bei der ein Unbrauchbarwerden oder der Einsturz des Tragwerkes erfolgt. Wird mit falscher oder mit zu geringer Belastung gerechnet, so kann dies eine Zerstörung des Bauwerkes zur Folge haben. Werden zu hohe Belastungen eingesetzt, so ergibt sich dadurch eine überdimensionierte, unwirtschaftliche Tragkonstruktion.

Die Einwirkungen lassen sich nach ihrem Ursprung, ihrer Wirkungsweise und nach der Bedeutung und der Häufigkeit ihres Auftretens gliedern.

Die auftretenden Einwirkungen können gemäß ihrem *Ursprung* eingeteilt werden in äußere Kräfte (Eigenlast, Schneelast, Nutzlast, Windlast usw.), Trägheitskräfte (Massenkräfte aus bewegten Teilen, z. B. bei Krananlagen) und sich allein aus Verträglichkeitsbedingungen ergebende Zwängungskräfte bei statisch unbestimmten Systemen (Temperatureinwirkungen, Setzungsunterschiede usw.) oder ähnlich bedingte Eigenspannungszustände in Querschnitten wie z. B. Schrumpfspannungen.

Die *Wirkungsweise* der Belastungen kann i. allg. nur unter Bezugnahme auf das Tragwerk festgelegt werden. Von besonderer Bedeutung ist dabei der zeitliche Verlauf der Lasteintragung und deren Häufigkeit. Für Hochbauten liegen in der Regel ruhende Belastungen vor, d. h. dauernd wirkende oder langsam eingetragene Lasten herrschen vor. Mit Ausnahme von Bauten mit Krananlagen ist deshalb für Hochbauten kein Ermüdungsnachweis durchzuführen.

Die Einteilung nach *Bedeutung und Häufigkeit* des Auftretens wird indirekt durch die Einführung von Regeln für die Lastkombinationen vorgenommen. Dabei sind grundsätzlich folgende Arten zu unterscheiden:
— ständige Lasten, ständig oder während längerer Zeit mit nahezu konstanter Intensität vorhanden;
— variable Lasten (Schneelast, Nutzlast, Windlast usw.), deren Intensität im Laufe der Zeit Schwankungen unterworfen ist.

Wenn mehrere, voneinander unabhängige variable Lasten berücksichtigt werden, so dürfen sie mit reduzierten Werten in die Lastkombination eingesetzt werden. Dadurch erfaßt man näherungsweise die sehr kleine Wahrscheinlichkeit eines gleichzeitigen Auftretens aller dieser Lasten mit ihrer in den Normen festgelegten Intensität.

Unter Sonderlasten fallen außergewöhnliche Einwirkungen infolge Erdbebens, Explosionen, Brände, Anpralles von Fahrzeugen oder anderer bewegter Massen. Bei Auftreten außergewöhnlicher Einwirkungen sind höhere Materialausnutzungen zugelassen.

Die Einteilung der obenerwähnten Zwängungskräfte und Eigenspannungszustände stößt öfters auf Schwierigkeiten, ergeben sie sich doch allein aus Verträglichkeitsbedingungen und spielen somit im Rahmen eines plastischen Tragfähigkeitsnachweises keine Rolle. Für den Gebrauchsfähigkeitsnachweis können sie aber einen bedeutenden Einfluß ausüben (Rissebildung durch behindertes Schwinden und Kriecheinflüsse bei Verbundträgern usw.).

Für die wenigsten Belastungen sind Angriffspunkt, Größe und Richtung genau bestimmbar oder gegeben. Häufig ist eine genauere Festlegung erst nach Beendigung der Bemessung des Tragwerkes möglich. So muß man sich mit Schätzungen begnügen, wobei für einige Belastungsarten die minimal anzusetzenden Größen durch die Normen vorgeschrieben sind. Die erste Aufgabe des Ingenieurs besteht somit in einer möglichst genauen Festlegung der einzelnen Belastungen sowie deren gleichzeitigen Auftretens.

3.2 Ständige Last

Die ständige Last setzt sich aus der Eigenlast der eigentlichen Tragkonstruktion und der Masse der anderen Baukomponenten wie z. B. Verkleidungselemente, Decken, Wände usw. zusammen. Den Hauptanteil an die ständige Last liefern die Baukomponenten, deren Masse vorgängig des Entwurfes des Tragwerkes leicht abschätzbar ist. Die Eigenlast der Tragkonstruktion kann erst nach deren Bemessung genau ermittelt werden. Für den ersten Entwurf muß man sich mit Näherungen begnügen. Die besten Näherungswerte erhält man durch Vergleich mit ähnlichen, bereits ausgeführten Bauwerken. Eine genauere Erfassung der Eigenlast der Tragelemente ist nur für weitgespannte Hallen oder für hohe Skelettbauten erforderlich.

Eine allgemeine Darstellung der Eigenlast des Tragwerkes scheitert an der großen Anzahl der Parameter (Aufbau und Abmessungen der Tragkonstruktion, Ausbildung der Verkleidung, Belastungsgrößen, Ausrüstung usw.). Dies dürfte somit nur für bestimmte, häufig vorkommende Tragwerksformen sinnvoll sein.

3.3 Betriebs- und Nutzlasten

Ausgehend vom Nutzungskonzept des Bauwerkes sind die Betriebs- oder Nutzlasten betriebsspezifisch festzulegen, wobei die in den Belastungsnormen vorgeschriebenen Werte in der Regel nicht zu unterschreiten sind.

Die Lasten auf Geschoßdecken, sowie auf Podesten, Treppen, Zwischenböden und Verbindungsstegen werden normalerweise als ruhende Lasten vorausgesetzt; zudem wird eine gleichmäßige Verteilung angenommen. Örtlich konzentrierte Lasten, die sich ungünstiger auswirken, sind zu beachten. Liegen maschinelle Einrichtungen vor, so sind die aus den bewegten Massen resultierenden dynamischen Wirkungen zu berücksichtigen, allenfalls näherungsweise durch Stoßzuschläge.

Die Festlegung der beweglichen Lasten ist schwieriger, da hier neben der Ortsveränderung der Last auch die Geschwindigkeit oder Beschleunigung der Lasteinbringung zu beachten ist. Bei häufigem Auftreten beweglicher Lasten muß, um das Ermüdungsverhalten der Konstruktion zu erfassen, auch das Lastkollektiv bekannt sein. Dies ist besonders bei Krananlagen von Bedeutung.

Die einzuführenden beweglichen Lasten hängen von der Lastart (Fahrzeuglasten, Lasten aus Förder- und Hebeanlagen) und von der betriebsspezifischen Nutzung des Bauwerkes ab, so daß eine einheitliche Festlegung nicht möglich ist. Normalerweise wird die dynamische Wirkung beweglicher Lasten durch erhöhte statische Ersatzlasten — Einführung von Stoßzuschlägen — berücksichtigt. Für Förder- und Hebeanlagen sind die Angaben der Herstellerfirmen zu beachten (vgl. hierzu Abschnitt B 8).

3.4 Schneelast

3.4.1 Zur Festlegung der Schneelast

Die Schneelast wurde meist in Funktion der Geländehöhe über Meer des Bauwerkstandortes ermittelt. Damit konnten jedoch, wie aus den Untersuchungen von Zingg (1951 und 1968) hervorgeht — siehe hiezu Bild A 3a — die regionalen Unterschiede

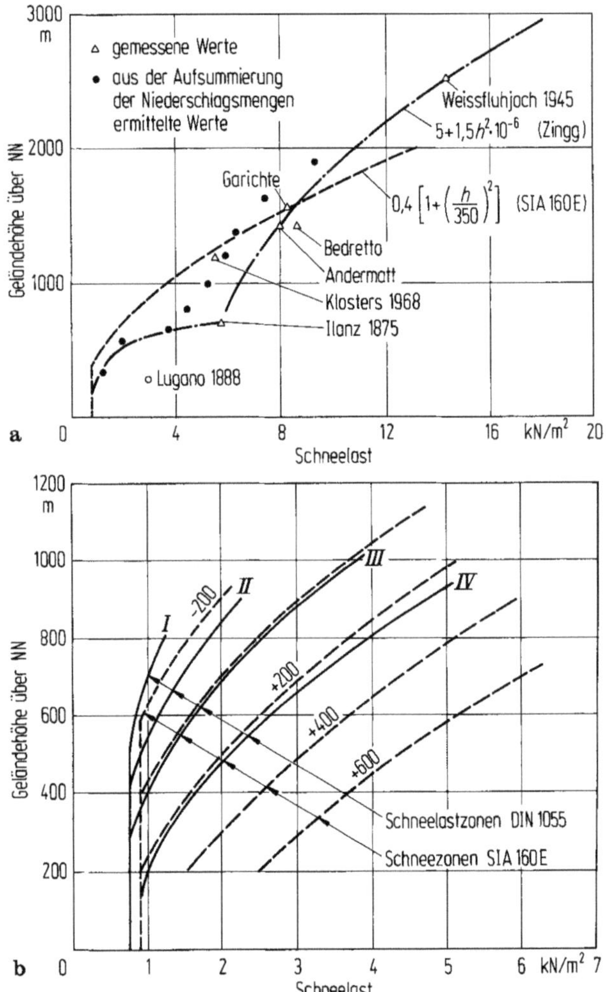

Bild A 3. a Maximale Schneelasten in der Schweiz und ihre Beziehungen zur Geländehöhe über Meer gemäß Zingg (1968); **b** Regelschneelasten gemäß DIN 1055, Teil 5, und SIA 160 E, für die verschiedenen Schneelastzonen in Funktion der Geländehöhe über Meer

kaum erfaßt werden. Erst mit der Berücksichtigung der geographischen Lage durch die Einführung von Schneelastzonen (vgl. DIN 1055, Teil 5, Juni 1975 und Norm SIA 160 E, November 1987) wurde eine zuverlässige Ermittlung möglich, wie dies aus Bild A 3b hervorgeht.

Die Regelschneelasten entsprechen einer Wiederkehrdauer von 30 Jahren (vgl. Basler, 1976). Über größere Zeiträume sind demnach etwas höhere Extremwerte nicht auszuschließen. Derartige Lastabweichungen können durch die generellen Sicherheitsbeiwerte als weitgehend abgedeckt gelten. Durch topographische Verhältnisse bedingte, außergewöhnliche Schneeverhältnisse müssen jedoch stets gesondert betrachtet werden.

Von Bedeutung für die Festlegung der Schneelast sind weiter noch die Anordnung der Dachflächen oder Dachform sowie die Ausbildung der Dachfläche oder die Art und die Nutzung des Bauwerkes (z. B. beheizte Gewächshäuser).

3.4.2 Festlegung nach Höhenlage

Wie aus Bild A 3b ersichtlich, entspricht die Regelschneelast der Schneelastzone III gemäß DIN 1055, Teil 5, weitgehend dem Kennwert der schweizerischen Schneelast. Die Abhängigkeit von der Höhenlage wird hier durch folgenden Ansatz umschrieben: für $h \leq 2000$ m ü. M., mit h = Geländehöhe des Bauwerkstandortes in m ü. M.

$$q_\mathrm{s} = \left[1 + \left(\frac{h}{350} \right)^2 \right] \cdot 0{,}4 \ \mathrm{kN/m^2}$$

Die in beiden Normen getroffenen Ansätze zeigen gute Übereinstimmung, wobei einzig bezüglich der Schneelastzonen größere, geographisch bedingte Unterschiede feststellbar sind.

3.4.3 Festlegung nach der Dachform

Die Anordnung der Dachflächen (Dachform) beeinflußt die Verteilung der Schneemassen, wobei infolge der unterschiedlichen Lage, Neigung, Besonnung und der

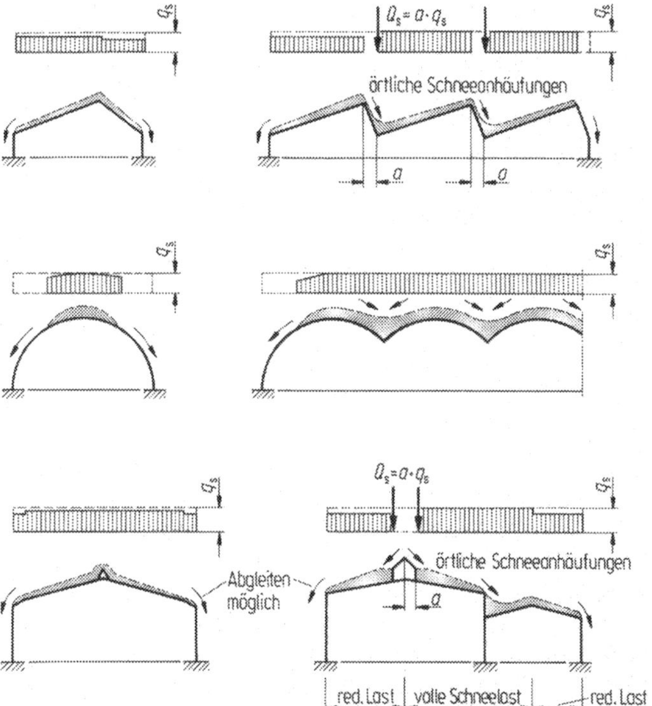

Bild A 4. Rechnerische Verteilung der Schneelast für einige Dachformen

lokalen Windströmungen (Verwehungen) keine eindeutige Zuweisung möglich ist. Die häufig anzutreffende Annahme einer gleichmäßig verteilten Schneelast stellt somit einen Sonderfall dar. Infolge Windverfrachtungen und teilweises Abgleitens sind ungünstigere Belastungszustände möglich.

Falls steilere Dachneigungen vorliegen und ein freies Abgleiten des Schnees möglich ist (freier unterer Rand der Dachfläche), darf die Schneelast auf dieser Dachfläche abgemindert werden. Zu beachten ist allerdings, daß häufig Gleitsicherungen — zur Vermeidung gefährlicher Dachlawinen — angebracht werden; hier ist stets die volle Schneelast anzusetzen.

Bei mehrfach gebrochenen sowie bei wannenförmigen Dachflächen ist eine ungleichmäßige Verteilung der Schneelast häufig durch Schneelastumlagerungen infolge Verwehungen oder teilweises Abgleiten bedingt. Dabei kann davon ausgegangen werden, daß die Summe der auf das Dach entfallenden gleichmäßig verteilten Schneelast gleichbleibt. In Bild A 4 sind Beispiele für die rechnerische Verteilung der Schneelast dargestellt.

Der Einfluß einer einseitigen Schneelast ist zu betrachten, wobei normalerweise mit einer verminderten Lastintensität gerechnet wird. Für Dachtragwerke mit dreieckförmig ausgebildeten Fachwerkbindern braucht dieser Fall nicht betrachtet zu werden, da hier stets die volle beidseitige Schneelast maßgebend wird.

3.4.4 Festlegung nach der Art des Bauwerkes

Obwohl der Schneefall weder durch die Art und den Zweck des Gebäudes noch durch die Ausbildung der Dachfläche beeinflußt wird, kann dennoch eine Abminderung der Schneelast angebracht sein, falls infolge Wärmedurchgang ein rasches Abschmelzen des Schnees erfolgt und ein Abgleiten des Schnees oder der Abfluß des Schmelzwassers gewährleistet wird.

Dies ist bei *beheizten* Gewächshäusern normalerweise erfüllt, z. T. auch für Traglufthallen und für Wetterschutzhallen. Man kann sich hier auf die Berücksichtigung eines einzelnen großen Schneefalls beschränken, so daß die Einführung verminderter Schneelasten angebracht ist.

3.5 Windlast

3.5.1 Allgemeines

Die Luftströmung, allgemein als atmosphärischer Wind oder kurz als Wind bezeichnet, übt auf jede Art von Hindernissen, wobei auch ein Bauwerk als ein Hindernis zu betrachten ist, Kräfte aus. Die Größe dieser Kräfte muß naturgemäß identisch den Widerständen sein, die ein solches Hindernis dem Luftstrom entgegenstellt. Die Windkräfte sind somit eine Folge der Störung des Luftstromes.

Liegt ein starres oder steifes Hindernis vor, so hängt die Störung einzig von der Form, der Größe und der Rauhigkeit des Hindernisses ab. Zum Teil stellen die zu untersuchenden Tragwerke — im Hinblick auf die Windkräfte — elastische Hindernisse dar, die durch die Windkräfte in Schwingungen versetzt werden. Schwingende Bauwerke üben nun ihrerseits auf die umströmende Luft Kräfte aus.

Die natürlichen Luftströmungen weisen keinen homogenen Charakter auf. Thermik, topographische Einflüsse, Bodenrauhigkeit haben zur Folge, daß der Wind sowohl räumlich als auch zeitlich eine verwickelte Struktur aufweist. Dies führt dazu, daß auch die auf ein Hindernis ausgeübten Kräfte sowohl zeitlich als auch bezüglich Größe und Richtung veränderlich sind. Je nach der Ansprechbarkeit des Hindernisses auf solche variable Kräfte — diese können bei kleineren Windgeschwindigkeiten, bei denen eine mehr oder weniger homogene Strömung möglich ist, infolge Wirbelablösungen periodischen Charakter besitzen, während sie bei starken Strömungen, also bei Sturmwinden, einen zufälligen Charakter besitzen — teilt man die Windkräfte in statische und dynamische Windlasten ein.

3.5.2 Windstärken und Staudruck

Staudruck

Der Staudruck ist festgelegt zu:

$$q = \frac{\varrho \cdot v^2}{2} \cdot 10^{-3} \qquad [\text{in kN/m}^2]$$

Dabei ist für $\varrho \cong 1,25 \text{ kg/m}^3$ und für v die Windgeschwindigkeit in m/s einzusetzen.

Der Staudruck q ist — unter Voraussetzung konstanter Luftdichte — einzig noch von der Windgeschwindigkeit abhängig. Da der Staudruck proportional zum Quadrat der Geschwindigkeit der Luftströmung anwächst, ist eine genaue Erfassung der Windgeschwindigkeit von Bedeutung.

Windgeschwindigkeit

Die Windgeschwindigkeit ist in Richtung, Größe und Ort, sowie zeitlich variabel. Der Einfluß der Vertikalkomponenten der Luftströmung wird im allgemeinen vernachlässigt, d. h. die Anströmung des Windes wird horizontal angenommen. Diese Ver-

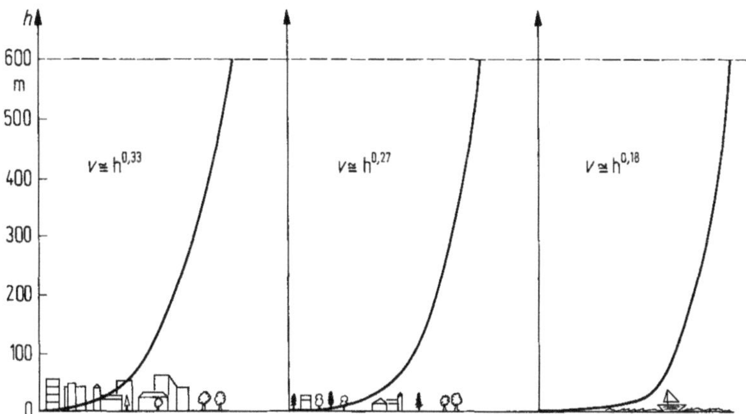

Bild A 5. Geschwindigkeitsprofile für verschiedene Bodenrauhigkeiten oder unterschiedliche Bebauungsarten

nachlässigung der Vertikalkomponente der Luftströmung — nicht zu Verwechseln mit der Vertikalkomponente der Windlast, die sich auch bei horizontaler Strömung einstellt! — ist bei verschiedenen Tragkonstruktionen, z. B. Brücken, nicht immer zulässig.

Die Abhängigkeit der Windgeschwindigkeit von der geographischen Lage kann durch die Einteilung und Zuordnung zu Winddruckzonen, z. B. Küstengebiete, Berggebiete mit Fallwinden (Föhntäler) usw. berücksichtigt werden. Der Einfluß der Geländebeschaffenheit, ausgedrückt durch die sogenannte Bodenrauhigkeit, kann annähernd durch eine Exponentialfunktion mit der Höhe über Gelände ausgedrückt werden (vgl. Bild A 5). Örtliche topographische Einflüsse, z. B. Bauwerk vor Steilabfall oder in Kammlage, bewirken eine lokale Erhöhung der Windgeschwindigkeiten in Bodennähe. Eine näherungsweise Erfassung kann durch die Ansetzung einer entsprechend vergrößerten Bauwerkshöhe erfolgen (Zuschlag der örtlichen Bodenerhebung zur Bauwerkshöhe).

Für die Festlegung des Staudruckes sind von Bedeutung die Meßdauer, d. h. inwieweit die Spitzengeschwindigkeiten von Windböen miterfaßt werden, sowie die Wiederkehrperiode dieses Spitzenwertes. Analog der Schneelast wird hier häufig mit einer Wiederkehrperiode von 30 Jahren gerechnet. Darauf beruhen auch die Normwerte des Staudruckes (vgl. Bild A 6).

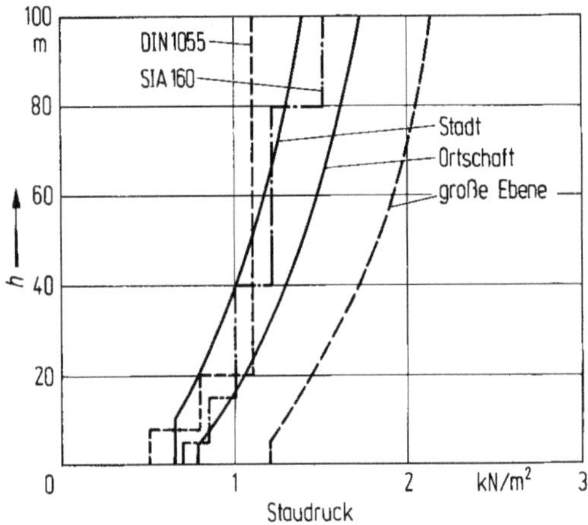

Bild A 6. Staudruckangaben in Funktion der Höhe über Gelände und der Bodenrauhigkeit

3.5.3 Statische Windlasten

Winddruck

Für die üblichen Hallen- und Skelettbauten werden die Windlasten als statische Lasten aufgefaßt. Die zeitliche Änderung der Windgeschwindigkeit wird durch einen entsprechend höheren Ansatz für den Staudruck berücksichtigt. Der Winddruck q_w kann dann vereinfachend als Produkt aus dem Staudruck q und dem Formbeiwert c ausgedrückt werden.

$$q_w = c \cdot q \qquad \text{in kN/m}^2$$

Formbeiwerte c

Die Formbeiwerte berücksichtigen vor allem die Form des Objektes. Größe und Oberflächenbeschaffenheit (Rauhigkeit) des Objektes, aber auch die Anströmrichtung und die Windgeschwindigkeit beeinflussen die c-Werte. Die Formbeiwerte werden durch Auswerten von Windkanalversuchen ermittelt.

Bei den Formbeiwerten unterscheidet man zwei Gruppen: die globalen oder Gesamtlastbeiwerte und die Flächenbeiwerte.

Gesamtlastbeiwerte

Durch die Gesamtlastbeiwerte können die auf ein Objekt gesamthaft wirkenden Windkräfte W ausgedrückt werden zu:

$$W = c \cdot q \cdot A \qquad \text{in kN}$$

Dabei bedeuten c der richtungsabhängige Formbeiwert für das betreffende Objekt, q der Staudruck in Abhängigkeit der Höhe über Gelände und der Bodenrauhigkeit in kN/m^2 und A die Bezugsfläche des Objektes in m^2. Letztere stellt eine auf das jeweilige Objekt normierte Größe dar und muß deshalb mit den jeweiligen c-Werten angegeben werden.

Flächenbeiwerte

Da nur für wenige Objektformen Gesamtlastbeiwerte bekannt sind, müssen die auf das Bauwerk wirkenden Windkräfte meist über die Flächenbeiwerte c_p ermittelt werden. Für alle körperhaften Objekte (Gebäude) sind nur die Umrißflächen zu betrachten, d. h. der Druck der auf diese wirkt. Da aber die meisten Gebäude nicht absolut dicht sind, müssen auch Undichtheiten beachtet werden, die zu Druckunterschieden zwischen Außenluft und Gebäudeinnern führen. Während diese Druckunterschiede für die Gesamtstabilität des Bauwerkes von geringer Bedeutung sind, müssen diese stets für die Bemessung der betrachteten Flächen oder Teilflächen herangezogen werden.

Bei der Auswertung der Windkanalversuche ergeben sich die Formbeiwerte als Mittelwerte über die jeweils betrachtete Fläche. Belastungsspitzen — von Bedeutung für die Bemessung der Verkleidung und insbesondere deren Befestigungen — können erst bei Bezugnahme auf entsprechend kleinere Teilflächen, wie Rand- und Eckzonen von Gebäuden, dargestellt werden. Deshalb werden bis zu drei verschiedene Außendruckbeiwerte c_{pa} unterschieden:
— Beiwerte als Mittelwert für größere Teilflächen (z. B. für Wandfläche oder Dachfläche);
— Beiwerte für lokal höher beanspruchte Teilflächen (z. B. für Rand-, Eck-, Firstzonen);
— Beiwerte für kurzfristige Spitzenbeanspruchung innerhalb der örtlich bereits höher beanspruchten Teilflächen (z. B. für Glasscheiben, Dacheindeckung und deren Befestigung).

Für Bauwerte mit Undichtheiten sind neben den obigen Außendruckbeiwerten c_{pa} auch die Innendruckbeiwerte c_{pi} einzuführen. Die c_{pa}- und c_{pi}-Beiwerte weisen posi-

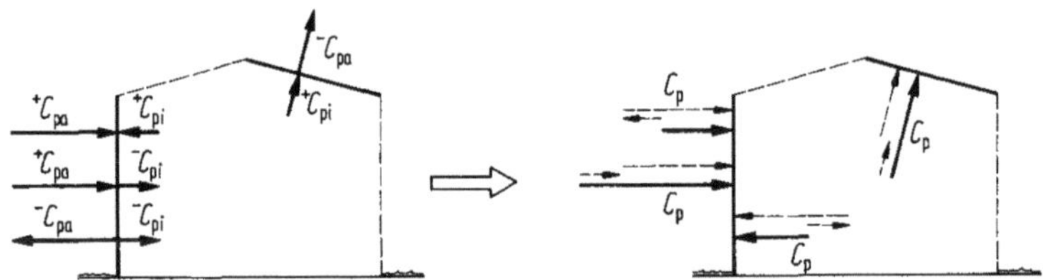

Bild A 7. Resultierender Beiwert bei Bauwerken mit Undichtheiten

tives oder negatives Vorzeichen auf. Sind die Windkräfte auf die betrachtete Fläche gerichtet (Winddruck), so weisen die c_p-Werte positives Vorzeichen auf. Sind sie von der betrachteten Fläche weggerichtet (Windsog), so sind die c_p-Werte negativ (vgl. Bild A 7). Maßgebend ist jeweils die Druckdifferenz.

An windüberströmten oder umströmten Flächen können infolge konstruktiver Unrauhigkeiten noch zusätzliche Reibungskräfte auftreten; dies ist zum Beispiel der Fall bei Sheddach-Konstruktionen.

Bestimmung der Windkräfte

Je nach der Art des Gebäudes — geschlossene Bauwerke, Objekte mit ungleichmäßigen Undichtheiten, offene Objekte — stellen sich bezüglich der Festlegung der Windkräfte unterschiedliche Anforderungen. Zudem ist auch die vorgesehene Art des Nachweises — z. B. bezüglich Standfestigkeit, Tragwiderstandes der Hauptstruktur oder Verhaltens von sekundären Tragelementen sowie örtlicher Befestigungen — zu berücksichtigen.

Für *geschlossene* Bauwerke oder solche mit kleiner, gleichmäßiger Undichtheit kann bei Betrachtung der Standfestigkeit des ganzen Gebäudes oder der Tragfähigkeit der Hauptstruktur normalerweise $c_p = c_{pa}$ eingesetzt werden. Die alleinige Berücksichtigung des Außendruckes setzt stillschweigend — die im allgemeinen unzutreffende Annahme — voraus, daß der Innendruck gerade gleich dem ungestörten Außendruck ist. Bei alleiniger Betrachtung der Standfestigkeit kann in diesem Fall auch direkt von den Gesamtlastbeiwerten ausgegangen werden.

Für *offene* Objekte kann nicht mehr von einem Innendruck gesprochen werden. Hier sind die Windkräfte auf beiden Seiten zu betrachten (c_p-Werte) und zusammenzufassen.

Windkanalversuche

Die in den Normenwerken veröffentlichten Beiwerte erlauben eine Abschätzung der Windkräfte für geläufige Bauwerke. Liegen komplexere Formen vor und beeinflussen die Windkräfte wesentlich die Auslegung der Tragstruktur, so ist die Fachliteratur (Ackeret, 1965; Rosemeier, 1976; Sockel, 1984) zu konsultieren oder gegebenenfalls Windkanalversuche durchzuführen.

Die Veröffentlichungen weisen z. T. größere Diskrepanzen auf. Dies wird u. a. durch die unterschiedliche Struktur des Windes in den Versuchskanälen und durch die gewählte Größe der verwendeten Bauwerksmodelle sowie durch die Genauigkeit der Nachbildung (Rauhigkeit) begründet. Somit muß auch bei Annahme statischer Einwirkung mit Ungenauigkeiten in der Erfassung der Windkräfte gerechnet werden.

3.5.4 Dynamische Windlasten

Je nach der Art der Erregung des Objektes unterscheidet man zwischen stationären und instationären Windkräften.

Stationäre Windkräfte

Bei einem Wind konstanter Stärke kann hinter dem Bauwerk eine *periodische Wirbelablösung* erfolgen, wodurch auf dem Bauwerk eine periodisch wirkende Kraft senkrecht zur Anströmungsrichtung ausgeübt wird. Falls die Ablösefrequenz mit der Eigenfrequenz des Bauwerkes zusammenfällt, tritt Resonanz auf. Resonanzerscheinungen können bei Türmen, Hängestangen, langen Rohren, Freileitungen, Hängebrücken usw. vorkommen.

Bei elastischen Bauwerken mit großen ebenen Flächen, auf die der Wind mit kleinem Einfallswinkel trifft, können zudem *Flatterschwingungen* auftreten (Flatterschwingungen: gekoppeltes Auftreten von Biege- und Torsionsschwingungen ähnlicher Frequenz). Solche Schwingungen sind zum Beispiel bei Hängebrücken zu beachten.

Instationäre Windkräfte

Die Annahme zeitlich konstanter Windstärke tritt oftmals nicht zu, insbesondere in den bodennahen Schichten, in denen eine größere Turbulenz herrscht. Dadurch treten merkliche Schwankungen in Richtung und Stärke auf, die Bauwerke werden somit stoßartig belastet. Die zusätzliche Wirkung des Stoßes wird i. allg. durch die genügend hoch angesetzten Werte des statischen Druckes aufgefangen. Eine Ausnahme bilden Bauwerke, bei denen die Eigenfrequenz die gleiche Periodizität wie diejenige dieser Windstöße (Windböen) aufweist. Allerdings läßt sich keine größere Regelmäßigkeit in der zeitlichen Folge von Böen feststellen, weshalb man normalerweise nur mit drei periodisch aufeinanderfolgenden Böen rechnet. Diese Untersuchung hat für freistehende Türme, Kamine usw. zu erfolgen.

Schwingungsanfälligkeit

Die Berücksichtigung dynamischer Windlasten beschränkt sich auf sogenannte schwingungsanfällige Bauwerke. Aus obiger Aufzählung wird ersichtlich, daß die üblichen Hallen- und Skelettbauten nicht hierzu gehören. Eine Ausnahme können hohe, schlanke Türme bilden; hier sollte eine genauere Untersuchung der dynamischen Wirkung der Windkräfte durchgeführt werden.

3.6 Temperatur

Die Temperatureinwirkungen können sowohl durch klimatische oder witterungsbedingte als auch durch nutzungsbedingte Temperaturänderungen auftreten. Temperaturänderungen im Brandfall sind als außergewöhnliche Einwirkung zu betrachten (vgl. Abschnitt 3.7.4). Klimatisch bedingte Temperaturdifferenzen sind vor allem bei teilweise oder vollständig der Witterung ausgesetzten Tragwerke zu beachten. Die einzuführenden Werte sind in den nationalen Vorschriften festgelegt. Nutzungsbedingte Temperaturänderungen treten in gewissen Industriebetrieben aber auch in Heiz- und Kühlräumen auf; entsprechende Werte sind nutzungsspezifisch zu ermitteln.

Bei den Temperatureinwirkungen ist zwischen einer gleichmäßigen Temperaturänderung einzelner Bauteile oder der gesamten Struktur und einer über den Querschnitt des Bauteiles veränderlichen Temperaturverteilung zu unterscheiden. Letztere hat für reine Stahltragwerke, bedingt durch den raschen Ausgleich, eine geringe Bedeutung; zu beachten ist sie jedoch bei Verbundtragwerken.

Durch die Wahl von Tragstrukturen mit geringen Zwängungen, sowie durch eine zweckmäßige Unterteilung durch Einbau von Dehnungs- oder Bewegungsfugen, können die daraus resultierenden Einwirkungen klein gehalten werden.

Bei sichtbaren, der Witterung direkt ausgesetzten Tragstrukturen können größere Temperaturdifferenzen zwischen besonnten und unbesonnten Bereichen auftreten. Dies kann besonders bei höheren Skelettbauten zu großen, unerwünschten Verformungen und — bei Behinderung — zu ungewollten Beanspruchungen führen. Durch wärmedämmende Verkleidungen können in solchen Fällen die Temperatureinwirkungen wesentlich reduziert werden.

3.7 Sonderlasten

3.7.1 Allgemeines

Man versteht unter Sonderlasten ausnahmsweise vorkommende Einwirkungen, deren Größe und mögliches Auftreten nur begrenzt festgelegt werden können. Beim Eintreten solcher Sonderlasten sind — je nach Stärke — abgestufte Schädigungsgrade zugelassen, die bis zum Unbrauchbarwerden des Objektes gehen können. Im allgemeinen soll auch unter größerem Stärkegrad der Sonderlasten kein Einsturz des Objektes erfolgen.

Während bei den Erdbeben und den Explosionen äußere Kräfte auf das Tragsystem einwirken, ist bei den Brandeinwirkungen neben den Zwängungskräften hauptsächlich die Abminderung der Tragfähigkeit mit steigender Temperatur zu beachten.

Grundsätzlich weisen alle Sonderlasten einen zufälligen Charakter bezüglich Größe, Richtung und zeitliches Auftretens auf. Trotzdem lassen sich Vorkehrungen treffen, um die Wirkung dieser Lasten abzumindern. Uns interessieren vor allem Maßnahmen, die in konstruktiver Hinsicht zu treffen sind, sowie die Festlegung der Tragstrukturen, die sich auch im Hinblick auf solche Sonderlasten günstig verhalten.

3.7.2 Erdbeben

Die Gefährdung eines Bauwerkes steigt mit der Intensität des Bebens. Die Erdbebenstärke wird in Europa weitgehend nach der MSK-Skala (Medvedev-Sponheuer-Karnik-Skala) festgelegt. Die örtliche Intensität des Bebens ist eine Funktion der

Herdtiefe, der Epizentralentfernung, der ausgestrahlten Energiemenge und der Bodenbeschaffenheit.

Die in Form von Wellen ausgestrahlte Energie erzeugt waagrechte und lotrechte Bewegungen des Baugrundes und versetzt die Tragkonstruktion in Schwingung. Bedingt durch die Veränderlichkeit der Amplituden der Beschleunigungen und der Geschwindigkeiten der Erdbebenwellen ist eine genauere Bestimmung der im Bauwerk hervorgerufenen Kräfte äußerst schwierig, insbesondere bei Berücksichtigung des unelastischen Tragwerkverhaltens.

Die einfachste Erfassung der waagrechten Erdbebenkräfte — für die meisten Tragwerke können die lotrechten Wirkungen vernachlässigt werden — besteht in der Einführung zusätzlicher, von der Masse des Bauwerkes sowie von allfälligen ständigen Nutzlastanteilen und von der Eigenfrequenz des Bauwerkes abhängiger, horizontal wirkender statischer Ersatzkräfte. Bezüglich der Größe der einzuführenden Kräfte sind die nationalen Vorschriften zu beachten.

Stahltragwerke weisen in der Regel eine hohe Widerstandsfähigkeit gegenüber Erdbebenwirkungen auf. Dies ist u. a. auf die kleinere Eigenmasse des Tragwerkes, die geringe Biegesteifigkeit der Tragstruktur sowie auf die ausgezeichneten elastischen und plastischen Eigenschaften des Baustoffes Stahl zurückzuführen. Entscheidend ist dabei eine konstruktive Ausbildung der Verbindungen, die sowohl eine Spannungsumkehr als auch eine volle Ausnützung der Tragreserven der zu verbindenden Elemente ermöglicht.

3.7.3 Explosionen

Explosionen verursachen größere Luftdruckschwankungen, die zu einer Schädigung des Bauwerkes führen können. Atmosphärische Druckwellen treten auf bei den klassischen Sprengstoff- oder bei Kernwaffen-Explosionen, bei Gas- oder Staubexplosionen in Gebäuden, infolge Überschallknalls oder Lawinenniedergänge.

Der Belastungsgrad, der für die Bemessung in Ansatz gebracht werden soll, muß unter Berücksichtigung des gewünschten Schutzgrades erfolgen. In Gebäuden, in denen aus Fabrikationsgründen Explosionsgefahr herrscht, muß auf die Anordnung von Überdruckklappen geachtet werden; zudem ist das Bauwerk für einen angemessenen Überdruck zu bemessen. Leichte Fassadenverkleidungen und Dacheindeckungen können bei entsprechender Befestigung die Funktion von Überdruckklappen übernehmen. Dadurch läßt sich der Schaden eingrenzen und die Tragstruktur kann wiederverwendet werden.

3.7.4 Brandeinwirkungen

Die Brandeinwirkungen sind abhängig von der *Brandlast* — unter Brandlast versteht man, in Analogie zur statischen Last, die Verbrennungswärme aller brennbarer Stoffe bezogen auf die Bodenfläche des Brandabschnittes, angegeben in MJ/m^2 — und dem *Brandverlauf*, der durch die Eigenschaften des „Brandraumes" weitgehend beeinflußt wird. Häufig geht man hier von einem normierten Brandverlauf aus, entsprechend der Temperaturzeitkurve gemäß ISO 834 (sog. ISO-Normbrandkurve).

Brandeinwirkungen führen infolge der unterschiedlichen und z. T. behinderten Wärmedehnungen zu Zwängungskräften. Wesentlicher ist jedoch die Abminderung des Tragwiderstandes der Bauteile mit steigender Temperatur.

Normalerweise verzichtet man auf die Bestimmung der eigentlichen Beanspruchungen im Tragwerk, sondern ermittelt den sog. Feuerwiderstand, d. h. die Dauer, während welcher das Tragwerk, das einer Erwärmung gemäß ISO-Normbrandkurve unterworfen wurde, dieser Einwirkung standhält. Rechnerische Verfahren zur Ermittlung des Feuerwiderstandes wurden u. a. von der EKS (1983) und vom Schweiz. Ing.- und Arch.-Verein (1985) veröffentlicht.

Da mit zunehmender Temperatur ein Festigkeitsabfall und eine Verminderung des Elastizitätsmoduls eintreten, versucht man die Temperaturerhöhung in der Stahlkonstruktion — Stahl weist eine zu gute Wärmeleitfähigkeit auf! — durch Anordnung feuerbeständiger, dämmender Umhüllungen oder Verkleidungen zu verlangsamen.

Um die Brandeinwirkungen zu mildern und den Brandwiderstand der Tragstruktur zu erhöhen, bestehen verschiedene Möglichkeiten, wobei hier nur die baulichen aufgezählt werden:
— Wahl von Tragstrukturen, bei denen der Ausfall einzelner Tragglieder noch nicht zu einem Einsturz führt;
— Wahl von Tragstrukturen, bei denen infolge einer raschen, ungleichmäßigen Erwärmung nur geringe Zwängungskräfte auftreten oder Kräfteumlagerungen möglich sind;
— Anordnung von Schutzumhüllungen (verschiedenste Produkte; z. T. im Verbund mit Stahlkonstruktionen wirkend).

3.7.5 Anprallkräfte

Bei Bauwerken im Wirkungsbereich beweglicher Körper, z. B. Fahrzeuge, sind die Folgen eines möglichen Anpralls zu untersuchen. Bei den meisten Tragstrukturen erübrigt sich allerdings ein besonderer rechnerischer Nachweis, falls eine der nachstehenden Voraussetzungen erfüllt ist:
— Die Tragstruktur ist unempfindlich gegenüber dem Ausfall einzelner Tragelemente, die einer Anprallwirkung ausgesetzt sein können.
— Die vorhandenen, baulich bedingten Abmessungen der zu betrachtenden Tragelemente sind derart, daß diese den auftretenden Anprallkräften offensichtlich Widerstand zu leisten vermögen. Dies ist meist der Fall bei Stützen von Lager- und Fabrikationsgebäuden mit Gabelstaplerverkehr oder bei Stützen von Parkhäusern.
— Die angeordneten Schutzvorrichtungen setzen die Anprallkräfte auf das gewünschte Niveau herab.

Besondere Betrachtungen beschränken sich demnach auf Tragstrukturen mit geringer oder fehlender Ausfallsicherheit, bei denen planmäßig oder nutzungsbedingt eine größere Anprallgefahr besteht, und mit Schwachstellen bezüglich Anprall (z. B. ungeschützte Verankerungsbereiche von abgespannten Konstruktionen).

B Hallenbauten

Konstruktionsarten

1 Aufbau und Gliederung von Hallenbauten

1.1 Aufbau

1.1.1 Einleitung

Während die Umrisse der Verkleidung durch das zu umbauende Volumen festgelegt sind, wird die Ausbildung der raumabschließenden Elemente vorwiegend nach bauphysikalischen Gesichtspunkten (Dichtigkeit, Wärmedämmung usw.) ausgewählt. Nur in wenigen Ausnahmen besitzen diese Verkleidungselemente so hohe Festigkeits- und Steifigkeitseigenschaften, daß sie ohne Abstützung oder Aussteifung über die Gesamtflächen die anfallenden Kräfte aufzunehmen vermögen: in der Regel ist daher ein Traggerippe erforderlich. Einen Sonderfall bildet die selbsttragende, kein zusätzliches Gerippe benötigende Verkleidung, wie sie z. B. bei freitragenden Wellblechdächern, bei Traglufthallen usw. vorkommt.

Hallenbauten setzen sich somit aus den anschließend kurz beschriebenen Elementen Verkleidung und Traggerippe zusammen.

Als *Verkleidung* soll die Gesamtheit der raumabschließenden Flächen bezeichnet werden, d. h. die Dacheindeckung und die Umfassungswände. Diese Elemente sollen u. a. folgende Anforderungen erfüllen:
— Gewährleistung des gewünschten Innenklimas,
— Beständigkeit gegen Witterungseinflüsse,
— genügende Tragfähigkeit im örtlichen Bereich.

Dies kann durch eine zweckmäßige Wahl der Baustoffe für die Verkleidung erreicht und zum Teil durch eine entsprechende Formgebung dieser Elemente erleichtert werden. Bei hohen Anforderungen bezüglich des Innenklimas ist eine Klimaanlage vorzusehen (z. B. Textilindustrie).

Das *Traggerippe* soll eine sichere Aufnahme sämtlicher auf das Bauwerk wirkender Kräfte gewährleisten und deren Ableitung in die Fundamente oder in die Unterkonstruktion auf kürzestem Weg ermöglichen.

Bei der Ausbildung des Traggerippes sind folgende Punkte zu berücksichtigen:
— Art, Größe und Richtung der Belastungen,
— Raumbedarf, Abstützungsmöglichkeiten, Bodenverhältnisse, Einschränkung der Baumasse (innerhalb und/oder außerhalb der Verkleidung),

— Baustoffe (allenfalls gemischte Gerippe aus Stahl, Stahlbeton, Mauerwerk, Holz, Leichtmetall),
— Ausrüstung (Förderanlagen, Toröffnungen usw.),
— Verkleidungsart,
— Einhaltung betrieblicher Sicherheitsvorschriften,
— Berücksichtigung architektonischer Wünsche,
— Erweiterungsmöglichkeiten,
— Transport und Montagebedingungen, Einhaltung kurzer Bautermine.

Unter Beachtung aller gestellter Anforderungen soll ein Hallenentwurf entstehen, der nicht nur technisch ausführbar, sondern auch im Hinblick auf den Verwendungszweck wirtschaftlich vertretbar ist.

1.1.2 Elemente des Traggerippes im Hallenbau

Für die Abstützung der raumabschließenden Elemente werden verwendet (Bild B 1):
— Dacheindeckung: Sparren (in der Dachneigung), Pfetten, Binder; Sparren und Pfetten wirken als Nebengerippe und können bei entsprechender Dachausbildung entfallen;
— Wandverkleidung: Fassadenstützen, Wandriegel.

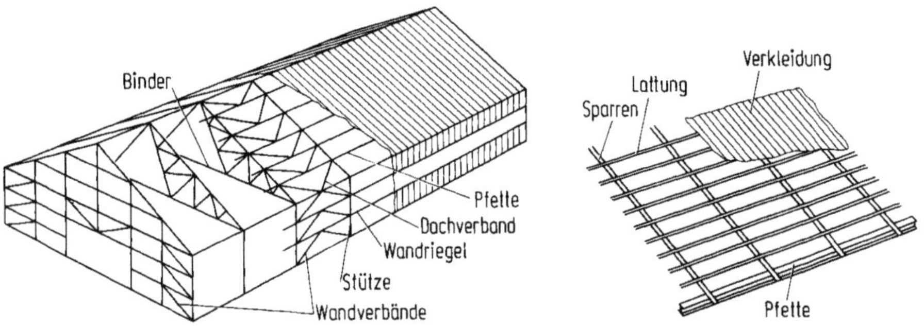

Bild B 1. Tragelemente einer Halle

Zur räumlichen Stabilisierung des Bauwerkes sind Verbandsscheiben erforderlich:
— Windverbände, d. h. Dachverbände längs und quer, sowie Wandverbände in den Längsfassaden und in den Giebelwänden;
— besondere Knickverbände für gedrückte Elemente wie Bindergurte und Stützen, falls die Windverbände diese Funktion nicht übernehmen können.

Als Verbandsscheiben sind hier nicht nur Fachwerkverbände zu verstehen; Rahmenbinder können die Stabilisierung ebenfalls gewährleisten. Zudem ist das statische Verhalten der Verkleidung zu berücksichtigen. Bei gewissen Ausführungsarten, z. B. bei Profilblechen mit entsprechenden Verbindungen, darf die Scheibenwirkung ausgenützt werden.

1.1.3 Verkleidung und Traggerippe

Die soeben erwähnte Bewertung der Verkleidungselemente bezüglich deren Verwendbarkeit in statischer Hinsicht, unter Beachtung der Abmessungen der zu verkleidenden Flächen, soll an einem schematischen Beispiel erörtert werden.

Bild B 2 zeigt das abzuschließende Volumen mit den Umrissen der Verkleidung. Zudem ist das statische Verhalten der Verkleidungselemente kurz angedeutet, wobei sich die Bewertung auf die Gesamtflächen (Dach, Wände) bezieht. Das gezeigte Beispiel stellt nicht etwa die einzige Ausbildungsmöglichkeit der Verkleidung dar: bei anderen Ausbildungsarten wird die Dacheindeckung schubweich (z. B. Faserzement-Wellplatten bei einem geneigten Dach), die Wände werden dagegen biegesteif sein (massive Wand).

Nach Bild B 3 soll das Hauptgerippe aus einfach gelagerten Bindern mit Pendelstützen in den Längswänden bestehen. Diese Anordnung ist nur bei einer als Scheibe wirkenden Dacheindeckung zulässig (sonst seitlich labile Tragform!). Da die Wandverkleidung schubweich angenommen ist, sind in mindestens drei Wänden schubsteife Tragelemente (Verbände oder vollwandige Scheiben) vorzusehen.

Die Anordnung vom Nebengerippe ist von der möglichen Stützweite der Verkleidungselemente, d. h. von deren Tragfähigkeit und Biegesteifigkeit abhängig. Im Gesamtsystem spielt das Nebengerippe nur eine untergeordnete Rolle, insbesondere

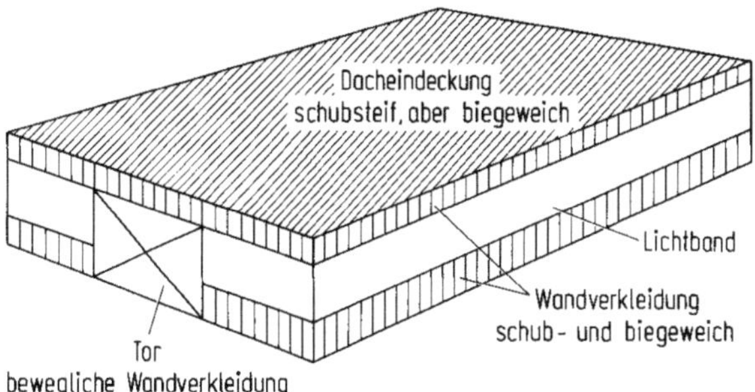

Bild B 2. Verkleidungselemente

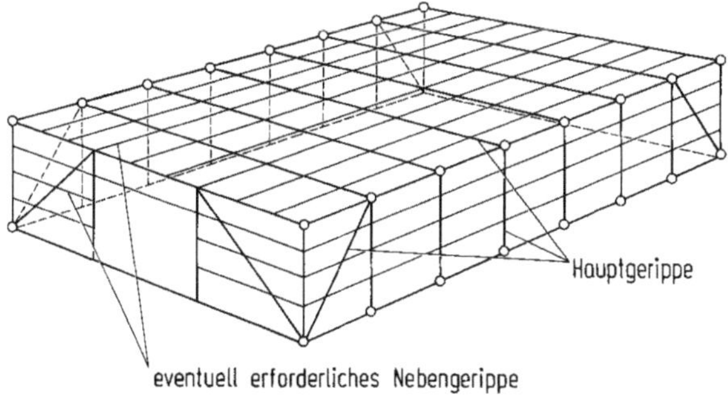

Bild B 3. Traggerippe für schubsteife Dacheindeckung

weil seine Steifigkeit im Vergleich zu derjenigen des Hauptgerippes gering ist (vgl. dazu Abschnitt 1.2.1).

Bei der Anordnung des Traggerippes ist ein regelmäßiger Raster zu bevorzugen, um eine Wiederholung gleicher Elemente (Serienbildung) zu erreichen.

1.2 Räumliche Gliederung des Traggerippes von Hallenbauten

1.2.1 Ausmaß der räumlichen Tragwirkung

Hallenbauten sind grundsätzlich als Raumtragwerke auszubilden, wobei je nach Art des Aufbaues und nach Grad der Schub- und Biegesteifigkeit der Verkleidung entweder ein räumliches Flächentragwerk (selten) oder ein räumliches Stabtragwerk (Normalfall) vorliegt. Bei der letzten Anordnung ist allerdings eine räumliche Betrachtung meistens nur im Hinblick auf die Gesamtstabilität erforderlich.

Infolge der unterschiedlichen Auslegung der Steifigkeiten des Gerippes je nach Richtung, d. h. mit einem in einer bevorzugten Richtung angeordneten Hauptgerippe und einem relativ weichen Nebengerippe, dürfen in der Regel räumliche Stabtragwerke in ebene, unabhängig voneinander zu betrachtende Tragsysteme zerlegt werden. Bedingung dafür ist, daß die gegenseitige Beeinflussung der verschiedenen Tragebenen für die zu untersuchenden Belastungszustände vernachlässigbar klein sei.

Bild B 4 zeigt die unterschiedliche Tragweise des an sich gleich aufgebauten Balkensystems bei Änderung der Biegesteifigkeit der Längselemente: die weichen Elemente des Nebengerippes folgen ohne nennenswerten Widerstand den Einsenkungen der belasteten Tragebene; ihre lastverteilende Wirkung ist vernachlässigbar, so daß die nicht direkt belasteten Tragebenen praktisch unbeansprucht bleiben. Für ein solches

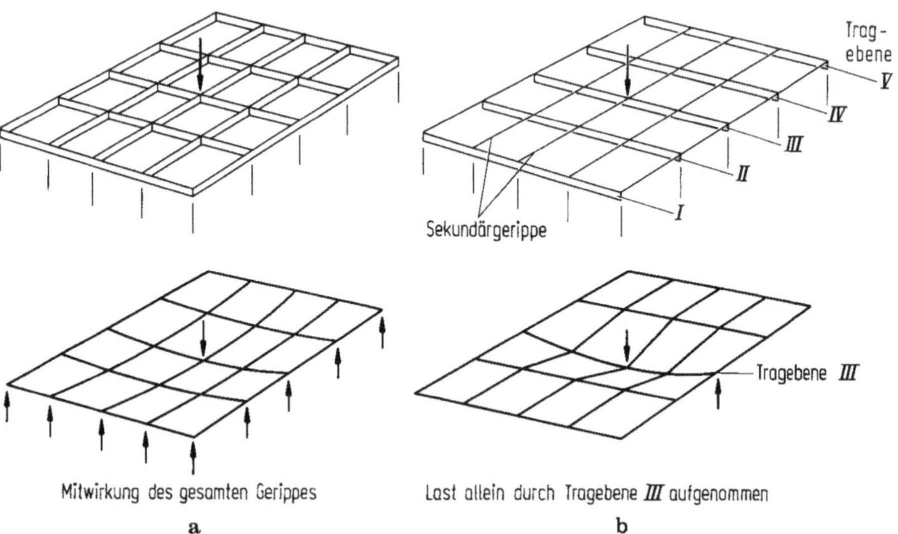

Bild B 4. a Trägerrost; **b** Trägerschar

Steifigkeitsverhältnis ist eine Zerlegung in unabhängige Tragebenen zulässig, beim eigentlichen Trägerrost selbstverständlich nicht.

Die räumliche Tragwirkung der Hallenkonstruktionen wird gelegentlich auch in solchen Fällen vernachlässigt, bei denen diese an sich zu berücksichtigen wäre. Dies ist zum Teil durch die geschichtliche Entwicklung der Stahlbauweise bedingt, zum Teil aber auf die schwierigere Erfassung des Kräfteverlaufes in räumlichen Tragwerken — insbesondere bei unregelmäßiger Hallenform oder bei schlechtem Baugrund — zurückzuführen.

1.2.2 Modellbildung für die statische Gliederung von Hallen

Wie bereits erläutert, sind Hallenbauten grundsätzlich als räumliche Gebilde zu behandeln, mindestens was die Gesamtstabilität betrifft. Im Rahmen einer Modellbildung kann eine Halle als eine Art „Kiste" aufgefaßt werden: die Verkleidung bildet, zusammen mit dem Gerippe, den Deckel und die Seitenwände der Kiste, während der Baugrund deren Boden darstellt. Diese Idealisierung erlaubt es, das räumliche Tragverhalten bei unterschiedlicher Ausbildung des Daches und der Wände auf einfache Art zu zeigen.

1.2.2.1 Ausbildungsarten des Daches und der Wände

Die möglichen Ausbildungsarten des Daches und der Wände, wobei in diesen Begriffen die zugehörigen Gerippeteile enthalten sind, können schematisch folgendermaßen zusammengefaßt werden:
— *Reines Scheibenelement.* Das Element ist schubsteif, weist aber keine oder nur eine vernachlässigbare Querbiegesteifigkeit auf; Scheibenelemente können daher nur in ihrer Ebene wirkende Kräfte aufnehmen. Insbesondere sind an der Schnittkante zweier Scheiben angreifende, beliebig gerichtete Kräfte in die angrenzenden Ebenen zu zerlegen. Reine Scheibenelemente kommen selbstverständlich in der Praxis nicht vor. Verbände oder Ausfachungen entsprechen am besten dieser Idealisierung, wenn auch Fachwerkstäbe immer eine Biegesteifigkeit quer zur Ebene besitzen.
— *Scheibenelement mit Aussteifungen oder Rippen.* Neben der Schubsteifigkeit besitzt das Element auch eine Biegesteifigkeit quer zur Ebene (nur in einer Richtung oder in zwei orthogonale Richtungen).
— *Trägerelement.* Dieses aus biegesteifen Trägern zusammengesetzte System, mit vernachlässigbarer Schubsteifigkeit in der Systemebene (allfällige Rahmenwirkung in der Ebene vernachlässigt), kann entweder nur in einer Richtung (Trägerlage, ebenes System) oder in zwei orthogonale Richtungen (Trägerrost) biegesteif sein.
— *Plattenelement.* Neben den Biegesteifigkeiten in beiden Richtungen sind hier auch eine Schubsteifigkeit in der Systemebene sowie eine Drillsteifigkeit vorhanden.

In Bild B 5 sind diese Elementformen mit den Signaturen für die möglichen Verbindungsarten zwischen den Elementen dargestellt.

In der Praxis lassen sich die einzelnen Ausbildungsarten nicht immer eindeutig gliedern, da die Übergänge fließend sind: eine mit Profilblechen ausgebildete Dach-

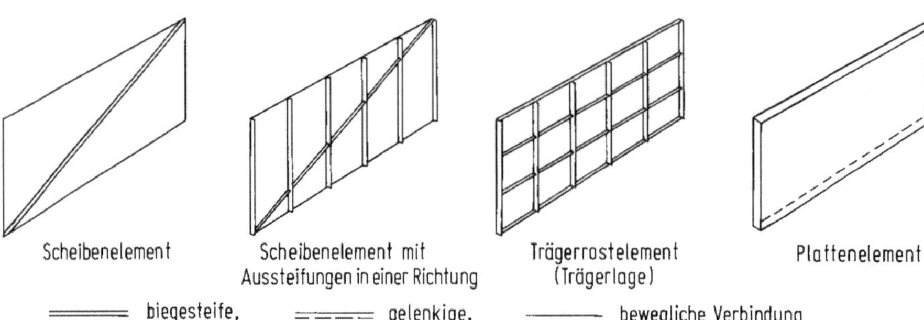

Bild B 5. Schematische Darstellung der Elementformen und der Verbindungsarten

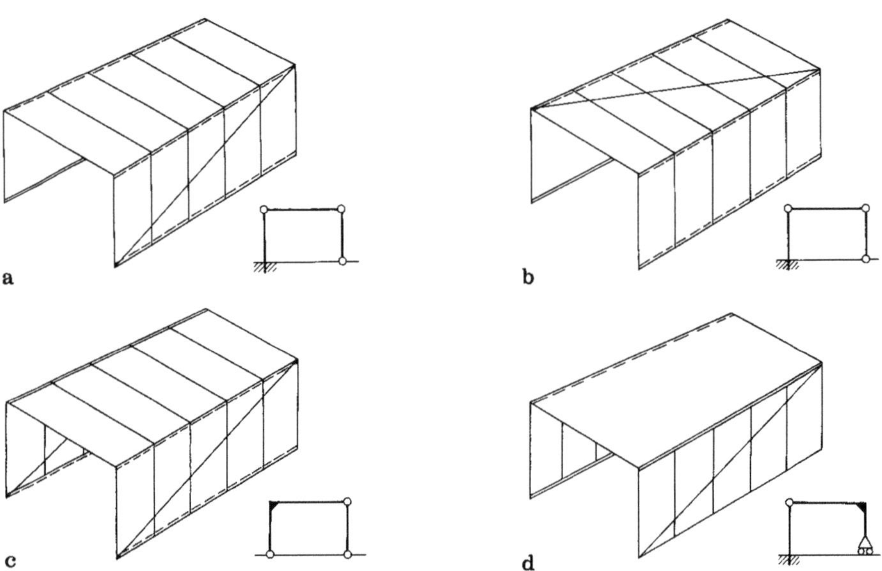

Bild B 6 a–d. Aufbau von Hallen ohne Giebelwände

a Hintere Längswand als Plattenelement, unten eingespannt, oben gelenkig angeschlossen; vordere Längswand als Scheibenelement mit Vertikalrippen, beidseitig gelenkig angeschlossen; Dachelement als Trägerlage. Die Seitenkräfte werden durch die als Kragarm wirkende hintere Wand aufgenommen, die Längskräfte auf Schub durch je eine Wand. **b** Wie vorher, aber Dachelement schubsteif, vordere Wand dagegen schubweich. Die längs der oberen Kante der Vorderwand wirkende Kraft wird auf ungünstige Art weitergeleitet (antimetrische Biegung der Hinterwand). **c** Im Gegensatz zur ersten Anordnung ist die Hinterwand als Scheibenelement mit oben biegesteif und unten gelenkig angeschlossenen Rippen ausgebildet (einhüftige Rahmen in Querrichtung). Die Tragwirkung bleibt grundsätzlich ähnlich. **d** Dach als Plattenelement; Hinterwand als Trägerlage, unten eingespannt, oben gelenkig angeschlossen; Vorderwand als Scheibenelement mit oben biegesteif angeschlossenen und unten quer beweglich gelagerten Rippen ausgebildet. Die Weiterleitung der auf die Vorderwand wirkenden Seitenkräfte ist statisch ungünstig. Dies gilt auch für eine längs der oberen Kante der Hinterwand angreifende Last: ähnlich wie bei der Anordnung b) werden die Kragarme der Hinterwand auf Biegung mit wechselndem Vorzeichen beansprucht. Diese Ausbildung wird daher praktisch nicht verwendet, wohl dagegen die „duale" Lösung mit unten eingespannten und oben als bewegliche Querlagerung des Daches wirkenden Vertikalrippen in der Vorderwand. Zudem wird die hintere Wand zur direkten Aufnahme der entsprechenden Längskraft schubfest ausgebildet

eindeckung wirkt wohl örtlich als Biegeelement, auf die gesamte Dachfläche gesehen bleibt aber,nur die Scheibenwirkung von Bedeutung. Für die folgenden Überlegungen sind diese Unschärfen irrelevant, da nur das Tragverhalten klarer erfaßt und die Suche nach zweckmäßigen Strukturen erleichtert werden soll.

Für die vorher erwähnte „kistenförmige" Hallenkonstruktion, deren Dach- und Wandflächen aus den soeben beschriebenen vier statischen Elementen bestehen sollen, wollen wir nun zeigen, welche Bedingungen an Aufbau und Ausbildung dieser Flächen zu stellen sind, damit die Gesamtstabilität für räumlich wirkende Kräfte gewährleistet ist. Dabei werden verschiedene Aufbaumöglichkeiten betrachtet.

1.2.2.2 Stabile Anordnung mit einem Dachelement und *zwei* Wandelementen

Beispiele hierfür sind Hallen ohne Giebelwände (Lagerhallen, Walzwerkhallen usw.).

Die Querstabilität unter Seitenkräften (z. B. Wind auf Längswände) ist nur bei Anordnung von mindestens einem biegesteifen Wandelement gewährleistet, mit Einspannung im Fundament (massive Wand, Reihe eingespannter Stützen) oder mit biegesteifer Verbindung an der Dachkonstruktion. Für die Längsstabilität (Kräfte längs der oberen Kanten wirkend) sind zudem mindestens zwei schubsteife Elemente erforderlich. Bild B 6 zeigt einige Kombinationsmöglichkeiten.

Zum besseren Verständnis sind die dargestellten Kombinationen durch die statische Bestimmtheit des Aufbaues in Querrichtung (Dreigelenksysteme) gekennzeichnet. Praktisch werden, insbesondere um die Seitenverschiebungen klein zu halten, bei solchen Hallen meistens Tragsysteme mit mehr Bindungen vorgezogen (z. B. beide Längswände unten eingespannt oder oben biegesteif angeschlossen, d. h. Zweigelenkrahmen oder eingespannte Rahmen als Tragsysteme in Querrichtung).

1.2.2.3 Stabile Anordnung mit einem Dachelement und *drei* Wandelementen

Beispiel hierfür sind Flugzeughallen (Torwand beweglich, daher statisch unwirksam).

Bei Anordnung einer schubsteifen Dachscheibe (Dachverband) ist die Gesamtstabilität durch drei schubsteife Wandscheiben (ohne gemeinsamen Schnittpunkt) gewährleistet; eine Einspannung der Wandelemente unten oder ein biegesteifer Anschluß oben sind hier nicht erforderlich (Bild B 7). Statisch gesehen ist die in Dachebene wirkende Resultierende nach den drei Schnittlinien der Wandscheiben mit der Dachscheibe zu zerlegen (Culmannsche Aufgabe).

In Bild B 7a ist das Dachgerippe parallel zur Torwand angeordnet; die Dachbinder wirken als einfache Balken, und der Dachverband bleibt bei lotrechter Belastung unbeansprucht. Die Seitenkräfte auf die Längswände werden vom Dachverband aufgenommen und zur Rückwand weitergeleitet, wobei das durch die Exzentrizität der Resultierenden zur Rückwand bedingte Moment durch ein Kräftepaar in den Längsscheiben ausgeglichen wird. Diese räumliche Wirkung stabilisiert zudem den an sich labilen Querschnitt mit den Bindern auf gelenkigen Stützen.

Bei der Anordnung nach Bild B 7b trägt das Gerippe senkrecht zur Toröffnung (d. h. in Richtung der normalerweise kleineren Hallentiefe) und ist aus gelenkig gelagerten Halbrahmen ausgebildet. Ohne räumliche Wirkung wäre diese Anordnung selbstverständlich labil; die Halbrahmen stützen sich aber oben gegen die Dachscheibe

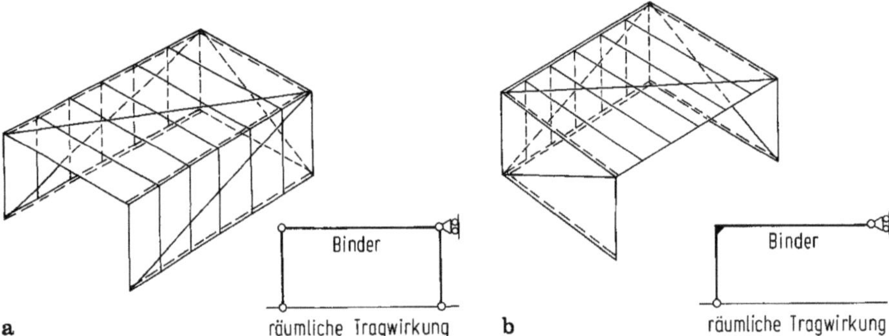

Bild B 7a, b. Mögliche Aufbauformen von Flugzeughallen

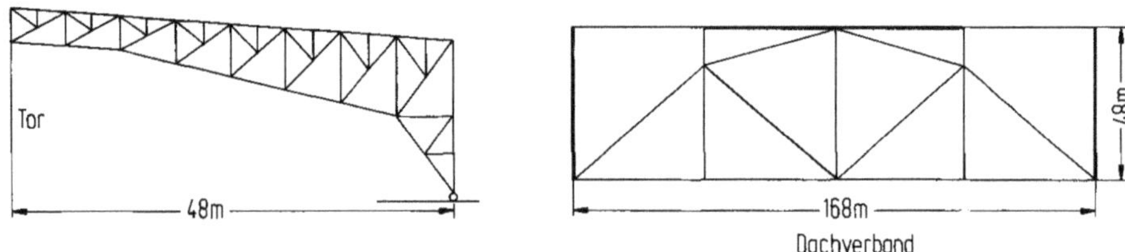

Bild B 8. Flugzeughalle nach der Aufbauform von Bild B 7b

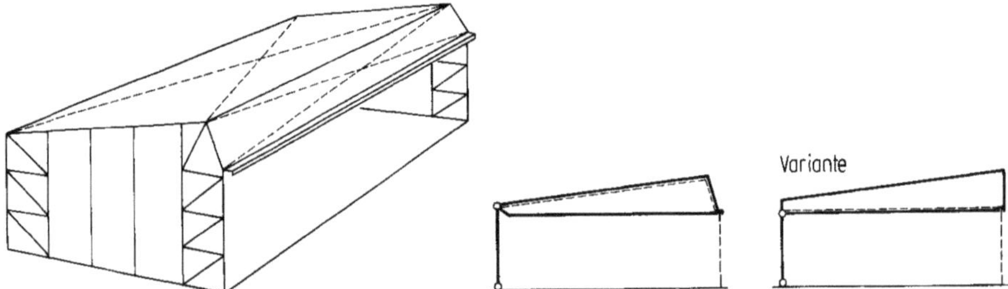

Bild B 9. Mögliche Anordnungen des Dachverbandes

und wirken als einhüftige Rahmen. Der Dachverband ist hier auch infolge der lotrechten Lasten beansprucht.

Bild B 8 zeigt im Querschnitt und Grundriß eine nach diesem Prinzip ausgeführte Flugzeughalle.

Praktisch kann der Dachverband entweder in Höhe der Binderobergurte, d. h. direkt unter der Dachhaut, oder in Höhe der Untergurte angeordnet werden (Bild B 9). Die erste Lösung bedingt einen Knick im Bereich der Toröffnung (in der geneigten Vorderfläche wird meistens nur ein Sekundärverband durchgeführt), die zweite verlangt zusätzliche Tragelemente und ist oft architektonisch unerwünscht.

Selbstverständlich sind auch hier Lösungen ohne schubsteife Dachscheibe möglich, z. B. bei Anordnung von unten eingespannten Halbrahmen senkrecht zur Toröffnung (vgl. dazu Abschnitt 2.5.1.3).

1.2.2.4 Normale Anordnung mit einem Dachverband und *vier* Wandelementen

Diese Ausbildung ist die gebräuchlichste und wird deshalb anschließend ausführlich behandelt.

Bild B 10 zeigt eine der möglichen Gliederungen. Diese Anordnung ist grundsätzlich ähnlich derjenigen in Bild B 7a, allerdings mit einer schubsteifen vierten Wand. Der Gesamtaufbau ist somit statisch unbestimmt, weil drei Scheiben zur stabilen Lagerung der Dachscheibe genügen.

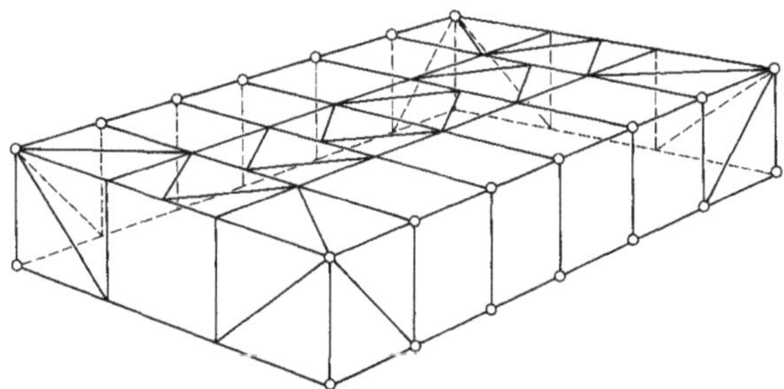

Bild B 10. Halle mit Bindern auf Pendelstützen

1.3 Einteilung der Tragsysteme

Wie in Abschnitt 1.2.1 bereits erwähnt, ist das Ausmaß der räumlichen Wirkung von der gewählten Anordnung abhängig. Für die Weiterbehandlung des Traggerippes werden deshalb die gebräuchlichen Tragsysteme in ebene und räumliche Systeme eingeteilt:

1.3.1 Ebene Tragsysteme

Systeme dieser Art sind Hallenbauten, deren Tragkonstruktion sich in ebene, unabhängig voneinander zu betrachtende Tragstrukturen zerlegen läßt. Die äußeren Kräfte werden ebenfalls in die Tragebenen zerlegt und daraus die entsprechenden Beanspruchungen ermittelt. Bei Traggliedern, die mehreren Ebenen angehören, sind die Beanspruchungen selbstverständlich zu überlagern.

Die Voraussetzung einer unabhängigen Wirkung der Tragebenen (keine gegenseitige Beeinflussung) ist oft nur bei gleichmäßig verteilter Belastung (lotrecht oder waagrecht) erfüllt, während unter Einzellasten gewisse Elemente eine Lastverteilung bewirken können (Lastaufteilung nach dem Hebelgesetz nicht mehr zutreffend). Auch bei ebenen Tragsystemen ist daher öfters eine Untersuchung der räumlichen Tragwirkung für gewisse Lastzustände angezeigt.

Sogar Hallenkonstruktionen mit eindeutiger räumlicher Wirkung, wie z. B. die Flugzeughalle nach Bild B 8, sind als ebene Systeme einzuteilen, falls sich die Tragkonstruktion in unabhängige Tragebenen zerlegen läßt (zuerst Berechnung der Halbrahmen, aus deren Reaktionen Belastung des Dachverbandes usw.).

1.3.2 Räumliche Tragsysteme

Hierunter versteht man Hallenbauten, deren Tragkonstruktion von Anfang an als räumliche Tragstruktur zu behandeln ist (Flächentragwerke, Raumfachwerke usw.). Durch eine konstruktive Auslegung, welche die räumliche Wirkung ausnützt, kann die Wirtschaftlichkeit gesteigert werden.

Räumliche Tragwerke sind meistens hochgradig statisch unbestimmt und besitzen daher, insbesondere für unvorhergesehene Lastfälle, größere Sicherheitsreserven (Kräfteumlagerung möglich). Trotz dieser Vorteile, die allerdings bei den üblichen Bemessungsmethoden nicht direkt berücksichtigt werden, kommen eigentliche Raumtragwerke im Hallenbau aus folgenden Gründen selten zur Anwendung:
— konstruktive Erschwernisse (höhere Bearbeitungs- und Montagekosten),
— relativ geringe Gewichtsersparnisse für die meistens überwiegende gleichmäßig verteilte Belastung,
— Erweiterungen nur bedingt möglich.

2 Systeme mit ebener Tragwirkung

2.1 Allgemeines

Wie bereits in Abschnitt 1.3.1 erwähnt, kann die Tragkonstruktion der meisten Stahlhallen in ebene Tragsysteme zerlegt werden. Die gegenseitige Beeinflussung der verschiedenen Tragebenen wird bei der Bestimmung der Schnittkräfte vernachlässigt, d. h. die Berechnung erfolgt unabhängig für jede Tragebene mit den in der betrachteten Ebene anfallenden Lasten.

Bild B 11 zeigt schematisch eine mögliche Zerlegung der Konstruktion in Tragebenen. Die Haupttragebenen I bis V umfassen die Zwischenebenen II bis IV sowie die zugleich als Giebelwände wirkenden Tragebenen I und V.

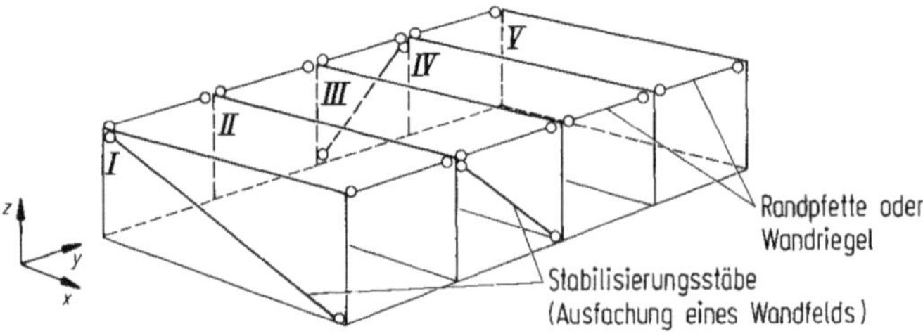

Bild B 11. Zerlegung in Tragebenen

Die Haupttragebenen sind über die kürzere Länge (x-Richtung) angeordnet, wobei in dieser Richtung jede Tragebene stabil angenommen wurde. Zur Stabilisierung in y-Richtung sind in den Längswänden Ausfachungsstäbe angeordnet.

Wären die Tragebenen in sich, d. h. in x-Richtung auch nicht stabil, müßten sie durch eine steife Dachscheibe und durch mindestens drei sich nicht in einem Punkt treffenden Wandscheiben stabilisiert werden (vgl. Abschnitt 1.2.2.3).

Vom statischen Gesichtspunkt aus können die Tragsysteme in statisch unstabile Systeme (in ihrer Ebene), statisch bestimmte Systeme und statisch unbestimmte Systeme eingeteilt werden. Wegen der einfacheren Berechnung werden gelegentlich die Systeme der zweiten Gruppe bevorzugt, obwohl diejenigen der dritten Gruppe eine größere Variationsmöglichkeit erlauben.

Zuerst sollen einige Möglichkeiten für die Aufnahme der Vertikallasten und der Horizontallasten erörtert werden. Anschließend werden die Ausbildungsformen der üblichen Tragsysteme mit ebener Tragwirkung dargestellt.

2.2 Aufnahme der Vertikallasten und der Horizontallasten

2.2.1 Lotrechte Lasten

Beidseitig gelenkig mit den Stützen angeschlossene Binder werden üblicherweise als einfache Balken gerechnet. Dies stellt allerdings eine Näherung dar.
— Bei Hallen mit steifer Dachscheibe und stärkerer Dachneigung (vgl. Bild B 16a) wirkt die Tragkonstruktion als Faltwerk mit eng angeordneten Querscheiben (= Dachbinder), so daß eine räumliche Tragwirkung entsteht. Dieser Einfluß ist selbstverständlich bei geringer Dachneigung sowie bei weicher Dachscheibe vernachlässigbar.
— Bei sehr steifen unten eingespannten Stützen ist unter Umständen der Einfluß der statisch unbestimmten Lagerung zu beachten (vgl. dazu Bild B 18). Dabei ist zu berücksichtigen, daß in der Regel die gelenkige Verbindung zwischen Binder und Stützen am Binderuntergurt erfolgt.

Von den ebenen Tragsystemen bieten die Rahmen- und Bogenbinder die größten Variationsmöglichkeiten; sie sind besonders geeignet für weitgespannte Hallen. Die Rahmenwirkung, d. h. die biegesteife Verbindung der Binder mit den Stützen führt zu günstigeren Binderbeanspruchungen, so daß auch für größere Spannweiten die meist wirtschaftlichere vollwandige Ausbildung in Frage kommt. Bei den Bogenbin-

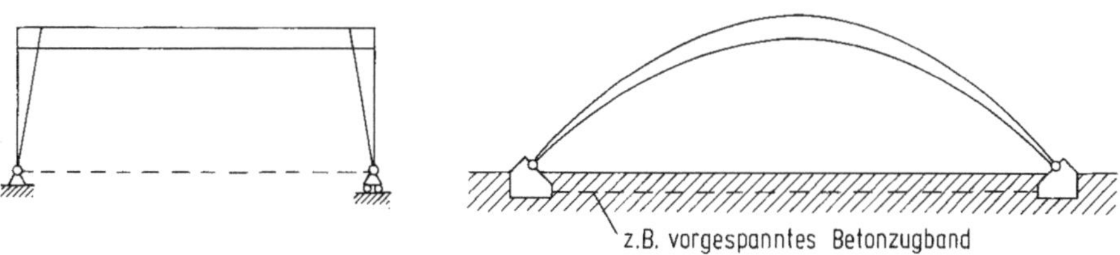

Bild B 12. Zweigelenkrahmen oder -bogen mit Zugband

Annahmen: $J_{\text{Stütze}} = J_{\text{Riegel}}$; $l \equiv h$; V-, N-Einfluß vernachlässigt

Belastung q statisches System						
Momente M_m $\dfrac{ql^2}{8} = 100\%$	100%	60%	100%	87,5%	82,6%	55,6%
$w_m = \dfrac{5ql^4}{384EJ} = 100\%$	100%	52%	100%	85%	79,1%	46,7%
u_m	320%	0	0	120%	83,5%	0

Bild B 13. Verhalten verschiedener Tragsysteme unter lotrechter Belastung

dern kann durch geeignete Formgebung die Vertikalbelastung auf Druck aufgenommen werden (Stützlinienbogen).

Die in jeder Tragebene anfallenden Vertikallasten werden direkt in die Gründung eingeleitet. Dabei ergeben sich je nach dem gewählten statischen System auch größere waagrechte Lagerkräfte. Liegt ein schlechter Baugrund vor, der den Horizontalschub nicht mit vernünftigem Aufwand aufzunehmen vermag, müssen Systeme mit aufgehobenem oder teilweise aufgehobenem Horizontalschub gewählt werden (z. B. Anordnung von Zugbändern nach Bild B 12).

Neben der Standfestigkeit ist aber auch eine genügende *Steifigkeit* von Bedeutung. Bei gleicher Querschnittsausbildung, d. h. bei vergleichbarem Gewicht weisen statisch unbestimmte Systeme kleinere Verformungen auf. In Bild B 13 werden zu Vergleichszwecken die Momente M_m in Balkenmitte sowie die lotrechte Verformung w_m und die waagrechte Auslenkung u_m im gleichen Punkt m für verschiedene Tragsysteme unter gleichmäßig verteilter Vertikallast dargestellt.

Beachtenswert ist, daß sich bei unsymmetrischer Ausbildung unter den symmetrisch angenommenen Vertikallasten größere Horizontalverformungen ergeben. Diese Anordnung ist daher möglichst zu vermeiden.

2.2.2 Waagrechte Lasten längs

Lasten senkrecht zur Giebelwand werden üblicherweise durch die Giebelwandkonstruktion aufgenommen, die sich auf die Windverbandsscheiben im Dach und in den Längsfassaden abstützt. Bild B 14 zeigt mögliche Anordnungen mit dem entsprechenden Kräftespiel für einfach gelagerte Binder. Liegt der Dachverband nicht in einer

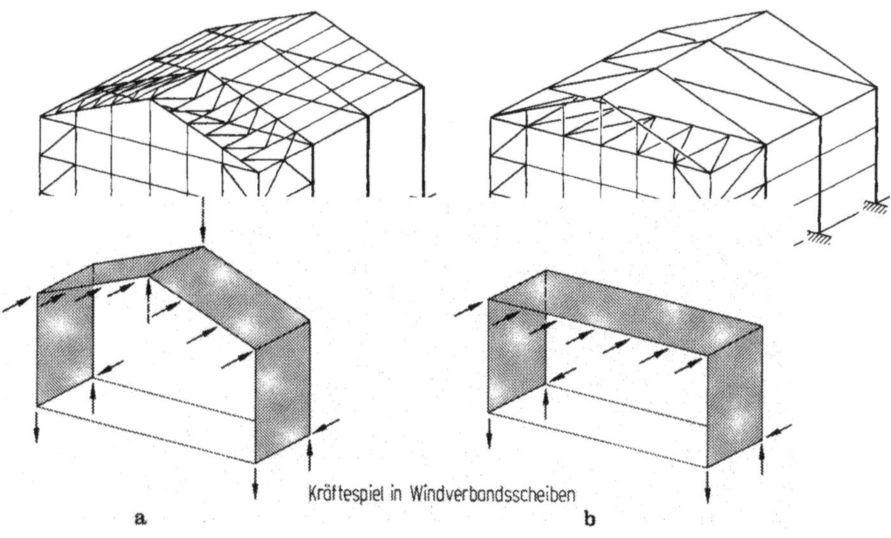

Bild B 14. a Windverband in der Dachneigung; **b** Windverband auf Untergurthöhe

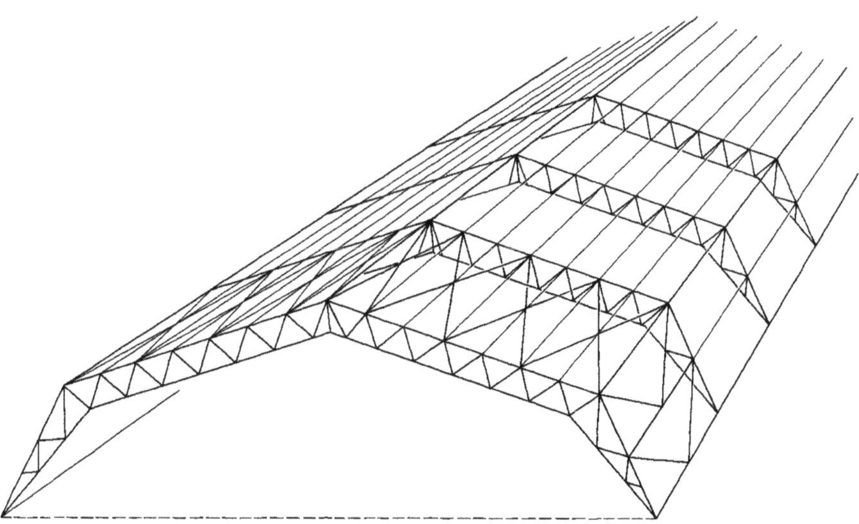

Bild B 15. Dachquerverband einer Bogenhalle

Ebene, sondern nach Bild B 14a in den geneigten Dachflächen, führen die am Knick (First) auftretenden Ablenkungskräfte zu einer Zusatzbeanspruchung der Binderscheiben.

Durch eine Einspannung der Giebelstützen im Fundament können die Beanspruchungen des Verbandssystems reduziert werden, wobei die Mehrkosten für die Gründung zu berücksichtigen sind. An sich wäre auch eine Ausbildung mit Kragstützen in der Giebelwand möglich, ohne Verbandsscheiben. Diese Anordnung ist meistens unwirtschaftlich und zudem durch große waagrechte Auslenkungen gekennzeichnet.

Für Rahmen und Bogenkonstruktionen wird eine analoge Lösung gewählt, wie dies aus Bild B 15 am Beispiel fachwerkartiger Bogenbinder ersichtlich ist. Die Windverbandsscheibe kann als Teil einer Dachscheibe, analog Bild B 14a, oder entsprechend Bild B 14b als unabhängiger Fassadenträger ausgebildet werden.

2.2.3 Waagrechte Lasten quer

2.2.3.1 Binder auf gelenkigen Stützen

Gelenkige Stützen können, abgesehen von der örtlichen Biegung, nur Normalkräfte aufnehmen. Bild B 16 zeigt mögliche Verbandsanordnungen für eine solche einschiffige geschlossene Halle: die Horizontalkräfte in x-Richtung werden durch die Dachscheibe, gebildet durch das mittels Verbänden ergänzte Traggerippe oder durch eine schubsteife Dacheindeckung, in die ausgefachten Randfelder eingeleitet. Die Anordnung b) mit waagrechtem Verband ist statisch günstiger, architektonisch aber unerwünscht. Bei Hallen mit Flachdach besteht diese Schwierigkeit nicht.

Eine Anordnung mit vier Wandscheiben ist an sich statisch unbestimmt (vgl. Abschnitt 1.2.2.4). Bei symmetrischer Ausbildung darf dennoch die Tragkonstruktion für symmetrische Horizontallasten normalerweise wie ein statisch bestimmtes System behandelt werden. Bei Flugzeughallen (vgl. Abschnitte 1.2.2.3 und 2.5.1) können nur

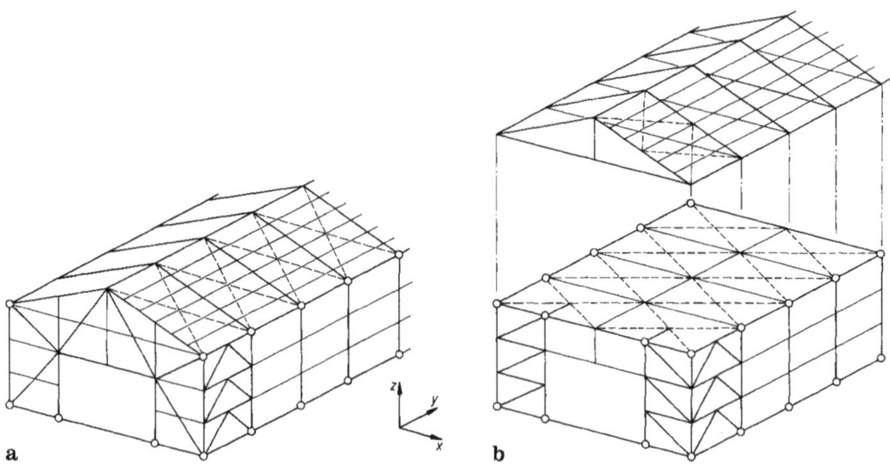

Bild B 16a, b. Verbandsanordnungen für Binder auf gelenkigen Stützen

drei Wandscheiben angeordnet werden, vgl. Bild B 36, so daß der Aufbau statisch bestimmt ist.

Bei sehr breiten Hallen ist es nicht erforderlich, den Dachverband über die ganze Hallenbreite zu legen. Bild B 10 zeigt eine solche Anordnung. Der Längsverband ist in den zwei Querverbänden elastisch eingespannt, so daß die waagrechten Auslenkungen trotz der im Verhältnis zur Spannweite beschränkten Verbandshöhe klein bleiben. Die durch die Schiefstellung der Pendelstützen bewirkten Ablenkungskräfte wären sonst zu berücksichtigen.

Tragsysteme mit gelenkigen Stützen eignen sich nicht für im Verhältnis zur Breite allzu lange Hallen — es sei denn Zwischenstützungen können angeordnet werden — sowie für Hallen, bei denen eine Erweiterung in Längsrichtung vorgesehen ist.

2.2.3.2 Binder auf eingespannten Stützen

Durch die Einspannung der Stützen und ihre Biegesteifigkeit erreicht man, ohne durchgehenden Längsverband, eine genügende Stabilisierung der Tragstruktur in Querrichtung. Die fachwerkartigen oder vollwandigen Binder werden in der Regel beidseitig gelenkig mit den Stützen angeschlossen. Bild B 17a zeigt die Aufnahme der waagrechten Lasten in den Zwischenebenen: der senkrecht auf die Längsfassade wirkende Wind und der Kranschub werden unmittelbar durch die in der Tragebene vorhandenen zwei eingespannten Stützen auf Biegung aufgenommen und zu den Fundamenten weitergeleitet.

Bei größerem Abstand der Binderebenen sind in den Längsfassaden Zwischenstützen erforderlich, die sich in der Dachebene auf einen besonderen Träger stützen. Dieses Element wird üblicherweise fachwerkartig ausgebildet, auf einfachste Weise durch Anordnung einer Ausfachung zwischen dem äußersten Pfettenpaar (ähnlich Bild B 19).

Bei einer solchen Fassadenausbildung geht ein Teil der Windkräfte direkt in das Fundament und der Rest wird durch den Dachträger in die Tragebenen eingeleitet. In jeder dieser Ebenen ist das Gleichgewicht zwischen den äußeren Lasten und den Auflagergrößen in den zwei Stützenfußpunkten, einschließlich der Reaktionen der Zwischenstützen, für sich erfüllt.

Die erste und die letzte Tragebene (Giebelfassade) können entweder gleich wie die anderen Tragebenen (falls eine Erweiterung der Halle in Längsrichtung vorgesehen ist) oder nach Bild B 17b fachwerkförmig ausgebildet werden.

Mit der in Bild B 17a gezeigten Binderlagerung ist jede Tragebene statisch un-

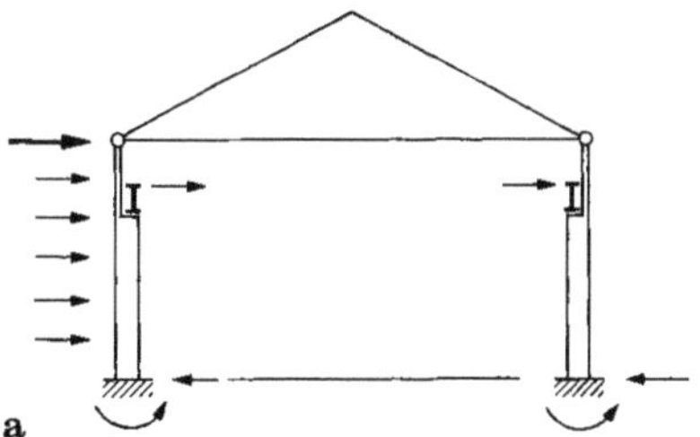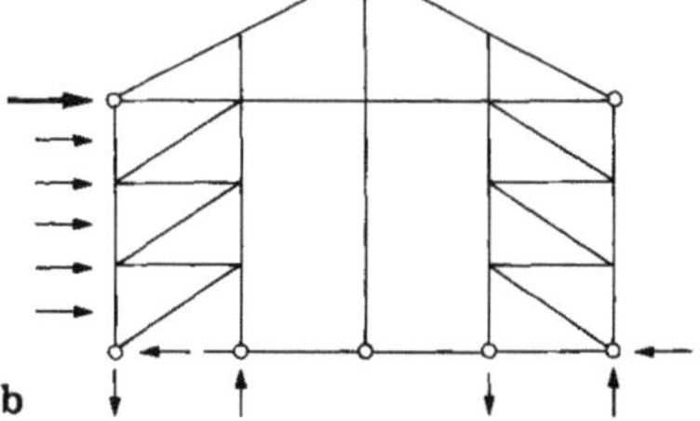

Bild B 17. a Binderebene; **b** Giebelwand

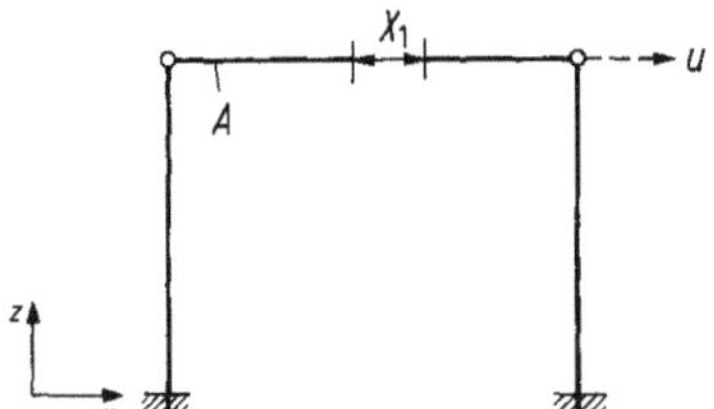

Bild B 18. Überzählige Größe X_1

bestimmt (für die Vertikalbelastung vgl. Abschnitt 2.2.1). Durch Einführung der Stabkraft X_1 als überzählige Größe erhält man nach Bild B 18 ein günstiges Grundsystem.

Zur Bestimmung der Verschiebung u eignet sich eine Aufspaltung in symmetrische und antimetrische Lastanteile, da bei gleicher Ausbildung der Stützen X_1 für die antimetrische Belastung verschwindet. Für Überschlagsberechnungen darf öfters der Dachbinder als unendlich steif angenommen werden (A → ∞), so daß die waagrechten Auslenkungen der Stützenköpfe gleich sind.

Bei Kombination von stählernen Dachbindern mit Stahlbetonstützen oder Mauerwerk werden die Binder üblicherweise auf einer Seite beweglich gelagert: für diesen Sonderfall liegt ein statisch bestimmtes System vor.

Schließlich ist zu erwähnen, daß die Begriffe „gelenkige" und „eingespannte" Stützen nicht wörtlich zu verstehen sind: auch bei der Ausbildung nach Abschnitt 2.2.3.1 mit steifem Dachlängsverband werden die Stützenfüße öfters im Fundament eingespannt, um eine bessere Steifigkeit für die Stützen zu gewährleisten. Für die Modellbildung kommt es hier auf das Verhältnis der waagrechten Auslenkungen des Dachverbandes, falls diese Scheibe die anfallenden Lasten allein übernehmen würde, zu den Stützenkopfverschiebungen für unabhängige Tragebenen (Bild B 17a). Sind diese Verformungen wesentlich größer als jene der Dachscheibe, dürfen in erster Näherung die Horizontallasten ganz dem Verband zugewiesen werden. Die entsprechenden Auslenkungen erlauben auf einfache Art die Ermittlung der in den Stützen auftretenden geringen Einspannmomente. Für eine genauere Untersuchung des räumlichen Verhaltens sei auf Abschnitt 2.2.3.4 hingewiesen.

2.2.3.3 Bogen- und Rahmensysteme

Jede Binderebene ist in Querrichtung stabil und leitet die auf ihr wirkenden Horizontallasten in die Gründung. Bild B 19 zeigt die räumliche Anordnung einer Rahmenhalle. In den Längsfassaden sind die in Abschnitt 2.2.3.2 bereits erwähnten Zwischenstützen mit dem sekundären Dachverband dargestellt.

Als Ergänzung zu Bild B 13 zeigt Bild B 20 — für die gleichen Tragsysteme — die Momentenfläche sowie die lotrechte Verschiebung w_m in Bindermitte und die waagrechte Auslenkung u_m der Stützenköpfe für eine Horizontallast in Riegelhöhe. Wie zu erwarten ist, zeigen die hochgradig statisch unbestimmten Systeme ein besseres Verhalten hinsichtlich Beanspruchung (kleinere Maximalwerte der Momente) und bezüglich Verformung auf.

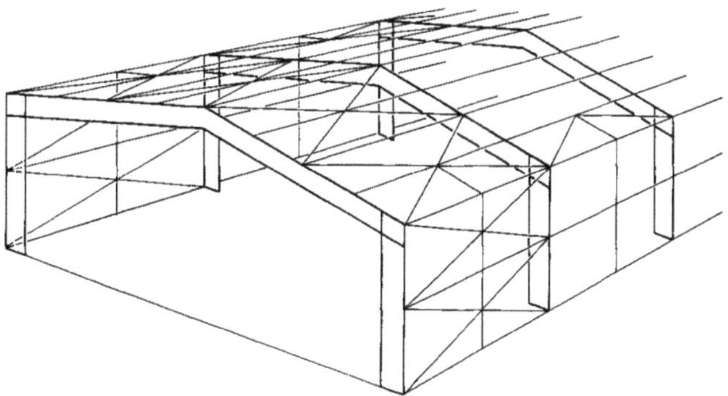

Bild B 19. Räumliche Anordnung einer Rahmenhalle

Annahmen: $J_{\text{Stütze}} = J_{\text{Riegel}}$; $l \equiv h$; V-, N-Einfluß vernachlässigt

Belastung H statisches System						
max. Momente $Hh = 100\%$	100%	50%	50%	62,5%	43,5%	28,6%
w_m	9,37%	0	0	3,52%	2,45%	0
$u_\text{m} = \dfrac{2Hh^3}{3EJ} = 100\%$	100%	37,5%	25%	21,9%	15,2%	8,9%

Bild B 20. Verhalten verschiedener Tragsysteme unter waagrechter Belastung

Bei diesen Vergleichen darf nicht vergessen werden, daß auch beim eingespannten Rahmen die Horizontalkräfte auf Biegung abgeleitet werden. Bei direkter Aufnahme durch Normalkräfte, wie dies in einer Ausfachung geschieht, ergeben sich nicht nur eine günstigere Kraftaufnahme, sondern auch geringere Verformungen. Ausgefachte Giebelwände zeigen deshalb waagrechte Auslenkungen, die eine Größenordnung kleiner sind als die der Zwischenebenen. In erster Näherung dürfen solche Giebelwände, bezogen auf die Verformbarkeit der rahmenartig ausgebildeten Binderebenen, als starr angesehen werden.

2.2.3.4 Kombinierte Systeme

Die bisherigen Betrachtungen beschränkten sich auf „reine" Bauformen, mit einer eindeutigen Aufnahme der quergerichteten Horizontallasten. Dieses statisch „saubere" Verhalten wirkt sich bei größeren wandernden Horizontallasten, z. B. beim Kranschub, ungünstig aus. Beim in Bild B 21 gezeigten System mit eingespannten Stützen muß jede Tragebene auf den vollen Wert bemessen werden. Ähnliches gilt für Bauwerke mit rahmenartigen Binderebenen, wie sie wegen der größeren Seitensteifigkeit oft bei Hallen mit Kranbahnen gewählt werden: die von jedem Rahmen aufzunehmenden Horizontalstöße sind häufig für die Bemessung maßgebend.

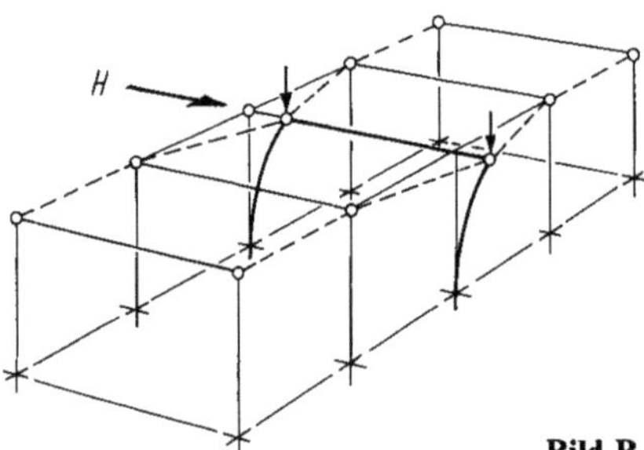

Bild B 21. Verformung einer Halle ohne Längsverband

Bei wandernden Lasten ist somit die Heranziehung der Nachbarebenen sinnvoll. Dabei kommen folgende Lösungen in Frage:
— Anordnung eines Längsverbandes auf Höhe der Kranbahn oder kastenförmige Ausbildung des Kranbahnträgers (hohe Seitensteifigkeit). Bei schweren Krananlagen ist eine dieser Lösungen für die Aufnahme des Kranschubes zwischen den Binderscheiben ohnehin erforderlich (vgl. Abschnitt 8.5.2.3).
— Anbringen eines Längsverbandes in der Dachebene. Ein einfacher Längsverband wird häufig aus Montagegründen oder zur Abstützung von Zwischenstützen in der Fassade (vgl. Bild B 19) angeordnet. Bei entsprechender Ausbildung und Bemessung kann er auch die Funktion eines längsverteilenden Trägers übernehmen. Ausgefachte steife Giebelfassaden werden ebenfalls zur Versteifung herangezogen (besonders in den Randbereichen längerer Hallen sowie bei kurzen Hallen).

Bild B 22 zeigt in schematischer Art den Einfluß eines längsverteilenden Kranbahnverbandes. Der Anteil der „direkt" belasteten Binderscheibe (Kranstellung in dieser Ebene) beträgt für nachstehende Ausbildungsformen des waagrechten Kranbahnverbandes:
— einfacher Balken   100 %,
— durchlaufend bei kleiner relativer Steifigkeit des längsverteilenden
   Verbandes im Vergleich zu derjenigen der Binderscheibe   ca. 95 %,
— durchlaufend bei großer relativer Steifigkeit   ca. 50 %.

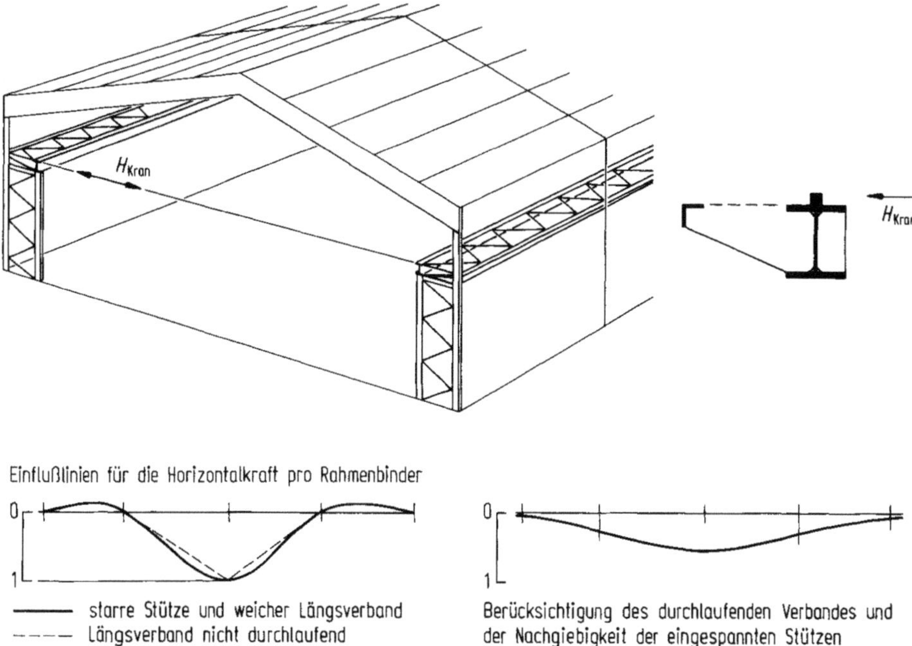

Bild B 22. Ausbildung mit längsverteilendem Kranbahnverband

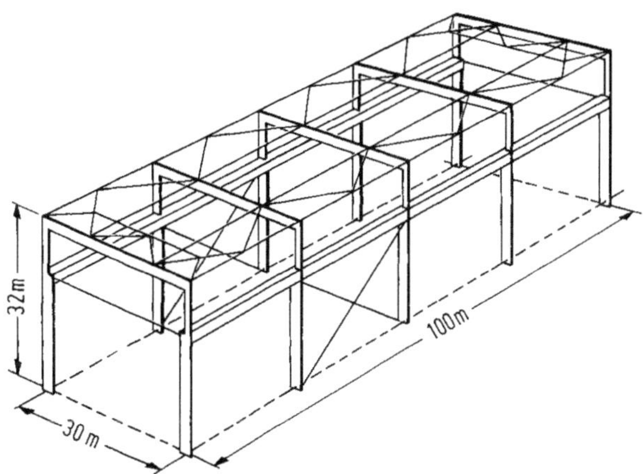

Bild B 23. Schwere Industriehalle mit längsverteilenden Elementen

Gehri (1975) hat Vergleichsberechnungen an der in Bild B 23 gezeigten Halle mit Rahmenbindern und schweren kastenförmigen Kranbahnträgern (zwei gekoppelte Krane zu je 2500 kN Tragkraft) durchgeführt. Die Anordnung eines durchgehenden steifen Dachverbandes oder die durchlaufende Anordnung der Kranbahnträger führt zu einer ähnlichen Verkleinerung der Einspannmomente im Fundament (Größenordnung 50%), obwohl die Biegesteifigkeit des direkt belasteten Kranbahnträgers bezüglich Querlasten nur $^1/_4$ derjenigen des Dachverbandes erreicht. Die Kombination beider verteilender Elemente bringt für diese Halle nur eine weitere Reduktion um 10%.

Durch die Heranziehung der Mitwirkung der Nachbarelemente verkleinern sich die Beanspruchungen der Binderscheiben und deren Fundamente somit deutlich. Zudem verformt sich die Konstruktion unter Wanderlasten weniger (günstig für den Kranbetrieb). Unter der Voraussetzung gleicher zulässiger Verformungen und Spannungen ist daher die Ausbildung einer leichteren Tragstruktur möglich.

Für eine Vorbemessung kann das verteilende Element als Balken auf elastischer Stützung aufgefaßt werden. Dabei ergibt sich die Steifigkeit der Stützungen als Kehrwert der Auslenkung einer Binderscheibe infolge einer waagrechten, in der Höhe des verteilenden Elementes wirkenden Einheitslast. Als Belastung des Verteilbalkens sind die Auflagerkräfte der in dieser Höhe seitlich unverschieblich gestützten Binderebenen einzuführen. Die Auflagergrößen des Verteilbalkens bestimmen dann die auf die einzelnen Binderscheiben wirkenden Anteile der Horizontalkraft.

Für die endgültige Bemessung wird in der Regel eine räumliche Berechnung durchgeführt. Dabei können nach Bild B 24 die Binderscheiben in die Ebene des verteilenden Elements geklappt werden, so daß die üblichen Programme für die elektronische Berechnung *ebener* Systeme verwendbar sind (vgl. Dubas, 1981 b).

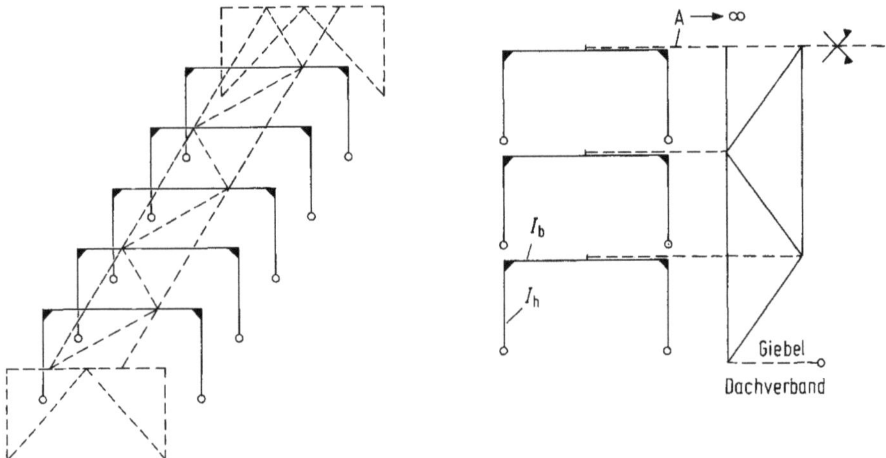

Bild B 24. Ebene Abbildung einer räumlichen Halle

2.3 Einschiffige, allseitig geschlossene Hallen

Die bisherigen Betrachtungen bezogen sich vor allem auf einschiffige, allseitig geschlossene Hallen. Ergänzungen allgemeiner Art scheinen deshalb nicht erforderlich: für die gebräuchlichen Aufbauformen darf auf die Abschnitte 2.2.1 und 2.2.2 und für Anwendungsbeispiele auf die Bilder B 25 a und 25 b hingewiesen werden. Anschließend werden die Unterschiede, die bei besonderen Hallenformen auftreten, herausgestrichen.

Bild B 25. a Halle mit Pendelstützen und Dachverband. **b** Halle mit Rahmenbindern und verteilendem Längsverband

2.4 Mehrschiffige Hallen

Bei mehrschiffigen Hallen besteht eine Vielfalt von Kombinationen, indem mehrere Systeme nebeneinander verwendet werden können. Die Frage nach einem möglichst wirtschaftlichen Gesamtsystem läßt sich besonders hier kaum ohne Vergleichsuntersuchungen beantworten.

2.4.1 Kombinationsmöglichkeiten für mehrschiffige Hallen

Die in Bild B 26 skizzierte Aneinanderreihung von praktisch unabhängigen Tragsystemen stellt selten die optimale Lösung dar. Sie kann sich bei unvorhergesehener Erweiterung ergeben, weil eine nachträgliche Verstärkung der Innenstützen oft teurer ist als zusätzliche, daneben gestellte Stützen. Diese Anordnung ist auch bei Serien-

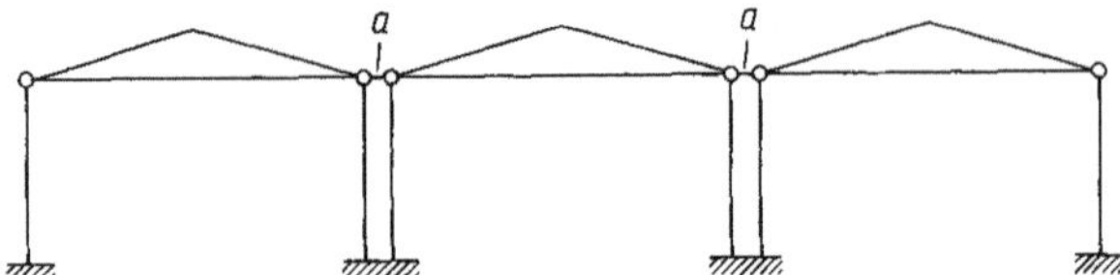

Bild B 26. Aneinandergereihte Hallenschiffe

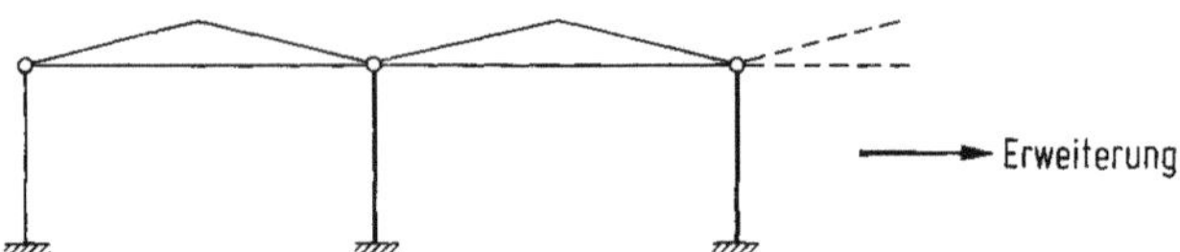

Bild B 27. Schiffe mit gemeinsamen Innenstützen

Bild B 28. Durchlaufender Binder

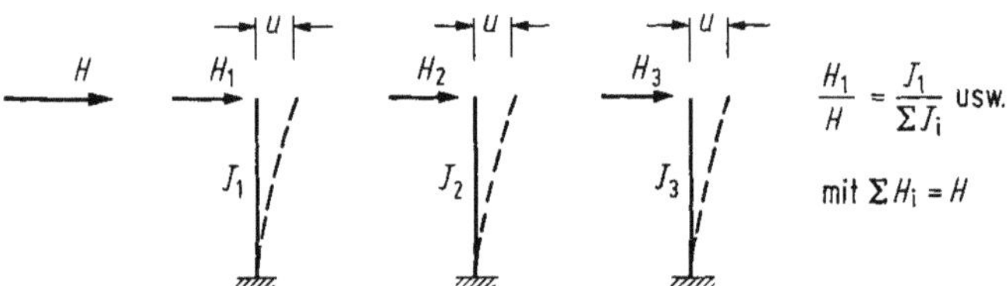

Bild B 29. Verteilung der Horizontalkraft H

hallen wegen der einfacheren Normierung anzutreffen. Die mit „a“ bezeichneten Verbindungsstücke sind statisch nicht erforderlich, erhöhen aber die Seitensteifigkeit.

Die Ausbildung nach Bild B 27 mit gemeinsamen Innenstützen ist als Normalfall zu bezeichnen. Ist eine Erweiterung geplant, so sind die entsprechenden Stützen zum voraus für die zukünftigen Belastungen zu bemessen.

Die Anordnung nach Bild B 28 führt durch Ausnützung der Durchlaufwirkung des Binders zu einer Verminderung des Materialaufwandes und gleichzeitig zu einer steiferen Konstruktion.

Bei den gezeigten Hallen (Binderunterkanten und Fundationen jeweils in derselben Ebene liegend) nehmen die Stützen, falls sie gleiche Randbedingungen besitzen, die Horizontallasten im Verhältnis zu ihrer Steifigkeit auf. Die in Bild B 29 angegebene Beziehung für die Kraftanteile gilt unter der Voraussetzung, daß die Riegel oder die Binderscheiben in Hallenquerrichtung dehnstarr sind (Längenänderungen infolge Normalkraft vernachlässigt, vgl. Abschnitt 2.2.3.2). Alle Stützenköpfe verschieben sich dann waagrecht um die gleiche Auslenkung u.

Bei komplizierteren Fällen (*EJ* veränderlich; Kräfte *H* mitten in den Stützen wirkend, z. B. Kranbremskraft; verformbare Binderscheiben, z. B. Unterkante gekrümmt; usw.) ergibt sich die Verteilung durch ähnliche Überlegungen. Zudem ist die räumliche Verteilung von Einzelkräften *H* zu berücksichtigen; dieser Einfluß ist je nach Anordnung und Ausbildung der Verbände mehr oder weniger ausgeprägt (vgl. Abschnitt 2.2.3.4).

Anstatt alle Stützen auf Druck und Biegung zu beanspruchen, ist es häufig vorteilhafter, nach Bild B 30 die stärksten Stützen allein zur Aufnahme der seitlichen Horizontalkräfte heranzuziehen (meistens nur unwesentliche Verstärkung nötig) und die anderen als Pendelstützen auszubilden (kleinerer Material- und Bearbeitungsaufwand, weil keine Biegung; billigere Fundamente; schlanke Ausbildung, in der Fassade architektonisch oft erwünscht).

Die in Bild B 30b dargestellte Variante besitzt einen steifen Mitteltrakt, der oft zweistöckig oder mehrstöckig ausgebildet ist.

Die bisher gezeigten Hallen sind durch „Binder auf eingespannten Stützen" gekennzeichnet (vgl. Abschnitt 2.2.3.2). Ähnliche Kombinationen sind auch bei den anderen Binderlagerungen möglich, insbesondere bei Rahmen- und Bogenbindern. Bild B 31 zeigt eine Zwillingshalle mit durchlaufendem Rahmen. Die Lagerung am Fuß ist gelenkig, ein Zugband in der Höhe der Rahmenecke dient zur Verminderung der Biegemomente infolge Vertikallast, besonders in den Stützen.

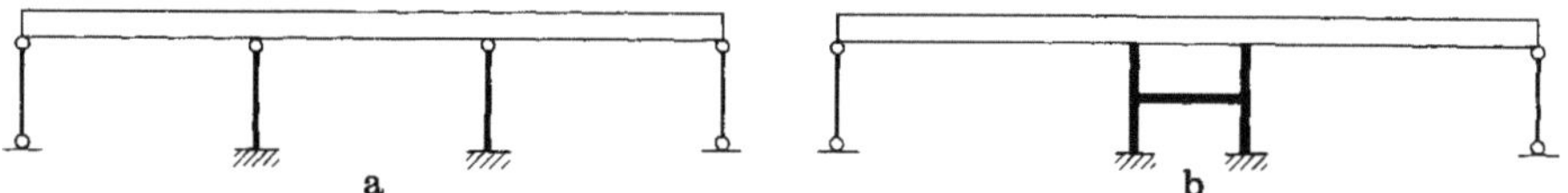

Bild B 30a, b. Hallen mit Pendelstützen in den Fassaden

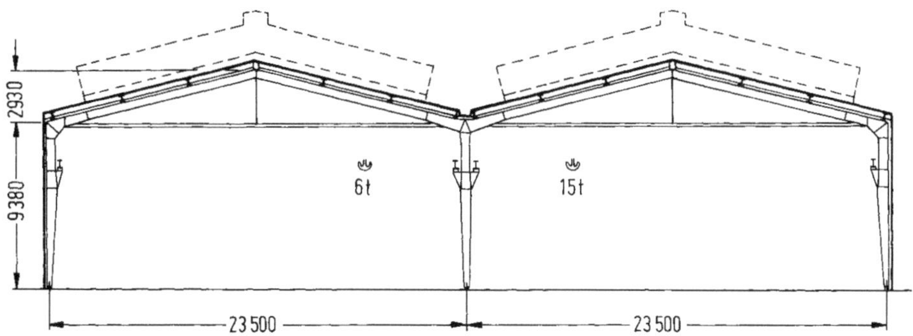

Bild B 31. Zweischiffige Halle für den Elektromaschinenbau (Bauen in Stahl 1, S. 49)

2.4.2 Besonderheiten bei verschieden hohen Hallenschiffen

Die betrieblichen Gegebenheiten führen oft zu nebeneinander liegenden Hallenschiffen ungleicher Höhe und Spannweite (Bild B 32). Besonders für Hallen der Schwerindustrie spielen die Kranlasten die Hauptrolle: die Stützen (und die Kran-

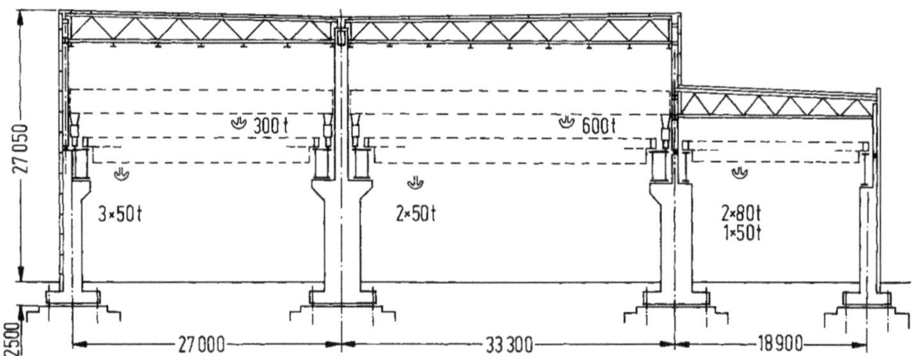

Bild B 32. Dreischiffige Halle für den schweren Maschinenbau (Boué und Kruse, 1973)

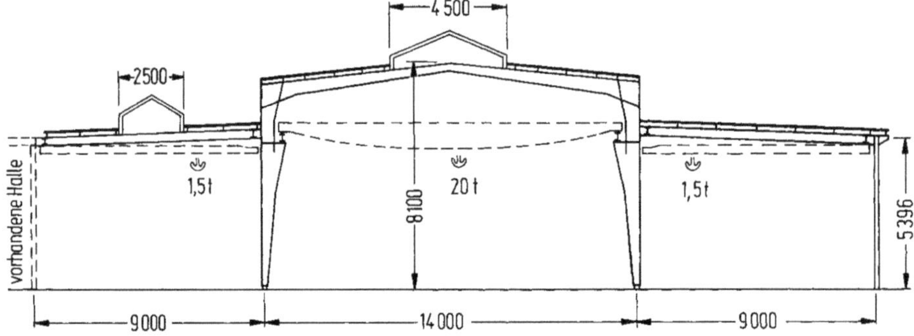

Bild B 33. Dreischiffige Maschinenbauhalle (Bauen in Stahl 1, S. 79)

bahnen) sind das wichtigste Tragelement, während die Dachkonstruktion an Bedeutung verliert. Wie überall bei Krananlagen ist der Entwurf in enger Zusammenarbeit mit den künftigen Benützern zu bearbeiten.

Sind die Seitenschiffe eher als niedrige Anbauten zur Haupthalle aufzufassen (Bild B 33), so wird oft die sekundäre Tragkonstruktion gelenkig an die Hauptstützen angeschlossen (keine Mitwirkung mit dem Haupttragsystem, aber einfachere Anschlüsse).

2.4.3 Besondere Tragwerksformen für mehrschiffige Hallen

Neben den bereits angeführten Kombinationen sind auch besondere, auf mehrschiffige Hallen hin entwickelte Tragwerksformen möglich. Hauptmerkmal ist hier die Verringerung der Anzahl der Innenstützen (mit dem Grenzfall einer vollständigen Vermeidung von Innenstützen) durch die Anordnung von *Längsunterzügen* (Abfangträger). Vor allem betriebliche Gegebenheiten können eine solche Lösung erzwingen, indem oft größere stützenfreie Verbindungsgänge zwischen nebeneinanderliegenden Hallenschiffen erforderlich sind. Einige Ausbildungsformen für Konstruktionen dieser Art sind in Abschnitt 2.6 aufgeführt.

2.5 Teilweise offene Hallen

2.5.1 Flugzeughallen

In einem Flugzeughangar werden die Flugzeuge in der Regel nebeneinander aufgestellt, so daß die Hallenbreite meist größer ist als die Tiefe. Vom statischen Standpunkt aus liegt die Besonderheit vor, daß eine Wand — entsprechend dem vorher Gesagten meistens eine Längswand — beweglich auszubilden ist; diese Toröffnung soll stützenfrei sein oder nur ganz wenige Stützen aufweisen. Zudem sind Innenstützen normalerweise nicht erlaubt. Nachstehend sollen einige geläufige Ausbildungsmöglichkeiten für die Tragkonstruktion skizziert werden.

2.5.1.1 Binder parallel zur Toröffnung gespannt

Bei dieser Anordnung entspricht die Torwand der Giebelwand einer geschlossenen Halle. Für die Aufnahme der vertikalen Belastung treten somit — abgesehen von den großen Binderspannweiten — keine Besonderheiten auf. Für die räumliche Tragwirkung unter Horizontalkräften sei auf Abschnitt 1.2.2.3 hingewiesen.

Diese Anordnung ist sicher zweckmäßig, wenn die Hallentiefe größer ist als die Länge der Torwand. Wie bereits erwähnt, ist aber eine solche Grundrißform aus betrieblichen Gründen selten anzutreffen. Die beschriebene Lösung kommt daher eher bei etwa quadratischem Grundriß in Frage, so z. B. beim ersten Hangar des Flughafens Zürich-Kloten mit einer Tiefe von 65 m und einer nutzbaren Toröffnung von 75 m. Die Binder sind hier als unsymmetrische Dreigelenkbögen ausgebildet (Verringerung des von den Pfahlfundationen aufzunehmenden Horizontalschubes; Stüssi, 1949), wie dies aus Bild B 34 ersichtlich ist.

Die Stabilisierung für Kräfte parallel zum Tor erfolgt durch die Binder, für Kräfte senkrecht zum Tor durch einen Dachwindverband (ähnlich Bild B 15).

Die Binder können nach Bild B 35 auch als Zweigelenkrahmen ausgeführt werden. Um die vorgeschriebene maximale Gebäudehöhe einzuhalten, sind bei dieser Werfthalle die Fachwerkriegel in der Mitte unterbrochen und durch Vollwandüberzüge ersetzt.

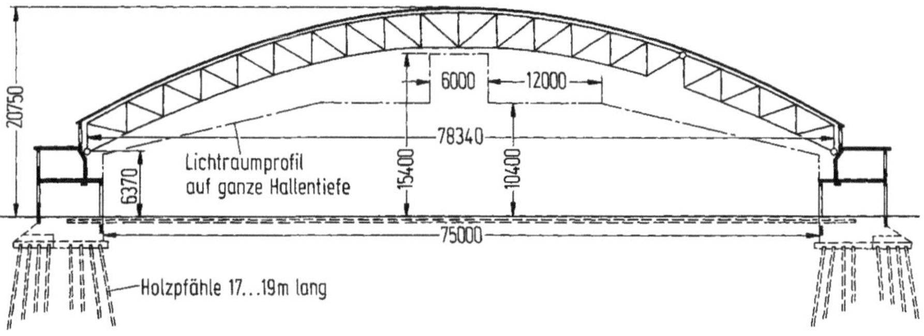

Bild B 34. Erster Hangar in Zürich-Kloten (Stüssi, 1950)

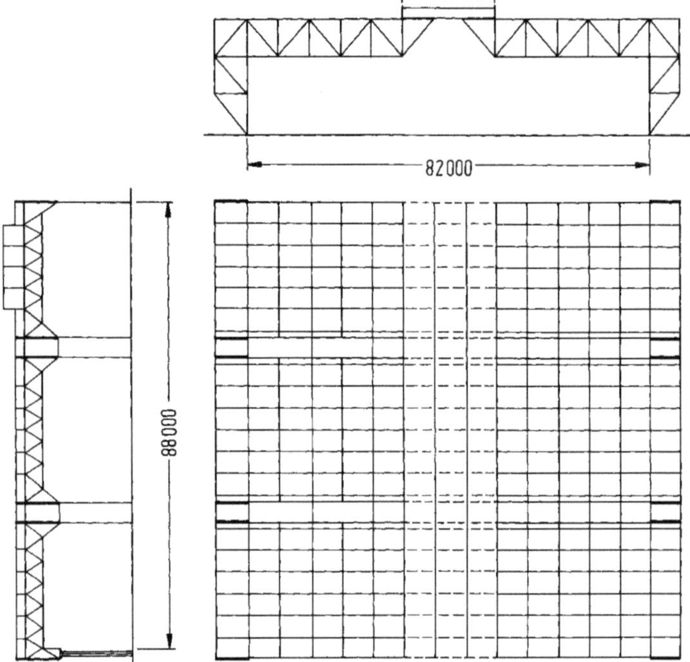

Bild B 35. Werfthalle Hannover-Langenhagen (Rauthmann, 1981)

Selbstverständlich kommen auch freiaufliegende Binder in Frage. Liegen besondere Bedingungen vor, z. B. eine starke Beschränkung der Hallenhöhe aus Gründen der Flugsicherheit, so kann sich sogar bei großer Spannweite eine Lösung mit vollwandigen Bindern aufdrängen (Stockholm-Arlanda, Spannweite 75 m, Stehblechhöhe 3300 mm; vgl. Carlsson, 1974).

Darf mindestens eine Innenstütze vorgesehen werden, so können die Binder durch einen Unterzug abgefangen werden, der sich einerseits auf die erwähnte Stütze und andererseits auf die Rückwand abstützt. Diese Lösung bietet den Nachteil einer kleineren Flexibilität der Nutzung.

2.5.1.2 Binder quer zur Toröffnung gespannt, von einem Unterzug abgefangen

Die Binder sind über die Hallentiefe gespannt, so daß ihre Stützweite in der Regel kleiner ist als bei der Ausführung nach Abschnitt 2.5.1.1. Der Unterzug läuft parallel zur Torwand; er kann dabei entweder direkt über der Toröffnung liegen oder aus der Torebene in das Innere der Halle zurückversetzt werden. Diese letzte Lösung führt zu günstigeren Lagerungsbedingungen für die Binder (kleinere Spannweiten, dazu Verminderung der Biegemomente durch die Wirkung der Kragarme Richtung Tor). Zudem kann die Nutzhöhe im Torbereich durch Hinaufziehen der Binderkragarme vergrößert werden (Platz für die Schwanzruder). Nachteilig ist allerdings, daß sich die Belastungen des Unterzuges erhöhen.

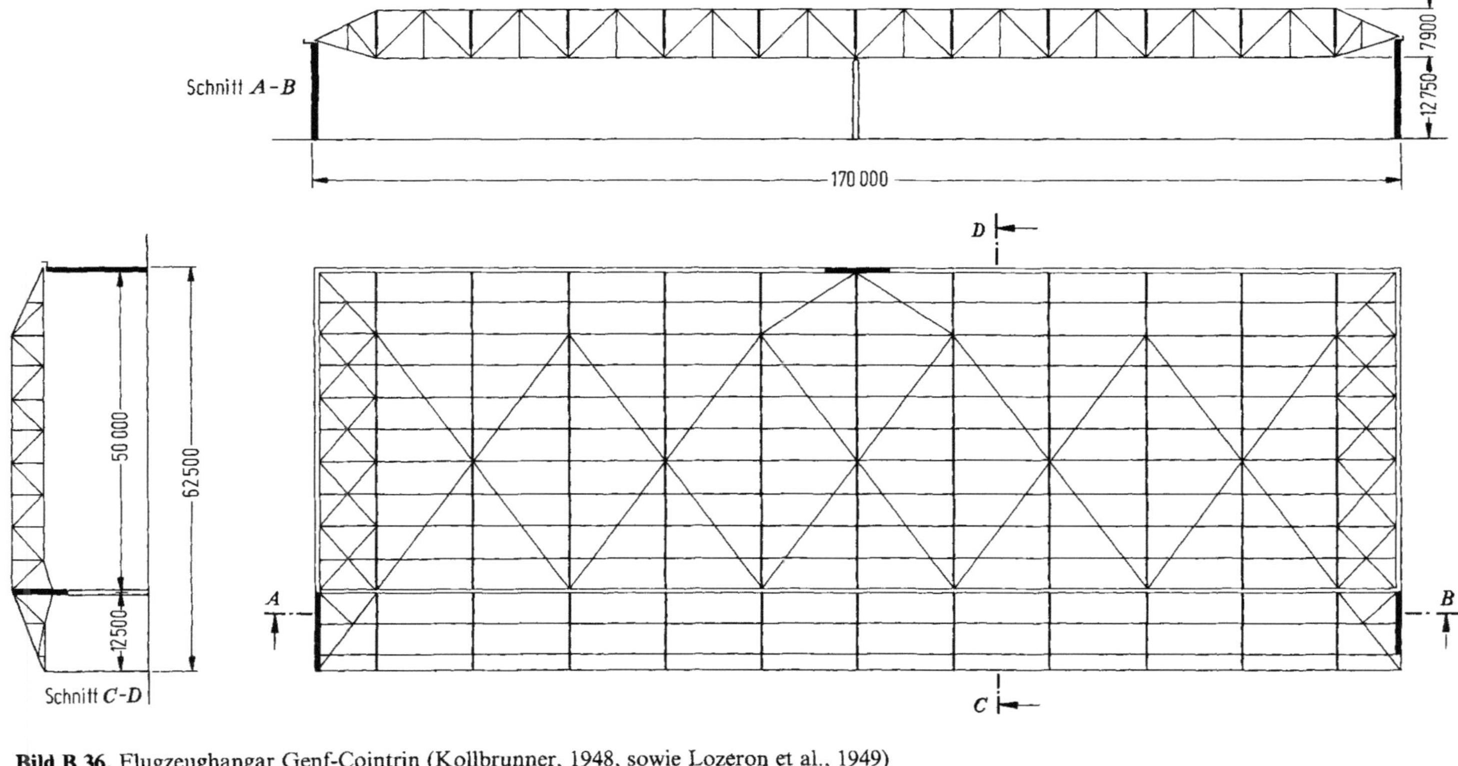

Bild B 36. Flugzeughangar Genf-Cointrin (Kollbrunner, 1948, sowie Lozéron et al., 1949)

Die räumliche Wirkung bleibt grundsätzlich ähnlich wie bei der Anordnung nach Abschnitt 2.5.1.1.

Für das statische System des hochbeanspruchten Unterzuges kommt wieder der einfache Balken, der Durchlaufträger (Stütze in der Toröffnung oder leicht zurückversetzt, nötig) oder der Zweigelenkrahmen in Frage. Bild B 36 zeigt die allgemeine Anordnung des Flugzeughangars in Genf-Cointrin. Die daneben liegende Montagehalle (nicht dargestellt) ist ähnlich ausgebildet, allerdings mit einem als einfacher Balken gelagerten Unterzug (Spannweite 80 m). Die räumliche Stabilisierung ist durch einen Dachverband und drei massive Wandscheiben, im Grundriß schwarz ausgezogen, gewährleistet (entsprechend Abschnitt 1.2.2.3).

Für eine ähnliche Ausbildung mit einem über zwei Öffnungen von je 135 m durchlaufenden Tortläger sei auf Reimers und Stucke (1982) hingewiesen.

2.5.1.3 Binder quer zur Toröffnung auskragend

Bei dieser Anordnung sind die Binder nur im Bereich der Rückwand gelagert. Für das statische System kommen folgende Lösungen in Frage:
— *Kragbinder*, im Bereich der Rückwand eingespannt (Bild B 37)
— *Seilverspannte Binder* (Bild B 38); diese Anordnung ist grundsätzlich ähnlich der

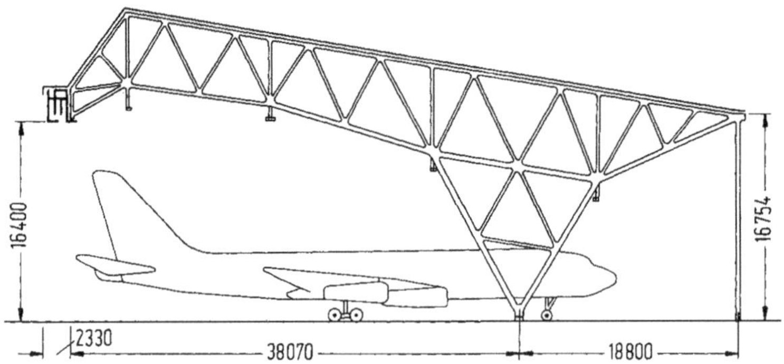

Bild B 37. Hangar in Zürich-Kloten (1960)

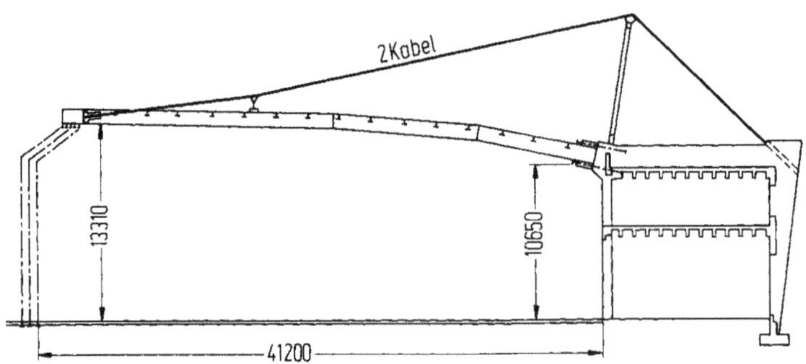

Bild B 38. Hangar in Philadelphia (Peirce, 1956)

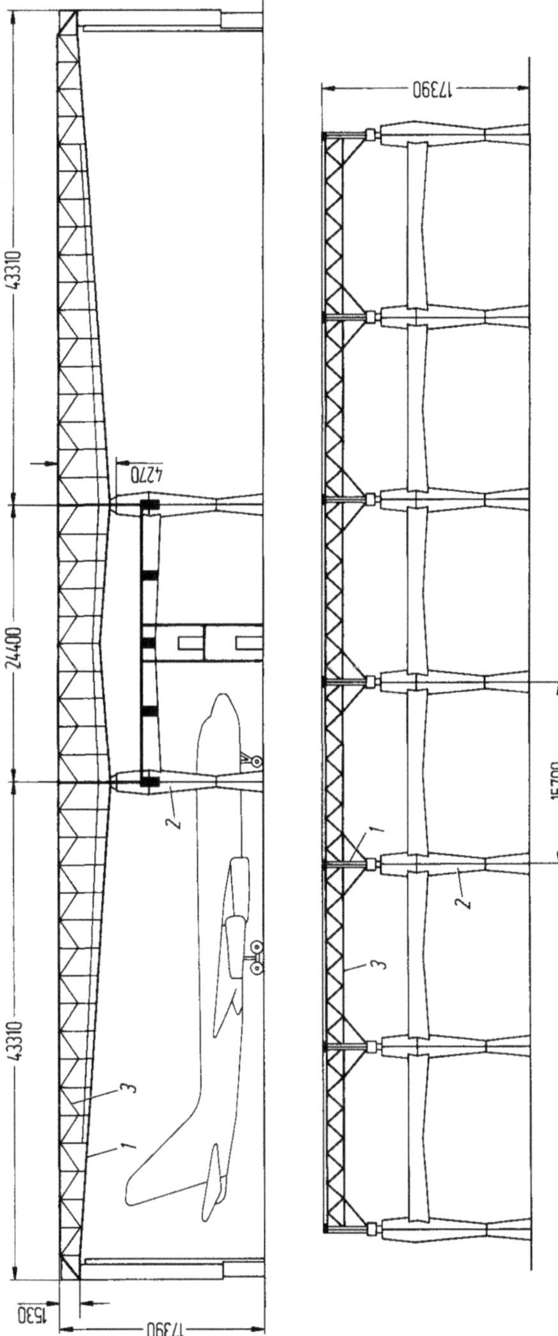

Bild B 39. Hangar in San Francisco (Bauen in Stahl 2, S. 76) 1 Vollwandbinder; 2 Stahlbetonrahmen; 3 Dreigurt-Fachwerkpfetten

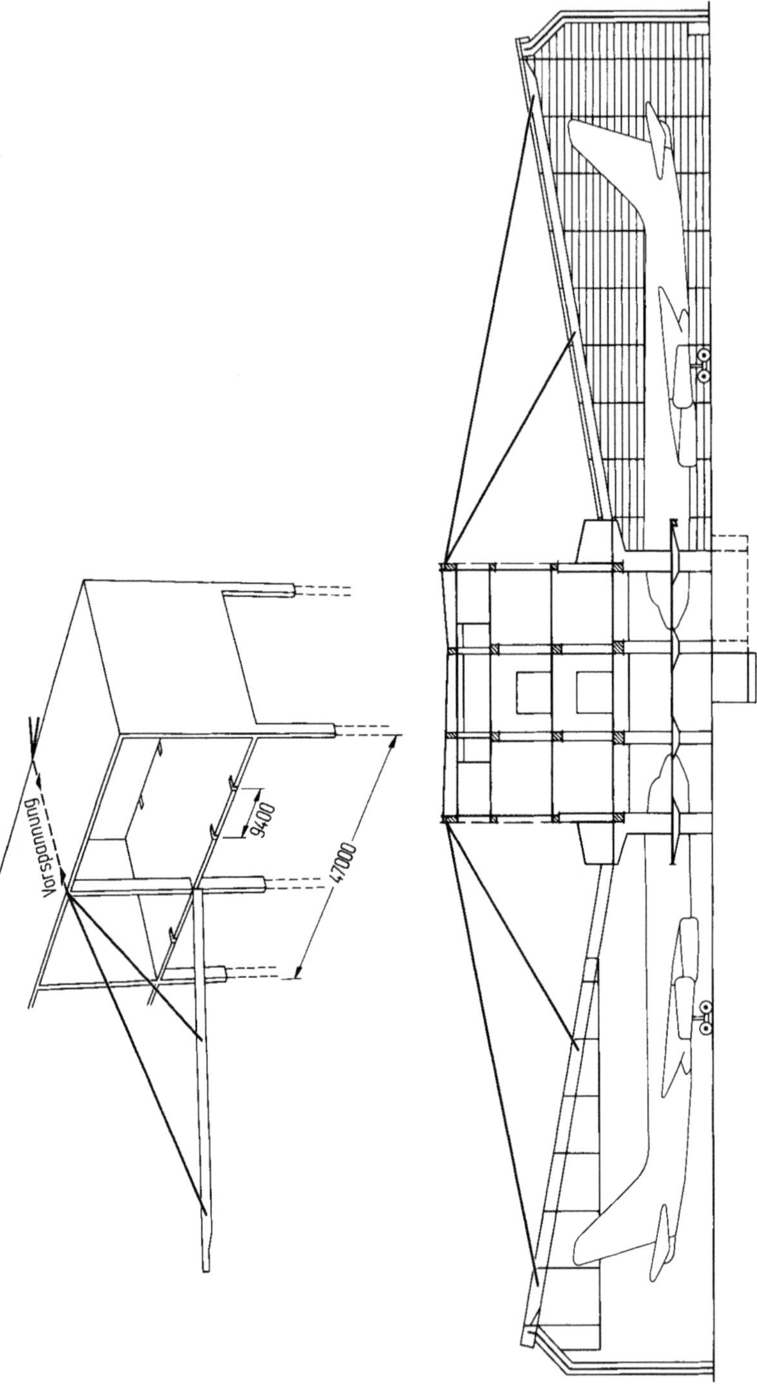

Bild B 40. Hangar in Stockholm-Arlanda

soeben erwähnten: der auf Zug beanspruchte Obergurt und die hintere Zugstrebe sind nun als Kabel ausgeführt.

Bei geöffnetem Tor ist der Fall mit Innendruck und Außensog besonders sorgfältig zu untersuchen (vgl. Klöppel et al., 1965).

— Binder als *einhüftige Rahmen,* in der Ebene des Dachverbandes abgestützt, entsprechend Bild B 8.

— *Zweiseitige Kragbinder,* auf Zwischenbau gestützt. Diese Anordnung kommt bei Zwillingshallen mit in der Mitte liegenden Anbauten in Frage. In Bild B 39 stützen sich die vollwandigen Binder auf einen räumlichen Stahlbetonrahmen ab.

Die Binder können auch nach Bild B 40 als seilverspannte Kragträger ausgebildet werden.

Bei diesen Lösungen ist die Wirkung von unsymmetrischen Belastungen (Wind, Schnee) für den Zwischenbau besonders zu beachten.

Die soeben beschriebenen Ausbildungen mit quer zur Torwand auskragenden Bindern besitzen den großen Vorteil, daß die Beanspruchungen der Haupttragkonstruktion nicht von der erforderlichen Länge der freien Toröffnung abhängen. Zudem ist eine spätere Erweiterung an den Giebelwänden ohne weiteres möglich. Selbstverständlich ist dieser betriebliche Vorteil mit einem erhöhten Aufwand, insbesondere für die Fundationen (große Einspannmomente oder Seilverankerungskräfte) zu bezahlen.

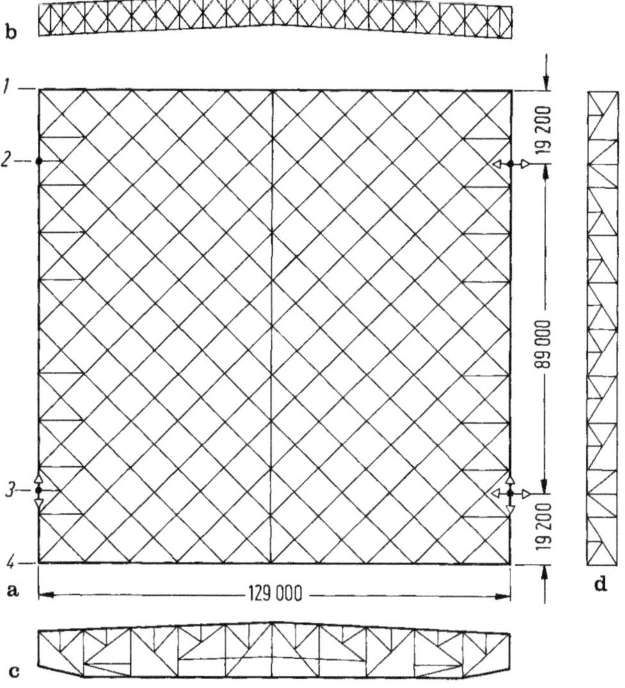

Bild B 41 a–d. Halle für Jumbo-Jets in Zürich-Kloten (Bergier et al., 1973, sowie Bauen in Stahl 1973/31); a Grundriß des Trägerrotes; b Trägerrostbinder (in Projektion); c und d Randunterzüge

2.5.1.4 Besondere Anordnungen

Die Bedingungen des Pflichtenheftes führen in gewissen Fällen zu besonderen Anordnungen des Tragsystemes. So wurde für die in Bild B 41 dargestellte Werfthalle IV in Zürich-Kloten eine Abstützung der etwa quadratischen Dachkonstruktion nur auf vier Betonpfeiler gefordert (Erweiterungs- und Umbaumöglichkeiten). Als Lösung wurde ein Trägerrost mit diagonal laufenden Bindern und vier Randunterzügen gewählt, d. h. ein räumliches Tragsystem. Diese Lösung ergab sich nicht zuletzt aus der Bedingung, daß bei einem örtlichen Brand ein Ausfallen der Tragstruktur in einem beliebig angeordneten Bereich mit einer Kreisfläche von 30 m Durchmesser nicht zu einem Einsturz führen darf.

Für die Ausstellungshallen in Genf (Grundriß je 86,4 m × 86,4 m) wurde eine ähnliche Lagerung auf vier Stützen gewählt, die Hauptbinder tragen aber hier nur in einer Richtung (Leman, 1981).

2.5.2 Tribünendächer

Bei der Wahl der Tragstruktur spielen die Sichtverhältnisse die Hauptrolle. Zudem sind die Binder aus naheliegenden Gründen in Querrichtung anzuordnen.

Falls (zurückgesetzte) Vorderstützen zugelassen sind, ist ihre Anzahl möglichst zu beschränken, d. h. der Binderabstand groß zu wählen. Bessere Sichtverhältnisse werden gewährleistet, falls man auf solche Stützen verzichtet. Grundsätzlich kommen dann Ausbildungen in Frage, wie sie für die Flugzeughallen in den Abschnitten 2.5.1.2 und 2.5.1.3 beschrieben worden sind. Dies gilt auch für die räumliche Stabilisierung.

2.6 Besondere Bauformen

Die Dacheindeckung wird in der Regel von senkrecht zu den Binderobergurten laufenden Pfetten getragen, welche die Dachlasten auf die Binder und die entsprechenden Stützen weiterleiten (vgl. die Bilder B 1 und B 31). In gewissen Fällen führen betriebliche Erfordernisse (nötige Durchgänge, Belichtungs- und Heizungsverhältnisse usw.) oder Wirtschaftlichkeitsüberlegungen zu von diesem Tragschema abweichenden Lösungen, die in der Folge zu beschreiben sind.

2.6.1 Oberhalb des Hallendaches liegende Binder

Diese Anordnung ermöglicht eine wesentliche Reduktion der eigentlichen Hallenhöhe (kleinere Fassadenfläche; Verminderung des zu heizenden Raumes; gute Eingliederung in die Umgebung). Nachteilig sind die in der Dachhaut nötigen Durchbrüche (Probleme der Abdichtung und der Wärmedämmung) für folgende Elemente:
— Pfettenaufhängungen bei der in Bild B 42 dargestellten Lösung mit vollständig außerhalb der Halle angeordneten Fachwerkbindern;
— Füllungsglieder oder Knotenbereiche bei direkt unter der Dachhaut laufenden Untergurten von Fachwerkbindern (vgl. dazu Bild B 45a).

Die Binderobergurte sind gegen seitliches Knicken zu sichern, wobei in der Regel nicht jeder Knotenpunkt räumlich abgestützt wird (somit größere Länge für Knicken

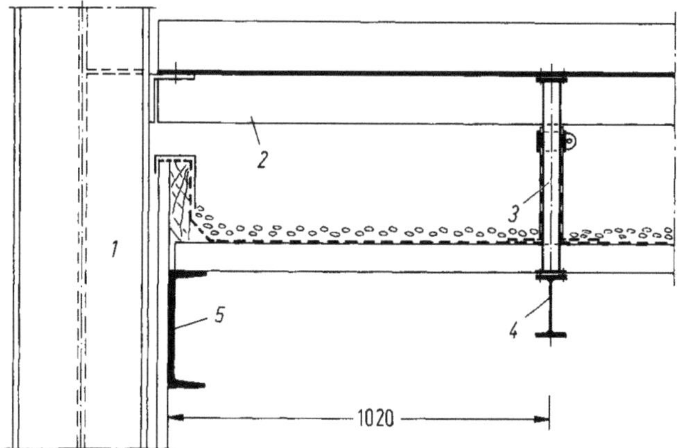

Bild B 42. Detail der Dachkonstruktion der Kunsteisbahn Biel (Bauen in Stahl 1973/34)
1 Außenstützen; *2* Untergurt; *3* Aufhängungen, Rohrquerschnitt; *4* Pfette; *5* Wandriegel

aus der Trägerebene, d. h. Gurtquerschnitt mit hoher Biegesteifigkeit quer erforderlich,
z. B. liegendes HE-Profil). Zur Knicksicherung von Fachwerkbindern kommen
folgende Lösungen in Frage:

— in der Höhe der Binderobergurte längslaufende Verbindungen, an den Enden
  abgespannt (z. B. vorgespannte Drahtseile);
— Schrägstreben vom Obergurt zum Untergurt des benachbarten Binders laufend,
  oder paarweise Stabilisierung der Binder mit je einer Schrägstrebe und einer
  oberen Längsverbindung;
— rahmenartige Abstützungen, meistens aus Schrägstreben und biegesteifem Riegel
  (Pfetten oder Längsträger) ausgebildet; vgl. dazu Bild B 45 b;
— waagrechte Windverbände in Obergurthöhe, mit entsprechenden Vertikalverbän-
  den (relativ selten; für ein Beispiel vgl. Godfrey, 1974), oder Tragkonstruktion
  als torsionssteifer Dreigurtträger ausgebildet (vgl. Alhopuro, 1975);
— in der Ebene der Längsfassaden können die Hauptstützen für die seitliche Stabilisierung der Binderpunkte herangezogen werden (genügende Biegesteifigkeit quer
  zur Binderebene erforderlich). Dazu sind wenn möglich Zwischenhalterungen im
  Fassadenbereich anzuordnen.

Die meisten dieser Knicksicherungen gewähren nur eine elastische Stützung der Obergurte. Das entsprechende Stabilitätsproblem wurde zuerst von Engesser (1884) mit
vereinfachenden Annahmen gelöst.

Bei vollwandigen Bindern (meistens Rahmenriegel) ist entsprechend die nötige
Kippsicherheit nachzuweisen und gegebenenfalls auf ähnliche Art wie soeben beschrieben zu erhöhen.

2.6.2 Hallen mit großen Stützenabständen

Große Stützenabstände sind oft aus betrieblichen Gründen erforderlich, einerseits
in den Längsfassaden wegen allfälliger Toröffnungen (schräges Einführen von In-
dustriegeleisen oder Straßenzufahrten; Zugang zu anderen Betriebsanlagen; usw.),

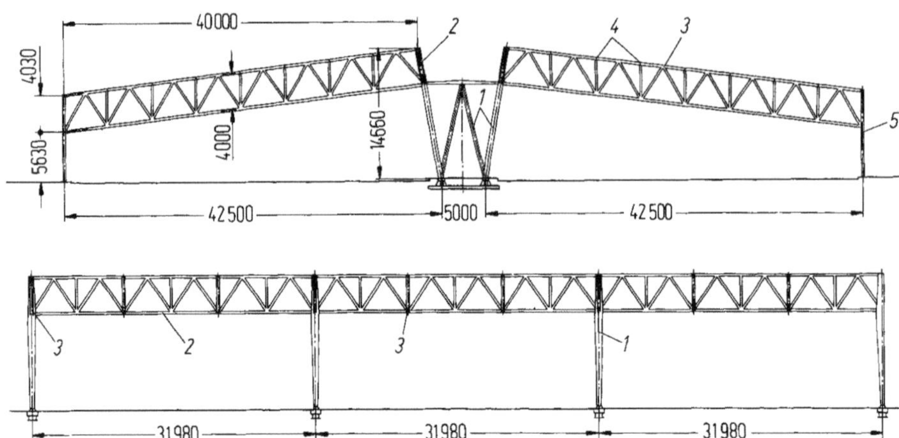

Bild B 43. Autobuseinstellhalle Hagenholz der VBZ (Bauen in Stahl 2, S. 90–94)
1 Hauptstütze; *2* Längsunterzug; *3* Dachbinder (Abstand 10,66 m); *4* Pfetten; *5* Außenstützen
(in Binderabstand angeordnet)

andererseits zwischen benachbarten Hallenschiffen (erhöhte Flexibilität der Nutzung
bei Anordnungen mit wenig Innenstützen).

Falls die erforderlichen Stützenabstände zu unwirtschaftlich großen Pfettenspannweiten führen, können Zwischenbinder vorgesehen werden, die durch in den Stützenachsen angeordnete *Längsunterzüge* abzufangen sind. In der Regel wählt man für die
Zwischenbinder ähnliche Lagerungsbedingungen wie für die direkt über den Stützen
gelagerten Träger, so daß alle Dachbinder gleich ausgebildet sind. Bild B 43 zeigt die
Anordnung bei einer Fahrzeugeinstellhalle. Sie ist grundsätzlich ähnlich derjenigen
eines Flugzeughangars mit Längsunterzug in der Torebene (vgl. Abschnitt 2.5.1.2),
wenn man jede Hallenhälfte für sich betrachtet.

Bei Hallen mit schweren Krananlagen können die Kranbahnträger selber die Abstützung der Zwischenbinder übernehmen.

2.6.3 Hallen mit großen Binderspannweiten

Bei großer Hallenspannweite ist es oft wirtschaftlicher, die Anzahl der hochbeanspruchten und daher aufwendigen Tragelemente möglichst zu beschränken, d. h.
größere Binderabstände zu wählen (vgl. Abschnitt 6.2). Die in Hallenlängsrichtung
laufenden Tragglieder sind dadurch weit gespannt und können nicht mehr als normale
Pfetten angesehen werden. Es handelt sich vielmehr um *Längsträger*, die verschieden-
artig ausgebildet werden können:
— *Fachwerkartige* Längsträger nach Bild B 44, über den Bindern durchlaufend
  (seltener als einfache Balken gelagert) und gleichzeitig die Binderuntergurte seitlich stabilisierend (Windsog sowie Überdruck im Halleninnern); für eine Ausführung vgl. Bild B 147.
— *Vollwandige* Längsträger, oft mit Kopfstreben zu den Binderuntergurten (Dacheindeckung oben) oder zu den Binderobergurten bei der in den Bildern B 45 a und b

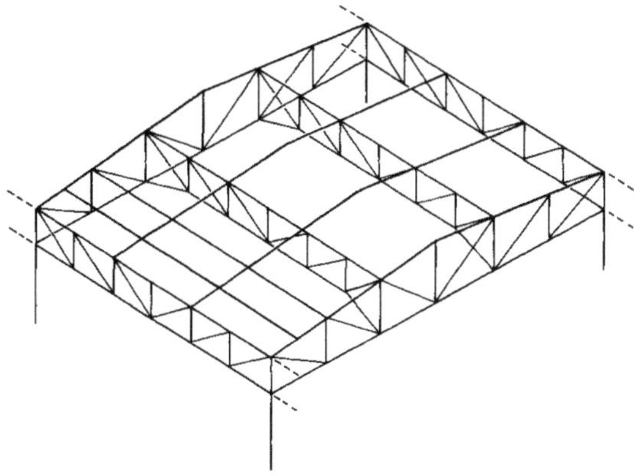

Bild B 44. Halle mit fachwerkartigen Längsträgern

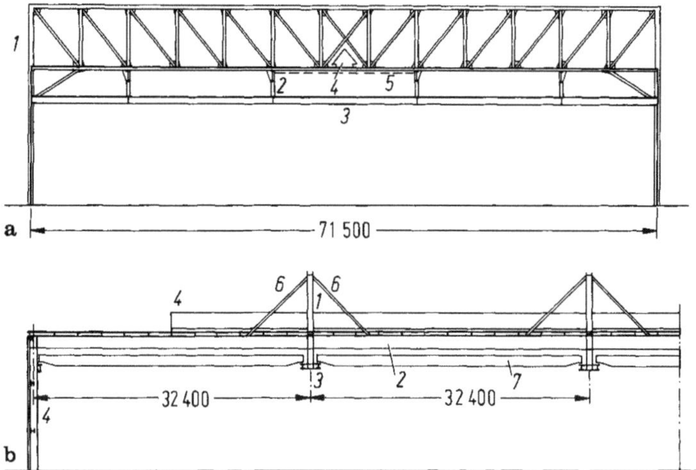

Bild B 45a, b. Lagerhalle PTT in Arlesheim (Prince und Delacoste, 1974); **a** Querschnitt; **b** Längsschnitt. *1* Hauptbinder; *2* Längsrahmen; *3* Kranbahn; *4* Oberlicht; *5* Dachlängsverband; *6* Schrägstreben; *7* Laufkran

dargestellten Halle mit über dem Dach liegenden Bindern und mit einem Dachlängsverband (ähnlich Bild B 10).

Die als geschweißte Blechträger ausgebildete Längsträger sind hier rahmenartig mit den entsprechenden Giebelwandstützen verbunden, um eine günstige Momentenverteilung und eine erhöhte Steifigkeit zu erhalten. Zudem dienen die Längsträger mit ihren Schrägstreben zur Stabilisierung der Binderobergurte im Feld (vgl. Abschnitt 2.6.1).

Die Längsträger tragen querlaufende Nebenbinder, die wegen ihrer relativ kleinen Spannweite normalerweise als Walzprofile (geringerer Einheitspreis) ausgeführt werden. Je nach der Ausbildungsform und der Tragfähigkeit der Dachverkleidung sind noch eigentliche Pfetten (längslaufend) nötig oder nicht. Im letzteren Fall sind selbstverständlich die Nebenbinder in relativ engen Abständen anzuordnen (vgl. Bild B 45 b).

Bei Hallen mit nahezu quadratischem Grundriß genügt ein einziger über die kleinere Spannweite angeordneter Binder, um die Längsträger oder die Längsrahmen in der Mitte abzufangen und damit eine stützenlose Innenfläche zu ergeben (fischgrat-

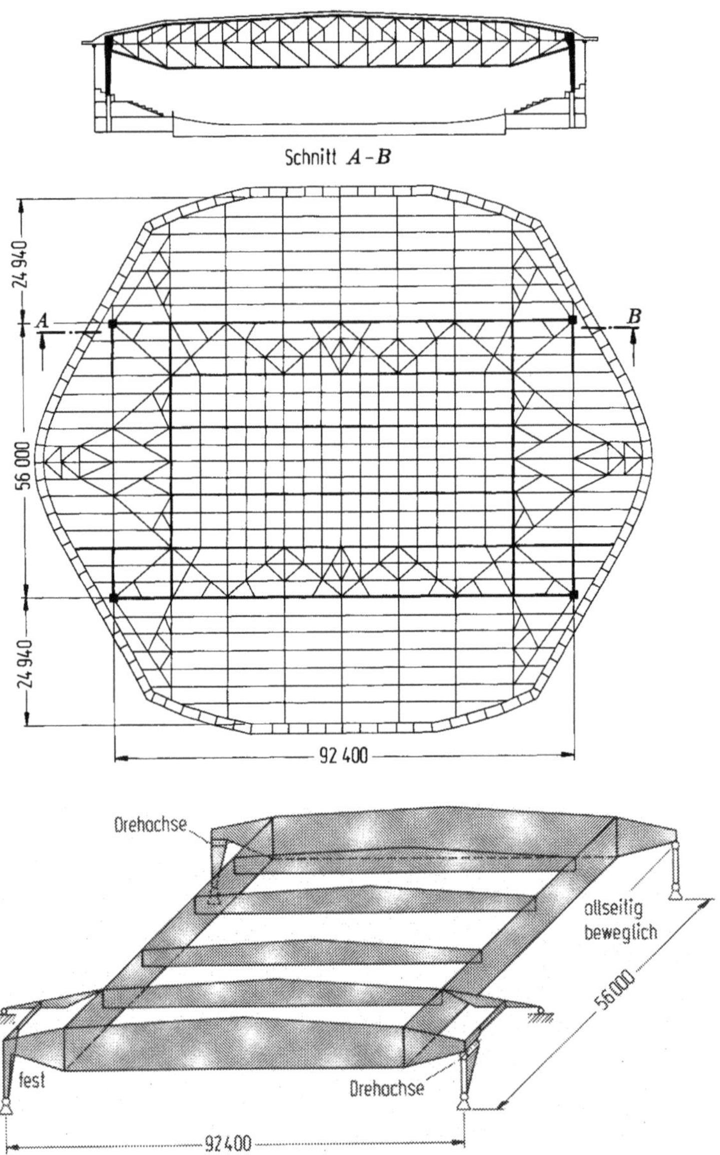

Bild B 46. Hallenstadion Zürich-Oerlikon (Egender, 1945)

ähnliche Haupttragkonstruktion). Auch hier (vgl. Abschnitt 2.6.2) könnte jede Hallenhälfte als Flugzeughangar mit Unterzug in der Torebene angesehen werden, so daß die Bezeichnung der einzelnen Tragelemente eher zu einer persönlichen Angelegenheit wird.

Bei Ausstellungs- oder Sporthallen sind oft nicht rechteckige Grundrisse mit großer stützenfreier Innenfläche erforderlich. In solchen Fällen können sich Anordnungen des Tragsystems ergeben, die etwa eine Kombination der soeben skizzierten Lösung mit der Ausbildung nach 2.6.2 darstellen. Als Beispiel sei die in Bild B 46 dargestellte Tragkonstruktion einer Sporthalle aufgeführt. Die Lagerung ist so gewählt, daß ein räumliches, statisch bestimmtes Rahmensystem ohne Horizontalschub infolge Vertikallast (schlechter Baugrund) entsteht, das freie thermische und elastische Längenänderungen erlaubt.

2.6.4 Shedbauten

2.6.4.1 Ausbildungsformen von Sheddachbauten

Unter einem Sheddach (auch Sägedach genannt) versteht man eine Abdeckung aus verschieden geneigten Dachflächen, wobei die steilere Dachfläche als Fensterband ausgebildet ist. In unseren Breitengraden wird diese durchsichtige Dachfläche gegen Norden (Nordwest bis Nordost) gerichtet, so daß kein direkter Sonnenlichteinfall erfolgt. Dadurch wird eine gleichmäßige natürliche Beleuchtung ohne Blendgefahr gewährleistet.

Die Sheddächer haben sich aus Sonderformen des Oberlichtes und des Binders entwickelt. Nachstehend werden die beiden Entwicklungen schematisch aufgezeigt.

Sonderform eines Oberlichtes

Ausgehend von einem normalen Oberlicht, kann man durch Neigungsänderung und nur einseitige Verglasung zu einem shedähnlichen Oberlicht gelangen. Durch Aneinanderreihung solcher Oberlichter ergeben sich Dacheindeckungen mit shedförmigen Oberlichtern (Bild B 47).

Wie bei Oberlichtern üblich werden diese auf die aus Bindern und Stützen bestehende Tragkonstruktion aufgesetzt. Die shedförmigen Aufbauten haben somit keine primäre Tragfunktion. Die Shedkonstruktion wird normalerweise aus leichten, sekundären Tragelementen gebildet, so daß damit nur beschränkte Binderabstände b möglich sind. In Bild B 48 ist eine Ausbildungsform eines derartigen Shedoberlichtes wiedergegeben.

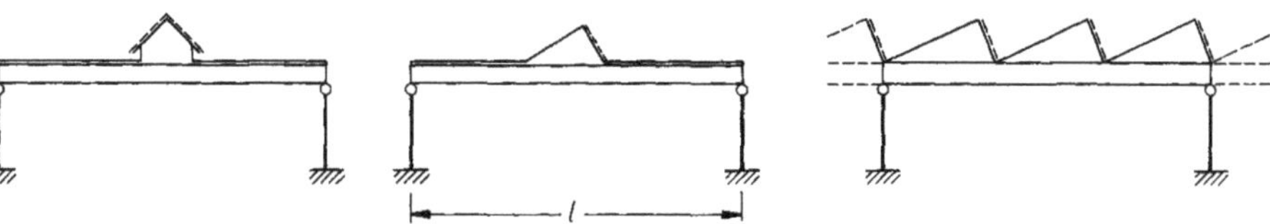

Bild B 47. Sheddach als Sonderform eines Oberlichtes

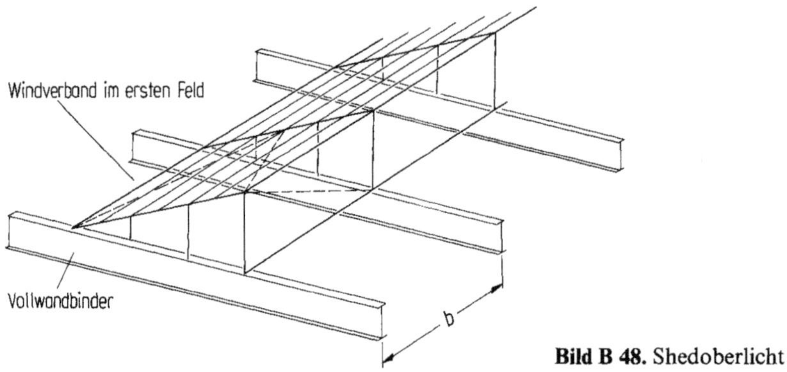

Bild B 48. Shedoberlicht

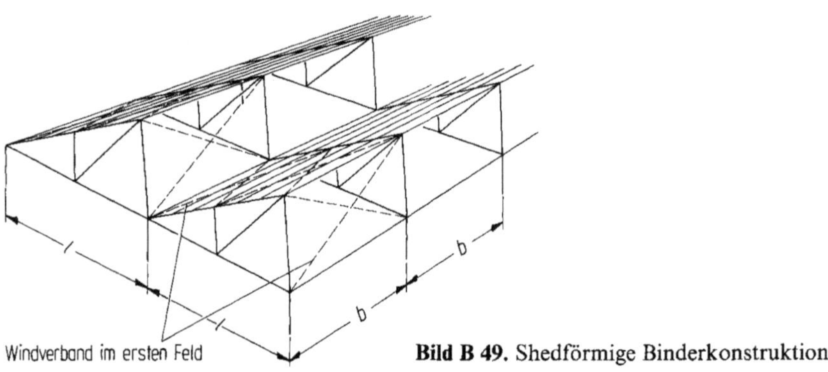

Bild B 49. Shedförmige Binderkonstruktion

Die Spannweite *l* des Binders, auf dem die Shedoberlichter aufgesetzt sind, hängt allein vom Tragsystem für die Tragkonstruktion ab. Neben Vollwandbindern (einfache Balken, Rahmenbinder, durchlaufende Träger oder Rahmen) können für größere Spannweiten auch Binder mit Fachwerkausbildung in Frage kommen. Ungünstig wirkt sich hier die größere Bauhöhe aus.

Sonderform eines Binders

Durch Ausbildung eines ungleichschenkligen Dreieckbinders und Verglasung der stärker geneigten Dachfläche, die zweckmäßigerweise nach Norden orientiert wird, erhält man ebenfalls eine shedähnliche Dachkonstruktion (Bild B 49).

Mit einer solchen Ausbildungsform sind nur geringe Spannweiten *l* (ca. 6 bis 10 m) möglich, da sonst zu hohe Fachwerkbinder und zu große Fensterflächen entstehen würden. Der Binderabstand *b* ist hier analog der ersten Entwicklungsform und damit ebenfalls auf ca. 6 bis 10 m beschränkt. Dadurch ergibt sich ein enger Stützenabstand (maximaler Raster ca. 10×10 m).

Entwicklungsmöglichkeiten

Im Bestreben die Stützenzahl zu vermindern, d. h. größere stützenfreie Flächen zu erhalten, werden sowohl Abfangträger in Fensterebene (= Fensterträger) als auch Fachwerkbinder über mehrere Sheds angeordnet. Bild B 50 zeigt eine solche Anordnung. Diese Ausbildungsform läßt sich in verschiedene Richtungen weiterentwickeln:

— *Fensterträger in vollwandiger Ausbildung,* wobei durch besondere Formgebung günstige statische und konstruktive Eigenschaften erzielt werden. Als Beispiele seien die Ausbildung als Hohlkasten (zugleich Lüftungskanal) nach Bild B 51 a und die rinnenförmige Gestaltung (zugleich als Entwässerungsrinne) nach Bild B 51 b aufgeführt.

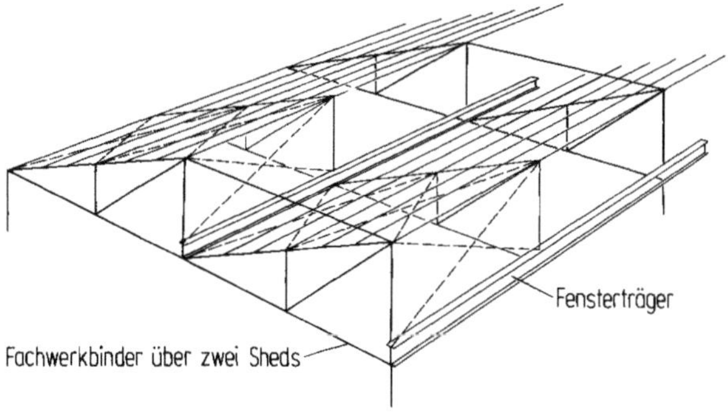

Bild B 50. Shedanordnung mit Fensterträgern und Fachwerkbindern über mehrere Sheds

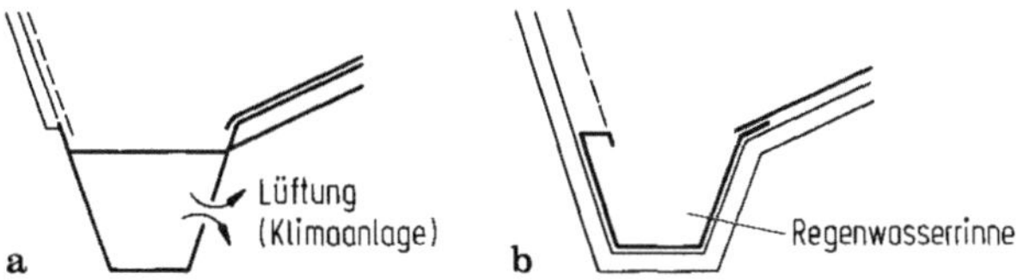

Bild B 51 a, b. Fensterträger als **a** Hohlkasten, **b** Rinnenträger

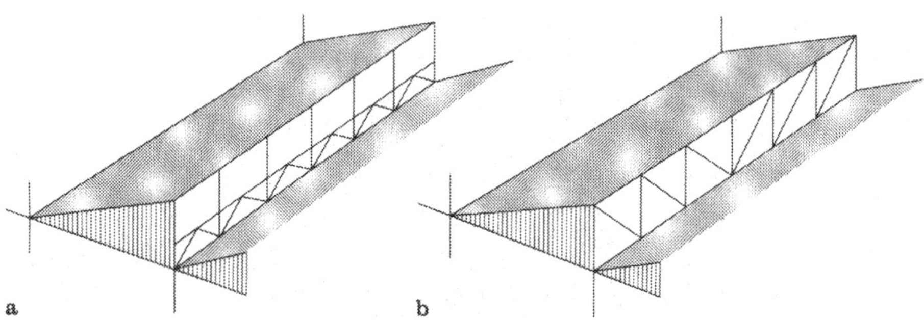

Bild B 52 a, b. Fachwerkartige Fensterträger

— *Fensterträger als Fachwerkträger* beschränkter Höhe (Bild B 52a) oder unter Ausnutzung der gesamten Shedhöhe (Bild B 52b). Zugleich werden in den weniger geneigten, unverglasten Dachflächen Verbände in einem Teil oder in der gesamten Dachfläche angeordnet. Im Grenzfall liegen zwei scheibenförmige, ausgesteifte Dachebenen vor, die eine gemeinsame Kante besitzen: hier liegt bereits ein räumliches Tragsystem, ein sogenanntes Faltwerk, vor.

— *Zwischenshedbinder* treten an Stelle der fachwerkartigen Shedbinderscheiben, wobei diese häufig als Rahmen ausgebildet werden, mit vollwandigen oder gitterartigen Trägern auf der weniger geneigten Dachseite. Durch die räumliche Tragwirkung benötigt man nämlich nicht mehr eine dichte Anordnung der steifen, fachwerkartigen Shedbinder (= Querscheiben zur Querschnittserhaltung des Faltwerkes). Meist genügen hier steife Endscheiben (= Giebelwände).

Selbstverständlich sind auch Kombinationen möglich, wie zum Beispiel vollwandiger Fensterträger mit steifer Scheibe (Verbände) in der unverglasten Dachfläche.

2.6.4.2 Shedformen

Unabhängig vom Aufbau unterscheidet man die Sheds nach der Neigung der verglasten Fläche.

Lotrechte Glasfläche (Bild B 53)

Diese Anordnung ergibt eine etwas unregelmäßige Beleuchtung des Innenraumes, jedoch geringere Verschmutzung der Glasflächen. Die lotrechte Anordnung der Fensterträger bietet zudem konstruktive Erleichterungen. Bei großen Shedspannweiten kann die Neigung der undurchsichtigen Dachhaut flacher als 30° gewählt werden, um die Höhe der Glasflächen zu begrenzen.

Durch Krümmung der Dachfläche (Bild B 53b) kann eine Verbesserung der Beleuchtung durch Reflexion des einfallenden Lichtes an der gekrümmten, hellgestrichenen Dachinnenfläche erzielt werden.

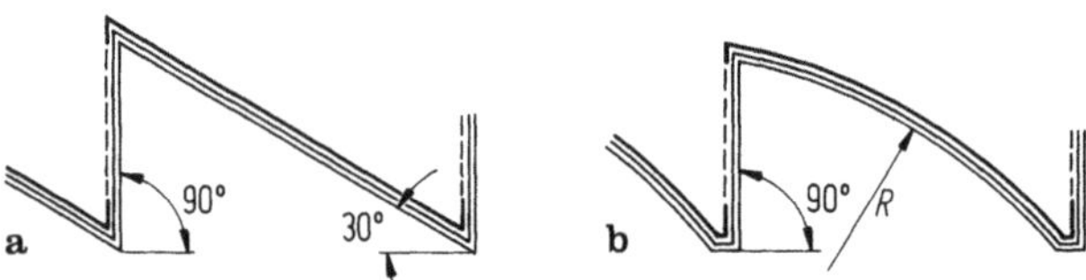

Bild B 53a, b. Lotrechte Fensterflächen

Geneigte Glasfläche (Bild B 54)

Diese Ausbildung (Neigung meist 60°) gewährleistet eine bessere Lichtausbeute und eine gleichmäßige Beleuchtung. Sie ergibt zudem eine statisch günstigere Form der Shedbinder und zugleich eine kleinere Fläche der Dachverkleidung. Bei geringeren

Bild B 54. Geneigte Fensterflächen

Ansprüchen bezüglich Beleuchtung kann die volle Dachfläche schwächer als 30° geneigt werden.

Anschließend sollen die Tragstrukturen behandelt werden, die nach Art der Tragwirkung der Fensterträger in drei Typen eingeteilt werden können.

2.6.4.3 Tragstrukturen Typ I

Primäres Tragelement ist hier der Fensterträger, während die Shedbinder eine stabilisierende und lastverteilende Funktion besitzen. Beide können statisch als einfache Balken, als Durchlaufträger oder als Durchlaufrahmen ausgebildet werden. Die Grundform ist aus Bild B 55 ersichtlich.

Die konstruktive Gestaltung der beiden Tragelemente kann nicht unabhängig betrachtet werden. Besitzt der Fensterträger eine geringe Seitensteifigkeit, so muß durch die Shedbinder in Kombination mit den erforderlichen Verbänden diese gewährleistet werden. Besitzt andererseits der Fensterträger große Seitensteifigkeit (zum Beispiel Hohlkastenträger), so können die Shedbinder als einfacher Dreigelenkstabzug ausgebildet werden, und ein besonderer Verband erübrigt sich.

Normalerweise werden bei diesem Typ die Fensterträger lotrecht angeordnet, da die auf die Tragstruktur wirkenden Lasten hauptsächlich durch Eigenlast und Schneelast dargestellt werden. Für andere Belastungsarten (zum Beispiel Wind) treten waagrechte Komponenten auf, die normalerweise nicht durch die Fensterträger aufgenommen werden können, so daß besondere Tragelemente (Verbände) angeordnet werden müssen. Dies gilt natürlich auch für lotrechte Lasten, falls die Fensterträger nicht lotrecht sondern geneigt angeordnet sind.

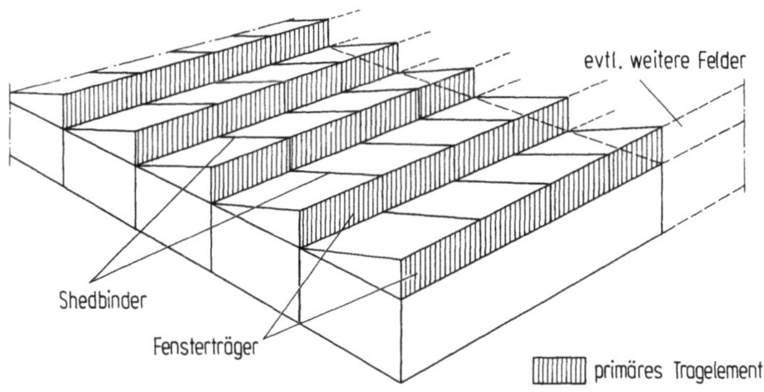

Bild B 55. Shedstruktur Typ I

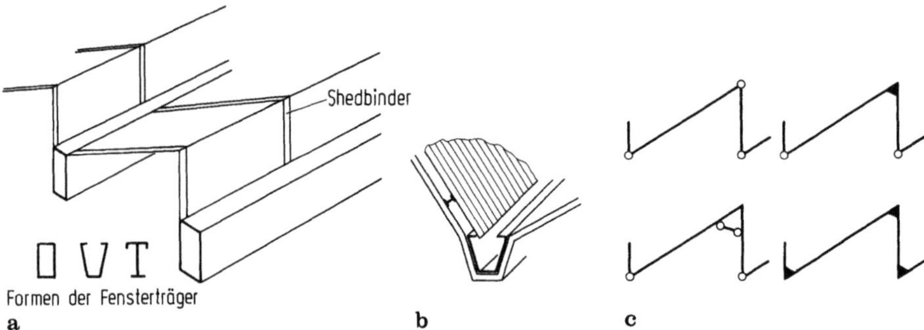

Bild B 56. a Gesamtanordnung; **b** Rinnenförmige Ausführung; **c** Statisches System für die Shedbinder

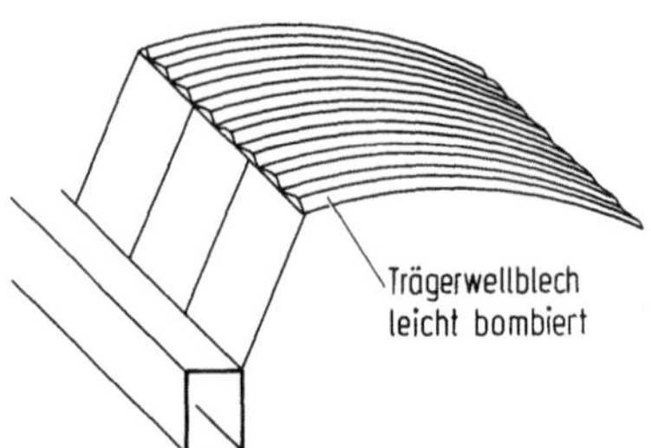

Bild B 57. Trägerwellblech als Shedbinder

Ausgehend von der Grundform sind folgende konstruktive Formen möglich:
a) Die Fensterträger besitzen eine *genügende lotrechte sowie seitliche Steifigkeit*, die Shedbinder sind als einfache Biegeträger ausgebildet. Nach Bild B 56 handelt es sich meistens um vollwandige oder kastenförmige Fensterträger. Zur Überspannung größerer Spannweiten kann eine zusätzliche Ausfachung in der Fensterebene angeordnet werden.

Als Variante kann nach Bild B 57 die unverglaste Dachneigung ohne Shedbinder mit einem hochwelligen Trägerwellblech abgedeckt werden (bei schubfester Verbindung der einzelnen Elemente zugleich seitlich aussteifendes Element für den Fensterträger).

b) Die Fensterträger sind durch eine *ungenügende seitliche Steifigkeit* gekennzeichnet. Die Stabilisierung erfolgt durch *eine oder zwei Verbandsscheiben* und durch als Fachwerkscheiben ausgebildete Shedbinder. Diese Form ist in Bild B 58 dargestellt.

Die Verbände (Verbandsscheiben) können entweder in Untergurtebene des Sheddaches (Bild B 59a) oder in den geneigten, unverglasten Flächen (Bild B 59b) angeordnet werden. Bei entsprechender Ausbildung der scheibenartigen Shedbinder genügt eine einzige Verbandsscheibe.

Häufig werden jedoch zwei Verbandsscheiben (je eine an einem Hallenende) angeordnet. Dazwischen werden die horizontalen Komponenten als Druck- oder

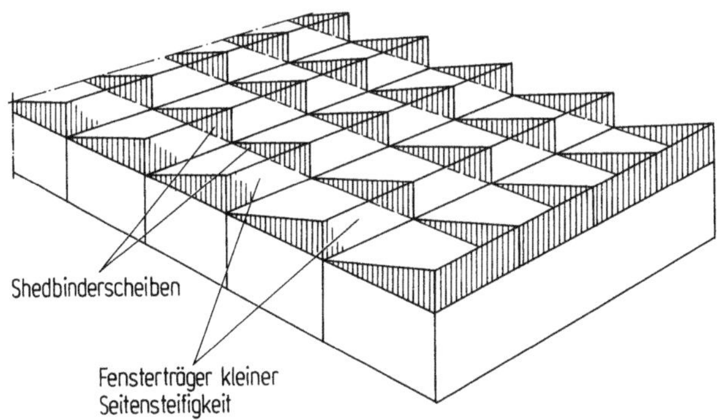

Bild B 58. Dach mit Shedbinderscheiben

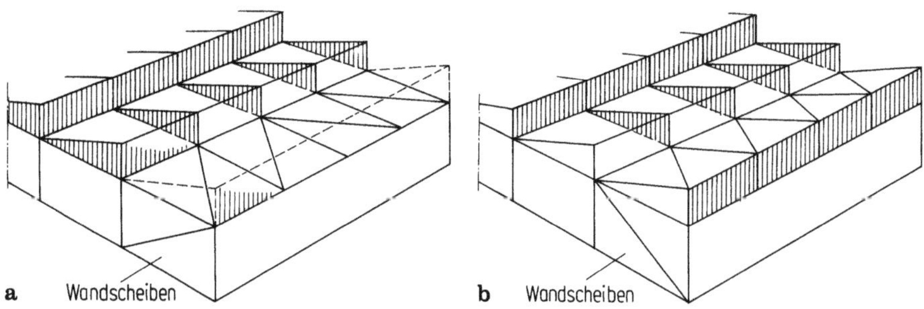

Bild B 59. a Verbandsscheibe in Untergurtebene; **b** Verbandsscheibe geneigt

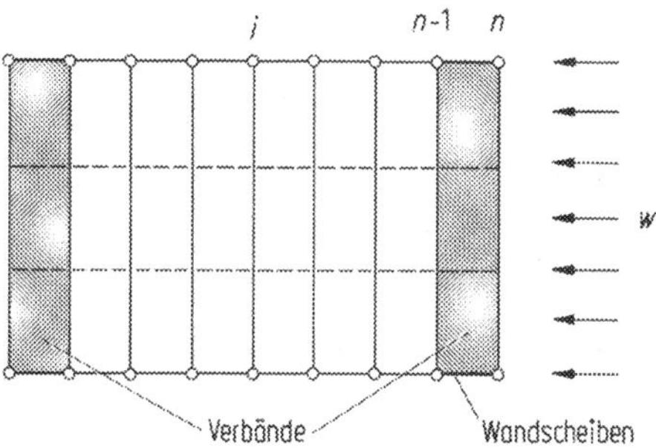

Bild B 60. Shedhalle im Grundriß

Zugkräfte über die Untergurte der Shedbinder übertragen (vgl. Bild B 60).

Die Belastungsanteile aus dem Shed „i" infolge Wind lassen sich nach Bild B 61 einfach zu $\Delta W_i = h \cdot w_i$ ermitteln.

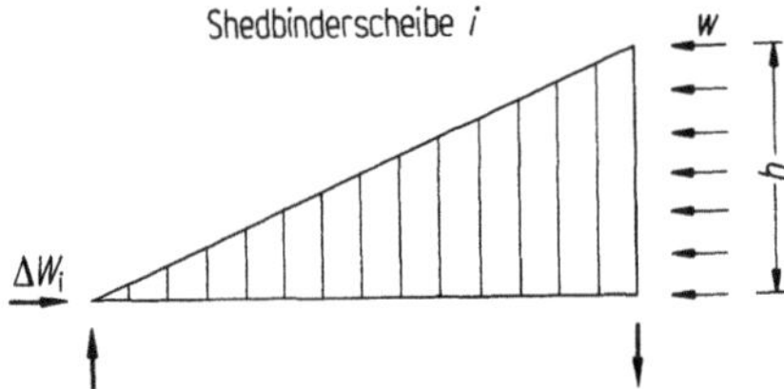

Bild B 61. Direkte Windbelastung

Bild B 62. Einfluß der Verbandsneigung

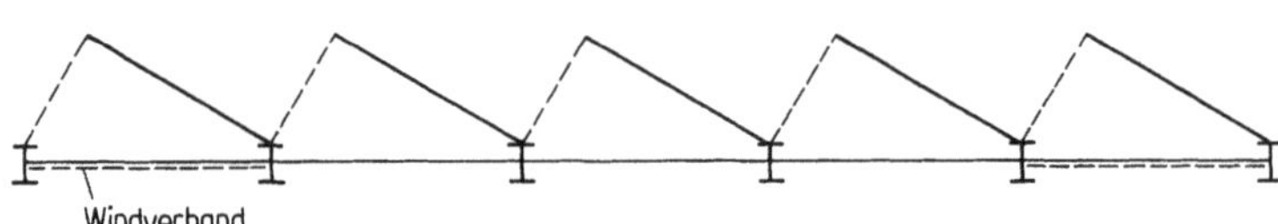

Bild B 63. Sheddach mit Längsverbindungen

Die Verteilung der ΔW_i — Anteile auf die beiden Verbandsscheiben ist durch Einbezug von Verträglichkeitsbedingungen zu bestimmen. Im allgemeinen kann bei gleicher Ausbildung (= gleiche Steifigkeit) je die Hälfte einem Verband zugewiesen werden. Vorsichtigerweise wird jedoch häufig jeder Verband auf eine Belastung entsprechend rund 60 % der Totallast bemessen.

Je nach der Anordnung der Verbandsscheibe ergibt sich eine andere Beanspruchung der Randsheds. Für die geneigte Anordnung, in der unverglasten Dachfläche, ist nach Bild B 62 die zusätzliche Belastung oder Entlastung der Fensterträger zu beachten.

Eine Ausbildung der Shedbinder als Dreieckfachwerke mit innerer Ausfachung führt zu einer engmaschigen Konstruktion mit zahlreichen Füllungsgliedern. Damit lassen sich keine befriedigenden architektonischen Lösungen erzielen. An Stelle der ausgefachten Binderscheiben können aber solche mit biegesteifem Obergurt angeordnet werden. Die entsprechenden Untergurte gewährleisten nach Bild B 63 die Verbindung zur Verbandsscheibe. Bei dieser Lösung kann mit der normalerweise vorhandenen Seitensteifigkeit der Gurtstäbe der Fensterträger die Zahl der Untergurtstäbe vermindert werden: diese Verbindungsstäbe werden dann zum Beispiel nur in den Drittelspunkten der Spannweite angeordnet (vgl. Bild B 60 für die Anordnung im Grundriß).

Wird bei der besprochenen Anordnung ausnahmsweise die Shedform mit geneigten Glasflächen nach Bild B 54 gewählt und werden die Fensterträger entsprechend angeordnet, so haben die Verbindungsstäbe die bei der Zerlegung der *lotrechten* Lasten entstehenden waagrechten Komponenten aufzunehmen und zu den Windverbänden weiterzuleiten. Die Wandverbände bleiben allerdings unbeansprucht: die Verbindungsstäbe in den Fassaden führen die waagrechten Komponenten der Auflagerkräfte der Fensterträger zu den Windverbänden und sichern dadurch das Gesamtgleichgewicht der waagrechten Komponenten.

c) Die Fensterträger besitzen eine *ungenügende seitliche Steifigkeit* und sind *in jedem Shed* durch einen geneigten Verband stabilisiert. Bild B 64a zeigt schematisch

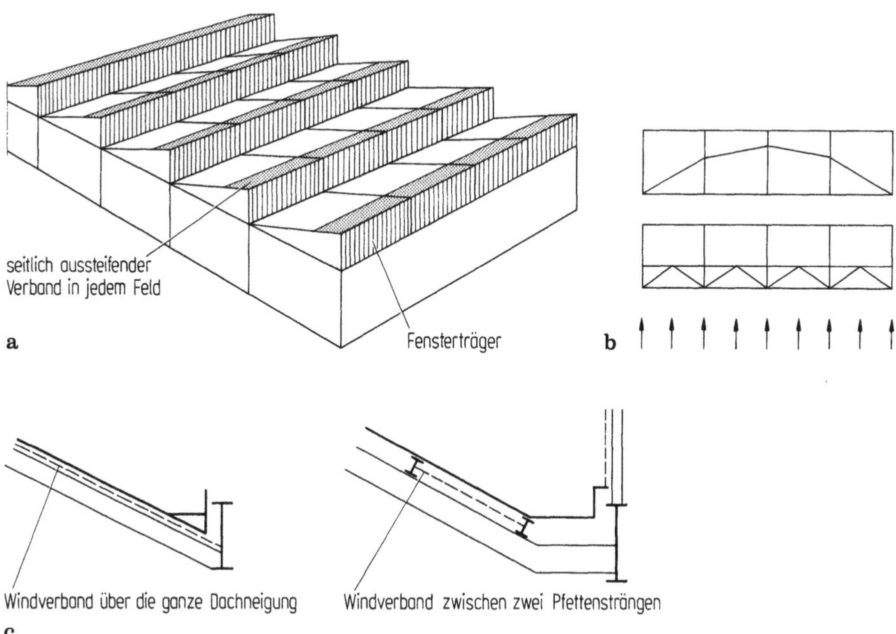

Bild B 64. a Gesamtanordnung; **b** Ausbildung der Verbandsscheiben; **c** Konstruktive Einzelheiten

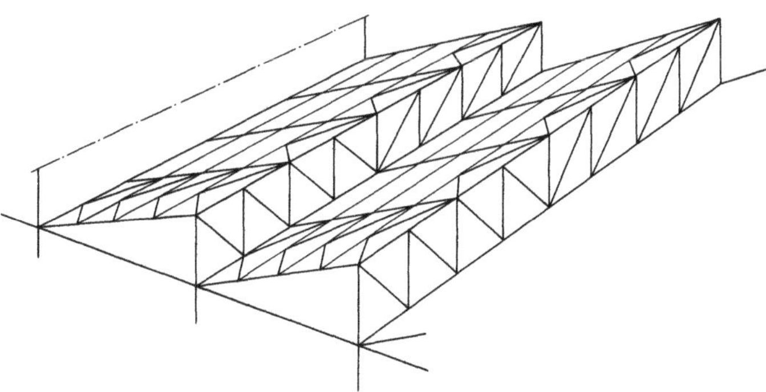

Bild B 65. Anordnung der Fassadenverbände

die Gesamtanordnung. Mögliche Ausbildungen der Verbandsscheiben in den geneigten Dachflächen gehen aus Bild B 64b hervor, während in Bild B 64c konstruktive Einzelheiten dargestellt sind.

Beliebig gerichtete Lasten sind in die beiden Scheibenrichtungen aufzuteilen. Die Beanspruchungen in den Scheiben werden nun getrennt und voneinander unabhängig bestimmt. Bei den gemeinsam wirkenden Tragelementen sind anschließend die entsprechenden Beanspruchungen zu superponieren.

Zur Aufnahme der auf die Längsfassaden wirkenden Horizontalkräfte sind am Rand Verbände in jedem Feld vorzusehen, wie sie in Bild B 65 an einem Sheddach vom Typ I, c) dargestellt sind. Diese Verbände geben ihre Reaktionen den eingespannten Fassadenstützen oder den als Rahmen mit fachwerkförmigem Riegel (= Fensterträger) und Vollwandstützen ausgebildeten Binderscheiben ab.

2.6.4.4 Tragstrukturen Typ II

Primäres Tragelement ist hier nach Bild B 66 der über mehrere Sheds laufende Unterzug, der statisch als einfacher oder durchlaufender Balken oder als Rahmen ausgebildet sein kann. Eigentliche Shedbinder erübrigen sich bei diesem Typ. Die „Fensterträger" sind zwischen diesen Unterzügen gespannt. In der Grundform mit engem Abstand der Unterzüge sind die Fensterträger sekundäre Tragelemente, ähnlich den Pfetten und Wandriegeln, die einzig zur direkten Unterstützung der Verkleidung dienen.

Die Ausbildung der Unterzüge ist in Bild B 67 gezeigt. Es handelt sich um Vollwandunterzüge oder häufiger um Fachwerkträger, die durch Ergänzung und Verstärkung der einzelnen Shedbinder entstehen.

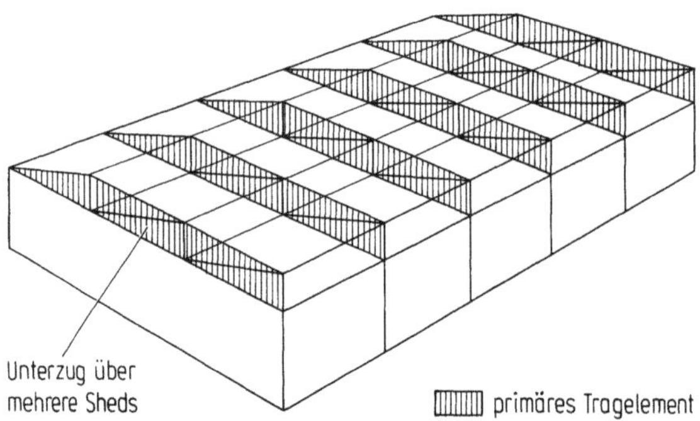

Bild B 66. Tragstruktur Typ II

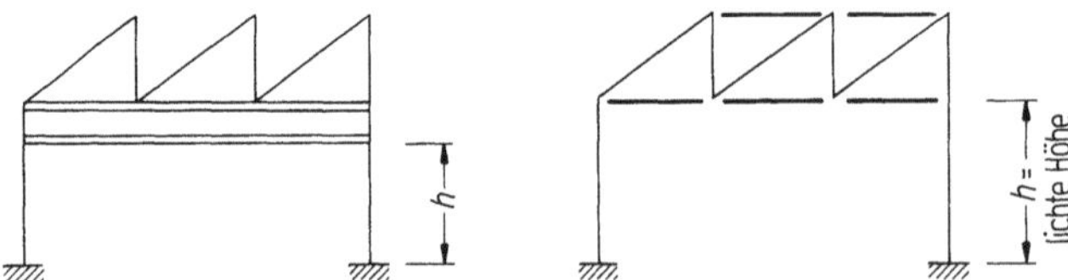

Bild B 67. Ausbildung der Unterzüge

Die verglasten Flächen können hier — ohne Änderung der statischen Wirkungsweise — senkrecht oder geneigt angeordnet werden. Für die Aufnahme horizontaler
Lasten (zum Beispiel Wind) in Fensterrichtung besitzen die Unterzüge im allgemeinen
eine zu geringe Steifigkeit und Festigkeit, so daß mindestens in einem Feld eine Ver-
bandsscheibe angeordnet werden muß. Dieser Verband kann sowohl als ebene Scheibe
(Bild B 68a) in die Untergurtebene oder als aufgefaltete Scheibe in die Ebenen der
Dacheindeckung (Bild B 68b) verlegt werden. Im letzteren Fall sind die aus Gleich-
gewichtsgründen resultierenden Ablenkungskräfte zu beachten. Zur Abtragung der
Auflagerkräfte des Verbandes sind zudem vertikale Scheiben anzuordnen oder die
Stützen in Fensterrichtung steif auszubilden.

Die normale konstruktive Form stellt die in Bild B 69 dargestellte Variante dar.
Sie besitzt Unterzüge in größerem Abstand mit dazwischen gespannten Fensterträgern und zwischen den Unterzügen liegenden Shedbindern, die eine stabilisierende
und lastverteilende Funktion haben. Diese Anordnung erlaubt einen großen Stützenabstand und führt daher zu einer besseren Flexibilität der Nutzung.

Die Tragkonstruktion entsteht aus einer Kombination der Typen I und II. Die
Makrostruktur ist nach Typ II und besteht aus zwei sich kreuzenden Trägerscharen:
sie stellt somit ein räumliches System (Trägerrost) dar. Da als maßgebender Lastfall
Vollast betrachtet werden kann, ist eine vereinfachte ebene Betrachtung zulässig,
wobei je nach dem Steifigkeitsverhältnis der beiden sich kreuzenden Tragelemente

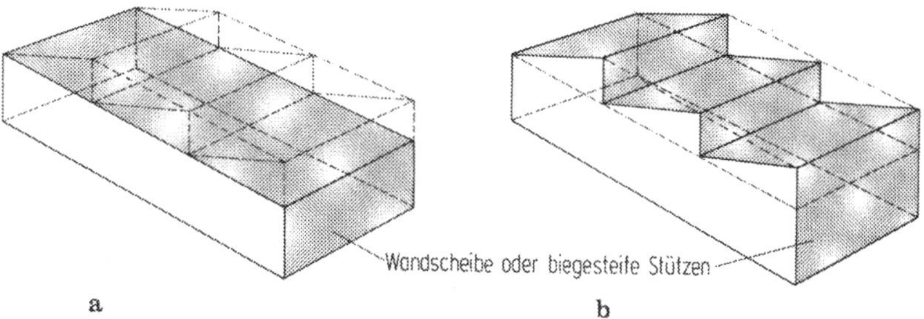

Bild B 68a, b. Ausbildungsmöglichkeiten für den Längsverband

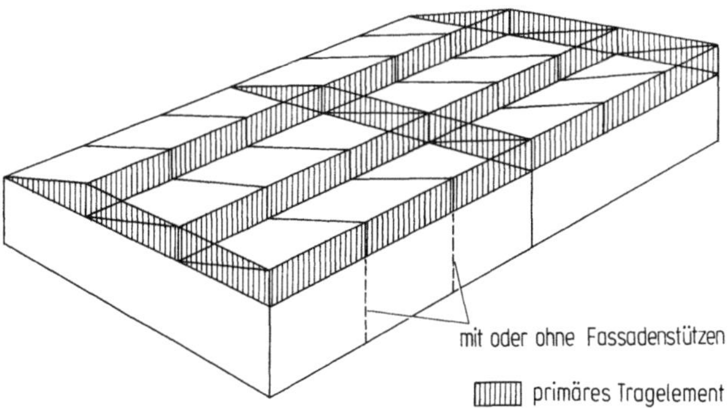

Bild B 69. Shedanordnung mit großem Stützenabstand

(Unterzüge und Fensterträger) dem Tragverhalten möglichst entsprechende ebene Tragsysteme zu wählen sind.

Auch hier müssen — wie für die Grundformen der Typen I und II — die waagrechten Lasten entweder durch genügend biegesteife Tragelemente oder durch Verbandsscheiben aufgenommen werden.

2.6.4.5 Tragstrukturen Typ III

Im Gegensatz zur bisherigen Betrachtung eines Aufbaues aus einzelnen biegesteifen Trägern oder aus Scheiben mit seitlich stabilisierenden Verbänden kann die ganze Tragstruktur aus einer Anzahl aneinandergereihter Scheiben zusammengesetzt werden. Zur örtlichen Lastaufnahme müssen diese Scheiben eine gewisse Biegesteifigkeit besitzen, die allerdings meist aus konstruktiven Gründen ohnehin vorhanden ist. Man erhält dadurch ein echtes, räumliches Tragsystem, ein sogenanntes Faltwerk (vgl. Abschnitt 3.3). Die Grundform ist in Bild B 70 dargestellt.

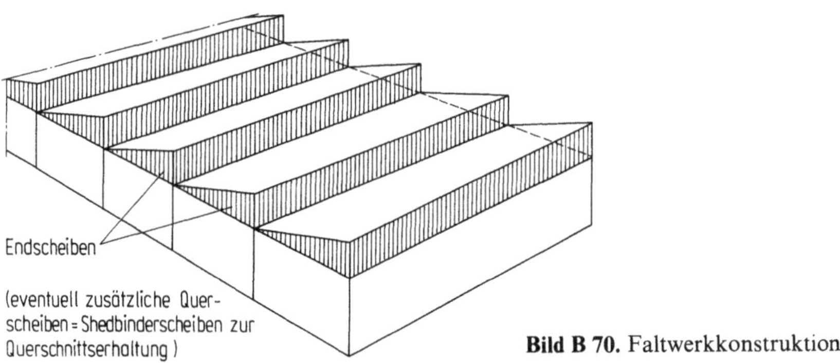

Bild B 70. Faltwerkkonstruktion

Auch hier kann durch Kombination mit dem Typ II eine konstruktive Form gebildet werden, wie sie häufig für breitere Hallen verwendet wird, indem in gewissen Abständen ein Unterzug angeordnet wird. Das Faltwerk ist dann über mehrere Felder durchlaufend.

Bei diesem Typ sind — bedingt durch den räumlichen Aufbau — abgesehen von Wandverbänden keine besonderen Verbandsscheiben mehr erforderlich.

Für den Lastfall Vollast kann auch hier mit genügender Genauigkeit eine ebene Berechnung durchgeführt werden. Die Lasten werden in Anteile aufgespalten, die in den Scheibenebenen wirken. Anschließend werden für jede Scheibe unabhängig die Beanspruchungen ermittelt und an gemeinsamen Traggliedern (Kanten) die entsprechenden Beanspruchungen superponiert. Grundsätzlich ist das Vorgehen somit identisch wie beim Typ I, c nach Abschnitt 2.6.4.3.

2.6.5 Dachkonstruktion mit parallel zu den Bindern laufenden Oberlichtern

Neben den soeben behandelten Shedbauten werden gelegentlich die in Bild B 71 skizzierten Oberlichtformen verwendet. Selbstverständlich kommen hier nur fachwerkartige Binder mit möglichst schlanken Füllungsgliedern oder Vierendeel-Träger in Frage (Beeinträchtigung des Lichteinfalles).

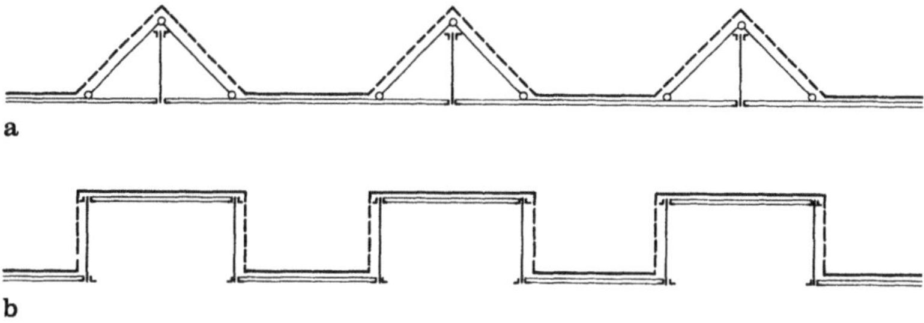

a

b

Bild B 71a, b. Binder im Oberlichtraum

Vom betrieblichen Standpunkt aus besitzt eine solche Anordnung zudem den Vorteil einer Verminderung des zu heizenden Raumes. Konstruktiv ist allerdings die Ausbildung der Pfetten schwieriger, besonders wenn eine Durchlaufwirkung (erhöhte Steifigkeit) erwünscht ist. Bei der Lösung nach Bild B 71 b mit lotrechten Oberlichtern ist zudem dem Problem des seitlichen Knickens der Binderobergurte und der Aufnahme des Winddruckes auf die Fensterflächen besondere Aufmerksamkeit zu schenken (z. B. oberer Windverband zwischen jedem Binderpaar).

Bei Verwendung *räumlich* stabiler Tragelemente für die Binder entfallen besondere Verbände; zudem wird die Montage einfacher. Als Beispiel einer solchen Ausbildung ist in Bild B 72 ein als fachwerkartiger Dreigurtträger ausgeführter Binder dargestellt. Dieses räumlich stabile Element nimmt auch unsymmetrische Lasten auf (dreieckförmige Torsionsröhre mit Bredtschem Schubfluß in den Fachwerkwänden).

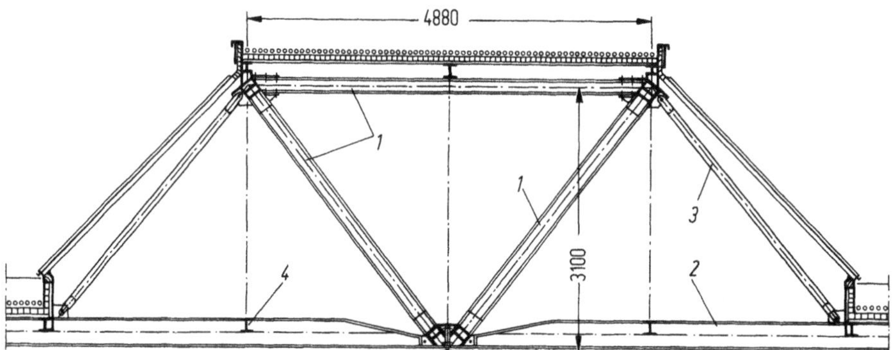

Bild B 72. VBZ-Garage Hardau — Detail der Dachkonstruktion (Bauen in Stahl 1969/14)
1 Dreigurt-Fachwerkbinder, durchlaufend über 2×40 m, Abstand 19,52 m; *2* Sprengwerkpfetten; *3* Zugstangen; *4* Sparren

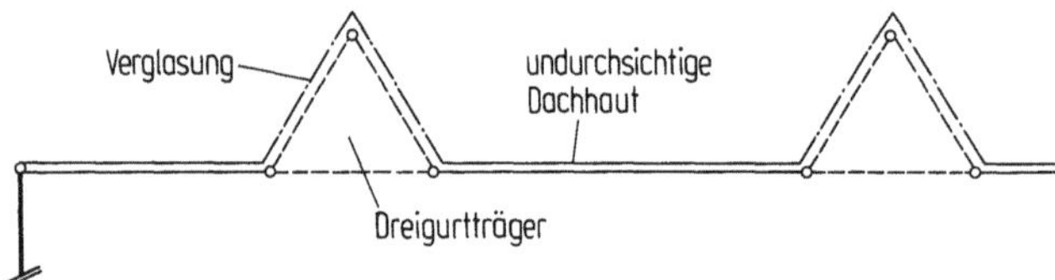

Bild B 73. Dreigurtträger im Oberlichtraum

Selbstverständlich können nach Bild B 73 die Dreigurtträger auch mit der Basis nach unten gestellt werden. Für Ausführungsbeispiele sei z. B. auf Bauen in Stahl (1983/11, 1984/19 und 1986/4) hingewiesen.

Besonders bei mehrschiffigen Hallen ist ebenfalls eine Anordnung der in den Abschnitten 2.4.3 und 2.6.2 erwähnten Längsunterzüge in den Oberlichtebenen möglich. Ein Ausführungsbeispiel ist in Bild B 43 dargestellt. Die Stabilisierung ist hier direkt durch die Querbinder gewährleistet.

2.6.6 Schirmkonstruktionen

Die Schirmkonstruktionen können in einem gewissen Sinne als Sonderfall der in Abschnitt 2.6.5 dargestellten Ausbildungen angesehen werden, obwohl sie oft in Zusammenhang mit einer undurchsichtigen Dachhaut verwendet werden. Entsprechend ihrer Satteldachform kann man sie auch als Sonderkonstruktion für mehrschiffige Hallen ansehen, indem die Dachträger in der Achse jedes Hallenschiffes durch längslaufende Träger gestützt sind, so daß die Haupttragkonstruktion gemäß Bild B 74 jeweils um eine halbe Schiffsbreite versetzt ist. Da die Hauptträger unter dem Dachfirst angeordnet sind, ist eine große statische Höhe ohne Verlust an Nutzhöhe möglich.

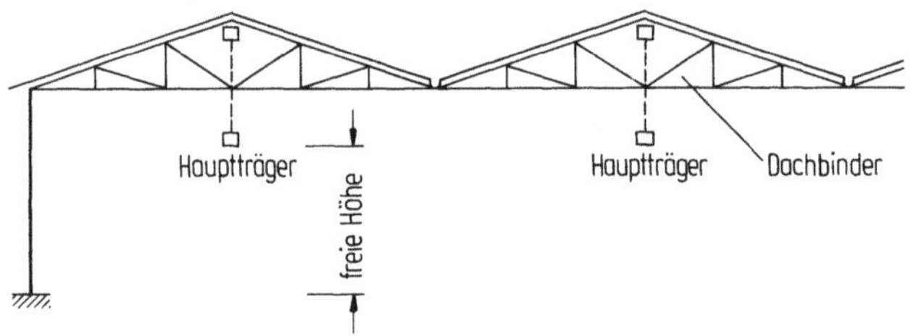

Bild B 74. Unter dem Dachfirst angeordnete Hauptträger

Die Untergurte der eigentlichen Dachkonstruktion können auch geneigt sein und sich längs der Hauptträgerunterkante schneiden (rhombenförmige Dachträger), wie dies aus Bild B 75 ersichtlich ist. Um die Entwässerung zu erleichtern, kann der Hauptträger und damit das ganze Dach leicht sattelförmig oder bogenförmig überhöht sein.

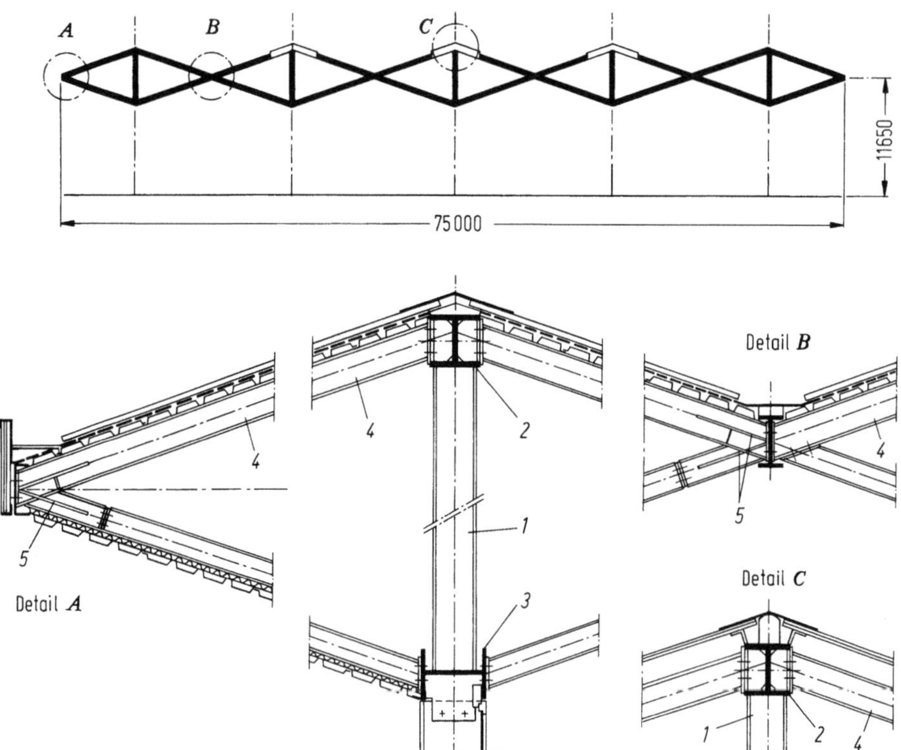

Bild B 75. Luftfrachthalle Basel-Mühlhausen (Bauen in Stahl 1970/6)
1 Pfosten; *2* Obergurt; *3* Untergurt; *4* Dachträger; *5* Knotenblech des Windverbandes

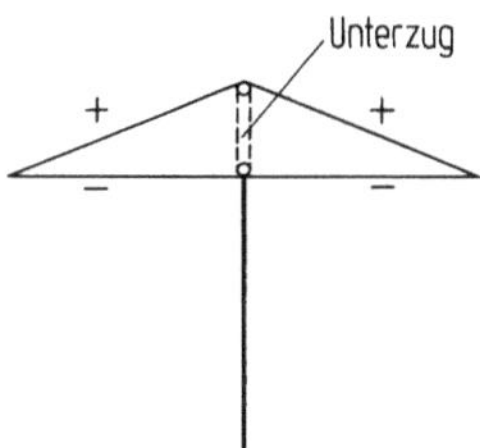

Bild B 76. Einzelschirm

Betrachtet man einen einzigen Schirm (verwendbar z. B. als Perrondach!), so erkennt man nach Bild B 76 leicht, daß im Untergurt Druckkräfte entstehen, während im Obergurt Zugkräfte auftreten.

Durch Aneinanderreihen solcher Schirme wird bei gleichmäßiger Belastung der gedrückte Untergurt entlastet. Falls die Horizontalkomponenten in den Endfeldern aufgenommen sind, z. B. durch entsprechende Verbände, kann der Untergurt weggelassen werden: man erhält nach Bild B 77 eine Art Gelenkkette, gebildet durch biegesteife Zugstäbe. Selbstverständlich sind u. a. wegen der unvermeidbaren Unter-

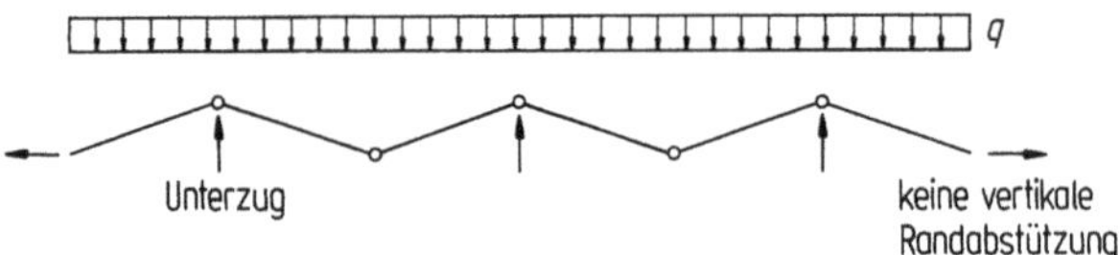

Bild B 77. Schirmkonstruktion

schiede im Horizontalzug der verschiedenen Schirmträger (Ungleichmäßigkeit der Belastung usw.) stabilisierende Stäbe dennoch erforderlich. Für eine Ausführung ähnlicher Art vgl. Anonym (1968).

In diesem System sind bereits Übergänge zu den räumlichen Tragwerken erkennbar.

2.6.7 Ebene Seiltragwerke und seilverspannte Konstruktionen

2.6.7.1 Allgemeines

Die Verwendung von Seilen für Haupttragelemente führte zur Entwicklung besonderer Tragstrukturen. Dabei mußten Systeme gesucht werden, bei denen die wirtschaftliche Aufnahmefähigkeit von Zugkräften möglichst ausgenützt werden kann, die aber gleichzeitig eine genügende Steifigkeit aufweisen. Für Anwendungsmöglichkeiten sei u. a. auf Gabriel (1980) hingewiesen.

Bei den Tragwerken mit Seilen als Tragelemente kann man zwischen reinen Seiltragwerken, gemischten Seiltragwerken und seilverspannten Tragwerken unterscheiden.

Vom statischen Standpunkt aus ist als gemeinsames Kennzeichen bei Seilen die Nichtlinearität der Beziehung zwischen Belastung und Beanspruchungen zu beachten. Die Superposition der aus einzelnen Belastungszuständen resultierenden Spannungen ist somit nicht zulässig. Allerdings kann sie mit guter Näherung für gemischte Seiltragwerke und für seilverspannte Tragwerke noch verwendet werden.

2.6.7.2 Reine ebene Seiltragwerke

Unversteifte Systeme

Unversteifte Systeme nach Bild B 78 sind ungeeignet, da sie bei ungleichmäßig verteilter Belastung große geometrische Formänderungen aufweisen, die oft für die Dachverkleidung unzulässig werden. Zudem können bei leichten Dacheindeckungen infolge Luftdruckschwankungen (Windsogkräfte) statisch instabile Belastungszustände (Druckkräfte in den Seilen!), sowie — auch bei schwereren Dacheindekkungen — aerodynamisch instabile Zustände auftreten.

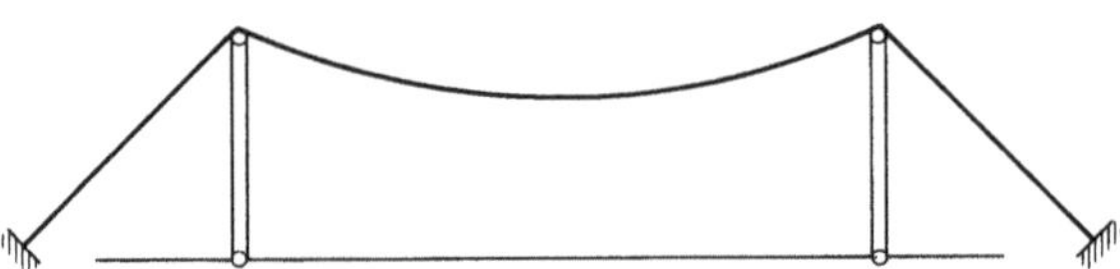

Bild B 78. Unversteiftes Seiltragwerk

Diese Nachteile können durch folgende Maßnahmen begegnet werden:
— Erhöhung des Gewichtes des Daches (schweres Dach); durch die größere Masse erhält man eine aerodynamisch stabilere Konstruktion;
— Erhöhung der Steifigkeit durch eine biegesteife Dacheindeckung (meist in Verbindung mit schweren Dächern, z. B. Betonhängedächern);
— Erhöhung der Steifigkeit durch Versteifungsträger; solche Tragwerke gehören zur Gruppe der gemischten Konstruktionen;
— Erhöhung der Steifigkeit durch hohe Vorspannung; da einer Vergrößerung der Vorspannung enge Grenzen gesetzt sind, kommt diese Maßnahme nur für Spannstahldächer mit ihren in kurzen Abständen angeordneten Zwischenunterstützungen in Frage;
— Erhöhung der Steifigkeit durch Anordnung eines Gegenseils, eventuell mit fachwerkartiger Führung der Zwischenglieder (Seilbinder).

Von den aufgeführten Maßnahmen sollen hier nur die letzten zwei näher betrachtet werden.

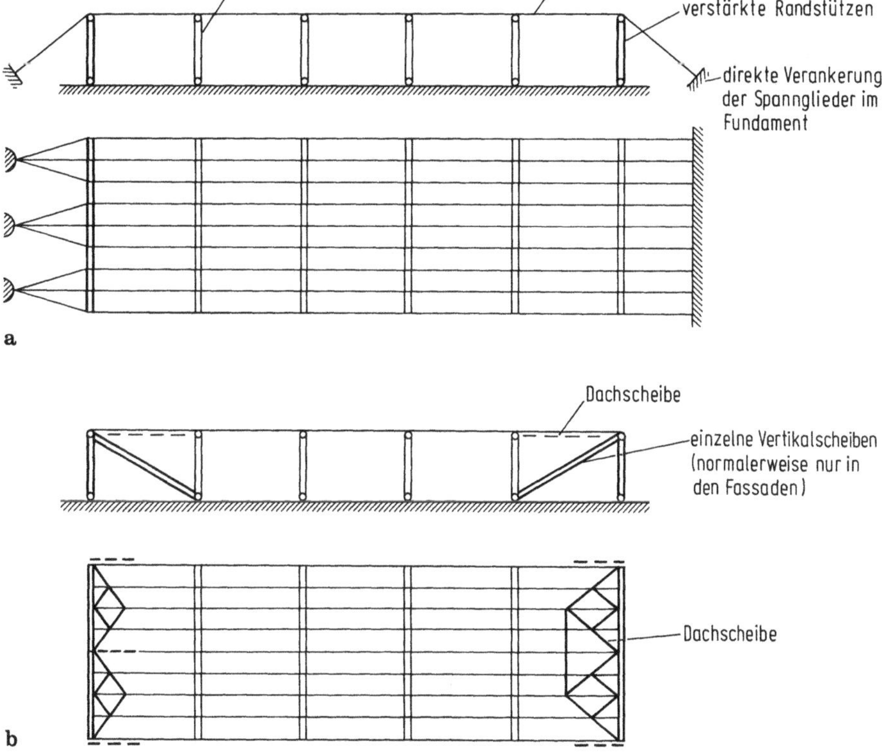

Bild B 79a, b. Spannstahldach mit (a) direkter oder (b) indirekter Verankerung

Spannstahldächer

Diese Tragwerksform eignet sich für lange Dächer, z. B. Bahnsteigdächer, weil die relativ aufwendige Verankerungskonstruktion unabhängig von der Bauwerkslänge ist. Nachteilig ist, daß sich das Ausfallen eines Drahtelementes in allen Spannweiten auswirkt. Zudem sind die ungeschützten dünnen Drähte korrosionsanfällig.

Die Verankerungsmöglichkeiten sind in Bild B 79 dargestellt. Bei der Lösung nach Bild B 79b ist der erforderliche Baugrund kleiner. Diese Ausbildung bedingt jedoch die Ausführung einer besonderen, steifen Dachscheibe zur Aufnahme der Spannkräfte und deren Weiterleitung über Vertikalscheiben in die Fundamente.

Während bei den bisherigen Lösungen der Baugrund als Druckriegel verwendet wird, können nach Bild B 80 die Spannkräfte auch direkt durch in der Dachebene angeordnete Druckriegel aufgenommen werden, so daß ein Ausgleich der waagrechten Komponenten möglich wird und somit nur noch die lotrechten Anteile durch die Dachbinder und Stützen übernommen werden müssen.

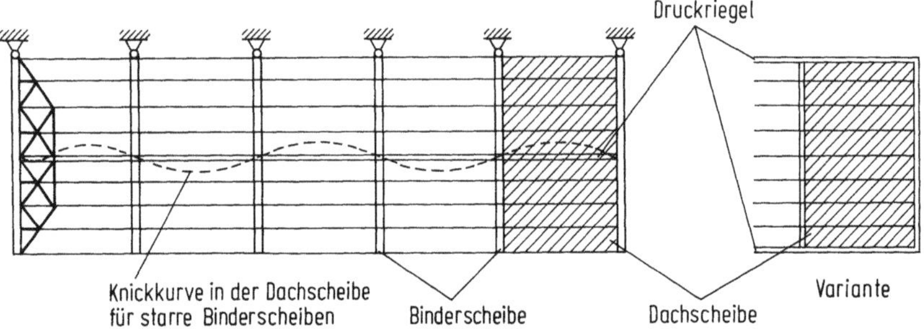

Bild B 80. Spannstahldach mit Druckriegel

Die Dachscheibe stellt hier ein vorgespanntes Tragelement dar. Die Stabilität des Druckriegels wird normalerweise nicht durch die Dachscheibe gewährleistet, so daß die Binderscheiben diese Aufgabe übernehmen müssen. Üblicherweise sind diese Scheiben als Rahmen oder als Binder auf eingespannten Stützen ausgebildet, so daß nach Bild B 81 deren Nachgiebigkeit bei der Bestimmung der Knicklänge des Druckriegels berücksichtigt werden muß (für ein ähnliches Stabilitätsproblem vgl. Abschnitt 2.6.1).

Auch für Knicken aus der Ebene der Dachscheibe liegt ein analoges Problem vor. Hier ist als Federkonstante der elastischen Stützungen die lotrechte Nachgiebigkeit

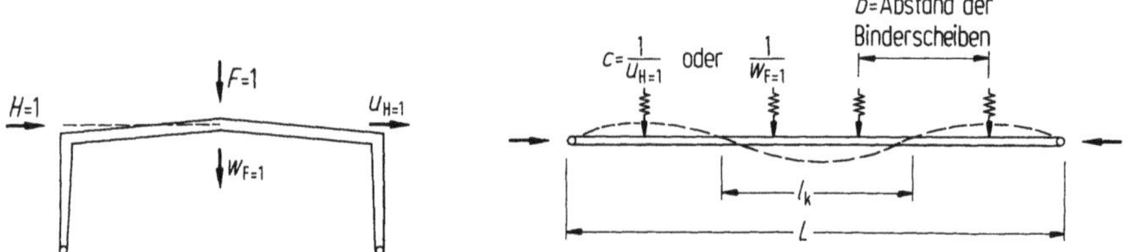

Bild B 81. Elastische Knicksicherung

der Binderscheiben einzuführen. Für Druckriegel mit direkter Verbindung zum Baugrund (Stützenreihe) kann starre Lagerung für die lotrechte Verschiebung w angenommen werden.

Um allzugroße Durchbiegungen des Daches zu vermeiden, ist eine relativ enge Zwischenunterstützung der Spannglieder erforderlich (auf ca. 8 bis 12 m beschränkt).

Seilbinder

Durch die Anordnung eines gespannten Gegenseils (= Spannseil) und einer Anzahl von Zwischengliedern nach Bild B 82 kann das Tragseil versteift werden.

Für ungleichmäßige Belastungen ergeben sich nach Bild B 83a trotzdem große Verformungen, die jedoch durch Anbringen einer schubsteifen Verbindung in der Mitte nach Bild B 83b wesentlich vermindert werden können.

An Stelle von auf Zug beanspruchten Zwischengliedern kann durch Anordnung des Gegenseils über dem Tragseil nach Bild B 84 eine andere Bauform gefunden

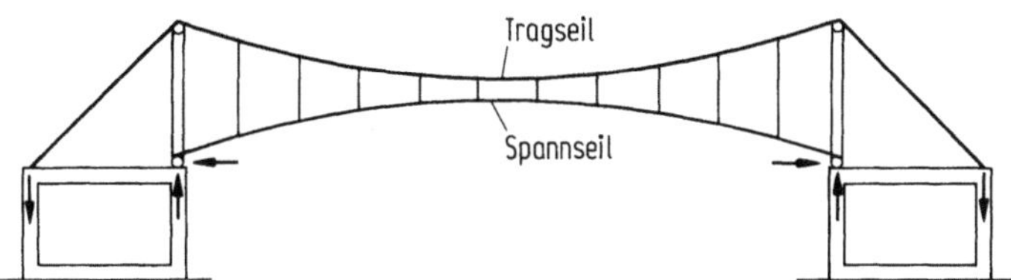

Bild B 82. Seilbinder mit Spannseil

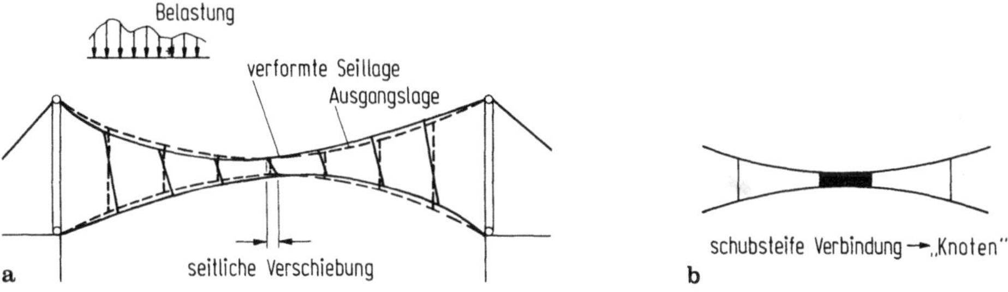

Bild B 83a, b. Seilbinder mit Zentralknoten

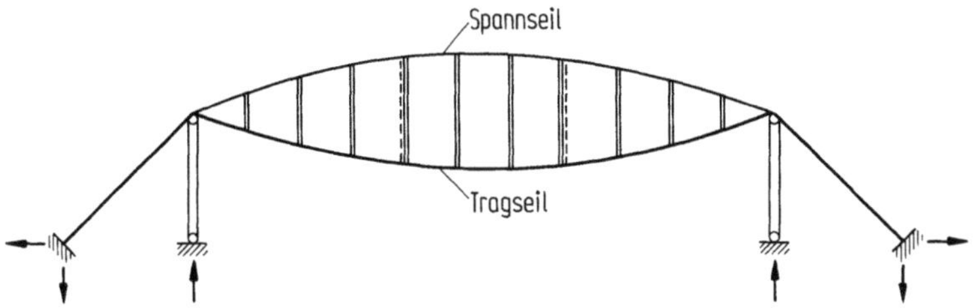

Bild B 84. Seilbinder mit druckbeanspruchten Ständern

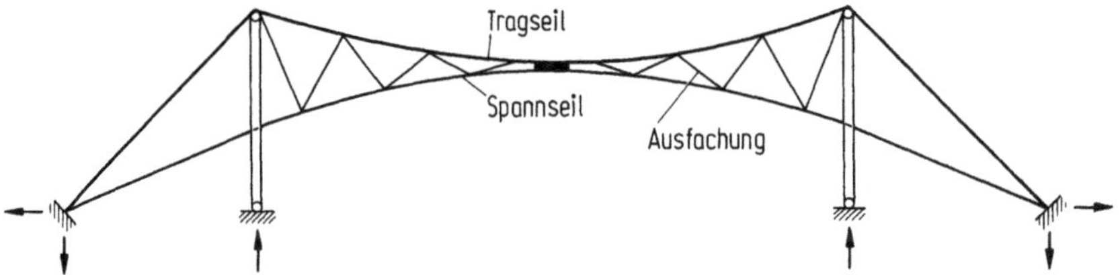

Bild B 85. Seilbinder System Jawerth (vgl. z. B. Jawerth, 1959 und 1966)

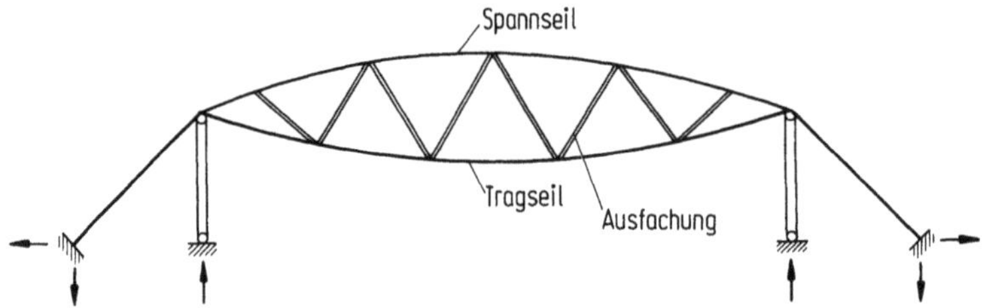

Bild B 86. Fischbauchbinder mit Seilgurten

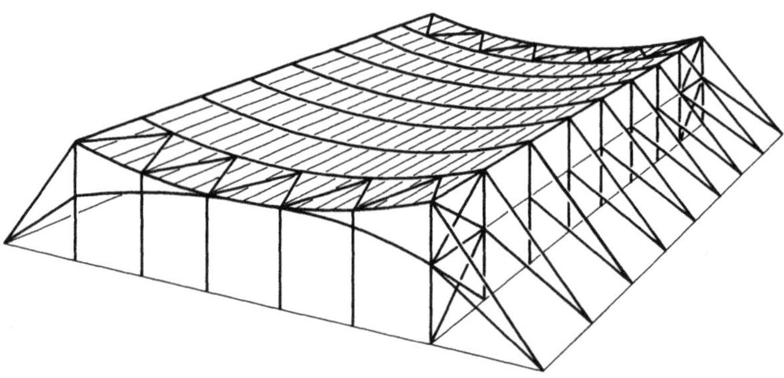

Bild B 87. Räumlicher Aufbau einer Halle mit Seilbindern

werden, bei der die Zwischenglieder auf Druck beansprucht werden. Zu beachten ist, daß dieses System bei fehlender seitlicher Festhaltung (Stabilitätsverbände) umkippt, insbesondere wenn Lasten am Gegenseil angreifen.

Wenn an Stelle der vertikalen Zwischenglieder nach Bild B 85 schräge Seile als Ausfachung angeordnet werden, so entsteht ein steiferes System, da nicht nur die gegenseitigen lotrechten sondern auch die gegenseitigen waagrechten Verschiebungen verhindert oder mindestens stark vermindert werden.

Dieses System erweist sich demnach als die statisch günstigste Bauform. Auch hier ist durch eine Umkehrung der Seilanordnung nach Bild B 86 eine Ausbildung mit drucksteifen Zwischengliedern in Diagonalform möglich.

Für die Aufnahme der Horizontalkräfte muß die Dachhaut genügend schubsteif ausgebildet werden oder es sind besondere Windverbandsscheiben in der Dachfläche anzuordnen, damit die Kräfte in die lotrechten Windscheiben eingeleitet werden können. Die in Bild B 87 gezeigte räumliche Anordnung einer Halle mit Seilbindern ist somit grundsätzlich gleich wie bei anderen Binderausbildungen (vgl. z. B. Bild B 19).

Die großen Verankerungskräfte (Einleitung hoher Zugkräfte in den Baugrund) erfordern häufig teurere Fundamente. Eine Beurteilung der Wirtschaftlichkeit reiner Seiltragwerke kann deshalb nur über eine Gesamtbetrachtung erfolgen.

2.6.7.3 Gemischte ebene Seiltragwerke

Bei den gemischten Seiltragwerken werden versteifende Elemente (sogenannte Versteifungsträger) zur Verminderung der Formänderungen unter wechselnden Belastungen verwendet. Zugleich wird auch eine genügende aerodynamische Stabilität erreicht. Haupttragelement bleibt hier das Seil, das jedoch auch durch ein entsprechend geformtes biegesteifes Element ersetzt werden kann, während die versteifenden Elemente eine sekundäre Rolle spielen. Nachstehend sind in Bild B 88 zwei typische Beispiele angeführt.

Die gemischten Seiltragwerke werden selten angewendet. Die Variante mit dem „biegesteifen Seil" kann jedoch in Sonderfällen zu wirtschaftlichen Lösungen führen.

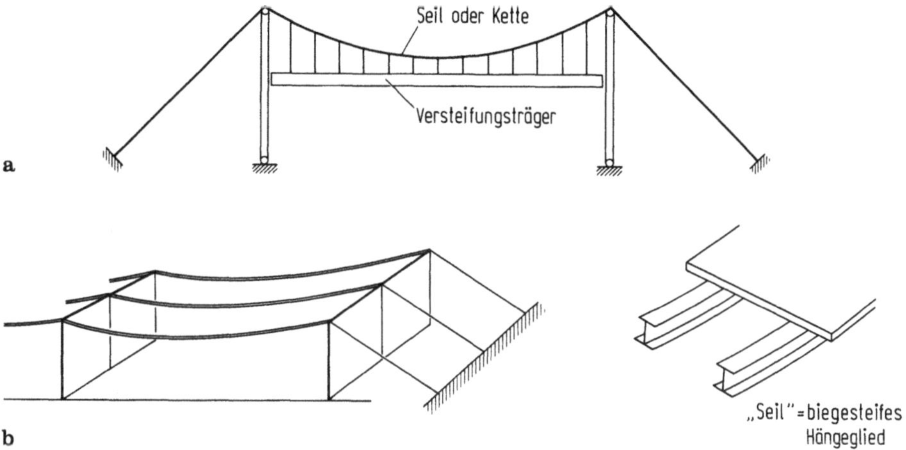

Bild B 88. a Aufgehängtes Dach; **b** Seiltragwerk mit biegesteifen Hängegliedern

2.6.7.4 Seilverspannte Tragsysteme

Bei diesen Systemen wird nach Bild B 89 die an sich bereits steife Tragkonstruktion zusätzlich durch Seile verspannt. Die Seile wirken als reine Zugelemente (müssen aber nicht biegeweich sein, auch Zugstangen sind geeignet), d. h. sie sind nicht durch Querlasten (außer durch ihre Eigenlast) beansprucht. Die häufige Verwendung von Seilen ist auf das günstige Verhältnis Preis/ertragbare Spannung zurückzuführen. Nachteilig sind die größeren Längenänderungen.

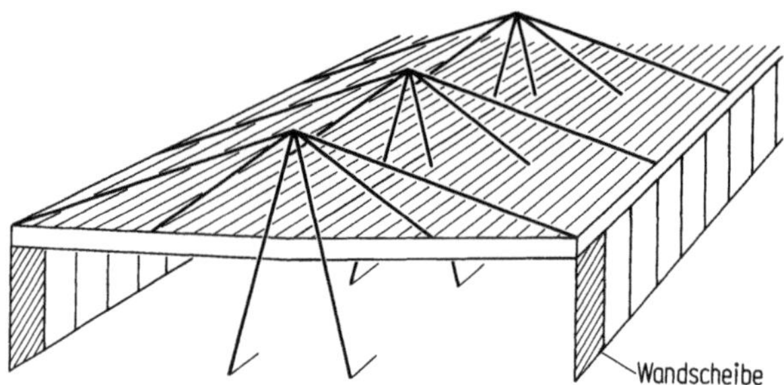

Bild B 89. Überspanntes Dach

Die seilverspannten Tragsysteme haben vor allem bei weitgespannten Hallen und bei Flugzeughangars große Bedeutung erlangt (vgl. z. B. die Bilder B 38 und B 40). Da jede steife Tragkonstruktion noch zusätzlich verspannt werden kann, ergibt sich daraus eine große Zahl möglicher Tragsysteme. Meist werden einfache oder durchlaufende Balken verspannt, seltener Rahmenkonstruktionen.

2.7 Vorgehen bei der Wahl des Tragsystemes und bei der Berechnung

2.7.1 Wahl des Tragsystemes

Die außerordentliche Vielfalt der möglichen Tragsysteme erlaubt keine eindeutige Zuordnung zu einem bestimmten Bauwerk, sind doch stets zahlreiche Gesichtspunkte zu berücksichtigen. Für die Wahl einer geeigneten Tragstruktur geht man deshalb am zweckmäßigsten von den äußeren Gegebenheiten aus:
— Belastungen (Größe der vorgeschriebenen Belastungen, insbesondere Schnee und Windlasten; Einzellasten; Kranlasten);
— Grundrißform, Hauptabmessungen, einzuhaltende Lichtraumprofile (Krananlagen usw.);
— Baugrundverhältnisse (insbesondere Einspannungsmöglichkeiten);
— Beleuchtung und Lüftung (Anordnung von Lichtbändern), Art der Verkleidung usw.;
— erwünschte Steifigkeit (Begrenzung der Durchbiegungen und der seitlichen Auslenkungen).

Unter Berücksichtigung dieser Erfordernisse scheidet von Anfang an ein großer Teil der an sich möglichen Lösungen aus. Die engere Wahl erfolgt mehr oder weniger empirisch, indem aus eigener *Erfahrung* sowie aus dem Vergleich ähnlicher, bereits ausgeführter Objekte gewisse Ausbildungsmöglichkeiten als wirtschaftlich erachtet und somit weiterverfolgt werden. Wohl sind Vergleichsentwürfe auszuarbeiten, die Untersuchung aller denkbarer Systeme wäre aber sinnlos, da der Aufwand in keinem Verhältnis zu den Einsparungen stehen würde.

Eine Optimalisierung ist zudem schwer zu erzielen, beruht doch jeder Entwurf auf gewissen Parametern, die mit Unsicherheiten behaftet sind und sich während der

Nutzungsdauer des Bauwerkes ändern können. Die Unterschiede zwischen vernünftigen Tragsystemen sind somit kaum genau zu erfassen, sie bleiben zudem in der Regel ohne großen Einfluß auf die Wirtschaftlichkeit des Gesamtbauwerkes. Besonders bei Industriebauten sind — bei vergleichbaren Kosten — Systeme mit Tragreserven und mit einfachen Ausbaumöglichkeiten vorzuziehen.

Auf jeden Fall ist zuerst der Einfluß der verschiedenen Entwurfsgrundlagen auf die untersuchte Tragstruktur abzuschätzen, bevor man an die eigentliche statische Berechnung geht.

2.7.2 Statische Berechnung und konstruktive Gestaltung

Mit Hilfe der Baustatik läßt sich feststellen, ob die vorgesehene Tragkonstruktion zur Aufnahme der vorgeschriebenen Belastung genügend tragfähig und genügend steif ist. Die Statik kann somit die Entwurfsarbeit nicht ersetzen sondern sie ermöglicht lediglich, verschiedene Tragkonstruktionen zu prüfen und durch Veränderungen der Querschnittsabmessungen so lange zu verbessern, bis die Anforderungen bezüglich Tragfähigkeit, Steifigkeit und gleichzeitiger Wirtschaftlichkeit erfüllt sind.

Mit Ausnahme der statisch bestimmten Systeme ist die Ermittlung der Schnittkräfte in der Regel ohne vorgängige Wahl der Querschnittswerte nicht möglich; hierfür ist eine Vorbemessung erforderlich. Der Vorgang beim Entwurf und Berechnung ist somit durch die folgenden Schritte gekennzeichnet.

Entwurfsskizzen

Unter Berücksichtigung der in Abschnitt 2.7.1 erwähnten Gegebenheiten sind mögliche Tragstrukturen maßstäblich (innere und äußere Baumaße einhalten) zu skizzieren.

Berechnungsmodelle

In den meisten Fällen darf das Hauptgerippe in unabhängig gedacht wirkende ebene Tragsysteme zerlegt werden (vgl. Abschnitt 1.3.1). In diesem Stadium ist die räumliche Verteilung von Einzelkräften durch längslaufende Elemente (mit im Verhältnis zu den Binderscheiben nicht vernachlässigbarer Steifigkeit, wie z. B. Kranbahn selbst oder Verband für waagrechte Kranlasten, vgl. Abschnitt 2.2.3.4) vernünftig abzuschätzen. Räumliche Verbindungen durch praktisch starre Elemente können in erster Näherung durch entsprechende Festhaltestäbe simuliert werden (z. B. Wirkung einer Dachscheibe auf seitlich relativ weiche Binderscheiben, insbesondere bei Bindern auf „gelenkigen" Stützen, vgl. Abschnitt 2.2.3.2).

Vorbemessung

Ausgehend vom statischen Modell und von den vorgeschriebenen Lasten (in der Tragebene wirkend) können die Schnittkräfte abgeschätzt werden. Da die konstruktive Ausbildung der Binder und der Stützen deren Biegesteifigkeit und dadurch den Verlauf der Schnittkräfte beeinflußt, ist diese Ausbildungsform ideenmäßig zu skizzieren.

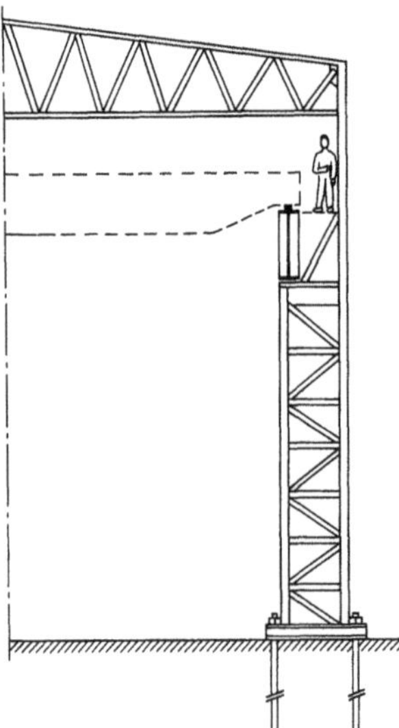

Bild B 90. Halle mit Bindern auf eingespannten Stützen

Beim in Bild B 90 gezeigten System kann die Einspannung des Binders im weichen Oberteil der Stütze zuerst vernachlässigt werden. Die leicht zu errechnende Auflagerdrehung des einfach gelagerten Binders wird als gegebene gegenseitige Verschiebung der entsprechenden Punkte der Stütze aufgezwungen, und daraus wird die Größenordnung der Biegebeanspruchung der Stütze bestimmt. Ähnliche Überlegungen sind für die direkten Belastungen der Stützen aufzustellen, wobei hier der Binder näherungsweise als feste Einspannung für die Stütze zu gelten hat.

Bei Rahmenkonstruktionen lassen sich für Rahmen mit konstanter Steifigkeit des Riegels EJ_R und der Stiele EJ_S einfache Beziehungen für die Schnittkräfte errechnen (Tabellenwerke vorhanden). Damit kann für jedes Element (Binder und Stütze) der Verlauf der Schnittkräfte mit brauchbarer Näherung geschätzt werden. Die Vorbemessung basiert auf diesen Näherungswerten.

Beim Binder können aus den Biegemomenten und den Querkräften die nötigen Querschnittsflächen der Gurte und der Füllungsglieder bestimmt werden. Diese Ergebnisse sollten sofort maßstäblich skizziert werden (Stabformen, Querschnittsgröße, Knotenpunktausbildung).

Für den oberen vollwandigen Teil der Stütze (Bild B 90) bestimmen das Moment (Zwängung aus Binderverformung; direkte Windbelastung; horizontale Koppelung mit der gegenüberliegenden Stütze usw.) und die Normalkraft (Binderauflagerkraft) den nötigen Querschnitt. Für den fachwerkartigen Unterteil ist der Vorgang analog, wobei sich der Gurtabstand oft aus Gründen der Unfallsicherheits-Vorschriften ergibt (minimaler Abstand zwischen Stützenoberteil = Außengurt und Kranbahn = Achse des Innengurtes). Die Außengurtung wird normalerweise nach oben durchgeführt, so daß der größere Querschnitt maßgebend ist.

Bei der Vorbemessung darf man sich nicht mit Spannungsnachweisen begnügen, sondern es sind auch die Verformungen (insbesondere die waagrechten Auslenkungen) zu kontrollieren.

Konstruktive Gestaltung

Die konstruktive Gestaltung der Hauptelemente wurde bereits bei der Vorbemessung
festgelegt (fachwerkartig oder vollwandig; gelenkige oder biegesteife Verbindung
usw.). Nun sind die Transport- und Montagemöglichkeiten abzuklären und die entsprechende Lage und Ausbildung der Stöße und Anschlüsse (geschraubt, geschweißt)
festzusetzen.

Anschließend sind die baulichen Details zu betrachten (Fachwerkknoten, Rahmenecken, Kranbahnauflagerung, Stützenfüße usw.), wobei maßstäbliche Skizzen mit
ungefähren Abmessungen aufzuzeichnen sind. Aus konstruktiven Gründen ergeben
sich auch oft Mindestabmessungen (Anschlüsse anderer Bauteile wie Pfetten usw.).
Bei der konstruktiven Ausbildung ist zu berücksichtigen, daß die Kosten im wesentlichen durch die Verbindungen beeinflußt werden. Somit sind arbeitssparende Her-
stellungs- und Montagedetails zu wählen.

Endgültige Bemessung

Ausgehend von den in der Vorbemessung ermittelten Querschnittsabmessungen (mit
allenfalls aus der konstruktiven Gestaltung resultierenden Änderungen) kann die
Statik genau erstellt werden, wobei die möglichen Belastungszustände zu superponieren sind.

Mit den neuen Schnittkräften wird die eigentliche Bemessung durchgeführt, wobei
die grundsätzliche Ausbildung beibehalten wird und nur einzelne Korrekturen vorzunehmen sind. In diesem Rahmen führt man alle nötigen Spannungs-, Stabilitäts- und
Verformungsnachweise durch. Da sich der Steifigkeitsverlauf gegenüber demjenigen
des Vorprojektes (Vorbemessung) ändert, ist abzuschätzen, ob die neue Verteilung
einen wesentlichen Einfluß (mehr als rd. $\pm 5\%$) ausüben kann; nötigenfalls ist der
Vorgang zu wiederholen.

Abschließend sind die konstruktiven Details endgültig zu entwerfen und zu bemessen (Anzahl Schrauben in einem Anschluß, erforderliche Krafteinleitungsrippen
usw.).

Bei Systemen mit größerer räumlicher Wirkung bleibt der Vorgang an sich ähnlich.
Wegen des höheren Grades der gegenseitigen Beeinflussung ist aber die Aufgabe
wesentlich komplexer.

3 Systeme mit räumlicher Tragwirkung

3.1 Allgemeines

Räumliche Tragstrukturen sind von Vorteil, wenn größere wechselnde ungleichmäßige
Lasten vorkommen (dies ist der Fall bei Hallen mit Krananlagen, vgl. Abschnitt
2.2.3.4, aber auch bei Kuppeltragwerken infolge Windlasten) oder falls die Grund-
rißform eine allseitige Stützung erlaubt (quasi-quadratische oder kreisförmige
Grundrisse). Sie sind auch besonders geeignet zur stützenfreien Überspannung großer
Flächen.

Vom statischen Gesichtspunkt aus betrachtet, können solche Tragkonstruktionen als Platten, Scheiben (nur in Kombination) oder Schalen aufgefaßt oder aus solchen zusammengesetzt gedacht werden. Die meisten räumlichen Tragstrukturen aus Stahl weisen einen netzartigen Aufbau auf. Die wichtigsten Konstruktionsformen, die sich ergeben, sind: Roste (Trägerroste, Stabroste), Faltwerke (mit Netzaufbau der Scheiben), Strukturen einfacher oder doppelter Krümmung (Tonnen, Kuppeln, Hängestrukturen).

An Stelle des statischen Aufbaues können die räumlichen Tragwerke nach der Art der Bauelemente in Seilkonstruktionen (nur Zugkräfte), Stabkonstruktionen (Zug- und Druckkräfte), Trägerkonstruktionen (Biegung, Normal- und Querkräfte) und Blechkonstruktionen (Normal- und Schubkräfte, Biegung nur beschränkt) gegliedert werden.

3.2 Roste (Trägerroste und Stabroste)

3.2.1 Definition

Unter einem Rost wird eine ebene, netzartig ausgebildete Stab- oder Trägerkonstruktion verstanden. Sind mehrere ebene Rostelemente biegesteif miteinander verbunden, so spricht man von einem „räumlichen Rost". Biegesteife, netzartige Schalen können als Grenzfall einer Vielzahl biegesteif verbundener ebener Roste betrachtet werden.

Die Unterscheidung der ebenen Roste erfolgt nach der Anzahl der Lagen in einlagige und zweilagige Roste (vgl. Bild B 91), sowie nach der Art der Netzausbildung (vgl. Abschnitt 3.2.2).

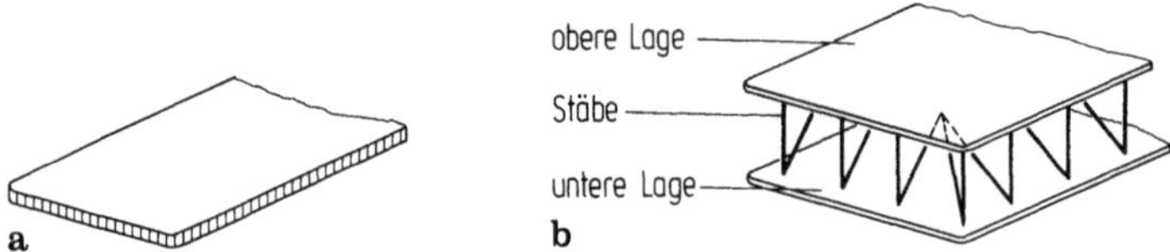

Bild B 91. a Einlagiger Rost; **b** Zweilagiger Rost

Die wichtigsten Ausbildungsformen sind die folgenden:
— netzartig ausgebildete *„Platte"* hoher Biegesteifigkeit aber mit kleiner Drillsteifigkeit, d. h. eigentliche Trägerroste aus vollwandigen oder fachwerkartigen Trägern;
— *Stabroste* nach Bild B 92, praktisch als Platte wirkend, aber mit nur auf Zug oder Druck beanspruchten Stäben, falls die Anschlüsse als gelenkig angenommen werden können und die Belastung nur in die Knoten eingeleitet wird. Da diese Lösung häufig zu einem unwirtschaftlich feinen Netzaufbau führen würde, kann in solchen Fällen ein Teil der Stäbe zusätzlich auf Biegung beansprucht werden, z. B. bei direkter Auflagerung der Dacheindeckung auf die Obergurtstäbe.

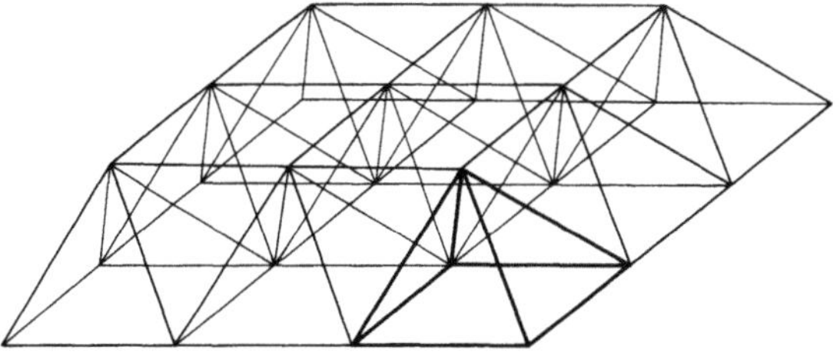

Bild B 92. Zweiläufiger Stabrost (Teilbereich)

Trägerroste mit fachwerkartig ausgebildeten Trägern nehmen in dieser Einteilung eine Zwischenstellung ein: die einzelnen Stäbe werden wohl wie beim Stabrost nur auf Zug oder Druck beansprucht, aber zwischen den Kreuzungspunkten des Trägerrostes übernehmen die Träger die Belastung auf Biegung auf.

Die in Abschnitt 1.2.3.4 erwähnten kombinierten Systeme wirken an sich als räumliche Roste. Meistens sind aber hier, wie in den Bildern B 22 und B 23, nur waagrechte längsverteilende Elemente vorhanden, so daß sich die Trägerrostwirkung auf bestimmte Lastfälle, hauptsächlich Kranschub, konzentriert.

3.2.2 Art der Netzausbildung

Wichtiges Unterscheidungsmerkmal ist die Art der Netzausbildung.

Der *zweiläufige Rost* ist durch zwei Stabscharen gebildet, die sich schiefwinklig oder rechtwinklig (= orthogonaler Rost) kreuzen können. Ein solcher Rost besitzt an sich keine Schubsteifigkeit. Bei einer lotrechten *und* waagrechten Stützung in mindestens vier Punkten können aber trotzdem waagrechte Kräfte aufgenommen werden, wie dies auch bei einfachen Raumfachwerken mit rechteckigem Fußring der Fall ist (vgl. Stüssi, 1975, S. 160).

Der *dreiläufige Rost* setzt sich aus drei Stabscharen zusammen. Häufig stehen zwei Richtungen aufeinander senkrecht, mit der dritten in Diagonalanordnung. Bei der ebenfalls benützten 60° Ausbildung entsteht ein isotroper Rost, der unter lotrechten Lasten als Platte mit Biegesteifigkeiten in allen Richtungen und einer Drillsteifigkeit wirkt, und sich für waagrechte Lasten als Scheibe verhält.

Der durch vier Stabscharen gebildete vierläufige Rost wird selten verwendet, da die zahlreichen Kreuzungspunkte zu einer aufwendigen Konstruktion führen. Der Hexagonalrost und andere regelmäßige Formen werden nur in Sonderfällen benutzt, meist bedingt durch architektonische Wünsche.

Bei zweilagigen Rosten nach Bild B 91b ist eine Kombination von Netzausbildungen möglich, zum Beispiel obere Lage mit einer dreiläufigen und untere Lage mit einer zweiläufigen Netzausbildung. In diesem Fall wird die Schubsteifigkeit einzig durch die obere Lage gewährleistet.

Die statische Berechnung solcher Roste kann in einfachen Fällen direkt mittels vorhandener Programme durch Rechenautomaten durchgeführt werden. Bei großer Stabzahl (Stabrost) können allerdings diese Verfahren zu aufwendig sein, besonders für die Vorbemessung. Entweder muß durch eine Idealisierung eine Analogie zur Platte (für zweiläufige Roste drillweiche Platte, d. h. Trägerrost) erreicht werden oder die feingliedrige Struktur ist durch ein gröberes Netz, das ähnliches Verhalten zeigt, zu ersetzen (Makrostruktur). In einem zweiten Rechnungsgang werden anschließend die Beanspruchungen in den Teilelementen (Mikrostruktur) ermittelt. Zu diesem Problem der Vorbemessung, vgl. Witte (1981).

3.2.3 Anwendungsgebiete

Roste eignen sich für die stützenfreie Überdachung größerer Flächen bei gleichzeitig kleiner Bauhöhe. Günstige Grundrißformen sind der Kreis und das Quadrat, jedoch kann jede beliebige Grundrißform mit Verhältnis der Abmessungen nicht größer als 1,5 auf statisch günstige Weise überdeckt werden. Allerdings sind die höheren Bearbeitungskosten zu beachten.

Vollwandige Trägerroste eignen sich für Spannweiten bis zu etwa 40 m. Für größere Spannweiten sind fachwerkartig ausgebildete Trägerroste oder Stabroste zu bevorzugen. Damit können Spannweiten über 100 m überspannt werden.

3.3 Faltwerke

3.3.1 Definition

Ein Faltwerk ist ein räumliches Tragwerk, das aus zwei oder mehr Scheiben in der Form eines Prismas oder eines schlanken Pyramidenstumpfes zusammengesetzt ist. Die Scheiben können vollwandig (Massivbauweise) oder netzartig (Normalfall im Stahlbau, vgl. Bild B 97) ausgebildet sein.

Während eine einzelne Scheibe nur in ihrer Ebene wirkende Kräfte aufnehmen kann, vermögen die zu einem Faltwerk zusammengefügten Scheiben in den Kanten angreifende Kräfte beliebiger Richtung aufzunehmen: nach Bild B 93 kann man diese Kräfte in die zwei angrenzenden Scheibenebenen zerlegen.

Im allgemeinen greifen die Lasten nicht an die Kanten an sondern sind über die Faltwerksfläche verteilt. Diese Lasten, wie z. B. Eigenlast, Schneelast, Windlasten usw., werden zunächst auf Biegung zu den Kanten übertragen. Die einzelnen Scheiben müssen somit senkrecht zur Mittelebene eine genügende Biegesteifigkeit besitzen.

An den Enden des Faltwerkes sind nach Bild B 94 Querscheiben (Binderscheiben) zur Formerhaltung des Faltwerkes erforderlich. Allenfalls genügt das Hinzufügen

einzelne Scheibe   Faltwerk   Aufteilung in die Scheiben I und II

Bild B 93. Lastaufteilung

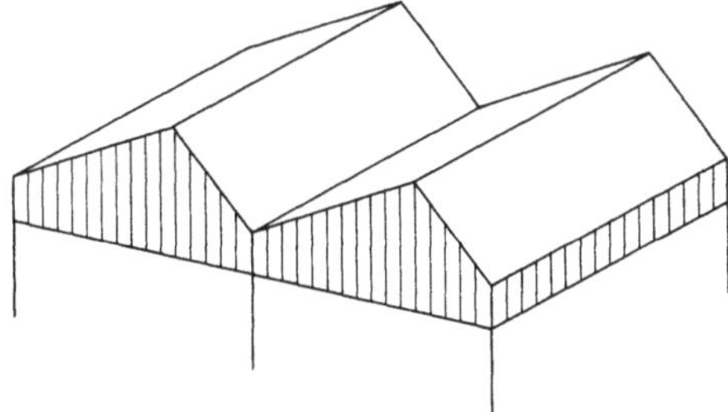

Bild B 94. Faltwerk mit Endscheiben

eines einzigen Verbindungsstabes, der mit den Endkanten ein Dreieckfachwerk bildet und somit ein Aufspreizen des Faltwerkes verhindert.

3.3.2 Ausbildungsformen für Hallendächer

Normalerweise werden zum Aufbau von Faltwerken netzartige Scheiben verwendet, die wegen der direkten Lastaufnahme eine gewisse Biegefestigkeit aufweisen müssen (vgl. Abschnitt 3.3.1). Die Anschlüsse der einzelnen Scheiben miteinander sind jedoch meistens biegeweich, so daß für die Berechnung „scharnierartige" Scheibenverbindungen nach Bild B 95 vorausgesetzt werden dürfen.

Bild B 95. Faltwerk mit gelenkigen Verbindungen

Die Berechnung erfolgt in diesen Fällen nach der Membrantheorie der Faltwerke. Eine solche Konstruktion ist trotz der in Abschnitt 3.3.1 erwähnten eindeutigen Lastaufteilung auf die Einzelscheiben statisch unbestimmt. Als Überzählige Größen werden zweckmäßigerweise die Kantenkräfte eingeführt, d. h. die längs der gemeinsamen Kanten wirkenden gegenseitigen Reaktionen jeweils zwischen zwei anstoßenden Scheiben. Diese Kräfte ergeben sich aus den Verträglichkeitsbedingungen entlang der Kanten. Damit können die Beanspruchungen in den einzelnen Scheiben ermittelt werden.

Für den wichtigen Sonderfall einer gleichmäßigen Belastung verschwinden die Kantenkräfte (vgl. dazu Abschnitt 2.6.4.5). Dies ist auch der Fall, falls die Scheiben als innerlich statisch bestimmte Fachwerke ausgebildet sind (z. B. nach Bild B 97b) und die minimal erforderliche Anzahl Stützungen vorgesehen ist.

Sind die Scheibenelemente als Trägerroste großer Biegesteifigkeit oder als Stabroste ausgebildet und entlang der Faltwerkkanten biegesteif miteinander angeschlossen, so wirkt das Tragsystem als eine gefaltete Platte. Bei dieser selten anzutreffenden Ausbildung ist eine Berechnung nach der Membrantheorie nicht mehr zulässig.

3.3.3 Querschnittsformen (Bild B 96)

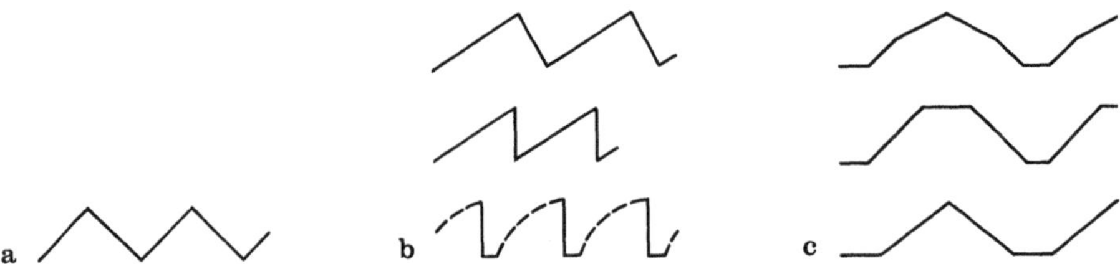

Bild B 96. a V-förmige Auffaltung; **b** Sheddächer; **c** Andere Dachformen (Zylinderschale)

3.3.4 Netzausbildung

Bild B 97a zeigt eine Ausfachung, bei der die Diagonalen einen Trägerrost bilden. Diese Anordnung ist für unterschiedliche Belastung günstig. Falls die Diagonalen keine genügende Biegesteifigkeit besitzen, sind zusätzliche Biegeglieder anzuordnen; diese in Bild B 97 gestrichelt gezeichneten Elemente haben nur eine örtliche Bedeutung.

Die fachwerkartige Ausbildung nach Bild B 97b+c ist immer in Kombination mit Biegegliedern zu verwenden. Der Sonderfall des versteiften Stabbogens nach Bild B 97d eignet sich nur für eine praktisch gleichmäßig verteilte Belastung in der Scheibenebene.

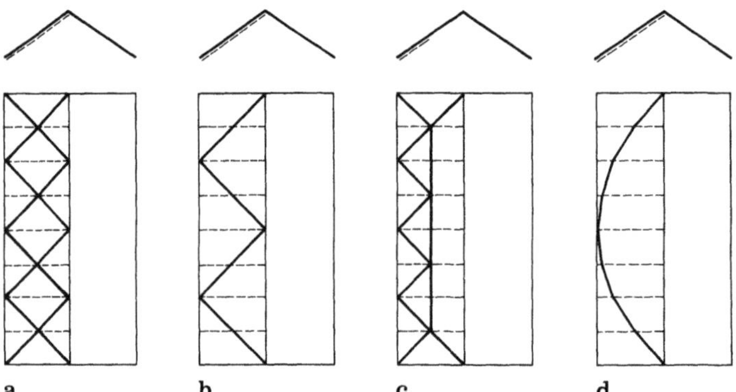

Bild B 97a–d. Netzausbildung von Faltwerkscheiben

3.4 Strukturen einfacher Krümmung

Strukturen einfacher Krümmung nach Bild B 98 sind räumliche Tragwerke mit der Form eines Prismas oder Pyramidenstumpfes und mit einem beliebig gekrümmten oder geknickten Querschnitt.

Bild B 98. Shedförmige Schale

Diese Ausbildung hat in der Massivbauweise als Schalentragwerk eine gewisse Verbreitung erfahren. In der Stahlbauweise ist die volle Ausbildung der Schale nicht geeignet, so daß hier netzartige Ausführungen vorgezogen werden. Die Dacheindeckung kann allenfalls für die Scheibenwirkung herangezogen werden. Reine Blechschalen würden wegen ihrer geringen Biegesteifigkeit senkrecht zur Schalenfläche eine ungenügende Beulstabilität aufweisen. Sie müssen deshalb durch Rippen ausgesteift werden.

Von den einfach gekrümmten Schalen stellen die *Tonnenschalen* nach Bild B 99 (gebildet durch das Segment eines Zylinders) die technisch wichtigste Gruppe dar. Damit kein Durchschlagen der Tonnenschale erfolgt, darf diese nicht zu flach sein: H/B sollte $>0{,}2$ gewählt werden.

Über die Spannweite l wirkt eine solche Schale grundsätzlich als Biegeträger. Die Längsspannungen dürfen in erster Näherung mit der klassischen Biegelehre am Gesamtquerschnitt ermittelt werden. Da die dazugehörigen Schubspannungsdifferenzen wohl global, aber nicht örtlich mit der Belastung einen Gleichgewichtszustand bilden, entstehen Querbiegemomente.

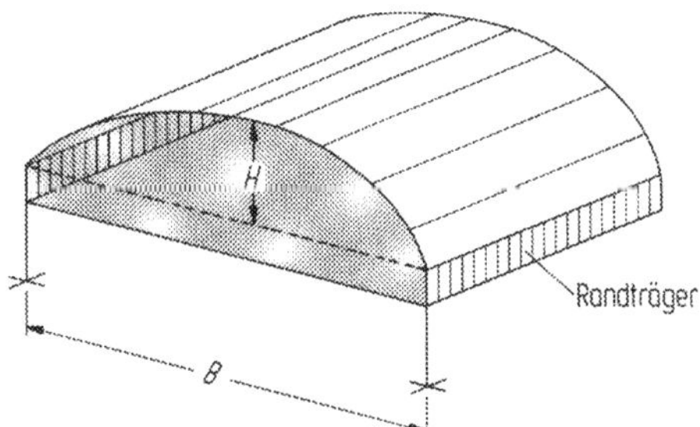

Bild B 99. Tonnenschale

3.5 Strukturen doppelter Krümmung

Unter diesen Begriff fallen die meisten Schalen, wobei sich konstruktiv zwei verschiedene Richtungen unterscheiden lassen:
— vorwiegend auf Druck beanspruchte Schalen, d. h. Kuppeltragwerke;
— vorwiegend auf Zug beanspruchte Schalen, d. h. Hängestrukturen.

3.5.1 Kuppelförmige Strukturen

Kuppelförmige Strukturen umschließen bei minimaler Oberfläche einen maximalen Raum. Folgende Hauptarten lassen sich unterscheiden:
— Rippenkuppeln,   — Bogenaufbau,
— Netzwerkkuppeln,   — Schalenaufbau,
— Schalen,   — Blechschale (ausgesteifte Blechhaut).

3.5.2 Hängestrukturen

Hängestrukturen können an sich für beliebige Grundrißformen ausgebildet werden; regelmäßige Grundrißformen, insbesondere kreisförmige Grundrisse, sind vorzuziehen.

Die Hauptarten für Dacheindeckungen mit kreisförmigem Grundriß sind die folgenden:

Mit zwei Seilflächen (Typ Speichenrad) nach Bild B 100a

Die erste Seilfläche wird durch die Tragseile, die zweite durch die Spannseile gebildet. An Stelle der Tragseile kann auch eine Blechschale treten.

Die Dachhautanordnung ist aus Bild B 100 b ersichtlich.

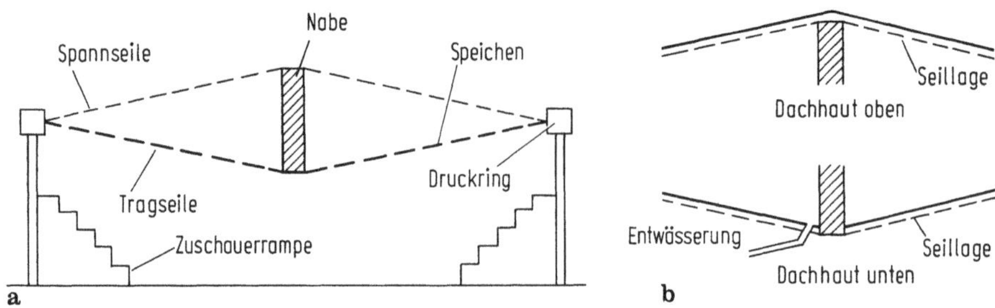

Bild B 100. a Typ Speichenrad; **b** Dachhautanordnung

Mit einer Seilfläche

Damit eine Hängeschale aerodynamisch stabil bleibt, muß sie entweder ein großes Gewicht oder/und genügende Biegesteifigkeit besitzen. Bild B 101a zeigt eine Ausbildung, bei der schwere Aufbauten, z. B. für technische Installationen (Klimaanlage usw.) eine Vorspannung auf Zug und dadurch eine versteifende Wirkung bedingen. In Bild B 101 b sind die Seile durch eine kegelförmige, leicht ausgesteifte Blechschale ersetzt (vgl. Beer, 1963). Hier wird die Stabilisierung durch Ballastbeton erreicht.

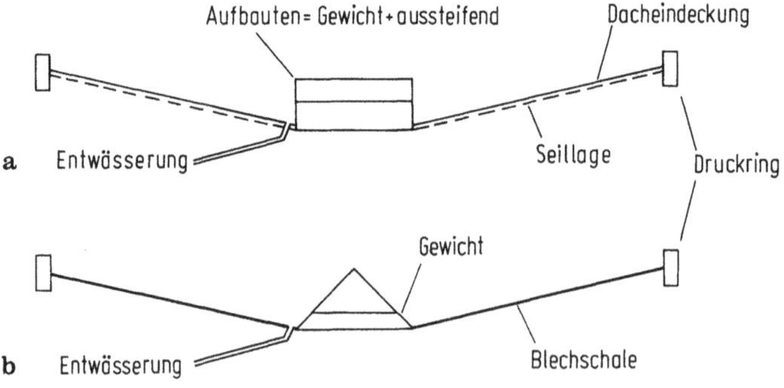

Bild B 101. a Hängeschale mit Seillage; **b** Blechschale

Konstruktionselemente

4 Verkleidungselemente

4.1 Allgemeines

4.1.1 Funktion und Anforderungen

Funktion und Anforderungen an die Verkleidung sind in Abschnitt 1.1.1 generell festgelegt. Je nach Einsatzbereich oder Nutzung der Halle wird den einzelnen Erfordernissen eine unterschiedliche Gewichtung zugeordnet. Nachstehend sind die wichtigsten Anforderungen an die Verkleidung aufgelistet:
— Dichtigkeit bezüglich Regen, Wind, Staub;
— Dämmfähigkeit bezüglich Temperatur, Feuchtigkeit, Schall;
— Tragfähigkeit und Steifigkeit, bei möglichst geringer Eigenlast;
— Dauerhaftigkeit gegenüber Einwirkungen der Umwelt (klimatische, mechanische und chemische Einwirkungen);
— Lichtdurchlässigkeit (Fenster, Oberlichter);
— Wirtschaftlichkeit (über die Gesamtkonstruktion ermittelt).

Daneben können — aus ästhetischen oder städtebaulichen Gründen — noch andere Eigenschaften gefordert werden, die sowohl für die Gestaltung der Verkleidung als auch für deren Formgebung und Materialwahl bestimmend sein können.

Die an die Raumhülle gestellten Anforderungen sind somit mannigfach. Seitens des Bauherrn kommen noch Wünsche nach Alterungsbeständigkeit (z. B. Farbe, metallischer Glanz), nach geringen Unterhaltskosten (meist gekoppelt mit Dauerhaftigkeit), nach einfachen Möglichkeiten zur Erneuerung oder Erweiterung. Durch Aufbau mehrschichtiger, ein- oder zweischaliger Verkleidungssysteme mit Materialien unterschiedlicher Eigenschaften und optimaler Abstimmung der Verbundwirkung lassen sich die geforderten Eigenschaften weitgehend erfüllen.

Die Verwendung von Wetterschichten hoher Dichtigkeit stellt jedoch auch höhere Anforderungen am Schichtaufbau, insbesondere wenn die umhüllten Räume höhere Luftfeuchtigkeiten und höhere Temperaturen aufweisen.

Die immer noch als ideal erkannte Schichtfolge der Raumhülle, für Kaltseite außen und Warmseite innen, ist folgende:

Die als *Wetterhaut* dienende äußere Schale kann nur wasserabweisend und zugleich luftdurchlässig sein, wie dies z. B. bei einem Ziegeldach der Fall ist. Bei einem Blechdach und ähnlichen Ausbildungen ist dagegen die Wetterhaut weitgehend dicht.

Der *Zwischenraum* wirkt als Luftraum, d. h. als belüftete Schicht, wobei bei luftdurchlässiger Eindeckung geringe Anforderungen zu stellen sind. Bei dichter Wetterhaut sind dagegen eine genügende Schichtdicke sowie Zirkulations- und Austauschmöglichkeiten mit der Außenluft vorzusehen.

Die *innere Schale* besteht aus einer möglichst „fugenlosen" Dämmschicht, wobei Wärmebrücken zu vermeiden und eine genügende Winddichtung zu gewährleisten sind, und einer Tragschicht. Bei genügender Steifigkeit und Tragfähigkeit ist eine Kombination möglich, d. h. die Dämmschicht ist selbsttragend. Zudem wirkt die Tragschicht zum Teil als Dampfbremse und zusätzliche Winddichtung.

Bei dieser Schichtfolge folgt die Außenschale weitgehend dem Temperaturverlauf der Außenluft. Zweischalige Dächer mit belüftetem Zwischenraum werden deshalb auch als Kaltdächer bezeichnet.

Beim einschaligen Warmdach kann infolge der wasserdampfdichten Wetterhaut und wegen der fehlenden Zirkulationsmöglichkeit kein Wasserdampf abgeführt werden. Da das Dämmvermögen mit zunehmender Durchfeuchtung stark abnimmt, muß der Zutritt von Wasserdampf durch eine innenseitig angeordnete Sperrschicht (Dampfsperre) sicher verhindert werden. Schwachstellen stellen hier wegen der erschwerten Abdichtung vor allem Durchbrüche der Raumhülle dar, z. B. bedingt durch die gewählte Tragkonstruktion.

4.1.2 Schichtaufbau der Raumhülle

Aufbaumöglichkeiten

Grundsätzlich lassen sich die verschiedenen Verkleidungssysteme auf eine der in Bild B 102 dargestellten Möglichkeiten zurückführen.

a) Einschaliger, einschichtiger Aufbau

Einschalige, einschichtige Ausbildungen lassen sich nur bei geringen Ansprüchen an die Raumhülle einsetzen. Beispiele hiefür sind:
— Wetterschutz, z. B. Regenschutz. durch eine Bedachung bestehend aus einer Blechhaut. Durch geeignete Profilierung kann die erforderliche Steifigkeit und Tragfähigkeit erreicht werden.

Häufig weist eine derartige Blechhaut bereits einen mehrschichtigen Aufbau auf. Zusätzliche Schichten werden angeordnet als Korrosionsschutz (Verzinkung von Stahlblech), zur Farbgebung (Kunstharzbeschichtung, gleichzeitig als erhöhter

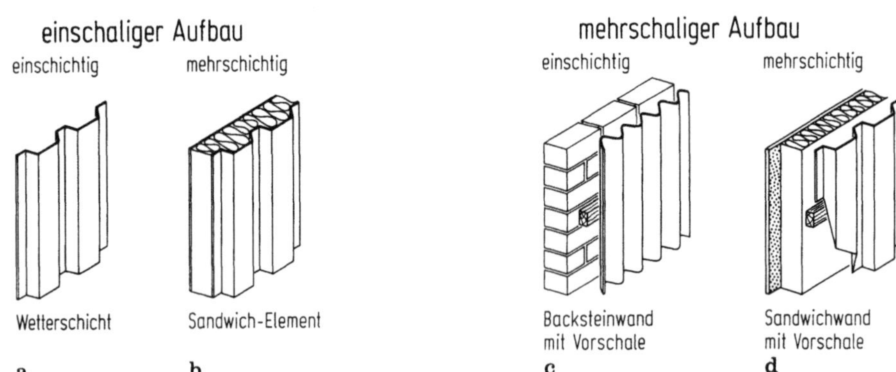

Bild B 102a–d. Aufbau von Verkleidungssystemen

Korrosionsschutz), zur Verminderung der Tropfenbildung infolge Kondensation (Schicht mit hygroskopischem Verhalten als Feuchtigkeitspuffer). Derartige Verkleidungselemente werden trotzdem als einschichtig betrachtet.
— Wandverkleidung mit beschränkter Dämmfähigkeit und beschränkter Wetterschutzfunktion, z. B. als unverputztes einschaliges Mauerwerk oder als Blockwand aus Holzbohlen.

Meist werden auch hier zusätzliche Schichten aufgebracht. Beim Mauerwerk, zum Beispiel, kommen ein Außenputz zur Verbesserung der Wetterschutzfunktion, allenfalls auch zur Erhöhung der Dämmfähigkeit, sowie Innenputz zur Regelung des Wasserdampfdurchlasses.

Die Zuordnung einschichtig/mehrschichtig ist demnach nicht eindeutig. Einschichtige Verkleidungen auch in Kombination mit dünnen Zusatzschichten vermögen nur in besonderen Fällen und bei geringen Ansprüchen an das Innenklima zu genügen.

b) Einschaliger, mehrschichtiger Aufbau

Durch mehrschichtigen Aufbau lassen sich die an die Verkleidung gestellten Anforderungen weitgehend erfüllen. Eine typische, dreischichtige Verkleidung kann folgendermaßen aufgebaut sein:
— Innenhaut: dekoratives, farblich und stofflich auf die gewünschte Innenwirkung abgestimmtes Element;
— Mittelschicht: aus Baustoff mit hoher Dämmung;
— Außenhaut: dauerhafter Wetterschutz in Form und Farbe auf Außenwirkung abgestimmt.

In der Regel wird die Außenhaut dicht, z. B. als Kunststoff-Folie oder als Metallhaut ausgeführt. Dadurch wird ein vollkommener Schutz gegenüber eindringendes Wasser gewährleistet, zugleich aber auch der Austritt von Wasserdampf verhindert, d. h. die Atmungsfähigkeit der Raumhülle wird eingeschränkt. Im Falle des traditionellen Steildaches mit Ziegeleindeckung bewirkt die größere Dachneidung ein rasches Abfließen des Wassers. Die schuppenartige, überlappte Außenhaut verhindert wohl das Eindringen des Wassers, schließt aber nicht luftdicht ab; Luftaustausch und Atmungsfähigkeit bleiben gewahrt.

Die Probleme mehrschichtiger Verkleidungen liegen häufig in der ungenügenden bauphysikalischen Abstimmung der einzelnen Schichten. Die Nichtbeachtung oder Verletzung bauphysikalischer Gesetzmäßigkeiten kann zu größeren Schäden an der Raumhülle führen.

c) Mehrschaliger, einschichtiger Aufbau

Neben der in Bild B 102c dargestellten Backsteinwand mit Vorschale kommt diese Ausbildung auch bei Dachkonstruktionen mit Leichtbauplatten in Frage: bei einem Steildach, z. B. bei der undurchsichtigen Fläche einer Shedkonstruktion, können Faserzement-Wellplatten als Wetterhaut dienen, während die Leichtbauplatte zugleich die Dämmung gewährleistet und als tragendes Element zwischen den Shedbindern wirkt (vgl. Bild B 189).

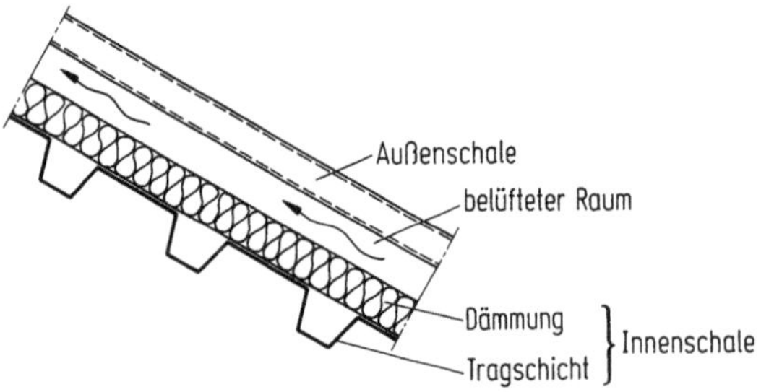

Bild B 103. Mehrschaliger, mehrschichtiger Aufbau einer Dachverkleidung (Kaltdach)

d) Mehrschaliger, mehrschichtiger Aufbau

Die heute als Wetterhaut eingesetzten Baustoffe sind einerseits weitgehend luftdicht und andererseits mehr oder weniger wasserdampfundurchlässig. Soll die Raumhülle atmungsfähig bleiben, so muß zwischen der, in der Regel wärmedämmenden, Innenschale und der als Wetterhaut ausgebildeten Außenschale ein genügend belüfteter Raum angeordnet werden (vgl. Bild B 103).

Der mehrschalige Aufbau ermöglicht eine klare bauphysikalische Zuordnung der einzelnen Schichten, weshalb diese Lösung häufig bevorzugt wird. Voraussetzung ist jedoch eine hinreichende Belüftung des Zwischenraumes. Bei großflächigen, schwachgeneigten Dachformen kann diese oftmals nicht mehr gewährleistet werden. Durch zusätzlichen Einbau von innenseitigen Dampfsperren analog den einschaligen, mehrschichtigen Ausbildungen oder durch Zwangslüftung des Zwischenraumes kann hierfür eine Lösung gefunden werden.

4.1.3 Wärme- oder Kältebrücken

Eine ideale Anordnung der mehrschaligen Raumhülle ist in Bild B 104a wiedergegeben. Die Tragstruktur befindet sich vollständig innerhalb der Hülle. Bei der Anordnung nach Bild B 104b befindet sich die Tragstruktur weitgehend außerhalb der Hülle. Durchdringungen der Raumhülle lassen sich daher nicht vermeiden (vgl. z. B. Bild B 42).

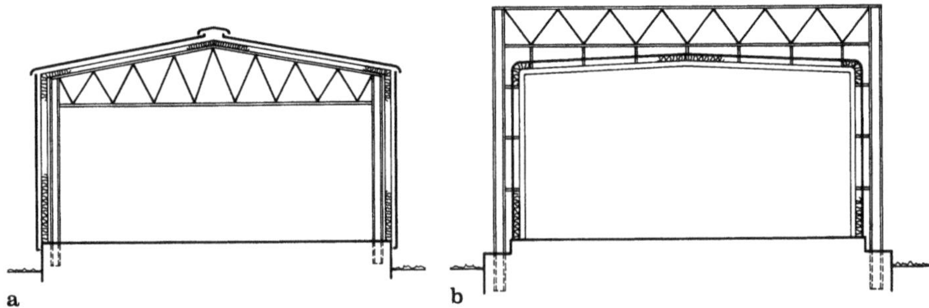

Bild B 104a, b. Lage der Tragstruktur bezüglich der Raumhülle

Häufig liegen gemischte Bedingungen vor. Dies kann sowohl architektonisch, z. B. Sichtbarmachung von Teilen der Tragstruktur, als auch konstruktiv, z. B. auskragendes Schutzdach, bedingt sein.

Wärmebrücken sind bauphysikalische Schwachstellen der Raumhülle. Sie vergrößern örtlich den Wärmedurchgang, was bei gut leitfähigen Baustoffen wie Stahl Auswirkungen hat:

— auf einen erhöhten Energieverbrauch, infolge Verminderung der Dämmwirkung der Raumhülle,
— auf Kondensatbildung in den örtlich kälteren Oberflächenbereichen mit möglichen Durchfeuchtungs- oder Korrosionsschäden,
— auf die Größe der Wärmedehnungen und der daraus resultierenden gegenseitigen Bewegungen mit möglicher Bildung von Rissen und Undichtigkeiten.

Typische Beispiele für Wärmebrücken sind in Bild B 105 dargestellt. Die Ausführung einer Wand nach Bild B 105a ist deshalb zu vermeiden. Die Dämmschicht durchbrechende, ungedämmte Stahlriegel vermindern ebenfalls beträchtlich die Dämmfähigkeit der Wandverkleidung. Gegenüber einer ununterbrochenen Dämmschicht ist mit einer Abminderung der Dämmfähigkeit um rund $^1/_3$ zu rechnen. Die Ausführung nach Bild B 105b läßt sich durch die Anordnung eines zusätzlichen Dämmstreifens wesentlich verbessern.

Grundsätzlich gilt, daß je höher die geforderte Dämmung umso stärker Wärmebrücken ins Gewicht fallen.

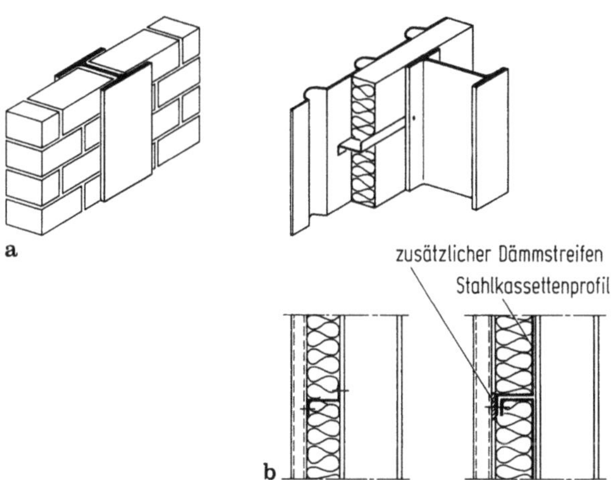

Bild B 105a, b. Wärmebrücken in Wandverkleidungen

4.1.4 Einwirkungen auf die Verkleidungen

Wärme, Feuchte, Schall

Die aus Wärme- und Feuchteänderungen sowie aus Schalleinwirkungen resultierenden Anforderungen für die Raumhülle werden im Rahmen der Bauphysik behandelt und sind deshalb nicht Gegenstand dieser Schrift. Angaben hiezu sind u. a. bei Liersch (1981 und 1984) zu finden.

Eigenlasten, Schnee und Wind

Die infolge Eigenlasten und Schnee auftretenden Beanspruchungen lassen sich in Abhängigkeit des statischen Systems (einfacher Balken, Durchlaufträger) einfach und rasch ermitteln. Besondere Nachweise können in Rand- und Auflagerbereichen, sowie bei Durchbrüchen erforderlich werden. Beim Lastfall Wind kommt dem Nachweis der Befestigung an die Unterkonstruktion die größte Bedeutung zu. Insbesondere in den Rand- und Eckbereichen der Raumhülle treten hohe Sogkräfte auf, die rund das Zweifache des Staudruckes erreichen.

Nichtbefestigte Auflasten, z. B. eine lose Sand-Kies-Auflage, dürfen — falls ein Abtrag oder eine Verfrachtung durch den Wind nicht ausgeschlossen werden kann — bei der Berechnung auf Abheben nicht in Rechnung gesetzt werden. Bei zweischaligen Ausbildungen kann sich im belüfteten Zwischenraum noch ein zusätzlicher Innendruck aufbauen. Infolge der Verbindung der einzelnen Verkleidungselemente untereinander führt das Loslösen einzelner Bereiche reißverschlußartig zum Abschälen der Raumhülle.

Hagelschlag

Bei glasfaserverstärkten Kunststoffplatten (transparente Eindeckungen) sowie bei den Kunststoff-Folien (Nacktdächer) kann infolge Versprödung bei tiefer Temperatur die Schlagfestigkeit wesentlich abnehmen. Durch geeignete Werkstoffwahl oder bei den Kunststoff-Folien durch eine Sand-Kies-Auflage wird das Problem entschärft.

Begehbarkeit

Die Begehbarkeit von Dächern ist nur eingeschränkt gegeben. Es sind die Angaben der Hersteller zu beachten.

Grundsätzlich sind glasfaserverstärkte Platten und Faserzement-Wellplatten nicht direkt zu begehen. Folienbeläge und Metalldächer sind in der Regel begehbar, wobei Beschädigungen bei dünnwandigen Materialien nicht auszuschließen sind.

Feuereinwirkung

Für die Baustoffe der Raumhülle wird in der Regel deren Nichtbrennbarkeit gefordert oder zumindest und bei eingeschränktem Einsatz sollen diese im eingebauten Zustand als schwerentflammbar gelten. Die Faserzementplatten sowie die metallischen Verkleidungen sind unbrennbar. Für Dämmstoffe, Kunststoff-Folien und transparente Eindeckungen aus Kunststoff ist der Nachweis der Schwerentflammbarkeit zu erbringen.

Die Raumhülle soll auch gegen strahlende Wärme genügend widerstandsfähig sein (Kunststoffteile bei Fassaden problematisch) und die Dachverkleidung muß auch dem Flugfeuer (Funkenwurf) Widerstand leisten können.

4.2 Dacheindeckungen

4.2.1 Kriterien

Dachneigung

Die Dachneigung beeinflußt wesentlich die Wahl des Eindeckungsmaterials. Die Ziegeleindeckung ist nur im Zusammenhang mit Steildachformen denkbar (je nach Ziegelart Mindestneigungen von 20 bis 25°). Analoges gilt für die Schiefereindeckung.

Geringere Neigungen, wie im Hallenbau üblich, lassen sich nur mittels folgender Eindeckungen erreichen:
— Neigung $\geqq$ 2 % (sog. Flachdächer): Kunststoff-Folien, bituminierte Dachpappe, Metallbahnen;
— Neigung $\geqq$ 10 %: Profilbleche, Faserzement-Wellplatten.

Die erforderliche Dachneigung ist zudem abhängig von der Dachtiefe, der Ausführung von Querstößen, der gewählten Überlappungslänge und von einer eventuellen zusätzlichen Stoßabdichtung.

Die Anforderungen an der Dichtigkeit des Eindeckungsmaterials steigen mit abnehmender Dachneigung. Sobald kein Abfließen gewährleistet wird, z. B. bei vollständig horizontalen Dächern oder bei Bildung von Wassersäcken, können bereits geringste lokale Undichtheiten infolge Beschädigung der Dichtungsfolien, unsachgemäßer Fugenausbildung usw. zu größeren Schäden führen. Deshalb ist auch bei Flachdächern eine Mindestneigung von 2 % einzuhalten und ein Aufstau von Wasser (Wassersäcke, falsche Lage der Abflüsse) zu vermeiden.

Eigensteifigkeit des Bedachungsmaterials

Folien, bituminierte Dachbahnen sowie Metallbahnen benötigen eine stetige Unterstützung (aufliegende Eindeckungen nach Abschnitt 4.2.2). Die Befestigung an die Unterschicht erfolgt durch Kleben oder durch Haften (Metallbahnen).

Durch Verwendung von profilierten Blechen oder von Faserzement-Wellplatten können größere Spannweiten überbrückt werden. Analoges gilt auch für die glasfaserverstärkten Kunststoffplatten, die mit angepaßter Profilierung angeboten werden. Die Spannweiten für die geläufigen gewellten Faserzementplatten betragen rund 1 bis 1,5 m, für profilierte Bleche können Spannweiten bis über 6 m erreicht werden (üblicherweise 2,5 bis 3 m).

Dauerhaftigkeit

Hohe Dauerhaftigkeit zeigen die traditionellen, schuppenartigen Steildächer. Die hiefür verwendeten Baustoffe weisen hohe chemische Widerstandsfähigkeit auf. Sie sind auch bezüglich Flugfeuer, strahlender Wärme sowie Hageleinwirkung genügend widerstandsfähig.

Metallbahnen und Profilbleche weisen gegenüber Flugfeuer, strahlender Wärme und Hagel in der Regel genügende Widerstandsfähigkeit auf (abhängig von Werkstoff und Dicke). Die Korrosionsbeständigkeit hängt einerseits von den vorhandenen Einsatzbedingungen, andererseits von den verwendeten Werkstoffen und eventuellen

Zusatzbehandlungen oder Beschichtungen ab. Dadurch können in hohem Grade die gestellten Ansprüche erfüllt werden. Die Schwachstellen dieser Eindeckungsart sind in der Regel die Überlappungsbereiche sowie die Befestigungsmittel.

Nackte Kunststoff-Folien und bituminöse Dachpappen weisen infolge direkter klimatischer und mechanischer Einwirkung gewisse Alterungserscheinungen auf. Durch eine Sand-Kies-Auflage können diese Einflüsse wesentlich gedämpft werden. Allerdings muß dies mit einer beträchtlichen Erhöhung der Eigenlasten erkauft werden. Die Schwachstellen dieser Eindeckungsart liegen in der Verklebung mit dem Unterbau sowie in der Verklebung untereinander. Zudem sind mechanische Beschädigungen kaum oder erst zu spät erkennbar.

4.2.2 Aufliegende Dacheindeckungen

Mit Ausnahme der Membrandächer ist infolge ungenügender Eigensteifigkeit der dünnen Bedachungsmaterialien stets eine kontinuierliche Auflage erforderlich.

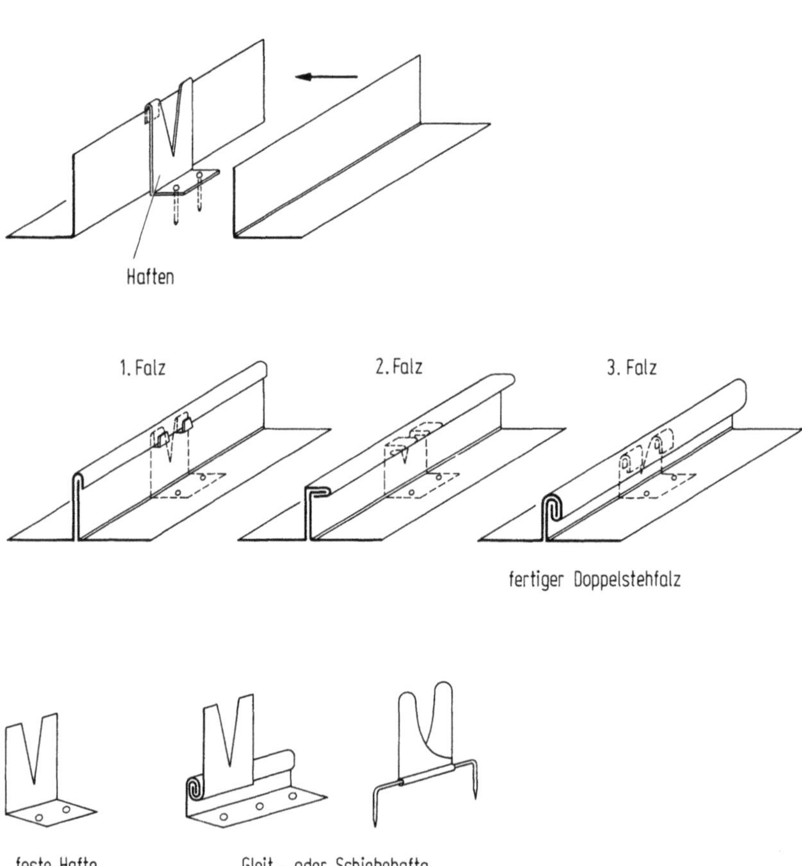

Bild B 106. Stehfalzverbindung

Metalleindeckung

Für die übliche Stehfalzbedachung kommen in Frage: feuerverzinktes Stahlblech, Aluminium (meist Al—Mn) sowie Kupfer. Durch Verwendung genügend langer Bänder entfallen Querstöße, so daß flache Neigungen bis gegen 3 % möglich werden. Die Längsverbindung erfolgt meist durch einen Doppelstehfalz (vgl. Bild B 106). Die Befestigung der Dachhaut bezüglich Sog geschieht mittels Haften. Als Unterlage für diese Bedachungsart eignet sich am besten eine vollflächige Holzschalung. Querdehnungen infolge Temperaturänderung werden zwischen den Stehfälzen aufgenommen. Längsdehnungen sind bei Verwendung spezieller Hafte beschränkt möglich (Gleit- oder Schiebehaften).

Dichtungshaut auf Bitumen- oder Kunststoffbasis

Diese Eindeckungsart hat im Zusammenhang mit der starken Verbreitung von Flachdachbauten und der Ausbildung des Daches als Warmdach große Bedeutung erhalten. Standen anfänglich nur Bitumendichtungsbahnen mit Träger aus Roh- und Wollfilzpappen (sog. Dachpappen) zur Verfügung, so liegt heute eine Vielfalt von Dichtungsbahnen mit auf den jeweiligen Einsatzbereich zugeschnittenen Eigenschaften vor.

Eine Verlegung der Dichtungsbahnen ohne Schutz- und Beschwerungsschicht ist sowohl mit Kunststoff als auch mit Polymer-Bitumen-Bahnen möglich. Die Dichtungshaut ist dann direkt der Witterung ausgesetzt, d. h. an deren Eigenschaften werden höhere Anforderungen gestellt. Zudem muß die Dichtungshaut auf eine hiezu geeignete Unterlage aufgeklebt oder mechanisch befestigt werden, um den auftretenden Windsogkräften zu widerstehen. In den Randbereichen mit hohen Windsogspitzen ist eine zusätzliche mechanische Befestigung direkt mit der tragenden Schicht empfehlenswert. Dies gilt auch, falls dämmende Zwischenschichten ungenügende mechanische Eigenschaften bezüglich Aufnahme der Windsogkräfte aufweisen.

Wird eine Sand-Kies-Auflage als Schutz- und Beschwerungsschicht angeordnet, nehmen die Anforderungen an die Dichtungshaut ab. Diese kann unter Umständen sogar lose verlegt werden. Bei genügender Dicke der Sand-Kies-Schicht genügt die Auflast um ein Abheben der Dichtungsbahnen zu verhindern. In Bereichen hoher Windgeschwindigkeiten, d. h. hoher Sogkräfte, insbesondere im Randbereich oder im Bereich von Aufbauten muß jedoch mit einem Verfrachten und Abtrag des Kiesbelages gerechnet werden. Die Schutzschicht ist hier durch Zugabe von Bindemitteln zu verfestigen oder die Dichtungshaut mechanisch mit der Unterkonstruktion zu verbinden.

4.2.3 Profilierte, selbsttragende Bedachungselemente als Wetterhaut

Wellbleche

Wellblech, d. h. wellenförmig profiliertes, tafelverzinktes Stahlblech mit Dicken von 0,5 bis 2 mm, wurde bereits vor über 100 Jahren als Bedachungsmaterial eingesetzt. Damit ließen sich erstmals Leichtkonstruktionen erstellen. Nachteilig wirkten sich hier die geringen Herstellängen aus, die zur häufigen Ausbildung von Querstößen führten. Konstruktionsrichtlinien sind im Wellblech-Handbuch detailliert dargelegt (vgl. Görgen). Die Wellbleche sind weitgehend durch die trapezförmig profilierten Bänder abgelöst worden.

Profilierte Stahlbleche

Als Ausgangsprodukt dienen dünne Stahlbänder, die über Bandverzinkung eine gleichmäßige und homogene Zinkbeschichtung (beidseitig total ca. 250 bis 300 gr/m^2) vor der Profilierung erhalten. Über Kaltverformung werden in Rollformer-Anlagen meist trapezartige Profilierungen erzeugt. Die auf dem Markt befindlichen Produkte weisen die unterschiedlichsten Profilierungen auf, da häufig auf besondere Einsatzbereiche zugeschnitten. In Bild B 107 sind einige typische Formen für Bedachungen aufgezeigt.

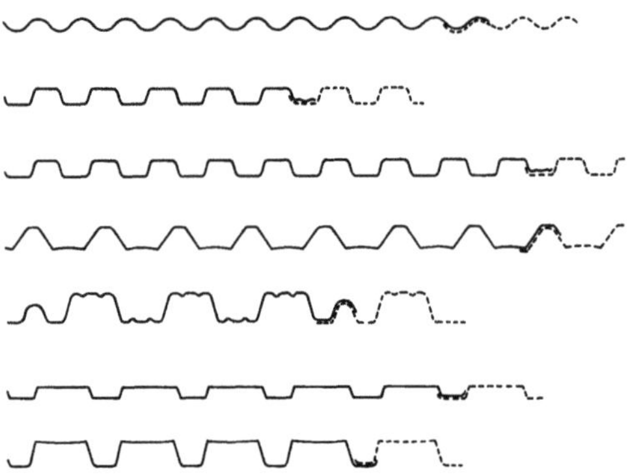

Bild B 107. Typische Profilierungen von Stahlblechen

Der kontinuierliche Herstellprozeß ermöglicht Längen über 20 m; aus Transportgründen und auch aus Montagegründen werden derart lange Bleche selten eingesetzt. Neben den großen Abmessungen haben verbesserter Korrosionsschutz durch zusätzliche Kunststoffbeschichtungen und die weitgehend freie Formgebung zum Durchbruch im Hallenbau verholfen.

Die Belieferung erfolgt ausgehend von einer möglichen Auswahl an Profilierung, Blechdicke, Stahlgüte, Beschichtungsart und Farbton nach Kundenwunsch und auf Maß (Baulänge). Entscheidend ist, daß die für Abschlüsse, Anschlüsse, Öffnungen usw. erforderlichen Formteile vorhanden sind und daß geeignete Verbindungstechniken vorliegen. Entsprechende Angaben sind in den Produkte-Katalogen vorzufinden (vgl. auch Winkhaus, 1980).

Die insbesondere bei metallischen Verkleidungen vorkommende Schwitzwasserbildung kann durch eine innenseitige Vliesbeschichtung weitgehend eliminiert werden. Diese Beschichtung kann direkt im Werk oder erst nach erfolgter Montage (Aufspritzen) erfolgen.

Für die Hauptanwendung profilierter Stahlbleche als Tragschicht mit darüberliegender Dämmschicht sei zudem auf Abschnitt 4.2.4 hingewiesen.

Profilierte Aluminiumbänder

Walzblankes Aluminium, insbesondere die für Bedachungen verwendete Legierung Aluminium-Mangan, ist bei normaler Korrosionsbeanspruchung ohne Nachbehandlung beständig. Allerdings ist direkter Kontakt mit frischem Kalk, Zement oder mit Stahl auszuschließen. An den Kontaktstellen müssen isolierende Zwischenlagen angeordnet werden (Dachpappe oder Kunststoffstreifen, Verzinkung oder Anstriche auf Kunstharz- oder Bitumenbasis von Stahlteilen). Befestigungsmittel (Schrauben, Haken, Unterlagsscheiben) müssen aus kadmiertem, verzinktem oder vorzugsweise aus rostfreiem Stahl bestehen.

Durch Phosphatieren (grüner Farbton) oder durch Anordnung einer zusätzlichen eingefärbten Schutzschicht (Einbrennlackierung) wird eine breite Farbpalette angeboten.

Die Vorteile der Aluminiumbänder liegen in den großflächigen Elementen (Baubreiten um 1 m, Längen bis zu 20 m), in der großen Vielfalt der Profilierung (Gestaltungsfaktor) sowie im guten Aussehen (Farbe, Metallglanz). Nachteilig wirkt sich der hohe Wärmeausdehnungskoeffizient aus; die Befestigungen müssen auftretende Temperaturbewegungen ermöglichen (Gleitelemente).

Eine geeignete Hilfe für den Entwurf und die Konstruktion von Verkleidungen mit Profilbändern aus Aluminium wurde von Weber (1982) erarbeitet.

Faserzement-Wellplatten

Die profilierten Wellasbestzementplatten sind als Bedachungsmaterial weit verbreitet. Dieser Baustoff ist weitgehend unempfindlich gegenüber Witterungseinflüssen. Die Platten werden naturgrau oder mit verschiedenen Einfärbungen hergestellt. Da keine spezielle Beschichtung vorhanden ist eine nachträgliche Bearbeitung (Zuschnitt, Bohrung) jederzeit möglich.

Nachteilig wirken sich die beschränkte Festigkeit und die Sprödigkeit des Baustoffes, insbesondere im gealterten Zustand aus. Die maximale Spannweite ist zu 1,45 m, in der Schweiz — bedingt durch die höhere anzusetzende Schneelast — auf 1,15 m begrenzt, was zu einer engen Pfettenteilung führt. Die Platten sind nur beschränkt begehbar; zudem besteht eine erhöhte Unfallgefahr infolge eines spröden Durchschlagens der Platten. Wegen der gesundheitsschädlichen Wirkung ungebundener Asbestfasern werden heute vermehrt andere Faserstoffe verwendet.

Die minimalen Neigungen liegen bei 12 bis 18 %, wobei bei diesen geringen Neigungen die Querstöße mittels plastischer Kitte abzudichten sind.

Vorteilhaft ist bei diesem Eindeckungsmaterial die Vielzahl erhältlicher Formstücke, mit hoher Anpassungsfähigkeit an die jeweilige Aufgabe.

Weitere profilierte, selbsttragende Eindeckungen

Neben den Wellblechen und den Falzblechbedachungen wurden schon früher auch trapezförmig profilierte, verzinkte Stahlbleche, sog. Pfannenbleche, eingesetzt (vgl. Bild B 108a).

Ausgehend von diesen Bedachungsformen und den heutigen, größeren Profilierungsmöglichkeiten für dünne Metallbänder aus verzinktem Stahl, Aluminium und Kupfer

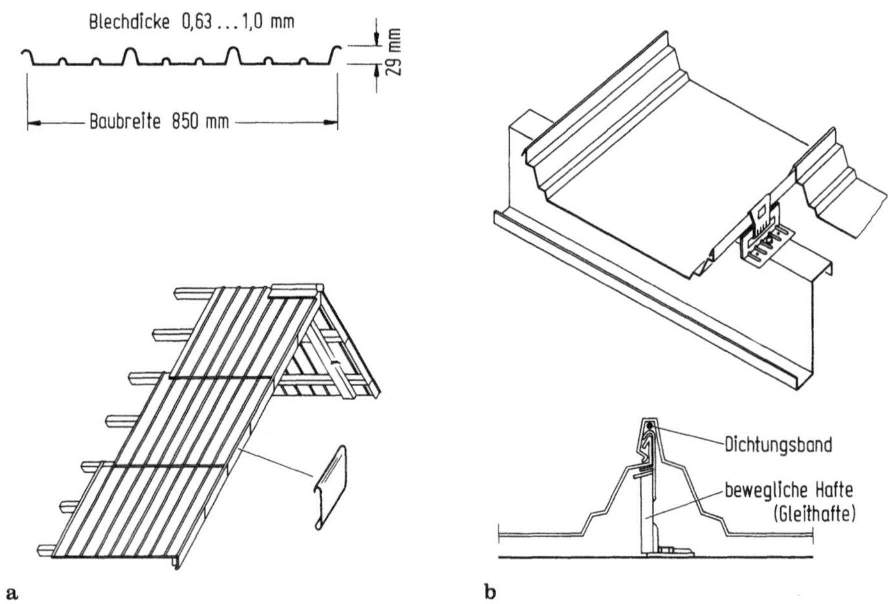

Bild B 108a, b. Selbsttragende Eindeckungen mit stehendem Falz

sind neue Formen mit stehendem Falz entstanden. Die Befestigungsmittel lassen sich dadurch in den Falz legen, wodurch Abdichtungsprobleme entfallen, und längsbeweglich gestalten, so daß der Einsatz längerer Bahnen möglich wird (vgl. Bild B 108b).

4.2.4 Trag- und Dämmschichten bei Dacheindeckungen

Bevorzugt werden Leichtbauelemente, so daß Beton- oder Verbunddecken (vgl. Abschnitt C 4.2.1) äußerst selten als Tragschicht von Hallendächern vorkommen. In der Regel werden Metalldecken (profilierte Bänder) oder Leichtbauplatten eingesetzt. Bei letzteren kann die Wärmedämmung direkt in das Tragelement integriert sein. Die früher verbreiteten Dächer mit Holzschalung genügen den heutigen wärmetechnischen Anforderungen nicht mehr.

Metalldecken als Tragschicht mit darüber angeordneter Dämmschicht

Hierfür eignen sich insbesondere profilierte Stahlbleche, wobei nach Bild B 109b die Tafeln zur Gewährleistung genügender Auflagefläche für die Dämmschicht in sogenannter Positivlage zu verwenden sind. Als Dachhaut kommt dagegen die Negativlage nach Bild a) in Frage.

Je nach bauphysikalischer Erfordernis wird zwischen Tragschicht und Dämmschicht noch eine Dampfsperre angeordnet. Um die Begehbarkeit zu gewährleisten, kann zwischen Tragschicht und Dampfsperre eine Verleghilfe (z. B. dünne Holzwerkstoffplatte) erforderlich sein.

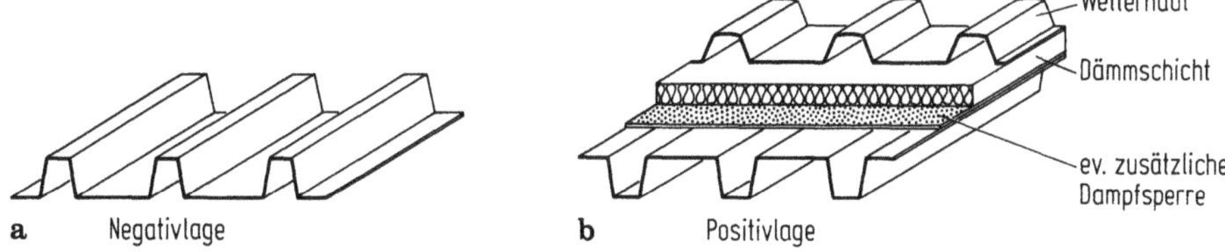

Bild B 109 a, b.
Profilierte Metallbleche als Dachhaut (**a**) oder als Tragschicht für die Wärmedämmung (**b**)

Die Anforderungen an die Dämmschicht sind vielfältig. Neben den bauphysikalischen Kriterien bezüglich Dämmung, Dampfdiffusion usw. hat sie beim Warmdach auch als Unterlage für die Dachhaut zu dienen. Insbesondere bei aufgeklebter Dachhaut ist neben den mechanischen Eigenschaften auf eine genügende Formstabilität der Dämmschicht zu achten.

Die Ausbildung als Kaltdach ist für Neigungen über 6° üblich, kann aber auch bei kleinerer Neigung verwendet werden (vgl. Abschnitt 4.1.2d).

Leichtbauplatten

Bei den Leichtbauplatten sind sowohl einschichtige Leichtbetonplatten als auch Sandwichplatten mit höher isolierenden Schichten anzutreffen. Selbstverständlich sind die Dachplatten mit einer Dichtungshaut abzudecken.

Folgende Leichtbetonarten werden verwendet: Bimsbeton, Luftporenbeton, Schaumbeton, Blähtonbeton usw. Die Raumdichte ist je nach Anteil an normalen Zuschlagstoffen (Sand) in einem weiten Rahmen (600 bis 1900 kg/m^3) veränderlich. Mit steigender Raumdichte nehmen Festigkeit zu und Dämmung ab.

Eine verbesserte Dämmung bei geringem Plattengewicht wird durch einen mehrschichtigen Aufbau erreicht. Wie bei allen mehrschichtigen Plattenelementen hat die Ausbildung der Fugen wesentlichen Einfluß auf das bauphysikalische Verhalten der Hülle.

Für Angaben über Plattengrößen, zulässige Beanspruchung, Dämmwerte und Befestigungsdetails wird auf die Firmenprospekte verwiesen.

Freitragende Dämmplatten

Bei den in Abschnitt 4.2.3 erwähnten, als Wetterhaut dienenden profilierten Bedachungselementen wird die Wärmedämmung gelegentlich durch auf die Pfetten gesetzte oder aufgehängte Dämmplatten gewährleistet. Bild B 188 zeigt eine Ausbildung mit direkt an den Pfetten befestigten Glasfasermatten.

4.2.5 Verkleidungen als Tragkonstruktion

Durch geeignete Formgebung der Verkleidung kann diese zugleich als Tragkonstruktion dienen. Je nach Art der Beanspruchungen spricht man von druck-, biege- oder zugbeanspruchten Konstruktionen.

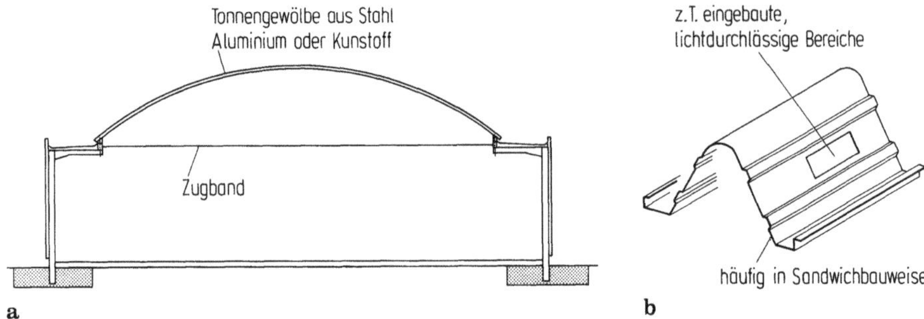

Bild B 110. a Tonnengewölbe; **b** Faltwerk

Das Tonnengewölbe aus bombierten Wellblechen nach Bild B 110a, statisch als Zweigelenkbogen wirkend, ergibt bei Spannweiten von 6 bis 15 m einen äußerst einfachen und wirtschaftlichen Wetterschutz. An Stelle von Wellblechen werden heute profilierte Bänder aus verzinktem Stahl oder aus Aluminium verwendet, so daß schwächende Querstöße entfallen. Für eine Anwendung bei Shedkonstruktionen sei auf Bild B 57 hingewiesen.

4.3 Wände

4.3.1 Ausbildungsarten

Für die Wände gelten ähnliche Anforderungen wie für die Dacheindeckung, wobei den Eigenlasten nicht die gleiche Bedeutung zukommt. Da die Wände häufig Stoßeinwirkungen — besonders im unteren Bereich — ausgesetzt sind, müssen diese auch entsprechend stabil und schlagfest ausgebildet werden.

Man kann die verschiedenen im Hallenbau eingesetzten Wandausbildungen nach ihrem Aufbau folgendermaßen gruppieren:
— aus kleinformatigen Elementen aufgemauerte Wände;
— aus großformatigen, einschaligen Elementen (Fertigplatten) bestehende Wände;
— aus mehreren Schalen aufgebaute Wände.

Während früher die Ausmauerung aus kleinformatigen Elementen die klassische Ausführung darstellte, werden heute vor allem die mehrschaligen Wandverkleidungen bevorzugt. Oftmals sind gemischte Ausbildungsformen anzutreffen.

4.3.2 Aus kleinformatigen Elementen aufgemauerte Wände

Die im Industriebau früher ausgeführten Fachwerkwände mit Wandfüllungen aus Back-, Kalksandsteinen oder anderen kleinformatigen Elementen vermögen den heutigen bauphysikalischen Anforderungen nicht mehr zu genügen (geringes Dämmvermögen; stählerne Tragstruktur als Wärmebrücke, vgl. Bild B 105a). Aufgemauerte Wände sind noch geeignet für den unteren, bodennahen Wandbereich (Schlagfestigkeit) und für Gebäudeunterteilungen (Brandmauern).

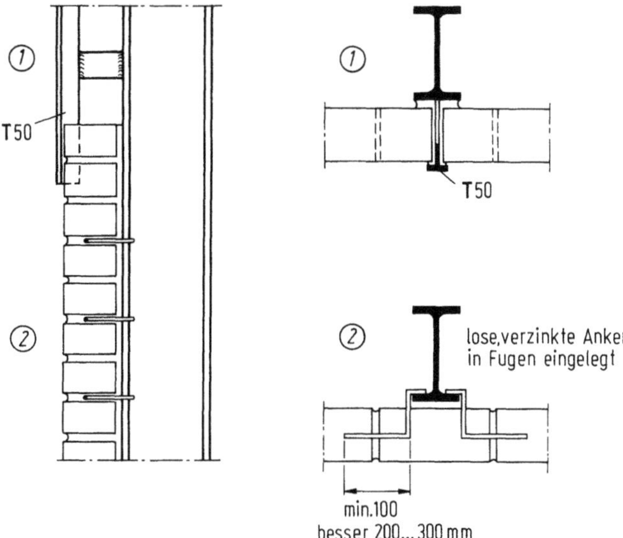

Bild B 111. Vorgesetzte Mauerwerkswand

Aufgemauerte Wände sind dabei vorzugsweise der Tragkonstruktion vorzusetzen (vgl. Bild B 111). Um die Standfestigkeit der Wand zu gewährleisten, sind mechanische Befestigungen mit der Stahlkonstruktion vorzusehen.

Bei Brandmauern muß deren Standsicherheit gerade im Brandfall gewährleistet sein. Werden, wie häufig der Fall, Teile der Stahlkonstruktion zur Stabilisierung herangezogen, so dürfen diese Teile nicht vorzeitig versagen und die Standsicherheit der Brandmauer gefährden.

4.3.3 Wände aus großformatigen, einschaligen Elementen

Im Bestreben ohne besondere Sekundärkonstruktion auszukommen, wurden großformatige Wandelemente entwickelt, sog. Fertigplatten, die direkt an die Tragkonstruktion befestigt werden können.

Unter dem Begriff Fertigplatten fallen sowohl Leichtbauplatten aus mineralischen oder mineralisierten Stoffen als auch Sandwichplatten mit metallischer Außenhaut. Wie bei allen einschaligen Plattensystemen kommt auch hier der Fugenausbildung größte Bedeutung zu. Verbindungen untereinander sowie Anschlüsse an die Tragkonstruktion oder an durchdringende Bauteile stellen mechanische und insbesondere bauphysikalische Schwachstellen dar.

Mit großformatigen Platten sind hohe Montageleistungen möglich, wobei aber an die Paßgenauigkeiten der Platten und der Tragkonstruktion große Anforderungen gestellt werden.

4.3.4 Mehrschalige Wandverkleidungen

Mehrschalige Wandverkleidungen werden heute im Hallenbau bevorzugt eingesetzt. Neben der dadurch möglichen idealnahen Ausbildung der Schichtfolge (vgl. Abschnitt 4.1.1) sind somit auch leichte Verkleidungen mit hohen Montageleistungen möglich. Zudem sind die Toleranzanforderungen geringer als bei den Fertigplatten und die Schwachstelle „Fuge" kann weitgehend eliminiert werden.

Liegen keine besonderen Anforderungen an den Wärme- und Schallschutz vor, so genügt für diesen Sonderfall die Anordnung einer einzigen Schale als Witterungsschutz. Als wandbildende Elemente kommen dabei in Betracht: Faserzement-Wellplatten; Metallelemente aus verzinktem, kunststoffbeschichtetem oder korrosionsbeständigem Stahl, sowie aus Aluminium. Mit geeigneter Profilierung werden Stützweiten von 4 m und mehr selbstragend verkleidet.

Im Normalfall sind bestimmte Anforderungen bezüglich Wärme- und Schallisolation zu erfüllen. Die innere, isolierende Schale kann dabei gemäß Bild B 112 ein- oder mehrschichtig ausgebildet sein.

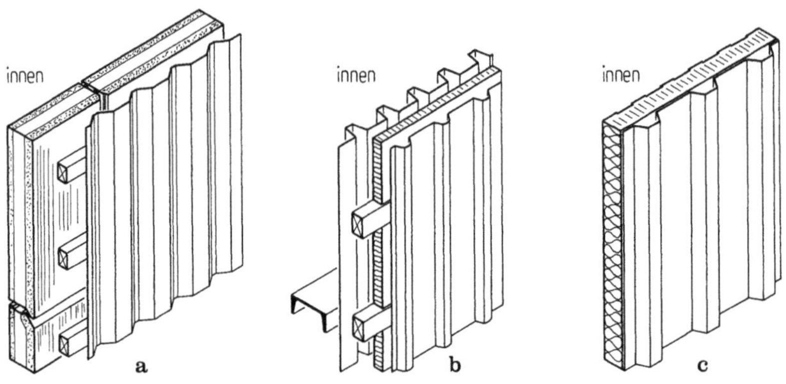

Bild B 112a–c. Aufbau der isolierenden Schale bei Wänden

Die Innenschale kann auch aus großformatigen, isolierenden und selbstragenden Fertigplatten bestehen. Wird nur eine eigentliche Dämmschicht angeordnet und besitzt diese eine geringe Eigensteifigkeit, so führt dies zu einer feingliedrigen Stützkonstruktion. An deren Stelle kann eine durchgehende, profilierte Stützschicht treten (vgl. Bild B 112b).

Eine weitergehende Integrierung führt zur Lösung in Bild B 112c, bei der Innenschale und Außenschale zu einem Verbundelement vereint werden. Durch die teilweise direkte Verbindung der Dichtungshaut mit der Dämmung ergibt sich nur noch ein kleiner Belüftungsquerschnitt, so daß eher von einer einschaligen Ausbildung mit Entspannungsschicht oder Entspannungskanälen gesprochen werden kann.

Neben einem genügenden Belüftungsquerschnitt muß auch auf den ungünstigen Einfluß von Wärmebrücken, insbesondere bei Verwendung metallischer Teile, geachtet werden. In Bild B 113 sind zwei Möglichkeiten dargelegt.

Bei Annahme gleicher totaler Dicke der Dämmschicht und somit, ohne Beachtung von Wärmebrücken, einer theoretisch gleichen Wärmedämmung, erhält man unter Einbezug konstruktiver Wärmebrücken bei der Lösung (a) rund 40 bis 50% höhere

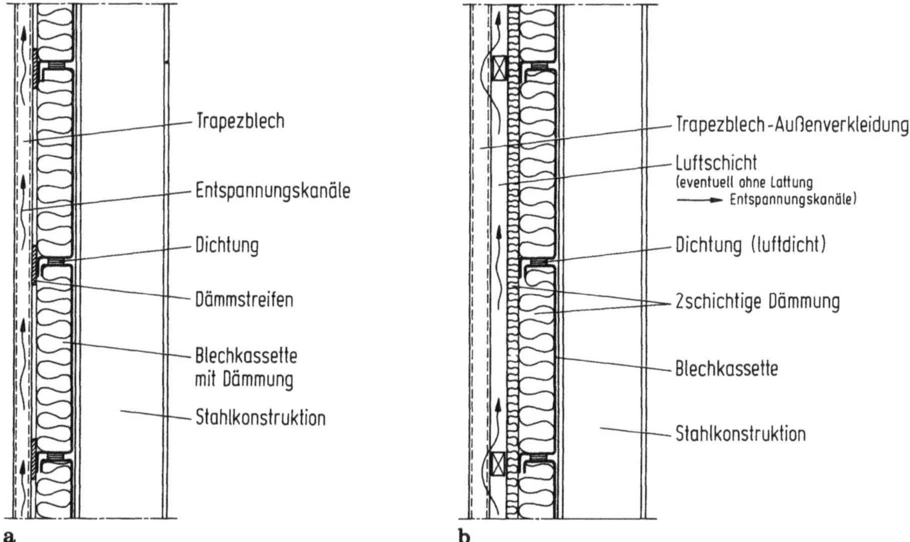

Bild B 113a, b. Wandausbildung; **a** Mit Wärmebrücken; **b** Ohne Wärmebrücken

durchschnittliche Wärmedurchgangskoeffizienten. Wird auf den eingezeichneten Dämmstreifen verzichtet, sind die Unterschiede noch größer.

Die bezüglich Schall ungünstige Wirkung von metallischen Innenschalen wird durch Perforierung und Einlage schallabsorbierender Faserstoffe wesentlich verbessert. Da andererseits durch die Perforierung die Wirkung als Dampfsperre verlorengeht, ist zwischen Schall- und Wärmedämmung eine zusätzliche Dampfsperre anzuordnen.

Für die den verschiedenen Produkten eigentümlichen Abmessungen, Eigenschaften, Anwendungsbereiche, sowie Verbindungs- und Anschlußdetails sind die Kataloge der Lieferfirmen zu konsultieren.

4.4 Oberlichter

4.4.1 Natürliche Beleuchtung über Fenster und Oberlichter

Die Anforderungen bezüglich Beleuchtung lassen sich generell aus dem Zweck der Baute ableiten, wobei auch hier individuelle Wünsche zu erfüllen sind. Zudem ist zwischen der allgemeinen Raumbeleuchtung und der lokalen Beleuchtung am Arbeitsplatz zu unterscheiden.

Die alleinige Ausleuchtung mittels künstlichem Licht weist wesentliche technische und insbesondere bauphysikalische Vorteile auf. Da ohnehin in der Regel eine vollwertige künstliche Beleuchtung erforderlich ist (trübe Witterung, Nacht, Winter), scheint es zweckmäßig, ganz auf eine nur zeitweise ausreichende oder wirksame natürliche Beleuchtung zu verzichten. Aus psychologischen und physiologischen Gründen ist jedoch stets eine weitgehende Ausnützung des Tageslichtes anzustreben.

Bedingt durch die Großräumigkeit heutiger Hallenbauten, insbesondere bei mehrschiffigen Hallen, vermögen die Fensterbänder in den Fassaden allein keine genügende natürliche Beleuchtung zu gewährleisten, weshalb eine Durchbrechung der opaken Dachfläche erforderlich wird.

Die bauphysikalischen Konsequenzen derartiger Durchbrechungen sind sorgfältig zu überprüfen. Da unter Umständen die Formgebung der Verkleidung und die Anordnung der transluzenten oder transparenten Flächen zu besonderen Tragstrukturen, zum Beispiel zu Sheddachbauten (vgl. Abschnitt 2.6.4) führt, müssen die Anforderungen bezüglich natürlicher Beleuchtung beim Entwurfsbeginn bekannt sein.

Anordnung, Größe, Art der Tageslichtöffnungen sowie Transmissionsgrad dieser Verkleidungsteile führen in Abhängigkeit der Gebäudegeometrie und der Reflexionseigenschaften der Innenverkleidung zu unterschiedlichen örtlichen Leuchtdichten. Mit Hilfe des Tageslichtquotienten, der das Verhältnis der im Bezugspunkt durch Tageslicht erzeugten Beleuchtungsstärke zur derjenigen im Freien bei bedecktem Himmel und unverbautem Horizont ausdrückt, kann der Einfluß derartiger Tageslichtöffnungen quantitativ ermittelt werden. Für die Berechnung der Tageslichtquotienten und deren Verlauf über den Raum stehen heute geeignete EDV-Programme zur Verfügung; dadurch werden das Variantenstudium und der Vergleich unterschiedlicher Entwürfe wesentlich erleichtert.

Meist ist eine direkte Sonneneinstrahlung gar nicht erwünscht. Durch Orientierung und Neigung der verglasten Flächen (Shedbauten) oder durch die Verwendung stark lichtstreuender Materialien — mit allerdings verringerter Transmission — kann dies weitgehend erreicht werden.

Der Transmissionsgrad variiert zwischen 0,8 bis 0,9 (für doppelte bzw. einfache normale Verglasungen) und 0,4 bis 0,7 (für transluzente bzw. transparente Belichtungsflächen). Durch innen- und außenseitige Verschmutzung werden obige Werte herabgesetzt. Schneeablagerungen, insbesondere in schneereicheren Regionen, setzen ebenfalls die Wirksamkeit von Oberlichtern herunter. Größere Neigungen wirken sich gegen Außenverschmutzung und Schneeablagerung positiv aus. Eingeplante Reinigungsmaßnahmen begrenzen zudem daraus resultierende Transmissionsverluste.

Bei Flachdachbauten werden öfters relativ flache Oberlichter angeordnet. Gegen die zum Teil unerwünschte Sonnenwärmeeinstrahlung müssen hier besondere Maßnahmen getroffen werden, zum Beispiel durch Einsatz von Wärmeschutzgläsern.

Oberlichter werden häufig zugleich als Ventilationsöffnungen verwendet. Bei entsprechender Ausführung können sie auch als Rauch- und Wärmeabzugöffnungen für den Lastfall Brand eingesetzt werden.

4.4.2 Anordnung von Oberlichtern

Die nachfolgenden Betrachtungen beschränken sich auf konstruktive Aspekte bezüglich der Tragkonstruktion, die durch Anordnung und Form der Oberlichter bedingt sind. Beleuchtungstechnische Aspekte, sowie konstruktive Auslegung der Belichtungsflächen inklusive Trag- und Anschlußelemente liegen außerhalb des Aufgabenbereiches des Stahlbauers.

Grundsätzlich lassen sich die Oberlichter gruppieren in solche ohne wesentlichen Einfluß auf die Wahl und Durchbildung der Tragkonstruktion (vgl. Bild B 114) und

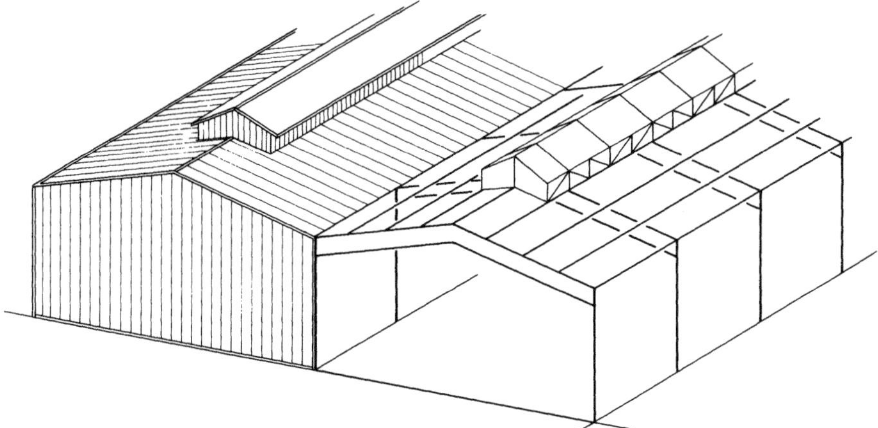

Bild B 114. Tragkonstruktion weitgehend unabhängig vom Oberlicht

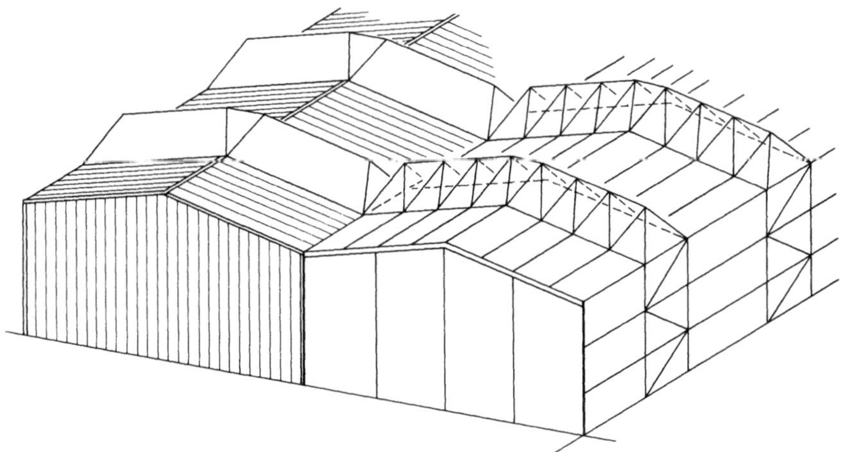

Bild B 115. Oberlicht bestimmend für die Tragkonstruktion

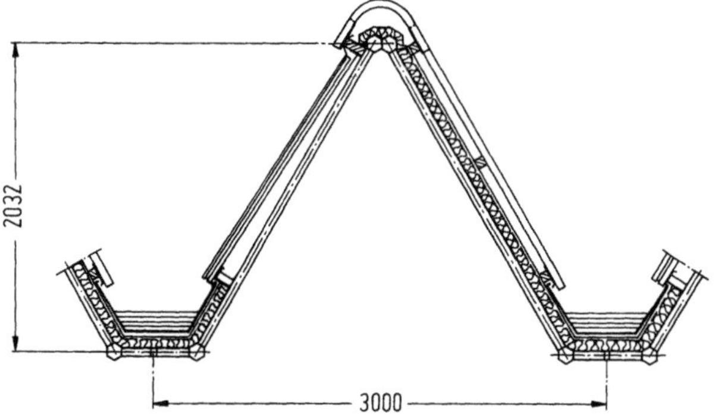

Bild B 116. Tragkonstruktion als Oberlichtkonstruktion (Bauen in Stahl 1979/9)

andere mit maßgebenden Einfluß darauf (vgl. Bild B 115). Für weitere Ausführungen zur zweiten Gruppe kann auf Abschnitt 2.6.5 hingewiesen werden.

In Bild B 116 wirken die schräggestellten Fachwerkbinder mit Spannweite 24 m direkt als Unterkonstruktion der Dachverkleidung, wobei eine geneigte Dachfläche jeweils mit isolierendem Acrylglas abgedeckt wurde.

4.4.3 Ausbildung von Oberlichtern

Die eingesetzten Oberlichtkonstruktionen stellen eigentliche Bausysteme dar. Neben den licht- und lüftungstechnischen Aspekten sind hier zusätzlich und analog der normalen Verkleidung noch verschiedene bauphysikalische Bedingungen zu erfüllen, wie Wärmeschutz, Dichtigkeit, Schallschutz. Um diesen unterschiedlichen Anforderungen zu entsprechen, wird heute eine Vielfalt von Produkten oder genauer von Oberlichtsystemen durch spezialisierte Firmen angeboten.

Diese Vielfalt bezieht sich sowohl auf die konstruktiven Lösungen als auch auf die hierfür eingesetzten lichtdurchlässigen Baustoffe. Neben dem klassischen Tafelglas, werden profilierte Gläser, Sicherheitsgläser (verminderte Unfall- und Einbruchgefahr, höhere Beständigkeit bezüglich Temperaturdifferenzen), sowie Isolier- und Wärmeschutzgläser eingesetzt. Breit ist auch das Angebot an Kunststoffprodukten, wobei hier noch eine größere Freiheit in der Formgebung vorliegt (Kuppeln, Tonnengewölbe, doppelschalige Stegplatten usw.). Eigensteifigkeit und mechanische Eigenschaften genügen bei entsprechender Formgebung und Materialstärke zur Überdeckung größerer Spannweiten (bis über 5 m).

Bei der im Hallenbau üblichen kittlosen Verglasung werden die Scheiben elastisch eingespannt, die Wärmeausdehnung ist gesichert und die Sprossen können ausreichend isoliert werden, so daß Kältebrücken und Kondenswasserbildung vermieden werden. Bild B 117 zeigt den Querschnitt üblicher zweiwandiger (a) und einwandiger (b) Sprossen.

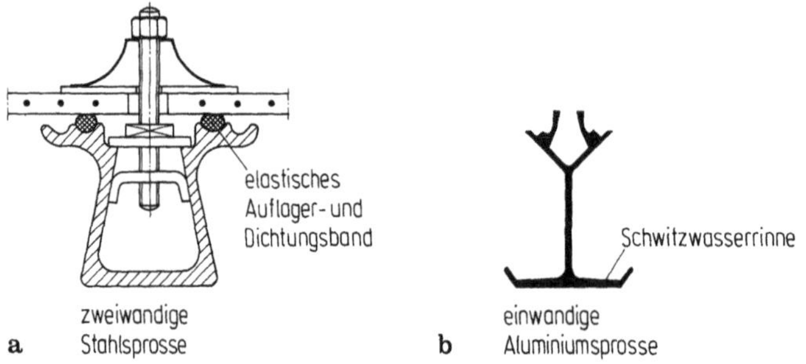

Bild B 117a, b. Querschnitte von Sprossen

5 Pfetten und Wandriegel

5.1 Allgemeines

Die Pfetten haben die Aufgabe, die Dachhaut abzustützen — entweder direkt oder indirekt über Sparren — und die Dachlasten auf die Binder weiterzuleiten. Da die Dachbinder normalerweise keine genügende Seitensteifigkeit besitzen (Knick- oder Kippgefahr), müssen die gedrückten Bindergurte über die Pfetten auf den aussteifenden Dachverband abgestützt werden. Nebst der Biegung werden somit die Pfetten, mindestens einige davon, durch Längskräfte beansprucht. Bild B 118 zeigt grundsätzlich diese Tragwirkung.

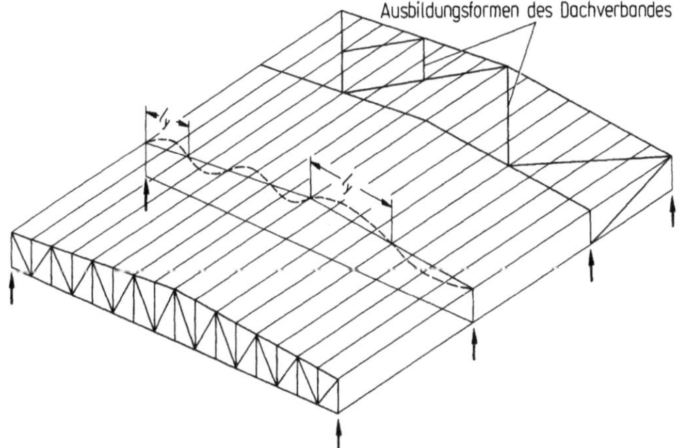

Bild B 118. Stabilisierung der Bindergurte durch Dachverband und Pfetten

Die Wandriegel ihrerseits übernehmen die auf die Fassaden wirkenden Windkräfte. Dagegen trägt die Wandverkleidung ihre Eigenlast in der Regel selber (Ausnahme: Tor- und Fensterbereiche, mit entsprechender Sturzkonstruktion). Zudem haben die Wandriegel die Fassadenstützen gegen Knicken in der Wandebene zu sichern, wobei eine Verbindung zu den Wandverbänden erforderlich ist.

Bei genügender Biegesteifigkeit der Dach- oder Wandverkleidung sind auch pfettenlose Dachkonstruktionen bzw. riegellose Wandkonstruktionen möglich. Bei Vergleichen sind die Gesamtkosten zu berücksichtigen, insbesondere die höheren Binderkosten bei kleineren Binderabständen.

5.2 Pfettenstellung

Für Pfetten aus Walzprofilen sind zwei Stellungen geläufig:
— lotrecht stehende Pfetten,
— Pfetten senkrecht zur Dachneigung.

Bei anderer Querschnittsausbildung (abgekantete Profile oder Gitterträger) sind auch Zwischenstellungen geläufig. Durch Formgebung und Stellung der Pfette wird eine weitgehende Anpassung an die auftretenden Belastungen angestrebt.

5.2.1 Lotrecht stehende Pfetten

Diese in Bild B 119a gezeigte Stellung ist die statisch günstigste, da die Hauptbelastung $(g + q_s)$ lotrecht wirkt. Die in x-Richtung angreifende Komponente der Windbelastung ist demgegenüber wesentlich geringer (Ausnahme: Gebiete ohne Schneelasten).

Konstruktiv ergeben sich jedoch wesentliche Erschwernisse, da nach Bild B 119b eine besondere Auflagerung für die Pfette geschaffen werden muß. Zudem liegt für die Dacheindeckung keine ebene Auflage vor, so daß sich diese Anordnung nur bei Dächern mit Holzsparren durchgesetzt hat, welche jeweils eingeschnitten werden müssen.

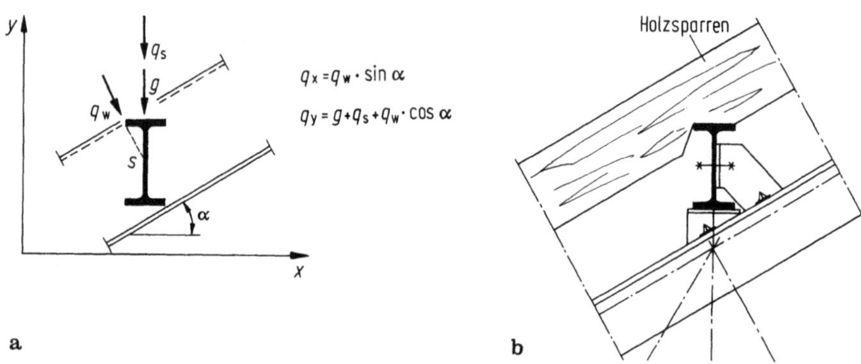

Bild B 119a, b. Lotrecht stehende Pfetten

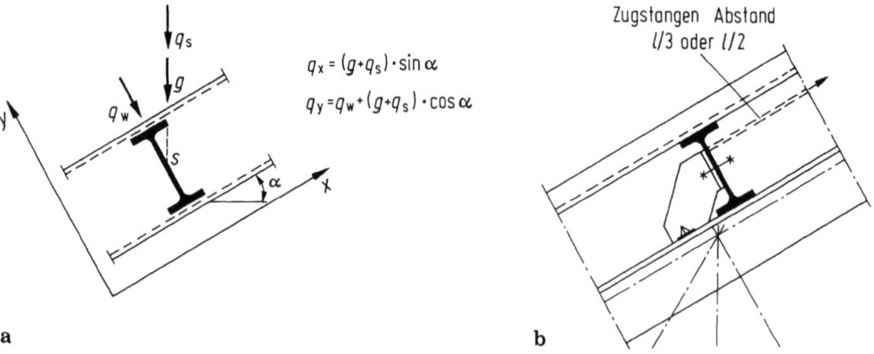

Bild B 120a, b. Pfetten senkrecht zur Dachneigung

5.2.2 Pfetten senkrecht zur Dachneigung

Dachschub

Werden aus konstruktiven Gründen die Pfetten wie üblich senkrecht zur Dachneigung angeordnet, so ergibt sich aus der Dachneigung α ein Anteil q_x aus der Hauptbelastung $g + q_s$. Dieser sogenannte Dachschub erreicht nach Bild B 120a mit steigender Dachneigung größere Werte.

Aufnahme des Dachschubes

Die normalen Pfettenprofile (I NP, I PE) weisen eine wesentlich geringere Steifigkeit und Festigkeit um die schwache Achse auf. Bei größerer Dachneigung sind daher entweder Breitflanschprofile zu verwenden oder nach Bild B 120b Zugstangen in Zwischenpunkten anzuordnen. Diese Lösung mit Zugstangen entspricht der normalen Ausführung, da sie auch konstruktiv einfach ist (vgl. Abschnitt 5.5.3). Der statische Nachteil der relativ hohen Querbelastung q_x in der Ebene der Dachscheibe wird durch die Zugstangen wesentlich gemildert, weil diese als Zwischenstützungen in x-Richtung wirken und die entsprechenden Quermomente stark reduzieren. Leicht ungünstiger sind in diesem Zusammenhang die Gelenkpfetten, weil die Gelenklage für die Querbiegung mit Zwischenlagern nicht optimal ist.

Eine direkte Führung der Zugstangen zur Firstpfette würde deren Verstärkung zur Aufnahme der lotrechten Ablenkungskraft aus dem Dachschub links und rechts vom Dachknick verlangen. Durch die in Bild B 121 gezeigte Schrägführung der Zugstangen wird die Firstpfette entlastet. Auch unsymmetrische Dachlasten bleiben praktisch ohne Einfluß.

Bei enger Pfettenanordnung (bedingt durch kleine Spannweite der Dacheindeckung) und größerem Binderabstand ergibt sich eine starke Schrägführung des obersten Teiles der Zugstangen. Die aus Gleichgewichtsgründen vorhandene zusätzliche Druckkraft in der Firstpfette ist zu beachten. Die Zugkraft in der Nachbarpfette ist dagegen kaum von Bedeutung (keine Knickgefahr).

Bei Anordnung eines Firstoberlichtes kann — an Stelle einer verstärkten Pfette — nach Bild B 122 ein in der Dachneigung liegender Fachwerkträger neben dem Dachschub auch den Horizontalschub der als Zwei- oder Dreigelenkrahmen ausgebildeten Oberlichtkonstruktion aufnehmen.

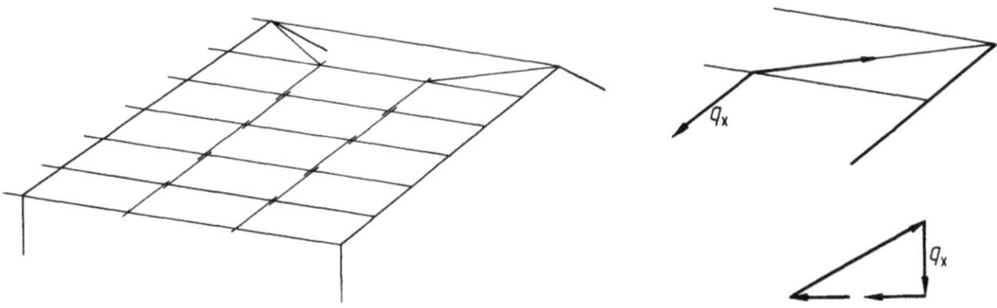

Bild B 121. Schrägführung der Zugstangen

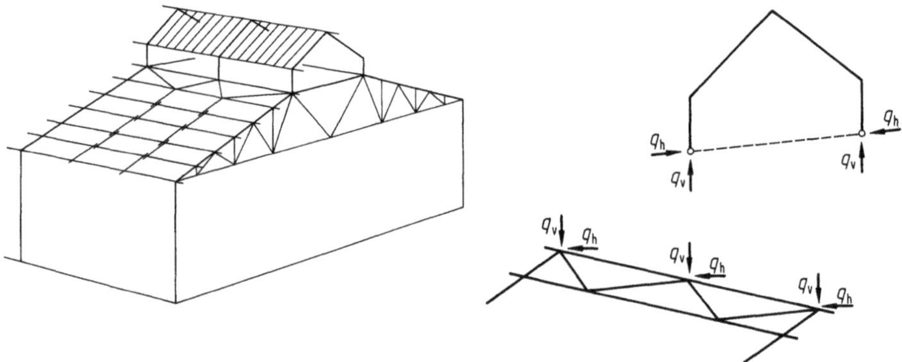

Bild B 122. Dach mit Oberlicht und Zugstangen

Falls eine schubsteife Dacheindeckung, d. h. eine Dachscheibe vorhanden ist, kann diese die Funktion der Zugstangen übernehmen; dies setzt aber eine einwandfreie Verbindung zwischen Dacheindeckung und Pfetten voraus. Bei drucksteifer Dachhaut, z. B. bei vorfabrizierten Betonplatten, wird der Dachschub nach unten geleitet. Zur Aufnahme dieser Kraft ist im Traufbereich ein Verband, ähnlich Bild B 122, vorzusehen oder die Traufpfette ist in x-Richtung zu verstärken und am Binder entsprechend zu befestigen.

Torsionseinfluß

Da die Querbelastung q_x nach Bild B 123a am oberen Flansch angreift, ist die Pfette an sich zusätzlich auf Torsion beansprucht, d. h. die normalerweise drillweiche Dachpfette (offenes Profil) müßte sich verdrehen. Durch die steife Befestigung mit der Dacheindeckung und durch die stabilisierende Wirkung der Verschiebung des Lastangriffspunktes bei einer Verdrehung wird nach Bild B 123b diese Rotation weitgehend verhindert. Näherungsweise darf deshalb angenommen werden, daß bei biegesteifer Dacheindeckung mit entsprechenden Verbindungen der Dachschub im Schwerpunkt des Profils oder in der Ebene der Zugstangen angreift (vgl. zudem Abschnitt 5.3.3.4 für die Kippsicherung).

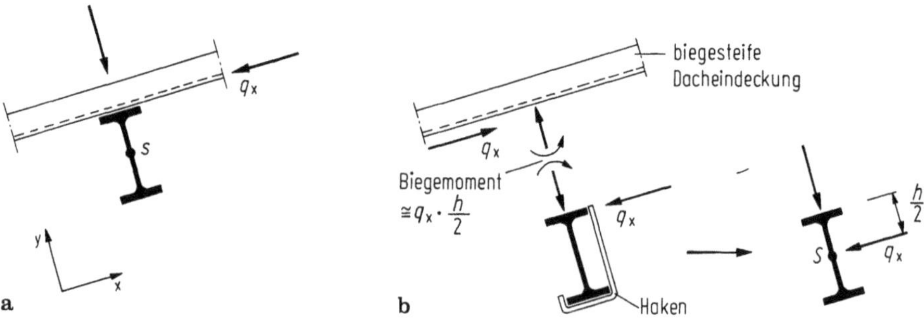

Bild B 123a, b. Torsionsverhalten von Pfetten

5.2.3 Sonderlösungen

An Stelle von Walzprofilen werden auch Pfetten aus kaltgeformten, verzinkten Blechprofilen verwendet. Die Formgebung kann nach Bild B 124 weitgehend den Beanspruchungen angepaßt werden; damit ist auch eine genügende Sicherheit des dünnwandigen Querschnittes im überkritischen Beulbereich zu gewährleisten.

Torsionssteife Pfetten (Hohlprofile) haben als Abstützung von biege- und schubweichen Dacheindeckungen (nachgiebige Dachscheiben) ein besseres Tragverhalten als offene Profile gezeigt. Dies ist auf die günstigere Aufnahme der Torsionsbeanspruchung zurückzuführen.

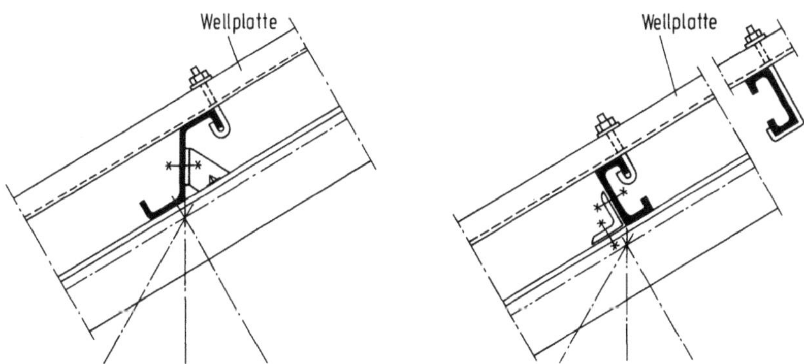

Bild B 124. Kaltgeformte Pfetten

5.3 Systemwahl für Pfetten

Für die Pfetten kommen folgende statische Systeme in Frage:
— einfacher Balken oder Gelenkträger (statisch bestimmte Systeme);
— Durchlaufträger (Sonderfall: Zweifeldträger), allenfalls mit Kopfstreben (statisch unbestimmte Systeme)

5.3.1 Einfacher Balken

Diese Lösung ist baulich einfach, weist jedoch eine schlechte Materialausnützung auf. Hinzu kommt, daß oft die Durchbiegungen maßgebend werden. Die Lagerung als einfacher Balken wird heute praktisch nur noch bei Gitterpfetten sowie bei Pfetten mit Unterspannung verwendet.

5.3.2 Gelenkträger

Diese früher häufig angewendete Ausbildung, die eine gute Materialausnützung bei einfacher Schraubenverbindung ermöglicht, kommt heute vereinzelt noch in Frage.

Gelenkanordnung

Für die Anordnung der Gelenke bestehen die zwei in Bild B 125 gezeigten Möglichkeiten. Nach Lösung a) wechseln Felder mit zwei Gelenken mit gelenklosen Feldern ab. Durch die Gelenke entstehen abwechslungsweise einfache Balken mit Kragarmen und eingehängte Träger.

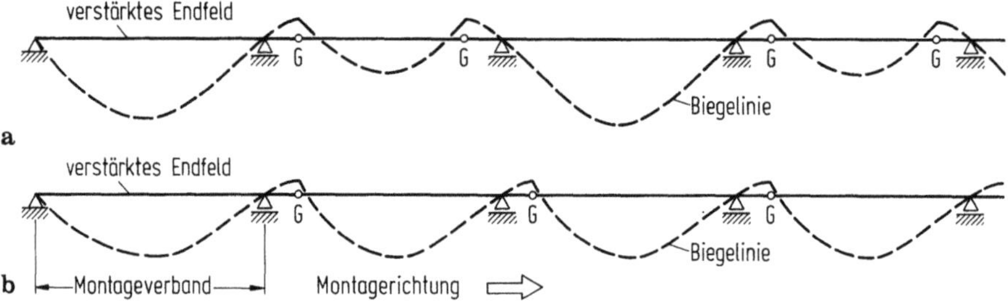

Bild B 125a, b. Möglichkeiten der Gelenkanordnung

Bei der Anordnung b) besitzt jedes Feld, mit Ausnahme des Anfangsfeldes, ein Zwischengelenk; es entstehen somit $n - 1$ Balken mit Kragarmen und ein eingehängter Endbalken (Gelenkkette). Diese Anordnung bildet in der Schweiz die Normalausführung, da sie bei Vollast eine gleichmäßigere Biegelinie und somit kleinere Durchbiegungen ergibt. Sie ist auch für die Montage günstiger, können doch die Pfetten fortlaufend zur Stabilisierung der Binder benutzt werden. Nachteilig ist, daß bei Zerstörung eines Feldes auf einer Seite eine kinematische Kette entsteht. Diese Gefahr kann beseitigt werden, wenn man beide Endfelder gelenklos ausbildet und zwei Gelenke im vorletzten Feld anordnet.

Gelenklage

Die Gelenklage kann bezüglich eines Momentenausgleiches oder bezüglich der kleinsten Durchbiegung festgelegt werden:
— kleinste Beanspruchung durch Momentenausgleich nach Bild B 126a;
— kleinste Durchbiegung, mit größeren Stützmomenten, nach Bild B 126b.

Im Einzelfall wird es kaum ein Profil geben, daß beim Momentenausgleich ausgenützt wäre. Man darf also die Gelenklage so weit nach innen verschieben, daß der Grenzwiderstand über den Stützen gerade erreicht wird. Dabei werden die Durchbiegungen verkleinert.

Diese Betrachtungen gelten für ein mittleres Feld. Für die Endfelder, mit rund 50% höheren Feldmomenten und einem Gelenkabstand von $l/8$ zur Nachbarstützung, kommen folgende Lösungen in Frage:
— auf die Endfelder abstellen und alle Felder gleich dimensionieren (nur bei einer kleinen Anzahl Mittelfelder wirtschaftlich vertretbar);
— Profile im Endfeld verstärken oder größeres Profil, bei konstanter Pfettenoberkante wählen;

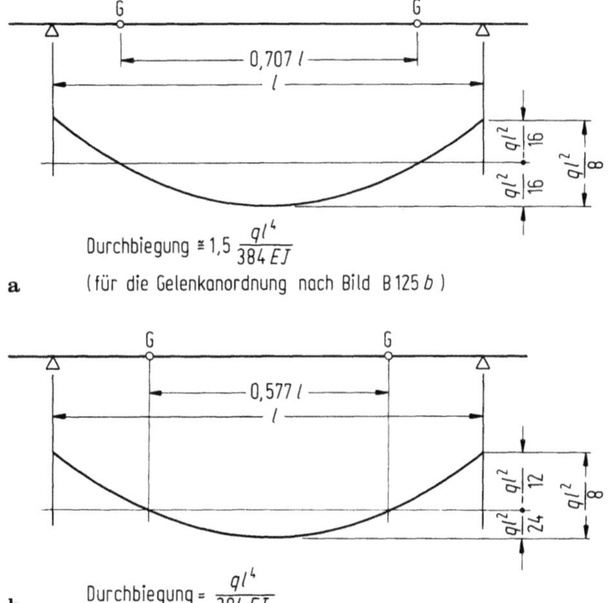

Durchbiegung $\cong 1,5 \dfrac{ql^{4}}{384\,EJ}$

a   (für die Gelenkanordnung nach Bild B 125 *b*)

Durchbiegung $= \dfrac{ql^{4}}{384\,EJ}$

b

Bild B 126 a, b. Einfluß der Gelenklage auf die M-Fläche

— kürzeres Endfeld anordnen (wegen der architektonischen Gesamtanordnung meist unerwünscht).

5.3.3 Durchlaufträger

Diese Ausbildung führt bei plastischer Bemessung zu einer guten Werkstoffausnützung, mit kleinen Durchbiegungen im Gebrauchszustand. Wegen des großen Montageaufwandes (bei Montageschweißung) werden heute unter Ausnützung der normalen Lieferlängen von 12 ÷ 16 m Zweifeldträger bevorzugt. Die Stöße sind dabei versetzt anzuordnen (gleichmäßigere Belastung aller Binderebenen, vgl. Abschnitt 6.1.2).

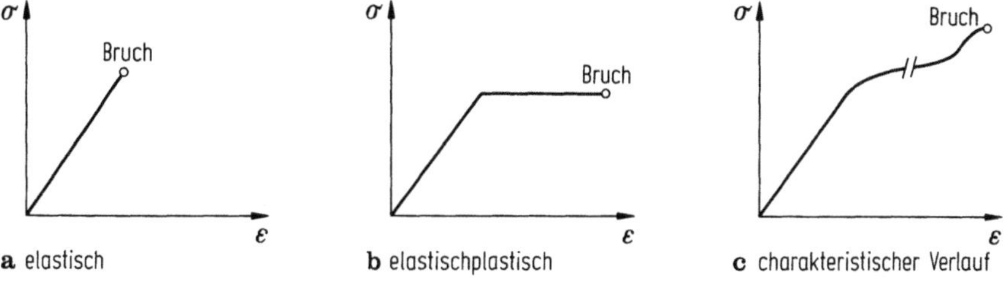

Bild B 127 a–c. Vereinfachtes Werkstoffverhalten

5.3.3.1 Elastische Ermittlung der Schnittkräfte bei Durchlaufpfetten

Die Berechnung erfolgt hier bekanntlich unter der stillschweigenden Voraussetzung eines bis zum Versagen elastisch bleibenden Werkstoffes nach Bild B 127a. Dabei sind die Verträglichkeitsbedingungen zu beachten. Die Momentenfläche des Mittelfeldes eines langen Durchlaufträgers stimmt mit jener nach Bild B 126b überein. Die zugehörige Durchbiegung in Feldmitte ist fünfmal kleiner als beim einfachen Balken gleicher Steifigkeit.

5.3.3.2 Besonderheiten bei Koppelpfetten

Unter Koppelpfetten versteht man Durchlaufpfetten mit beidseitig angeordneten, übereinandergreifenden Kragarmen. Bei den Zwischenlagern sind daher jeweils zwei Trägerquerschnitte vorhanden, so daß für die Momentenfläche nach Bild B 126b die Ausnützung optimal ist. Eine einfache Koppelung ist nur bei besonderen Querschnittsformen gewährleistet, z. B. bei U-Profilen (Rücken an Rücken) und vor allem bei den in Bild B 128 gezeigten kaltgeformten Z-Profilen mit Flanschen verschiedener Breite.

Die Länge der Kragarme, d. h. der Abstand a zwischen Verbindung und Auflager ergibt sich mit $a \cong 0,1 \cdot l$ aus der Bedingung, daß das Moment im Koppelungspunkt praktisch die Hälfte des Stützmomentes erreicht, damit der Einzelquerschnitt auch hier ausgenützt ist. Daraus folgt die Koppelkraft zu $\cong 0,42 \cdot ql$.

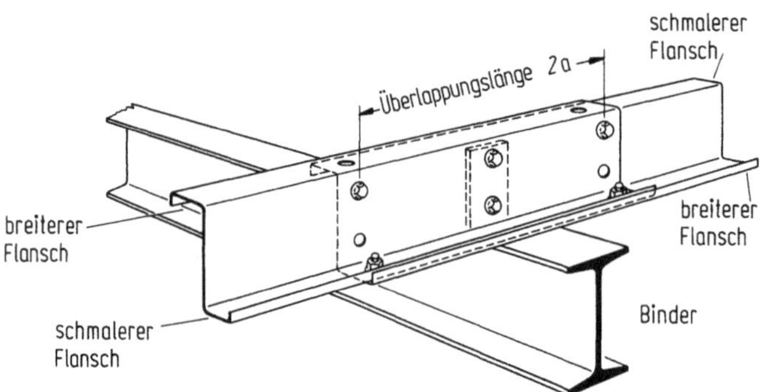

Bild B 128. Koppelpfette aus Z-Profilen

Statisch liegt an sich ein Durchlaufträger mit doppelter Biegesteifigkeit im Stützenbereich vor. Die Koppelung besitzt aber eine gewisse Nachgiebigkeit, so daß mit guter Näherung mit *EJ* konstant gerechnet werden darf, wie wir bis jetzt stillschweigend vorausgesetzt haben. Für die Endfelder gelten ähnliche Überlegungen; auf alle Fälle sind bei gleicher Spannweite aller Felder die Profile im Randfeld zu verstärken (höhere Blechstärke) und allenfalls der Kragarm Richtung Innenfeld auf etwa $0,17 \cdot l$ zu erhöhen, um bei großer Felderzahl die gleiche Koppelkraft wie in den Zwischenfeldern zu erhalten.

5.3.3.3 Plastische Ermittlung der Schnittkräfte bei Durchlaufpfetten

Baustahl zeigt nach Bild B 127c vor dem Bruch große Längenänderungen. Dadurch dürfen bei statisch unbestimmten Systemen, ohne Beeinträchtigung der Sicherheit, plastische Verformungen zugelassen werden. Die Bildung von sogenannten Fließgelenken im Stützenbereich führt zu der in Bild B 129 gezeigten Momentenumlagerung vor dem Versagen.

Bei Durchlaufträgern konstanten Querschnittes bewirkt diese Berücksichtigung der plastischen Eigenschaften nach Bild B 127b eine bessere Materialausnützung und somit einen geringeren Stahlverbrauch. Die maßgebenden Momente bei gleichmäßiger Belastung q in allen Feldern sind in Bild B 130 dargestellt.

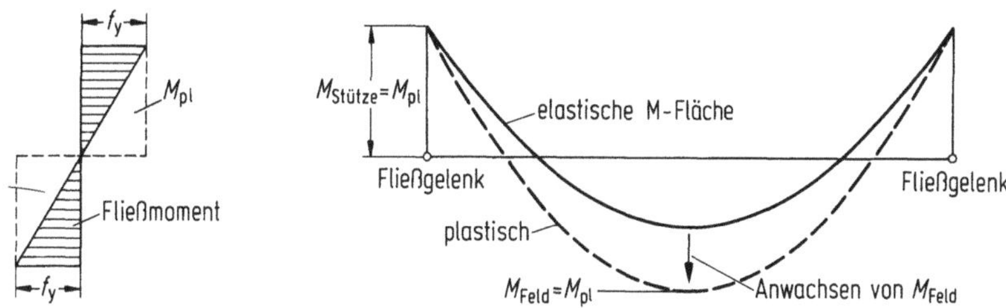

Bild B 129. Spannungs- und Momentenumlagerung

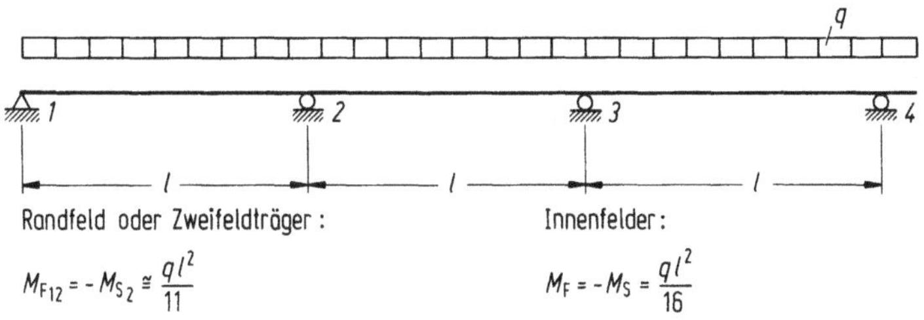

Randfeld oder Zweifeldträger:

$$M_{F12} = -M_{S2} \cong \frac{q l^2}{11}$$

Innenfelder:

$$M_F = -M_S = \frac{q l^2}{16}$$

Bild B 130. Maßgebende Stütz- und Feldmomente

5.3.3.4 Kippbehinderung

Die oben vorausgesetzte Rotationsfähigkeit der Stützenbereiche ist nur bei kompakten Querschnitten gewährleistet (kein vorzeitiges Ausbeulen), wie dies bei Walzprofilen zutrifft. Zudem darf Kippen nicht eintreten, wobei diese Bedingung bei Pfetten normalerweise durch die fast kontinuierliche Befestigung mit einer schub- und biegesteifen Dacheindeckung erfüllt ist.

Im Stützenbereich, mit dem nicht direkt gestützten Druckflansch, ist es konservativ, nur die Biegesteifigkeit der Dacheindeckung, die als Drehbettung für die Pfetten wirkt, zu berücksichtigen. Aufgrund zahlreicher experimenteller und theoretischer Untersuchungen (vgl. u. a. Pelikan, 1965 und 1966; Oxfort und Hildenbrand, 1971a und b; Vogel, 1966; Lindner, 1987b) kann die erforderliche Drehbettung von

Walzprofilen und ähnlichen Querschnitten in folgender Form ausgedrückt werden, wobei sich die Biegesteifigkeit EJ_y auf die schwache Achse bezieht.

$$c = k_\Theta \, \frac{M_{pl}^2}{EJ_y}$$

mit einem Wert k_Θ von rund 4 für die uns interessierenden Durchlaufträger.

Die Scheibenwirkung der Dacheindeckung führt zu einer gebundenen Kippachse, so daß sich die k_Θ-Werte dann wesentlich reduzieren (Lindner, 1987a).

Bei der Ermittlung der Drehbettung der Dacheindeckung sind die Verformungen des Anschlußbereiches rechnerisch zu erfassen oder versuchsmäßig zu ermitteln (vgl. z. B. Lindner und Gregull, 1986). Für Pfettenprofile mit $h \leq 200$ mm darf der Einfluß der Verformung des Profilsteges vernachlässigt werden.

Zudem ist die Dacheindeckung mit der Pfette zu verbinden. Das Anschlußmoment pro Längeneinheit für die Drehfeder beträgt (Lindner, 1973 und 1987b)

$$\mathrm{m}_\Theta = 0,06 \, k_m \, \frac{M_{pl}^2}{EJ_y} \quad (0,06 = \text{angenommene repräsentative Vorverdrehung})$$

wobei k_m zu 1 angenommen werden kann.

5.3.4 Kopfstreben oder Unterspannung

Durch Anordnung von Kopfstreben nach Bild B 131 wird die Steifigkeit erhöht und die Stützweite verkürzt. Dadurch sind größere Spannweiten mit Walzprofilen noch wirtschaftlich möglich ($l = 10 \div 12$ m). Zudem braucht es keine biegesteifen Stöße über den Bindern (vgl. Bild B 139). Eine ähnliche Verstärkung wird durch eine Unterspannung erreicht, wobei auch hier keine Durchlaufwirkung über die Binder erforderlich ist.

Die Berechnung der Pfetten mit Kopfstreben erfolgt meistens nach der Elastizitätstheorie (Tabelliert in Handbüchern). Falls keine biegesteife Fassadenstütze nach Bild B 132 angeordnet werden kann, bringt die Endstrebe keine entlastende Wirkung für die Pfette.

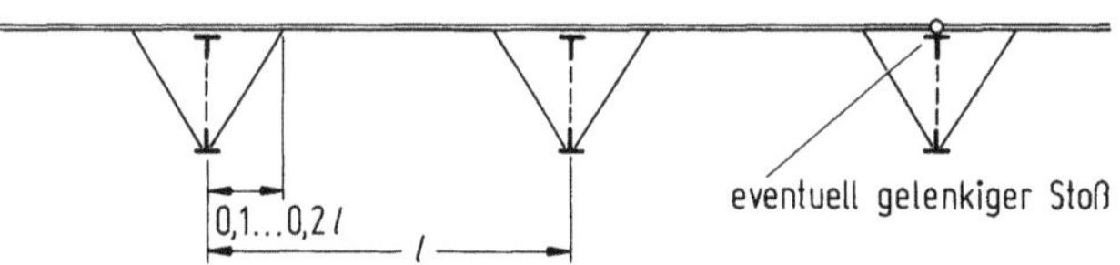

Bild B 131. Pfetten mit Kopfstreben

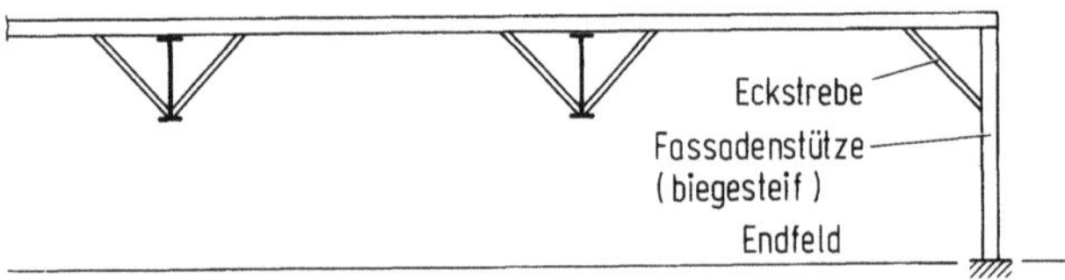

Bild B 132. Endfeld einer Pfette mit Kopfstreben

Zu beachten ist, daß die Kopfstreben nicht allein zur Abminderung der Pfettenbeanspruchung angeordnet werden, sondern häufig zur seitlichen Stabilisierung gedrückter Binderuntergurte erforderlich sind (vgl. Abschnitt 6.3.3.3).

5.4 Bemessungsgrundlagen für Pfetten

5.4.1 Belastungen

Die maßgebenden Belastungen sind:
— Gewicht der Dacheindeckung sowie Pfetteneigenlast,
— Schneelast,
— Windlast,
— Einzellast von 1 kN in ungünstiger Lage, ohne Schnee oder Wind (nur für extrem kurze Spannweiten und leichte Dächer zu beachten).

Die Belastungen können, auch bei Sparrendächern, als gleichmäßig verteilte Lasten betrachtet werden. Bei der Bemessung sind sowohl der Tragfähigkeits- als auch der Gebrauchsfähigkeitsnachweis (Begrenzung der Durchbiegungen, z. B. auf 1/200 der Spannweite nach Norm SIA 161/1979, falls die Bedachungsart dies erlaubt) zu beachten.

5.4.2 Ermittlung des Grenzwiderstandes der Querschnitte

Elastische Ermittlung des Grenzwiderstandes

Im Rahmen der klassischen Biegelehre sind die Längsspannungen zu superponieren, so daß bei einem Nachweis mit globalem Sicherheitsfaktor γ die einzuhaltende Bedingung lautet:

$$M_x(\gamma \cdot q_x)/W_x + M_y(\gamma \cdot q_y)/W_y \leqq f_y \quad \text{(keine Normalkraft; Kippen ausge-schlossen)}$$

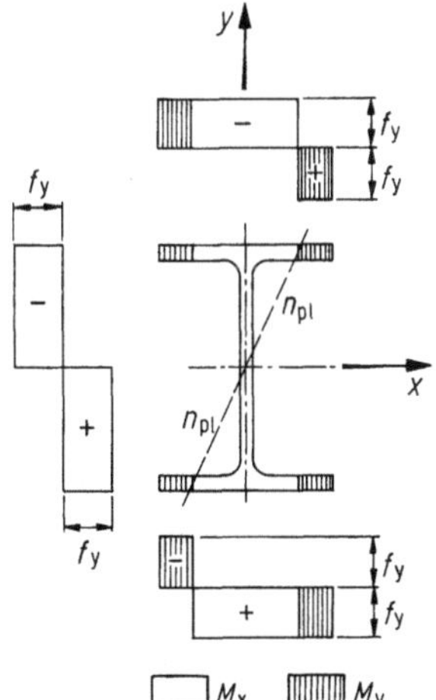

Bild B 133. Plastische Spannungsverteilung bei schiefer Biegung

Plastische Ermittlung des Grenzwiderstandes

Bei schiefer Biegung ergeben sich nach Bild B 133 grundsätzlich folgende Verhältnisse im Grenzzustand: symmetrisch angeordnete, auf die Fließgrenze f_y beanspruchte Außenbereiche der Flansche nehmen das Moment M_y auf, während die Restbereiche der Flansche sowie der Steg dem Moment M_x entsprechen. Daraus können vereinfachte Interaktionsformeln abgeleitet werden.

Diese Beziehungen sind bedeutend günstiger als die oben angegebene elastische Spannungsaddition. Da auch die maßgebenden Momente kleiner sind, ist die Bemessung nach dem Verfahren *P-P* (plastisch-plastisch) für Tragelemente, welche wie Durchlaufpfetten durch vorwiegend ruhende Lasten beansprucht sind, vorteilhaft und deshalb gebräuchlich.

5.5 Konstruktive Ausbildung der Pfetten

5.5.1 Querschnittswahl

— Vollwandträger: Walzprofile mit günstigem Verhältnis W_x/g oder J_x/g, d. h. I PE (allenfalls HEA bei stärkerem Dachschub); U-Profile (selten); kaltgewalzte Profile (Blechprofile), für Stahlleichtbauten.

— Wabenträger: Günstigeres Verhältnis W_x/g als Walzprofile, jedoch nur für geringe Querkräfte geeignet.

— Gitterträger: Da meist eine große Anzahl gleichartiger Träger erforderlich ist, sind für eine Serienfabrikation geeignete Ausbildungsformen zu wählen. Bei geschweißter Ausbildung werden die Anschlüsse gegebenenfalls durch Punktschweißung hergestellt. Zum Teil bestehen die Stäbe aus kaltgewalzten Profilen. Dreigurtträger (räumlich stabile Elemente für große Spannweiten oder/und größere Dachneigungen).

— Hohlprofile: Rohre (selten).

5.5.2 Pfettenbefestigung

Die nachfolgenden Angaben beziehen sich auf Pfetten, die als Walzprofile ausgebildet sind und über die Binder durchlaufen, wie dies dem Normalfall entspricht.

Direkte Pfettenbefestigung

Bei nicht zu großer Dachneigung werden die Pfetten mit den Bindern verschraubt. Dadurch können auch Sogkräfte und Längskräfte eingeleitet werden. Die direkte Verschraubung ist einfach für Fabrikation und Montage; zudem wird die Maßhaltigkeit der Konstruktion gewährleistet.

Für die direkte Verschraubung werden i. allg. nur zwei Schrauben benötigt, die diagonal angeordnet werden. Um Zeitverluste infolge falscher Montage (linke und rechte Montageelemente) zu vermeiden, werden in einem der beiden zu verbindenden Elemente doppelt so viele Löcher gebohrt (symmetrische Ausbildung nach Bild B 134).

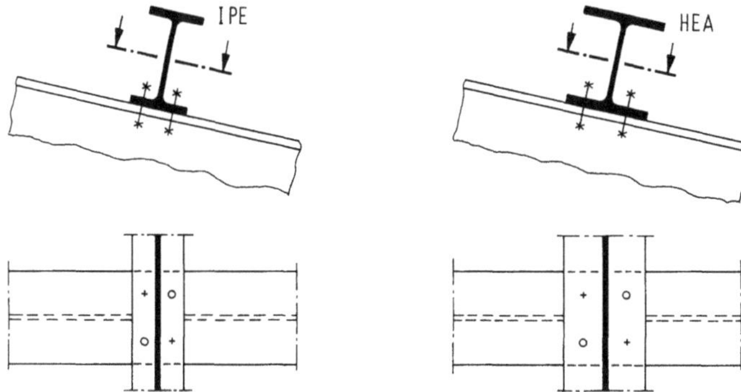

Bild B 134. Direkte Pfettenbefestigung

Befestigung mit Pfettenhaltern

Bei stark geneigten Dächern ($>30°$) ist die Befestigung mit Pfettenhaltern zur Aufnahme des Dachschubes vorzusehen, wobei dann die Schrauben B nach Bild B 135 einzuziehen sind. Eine ähnliche Lösung, ohne Schrauben B, kommt auch bei flacheren Dächern in Frage, während die teurere geschweißte Ausbildung nach Bild B 120b nur bei starkem Dachschub angewendet wird.

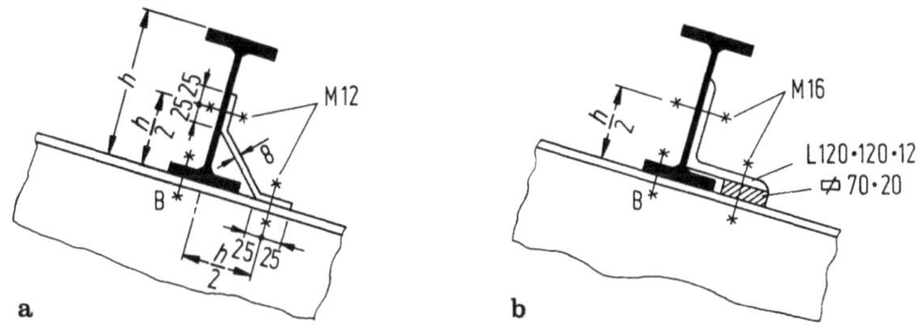

Bild B 135a, b. Befestigung mit Pfettenhaltern

5.5.3 Zugstangen

Rundstahlstangen (Bild B 136)

Flachstahlstangen (Bild B 137)

5.5.4 Firstverbindungen (Bild B 138)

Firstverbindungen der Zugstangen nach Bild B 138b sind zu vermeiden, da sie zu einer zusätzlichen Belastung der Firstpfetten führen (vgl. Abschnitt 5.2.2). Eine direkte Einleitung in die Binder nach Bild B 121 ist deshalb vorzuziehen.

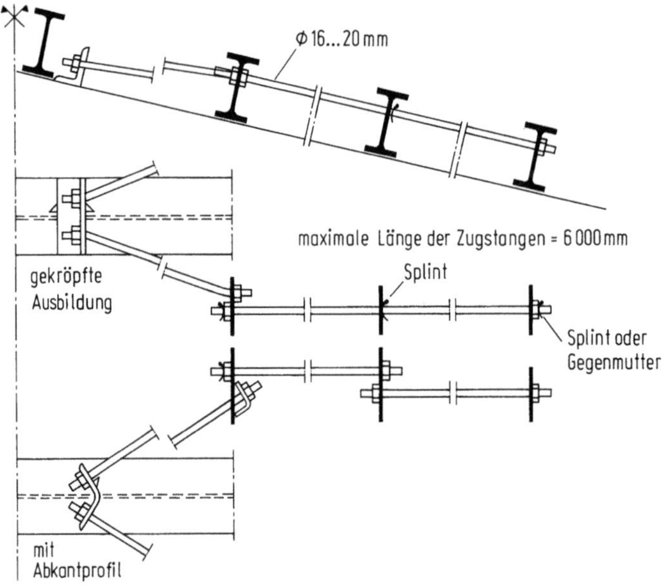

Bild B 136. Zugstangen aus Rundstahl

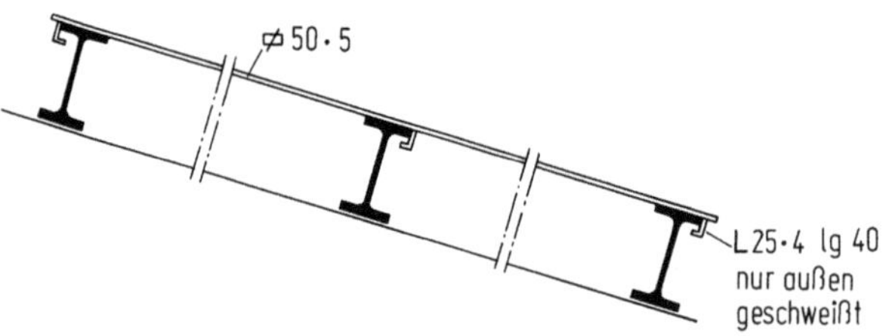

Bild B 137. Zugstangen aus Flachstahl

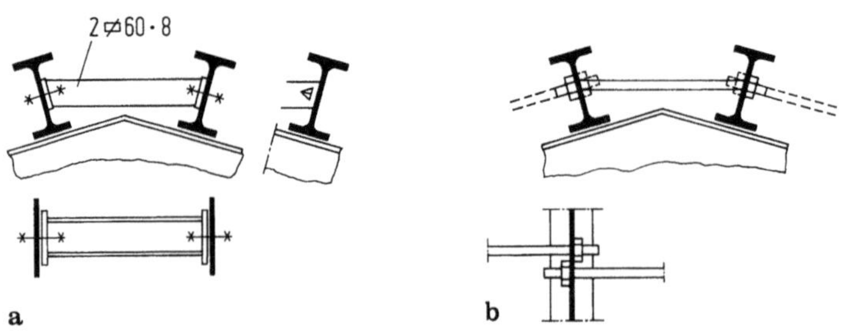

Bild B 138 a, b. Firstverbindungen

5.5.5 Kopfstreben (Bild B 139)

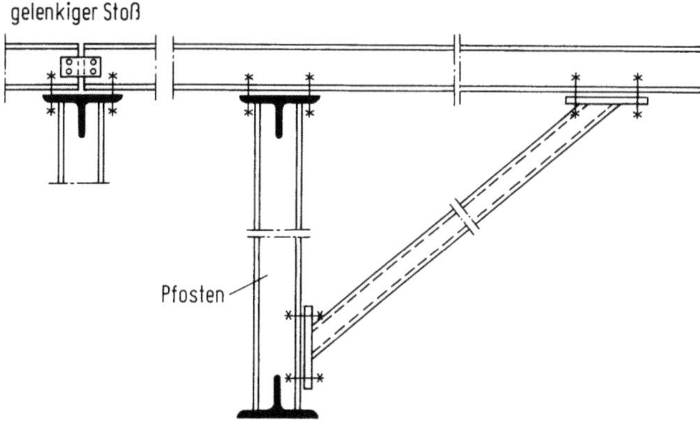

Bild B 139. Mögliche Ausbildung einer Kopfstrebe

5.5.6 Gelenke und Dilatationsfugen

Hochbaugelenke (Bild B 140)

Für nicht zu große Pfettenprofile sind einfache Ausbildungen zulässig. Die Bemessung solcher „Gelenkstöße" geht von der Annahme aus, daß keine Momente sondern nur Querkräfte übertragen werden. Dies gilt nur genau, falls die Gelenke an den Stellen der Momentennullpunkte eines Durchlaufträgers angeordnet werden, oder falls das Lochspiel eine genügende Verdrehbarkeit gewährleistet. Diese Berechnungsannahme geht aus Bild B 141 hervor; zudem sind die entsprechenden Schraubenkräfte angegeben. Bei geneigten Dächern sind die Kräfte in Querrichtung zu beachten.

Bild B 140. Hochbaugelenk

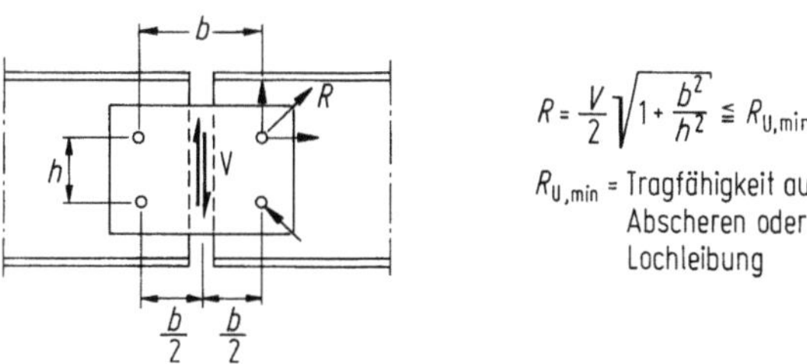

$$R = \frac{V}{2}\sqrt{1 + \frac{b^2}{h^2}} \leqq R_{U,min}$$

$R_{U,min}$ = Tragfähigkeit auf Abscheren oder Lochleibung

Bild B 141. Bestimmung der Schraubenkräfte

Anordnung mit „echter" Gelenkwirkung (Bild B 142)

Durch den größeren Abstand zwischen Gelenk und Schwerpunkt des Anschlusses werden die Verbindungsmittel höher beansprucht. Bei einer Dilatationsfuge ist das in Bild B 142b gezeigte Langloch anzuordnen.

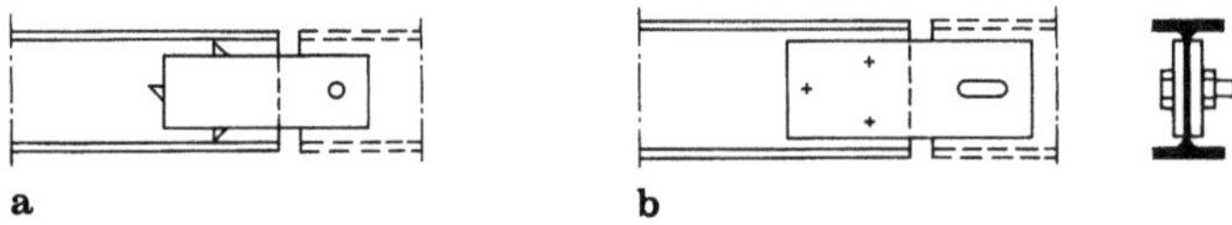

Bild B 142a, b. Pfettengelenk mit einer einzigen Schraube

5.6 Wandriegel

Für die Wandriegel gelten grundsätzlich die für die Pfetten angegebenen Ausführungen weiterhin. Allerdings spielt die Ausbildung der Wandverkleidung eine größere Rolle; so sind z. B. bei lotrecht verlegten Leichtplatten T-förmige Riegel erforderlich, obwohl ein solcher Querschnitt statisch ungünstig ist. Zudem sind in engeren Abständen Steglöcher für die Rückhalterungsleisten mit verzinktem Stahlstift vorzusehen. Bei waagrecht verlegten Leichtplatten, dagegen, liegen die Elemente vor der Stützkonstruktion und sind mittels Anschweißbolzen mit Gewinde und Mutter befestigt (für die grundsätzlich ähnliche Befestigung von vorgesetzten Mauerwänden vgl. Bild B 111).

Bei den Anschlüssen der Wandriegel mit den Fassadenstützen und den Hauptstützen kommen die in Bild B 143 gezeigten Ausbildungen in Frage. Bild a zeigt die direkte Befestigung eines vorgesetzten Riegels, d. h. eine konstruktive Lösung wie sie grundsätzlich auch bei Pfetten vorkommt (vgl. z. B. Bild B 134). Sind größere lotrechte Lasten aufzunehmen, so ist gemäß Bild b ein zusätzlicher Winkel vorzusehen (für die Pfetten vgl. dazu Bild B 135b).

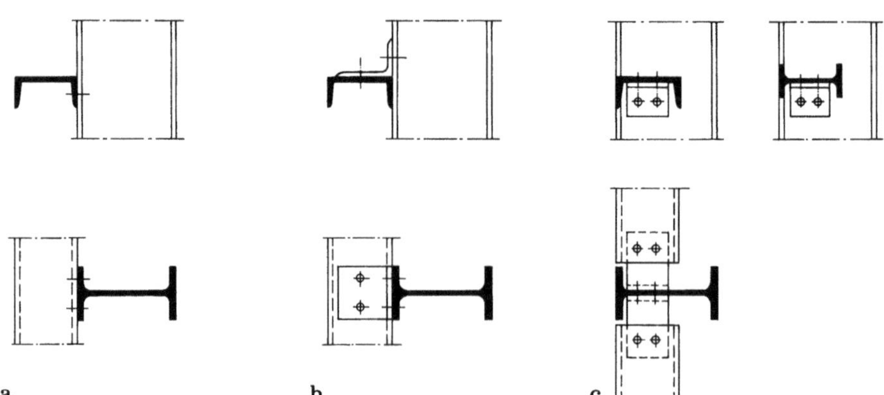

Bild B 143a–c. Befestigungsmöglichkeiten für Wandriegel

Öfters müssen die Außenflansche der Wandriegel und der Fassadenstützen bündig sein. Bild B 143c zeigt die entsprechende Befestigung, die als gelenkiger Anschluß zu betrachten ist.

Eine ähnliche Lösung wurde bei den in Abschnitt 4.3.2 erwähnten Fachwerkwänden mit eingesetztem Mauerwerk verwendet. Falls keine Bearbeitung der Steine erfolgen soll, muß der innere Flanschabstand mindestens 120 mm betragen. Daraus ergeben sich folgende Mindestprofile für die Gerippeelemente: I NP 14, I PE 140, U NP 14. Sind höhere Querschnitte statisch erforderlich, so kann durch Aufstelzung oder durch einen Winkel eine gute Auflage gewährleistet werden.

6 Binder und Stützen

6.1 Allgemeines

6.1.1 Einleitung

Die folgenden Ausführungen beziehen sich vorwiegend auf Hallen mit ebenen Tragelementen, weil bei räumlichen Tragwerken der Begriff „Binder" in der Regel nicht mehr zutreffend ist. Binder und Stützen bilden zusammen die Haupttragebenen. Wegen der entscheidenden Bedeutung dieser Hauptelemente für die Sicherheit des Bauwerkes und wegen des entsprechenden großen Anteiles an den Gesamtkosten der Tragkonstruktion ist deren Bemessung und Ausbildung die größte Aufmerksamkeit zu schenken.

Die Ausbildung und die bauliche Gestaltung der Binder und der Stützen sind durch eine große Mannigfaltigkeit gekennzeichnet; sie hängen vorwiegend von folgenden Faktoren ab:
— Hallenabmessungen und Hallenform,
— Belastungsverteilung und -intensität,
— Auflagerungsart und Baugrundverhältnisse (Einspannungsmöglichkeiten usw.),
— gewählte Verkleidung (z. B. Mindestdachneigung),
— Belichtung (Oberlichter, Sheddach), Belüftung usw.

6.1.2 Belastungen

Binder und Stützen sind zur Hauptsache *indirekt* belastet: Schnee- und Windlasten sowie die Eigenlast der Verkleidung werden über das Sekundärgerippe (Pfetten, Fassadenriegel) auf das Hauptgerippe übertragen. Ähnlich ergeben sich die Belastungen aus dem Kranbetrieb als Auflagerkräfte der Kranbahnträger (vgl. Abschnitt 2.2.3.4).

Die Belastungsgrößen sind damit vom statischen System des Sekundärgerippes abhängig. So ergeben sich bei einer gleichmäßig belasteten Pfette folgende Auflagerkräfte für verschiedene Lagerungsarten (alle Spannweiten l gleich groß vorausgesetzt, Bezugsgröße $q \cdot l$ als 100% bezeichnet):

	1 (Endlager)	2	3	4	5
Reihe einfacher Balken	50	100	100	100	100% usw.
Reihe von Zweifeldträgern	38	125	75	125	75%
Durchlaufträger (viele Felder)	39	113	96	101	99%

Während beim eigentlichen Durchlaufträger die Unterschiede in der Größe der Auflagerkräfte (bis auf das erste Zwischenlager) vernachlässigbar sind, führt der Zweifeldträger zu stark unterschiedlichen Belastungen für die Binder. Zweifeldpfetten sind daher versetzt anzuordnen.

6.2 Ausbildungsformen

Ob eine fachwerkartige oder eine vollwandige Ausbildung der Binder und der Stützen vorzuziehen ist, hängt u. a. von folgenden Faktoren ab:
— Abmessungen, wobei für größere Binderspannweiten oder Stützenhöhen die Fachwerklösung oft wirtschaftlicher ist (bei unbeschränkter Bauhöhe);
— bei hohem Verhältnis M/V ist die Fachwerklösung wirtschaftlicher, da bei kleinen Querkräften V die Stege von Vollwandträgern schlecht ausgenützt sind;
— Verhältnis der Materialpreise zu den Lohnkosten: Vollwandlösungen sind materialintensiver, dagegen ist der Arbeitsaufwand geringer, insbesondere bei Verwendung von Walzprofilen;
— bei hochkorrosiven Medien sind möglichst kompakte, leicht zu schützende Ausbildungen gesucht, wie sie eher bei Vollwandkonstruktionen vorkommen;
— ästhetische Gesichtspunkte.

Als orientierende Richtlinie kann folgende Einteilung der Ausbildungsformen gegeben werden:
— Kleinere Hallen: Stützen und Binder aus Walzprofilen, rahmenartige Ausbildung.
— Mittlere Hallen: Binder oft fachwerkartig, Stützen aus Walzprofilen (seltener mit geschweißtem Querschnitt).
— Größere und schwere Hallen: Binder als Fachwerke oder zusammengeschweißte Blechträger (Rahmenriegel); Stützen ebenfalls zusammengeschweißt (vollwandig oder vergittert).

Aus Wirtschaftlichkeitsgründen (Gesamtkosten für Binder, Pfetten und allfällige Kranbahnen minimal) wählt man den Binderabstand in der Regel etwa zu

$$(0,3 \div 0,5) \cdot B$$

wenn mit B die Hallenbreite, d. h. die Binderstützweite bezeichnet ist. Bei breiteren Hallen ergeben sich somit große Binderabstände (= Pfettenspannweiten); für die besonderen Ausbildungsformen bei solchen Verhältnissen sei auf Abschnitt 2.6.3 verwiesen. Vom betrieblichen Gesichtspunkt aus ist ein großer Binderabstand zu begrüßen.

6.3 Fachwerkbinder

6.3.1 Bauformen

Die Bauformen der Fachwerkbinder hängen von zahlreichen Faktoren ab: Spannweite und Art der Auflagerung; Dacheindeckung und Dachneigung (Binderobergurt parallel zur Dachhaut, währenddem der Untergurt meistens waagrecht verläuft); Oberlichtanordnung usw. Sie sind somit durch eine große Vielfalt gekennzeichnet. Als statische Systeme werden die untenstehenden verwendet.

Einfach gelagerte Binder

Diese Ausbildung kommt vorwiegend bei einschiffigen Hallen bis mittlerer Spannweite in Frage. Für die Bauformen ist die Dachneigung maßgebend.

Trägerformen für *Flachdächer* nach Bild B 144

Für das Strebenfachwerk mit Zwischenpfosten nach Bild a) ist die Strebe in Bindermitte so anzuordnen, daß die kleinste Strebenlänge entsteht. Das reine Strebenfachwerk nach Bild b) ergibt einfachere Knoten und ein ruhiges Bild sowie eine günstigere Strebenneigung. Das Ständerfachwerk nach Bild c) ist an sich statisch ungünstig, muß doch der Ständer bei parallelgurtigen Fachwerken die ganze Querkraft aufnehmen. Es ist allerdings besonders geeignet für Fensterträger bei Shedbauten (vgl. Bild B 65), weil die Beeinträchtigung des Lichteinfalles durch schlanke Zugdiagonalen klein ist.

Die *Trägerhöhe h* ist relativ klein zu wählen, $h = l/10$ bis $l/12$, weil das minimale Gewicht nicht allein maßgebend ist. Der Raum oberhalb dem Binderuntergurt ist normalerweise verloren, bedingt jedoch höhere Umfassungswände und höhere Betriebskosten (Heizung). Die *Feldweite λ* wird annähernd konstant gehalten. Wenn möglich ist λ gleich dem Pfettenabstand zu wählen, da eine zusätzliche Beanspruchung des Obergurtes auf Biegung unerwünscht ist. Bei engem Pfettenabstand (z. B. bei

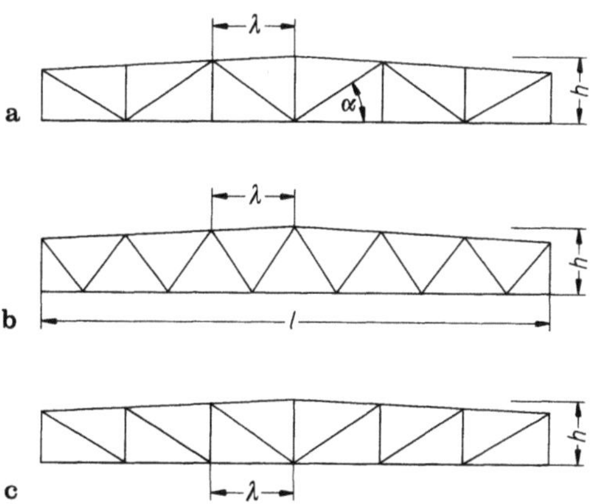

Bild B 144a–c. Fachwerkbinder für Flachdächer

Bedachung mit Faserzement-Wellplatten) kann jedoch die Ausbildung eines biegesteifen Obergurtes wirtschaftlicher als eine Zwischenausfachung sein. Zudem ist eine
günstige Strebenneigung zu suchen, mit $40° < \alpha < 65°$, besser $45° < \alpha < 60°$.

In Bild B 145 ist die besondere Ausbildung für Dächer mit First- und Mansardoberlichtern ersichtlich: hier bestimmen die Endfelder die Strebenführung, die somit
anders aussieht als in Bild B 144a.

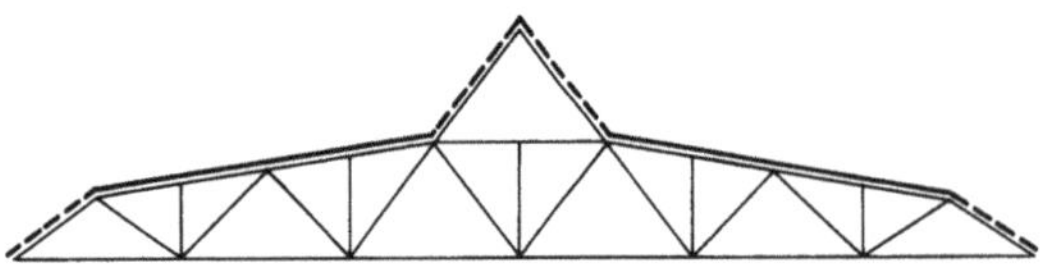

Bild B 145. Binder mit First- und Mansardoberlichtern

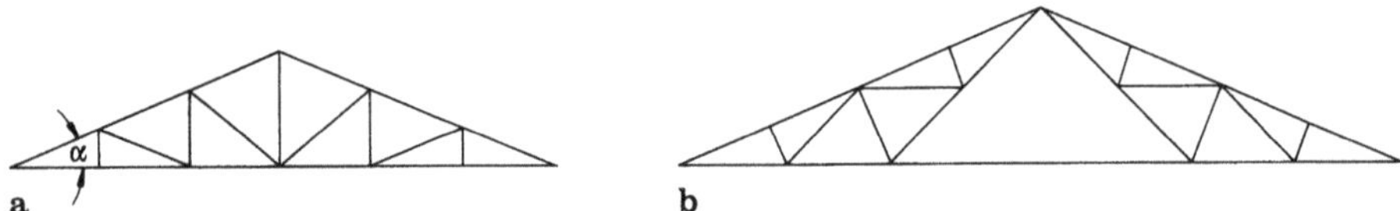

a   b

Bild B 146a, b. Dreieckbinder

Binderformen für *stärker geneigte Dächer* nach Bild B 146

Das Ständerfachwerk nach Bild B 146a ist nur für kleinere Spannweiten geeignet
$(10 \div 20\ \text{m})$, nicht zuletzt weil der relativ spitze Winkel α zu Problemen im Auflagerknoten führt, wenn die Stabkräfte groß sind (vgl. Bild B 156a). Zur Vermeidung
großer Strebenlängen in Bindermitte wird bei mittleren Spannweiten $(15 \div 30\ \text{m})$
der Polonceau-Binder nach Bild B 146b eingesetzt, der für den Transport halbiert
werden kann. Für weitere Möglichkeiten sei u. a. auf Feige (1974) hingewiesen.

Der Dachverband kann nach Bild B 14 entweder in den stark geneigten Dachflächen
(vgl. dazu Bild B 194), oder in der Ebene des Binderuntergurtes (wobei zusätzliche
Elemente und eine knicksichere Ausbildung des Untergurtes erforderlich sind) angeordnet werden. Stärker geneigte Dachformen sind deshalb in Kombination mit dem
Tragsystem „Binder auf gelenkigen Stützen" nach Abschnitt 2.2.3.1 selten.

Für große Spannweiten sind Fachwerke mit Netzunterteilung (Zwischenausfa-
chungen) zu verwenden. Für Spannweiten bis 100 m eignet sich der Parabelbinder, dessen Form dem Verlauf der Schnittkräfte gut angepaßt ist. Für solch große Spannweiten kommen allerdings heute andere Tragsysteme in Betracht.

Durchlaufträger

Diese Ausbildung ist bei mehrschiffigen Hallen gleicher Höhe wirtschaftlicher,
allerdings nur für leicht geneigte Dächer interessant, vgl. Bild B 147, so daß
die Trägergurte fast parallel verlaufen (zudem ähnliche Lösung bei den Fensterträgern von mehrschiffigen Shedbauten, z. B. nach Bild B 69).

Bild B 147. Zweischiffige Halle für das Warmwalzwerk 80 der Von Moos Stahl AG (Bauen in Stahl 1981/23)

Fachwerkbogen und Fachwerkrahmen

Diese Lösung kommt insbesondere für Binder großer Spannweite in Frage. Als Ausfachungsart ist beim Bogen das Ständerfachwerk üblich, weil die lotrechten Ständer zu einem ruhigen Aussehen führen; zudem sind die Querkräfte relativ klein (für ein Ausführungsbeispiel vgl. Bild B 34).

Bei der rahmenförmigen Ausbildung können die Stützen (Stiele) vollwandig oder fachwerkartig sein. Im ersten Fall allerdings ist die Rahmenwirkung wegen der kleinen Biegesteifigkeit der Stiele gering (für ein Ausführungsbeispiel vgl. Bild B 45), während bei der in Bild B 148 dargestellten Anordnung die Binderbeanspruchungen durch die Einspannung in den Stielen beträchtlich vermindert werden.

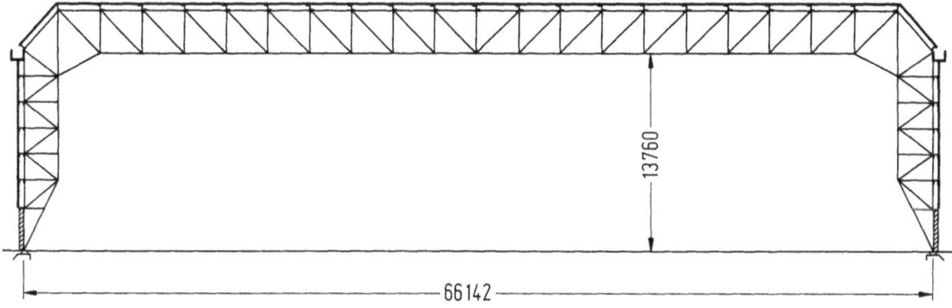

Bild B 148. Flugzeughangar De Havilland (Bauen in Stahl 1, S. 144)

6.3.2 Eigenlast der Fachwerkbinder

Besonders bei großer Binderspannweite ist eine zuverlässige Schätzung der Eigenlast der Binder für die Vorberechnung erforderlich. Für empirische Gewichtsformeln im Hochbau kann auf die Sammlung „Stahlhochbauten — Gewichte", Schweiz. Zentralstelle für Stahlbau (1965), verwiesen werden. Bei der theoretischen Gewichtsbestimmung darf nach Stüssi (1954) untenstehende Formel verwendet werden

$$g_{\text{Binder}} = (g_{\text{D}} + 1{,}05 \cdot q)\, \frac{l + l_0}{l_{\text{Gr}} - l}$$

wobei g_{D} die ständige Last (pro m²) aus Dacheindeckung und Dachkonstruktion (Pfetten, allenfalls Sparren) bedeutet und q die Nutzlast (in der Regel Schneelast). Durch Multiplikation von g_{Binder} mit dem Binderabstand erhält man das Bindergewicht in kN/m. Die Grenzspannweite l_{Gr} beträgt beim einfach gelagerten Fachwerkträger aus Fe 360 rund 600 m; l_0 ist zu 10 m einzusetzen.

6.3.3 Besondere Bemessungsprobleme bei Fachwerkbindern

6.3.3.1 Fachwerke mit auf Biegung beanspruchten Stäben

Bei fachwerkförmiger Ausbildung wird für die Berechnung der Stabkräfte vorausgesetzt, daß die Stäbe zwischen den Knoten geradlinig verlaufen und daß die Lasten nur in den Knotenpunken eingeleitet werden. Unter der Culmannschen Annahme reibungsfreier Gelenkanschlüsse sind die Fachwerkstäbe dann nur auf Normalkraft (Zug oder Druck) beansprucht und werden entsprechend bemessen. Die durch die tatsächlich ausgeführten biegesteifen Anschlüsse bedingten zusätzlichen Biegespannungen, die sogenannten Nebenspannungen, spielen in der Regel für die statische Tragfähigkeit keine Rolle, weil sie sich nur aus Verträglichkeits- und nicht aus Gleichgewichtsbedingungen ergeben.

Ist eine der beiden eingangs erwähnten Voraussetzungen nicht erfüllt, so müssen die aus Gleichgewichtsgründen in den Stäben auftretenden Momente und Querkräfte bei der Bemessung berücksichtigt werden: die entsprechenden Beanspruchungen sind keine Nebenspannungen. Beim parabelförmig gekrümmten Obergurt (Bild B 149a) entstehen beim Gelenkfachwerk Biegemomente $M_0 = N \cdot w_0$ (N = Stabkraft). Unter Berücksichtigung der tatsächlichen Durchlaufwirkung vermindern sich die maximalen Momente: $M_{\text{Knoten}} = -2/3 \cdot M_0$; $M_{\text{Mitte}} = 1/3 \cdot M_0$ (bei plastischer Berechnung je 1/2).

Ähnliche Überlegungen gelten für Obergurte, die nach Bild B 149b zwischen den Knotenpunkten durch Pfetten belastet sind (z. B. Eindeckung mit Faserzement-Wellplatten).

Diese Biegebeanspruchungen führen, besonders bei schlanken Stäben, zu merklichen Verformungen quer zur Stabachse. Die gleichzeitig wirkenden Normalkräfte bewirken daher Zusatzmomente 2. Ordnung, wobei sich bei Zugstäben die Momente ver-

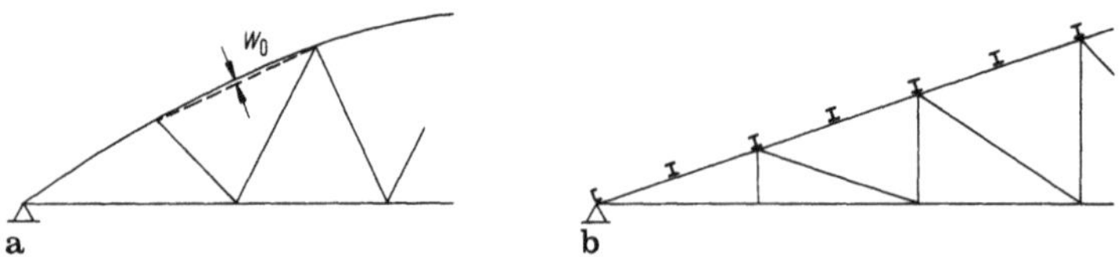

Bild B 149a, b. Fachwerkbinder mit Gurtbiegung

kleinern und der Einfluß 2. Ordnung daher vernachlässigt werden darf. Bei Druckbeanspruchung, dagegen, sind die bekannten Interaktionsformeln zu verwenden.

Einen Sonderfall stellen die Fachwerkkonstruktionen mit teilweise biegesteifen Stäben dar. Dabei ist nicht nur auf die korrekte Bemessung dieser Stäbe, sondern auch auf die Weiterleitung der Kräfte zu achten. Als Beispiel soll der in Bild B 150 gezeigte Fachwerkbinder bei beschränktem Lichtraumprofil betrachtet werden.

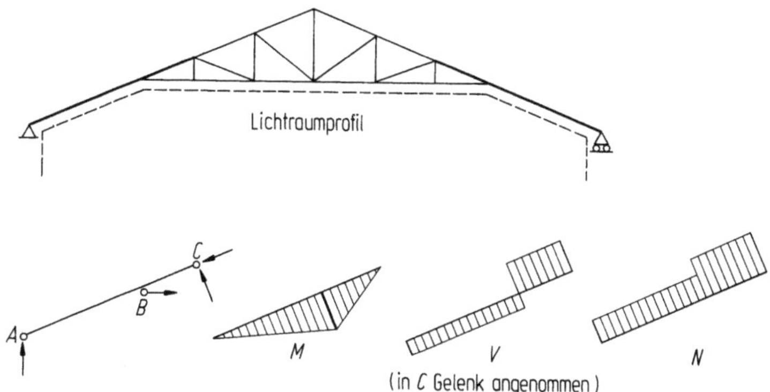

Bild B 150. Fachwerkbinder mit Obergurtverlängerungen

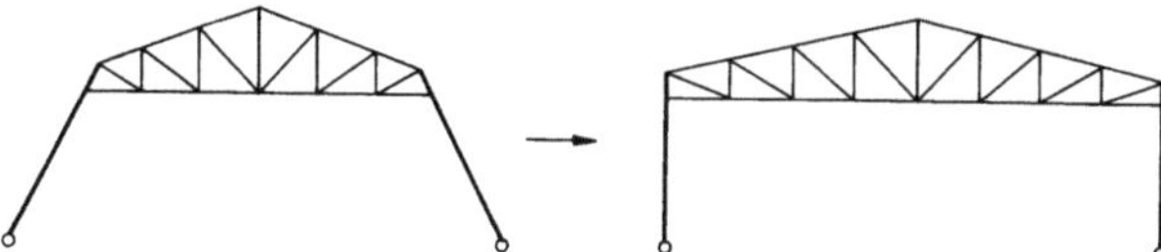

Bild B 151. Übergang zum Rahmen

Bei den dargestellten Verhältnissen ist der Stabteil BC für die Bemessung maßgebend, da sowohl die Querkraft (Rahmenecke) als auch die Normalkraft größer sind als im Stabteil AB. Wegen der biegesteifen Stabdurchführung in C pflanzt sich das Moment weiter fort. Die entsprechenden Biegebeanspruchungen sind aber hier nicht mehr aus Gleichgewichts-, sondern nur aus Verträglichkeitsgründen nötig und dürfen vernachlässigt werden.

Eine ähnliche Beanspruchungsart tritt auch beim in Bild B 151 gezeigten Rahmen mit Fachwerkbinder und vollwandigen Stützen auf.

6.3.3.2 Besonderheiten beim Stabilitätsnachweis von Fachwerkgurten

Die ertragbaren Knickspannungen sind von der Stabschlankheit λ abhängig, welche ihrerseits proportional zur Knicklänge und umgekehrt proportional zum Trägheitsradius i_x oder i_y ist. Für die üblichen Fachwerkarten sind in den Regelwerken, z. B. in der Norm SIA 161/1979, 3 12 6, an entsprechenden Bedingungen geknüpfte Näherungswerte für die Knicklängen in der Trägerebene und aus der Trägerebene angegeben.

Dabei ist zu beachten, daß die Systemlänge l_x, d. h. die theoretische Stablänge zwischen den Knotenpunkten in der Trägerebene nicht identisch l_y (Knicken aus der Trägerebene) sein muß, da nach Bild B 152 die seitliche Stützung des Binders (z. B. durch einen Stabilisierungsverband oder einzelne Stützstäbe) größere Abstände aufweisen kann. Zudem ist zu berücksichtigen, daß System b) nur stabil ist, wenn der Druckgurt zwischen den gehaltenen Knotenpunkten eine genügende Biegesteifigkeit um die y-Achse besitzt.

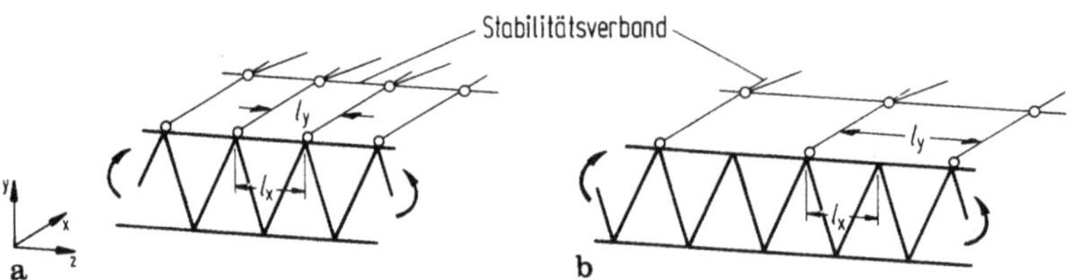

Bild B 152a, b. Knicklängen von Binderobergurten

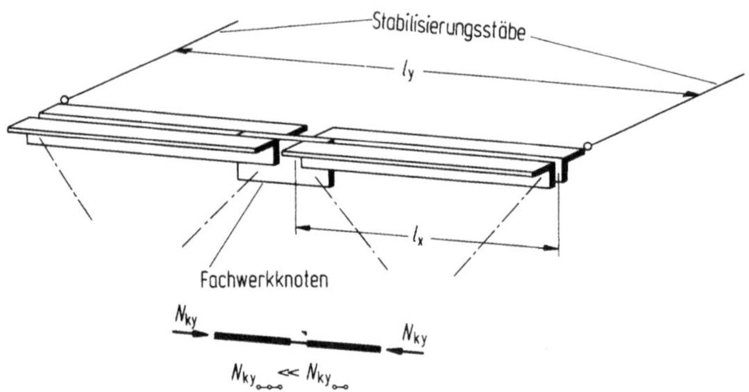

Bild B 153. Gurt mit „gelenkigem" Knotenbereich

Wird z. B. der Gurtstoß im Zwischenknoten nach Bild B 153 biegeweich und im Grenzfall praktisch gelenkig (um die y-Achse) ausgebildet, so ist die kritische Last bedeutend kleiner als bei durchgehendem Gurtstab. Eine solche Stoßausbildung ist zu vermeiden; der ungeschwächte Querschnitt soll durchlaufen oder mit voller Biegesteifigkeit gestoßen sein.

Bei Druckgurten mit einem Knick im Zwischenknoten ist zudem nach Bild B 154 folgendes Problem zu beachten, dies insbesondere im Eckbereich fachwerkartiger Rahmen:

Beim Ausknicken des Stabzuges 1—2—3 aus der Trägerebene tritt — neben den Momenten aus seitlicher Biegung in den Stäben 1—2 und 2—3 — auch ein Ablenkungsmoment im Knickpunkt auf (Gleichgewicht der Momentvektoren im Knoten 2). Dieses Moment ist vom Stab 2—4 aufzunehmen, welcher somit biegesteif (aus der Trägerebene) auszuführen ist. Zudem ist auch der Anschluß im Knoten 2 so auszu-

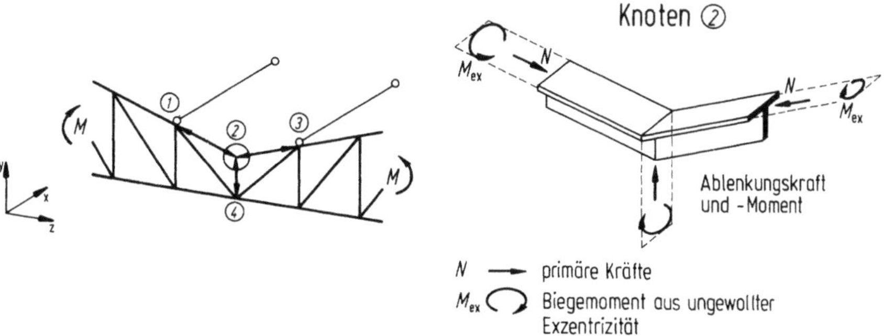

Bild B 154. Fachwerk mit seitlich ungestütztem Knick im Zwischenknoten

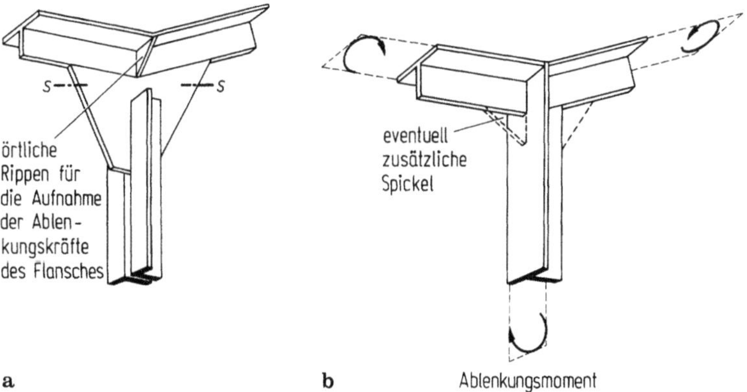

Bild B 155. a Anschluß mit ungenügender Biegesteifigkeit (nur Knotenblech); **b** Biegesteifer Anschluß senkrecht zur Trägerebene

bilden, daß das Ablenkungsmoment einwandfrei dem Stab 2—4 übertragen wird. Ein Anschluß nur über das Knotenblech wäre zu weich und würde zu einem starken Abfall der Tragfähigkeit führen.

Im Grenzfall einer scharnierartigen Verbindung im Schnitt s—s des Bildes B 155a muß das Ablenkungsmoment vom Gurtstab 1—2—3 auf Torsion aufgenommen werden. Wegen der normalerweise geringen Torsionssteifigkeit des Gurtes (Ausnahme Rohrgurtung) führt diese Zusatzbeanspruchung zu größeren Verformungen und daher zu einem wesentlichen Abfall der Knicklast (für eine experimentelle Bestätigung, vgl. Faltus, 1955).

6.3.3.3 Gedrückte Untergurte

Bei Durchlaufträgern, Rahmen- und Bogenkonstruktionen usw. treten auch in den Untergurten Bereiche mit Druckbeanspruchung auf. Ist die Dacheindeckung leicht, so kann der Lastfall mit Windüberdruck im Halleninneren und gleichzeitigem Außensog zu Druckkräften selbst im Untergurt von einfach gelagerten Bindern füh-

ren. Für die geläufige Ausbildung mit in Obergurthöhe angeordneten Pfetten nach
Bild B 1 sind jedoch nur die Obergurtknoten seitlich gehalten, die Untergurtknoten
dagegen nicht. Dies ist bei der Bemessung der Untergurte zu beachten, wobei für die
Ermittlung der Knicklänge die Veränderlichkeit der Stabkräfte (oft mit Vorzeichen-
wechsel innerhalb der Länge zwischen gehaltenen Knoten) zu berücksichtigen ist.
Nötigenfalls sind zusätzliche Stabilisierungselemente anzuordnen (z. B. Kopfstreben,
vgl. Bild B 139, vertikale Längsverbände usw.).

6.3.4 Bauliche Einzelheiten

Für die bauliche Gestaltung von Fachwerkträgern kann auf die eingängigen Lehr-
bücher, z. B. auf Stüssi (1971) hingewiesen werden. Leichte und mittlere Träger
können bekanntlich in der Werkstatt fertiggestellt und in voller Höhe transportiert
werden; sie sind deshalb heute meistens vollständig geschweißt. Bei schweren, oft
zweiwandigen Trägern sind dagegen die Füllungsglieder einzeln zu transportieren und
auf der Baustelle meistens mit Schrauben anzuschließen. Anschließend sollen einige
Knotenausbildungen für typische Hochbaubinder dargestellt werden.

Bild B 156a zeigt die gelenkige Auflagerung eines geschweißten Dreieckbinders
auf einer massiven Wand; eine ähnliche Lösung käme auch bei der Lagerung auf
einer Stahlstütze in Frage. Im Endbereich wirkt wegen des spitzen Winkels der
Binder praktisch als Biegeträger und hat die entsprechenden Schnittkräfte aufzunehmen. Im geknickten unteren Übergang entsteht eine Ablenkungskraft, die den
Flansch auf Querbiegung beansprucht und daher zu einer ungleichmäßigen Verteilung
der Längsspannungen führt. In erster Näherung kann nur etwa die Hälfte der Flansch-
breite als im Querschnitt wirksam angenommen werden. Allenfalls ist daher eine
Aussteifungsrippe vorzusehen.

Beim im Bild B 156b dargestellten Firstknotenpunkt des gleichen Binders wird die
Ablenkung der Flanschkräfte durch die zwischengeschweißte Rippe auf die Profil-
stege eingeleitet und durch die als aufgeschlitzte Einzelwinkel ausgebildeten Streben
aufgenommen. Falls aus Transportgründen ein Stoß in Bindermitte vorzusehen ist,
kann die Rippe zweigeteilt werden, wobei die jeder Binderhälfte zugeordneten Rippen
miteinander verschraubt werden.

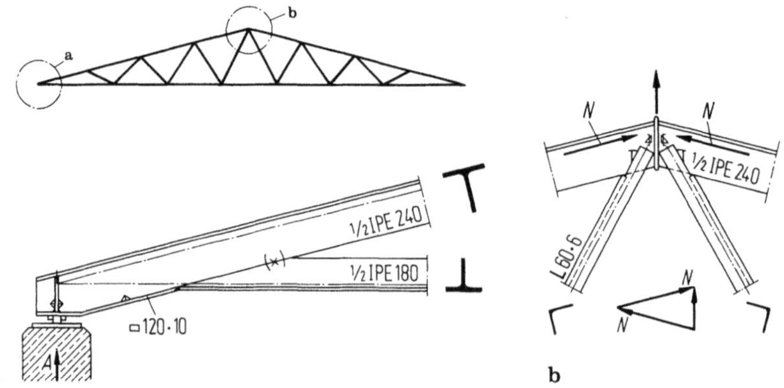

Bild B 156a, b. Auflagerknoten und Firstknoten eines Dreieckbinders

Ablenkungskräfte entstehen auch beim in Bild B 157 gezeigten oberen Knotenpunkt eines Trapezbinders. Obergurt und Endstrebe sind hier als I-Querschnitte ausgebildet, während die Zugstrebe aus U-Profilen besteht, welche an der in der Winkelhalbierenden angeordneten Rippe geschraubt sind. Bei einer genügenden Stärke der Rippe kann der Höhenunterschied der I-Stäbe ausgeglichen werden.

Die Auflagerung eines praktisch parallelgurtigen Binders mit steigender, auf Zug beanspruchter Endstrebe ist in Bild B 158a dargestellt. Der Endknoten ist auf der Stütze zentrisch gelagert. Gelegentlich wird nach Bild B 158b auf den Stützenrand zentriert, d. h. der Schnittpunkt der Achse des Obergurtes mit derjenigen der Endstrebe liegt an der Außenfläche des inneren Stützenflansches. Das Moment aus der Exzentrizität der Auflagerkraft zur Stützenachse verteilt sich entsprechend der Steifigkeiten auf die angeschlossenen Stäbe, wird also in der Regel praktisch ganz von der Stütze aufgenommen, besonders wenn der Anschluß relativ weich ausgebildet und deshalb rechnerisch als gelenkige Verbindung zu betrachten ist.

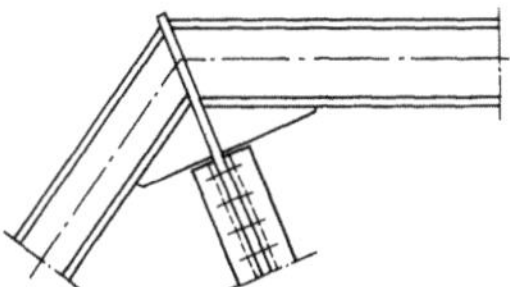

Bild B 157. Oberer Endknoten eines Trapezbinders

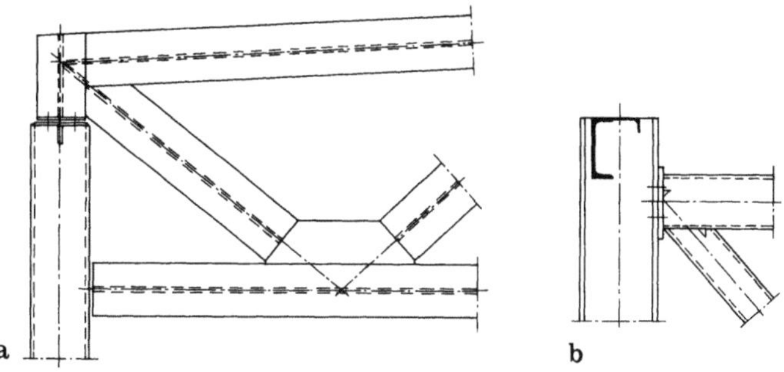

Bild B 158a, b. Möglichkeiten der Befestigung von Bindern mit Stützen

In Bild B 159 ist der Anschluß eines Binders mit fallender Endstrebe an der Stütze skizziert. In der Anschlußfuge zwischen Stützenflansch und Stirnplatte tritt nicht nur eine lotrechte Anschlußkraft A, sondern auch ein Anschlußmoment $U \cdot v = A \cdot e$ auf, das auf der Zugseite (unten) zu Längskräften in den Schrauben führt. Zudem werden Stirnplatte und Stützenflansch auf Biegung beansprucht und sind entsprechend nachzuweisen. Auch hier wäre, analog zu Bild B 158b, eine Zentrierung auf den Stützenrand möglich.

Der Anschluß gemäß Bild B 159 kann auch bei Bindern mit steigender Endstrebe verwendet werden. Der einzige Unterschied besteht darin, daß wegen der Pfettenbefestigung die Stirnplatte nicht überstehen darf, so daß der Schraubenanschluß ungünstiger beansprucht wird.

Bei geschweißten Fachwerkbindern mit Gurten aus Walzprofilen und Füllungsgliedern aus Rohren sind meistens Knotenbleche erforderlich: Bild B 160a mit einem Untergurt aus $^1/_2$ HE; Bild B 160b mit einem Obergurt aus HE-Profil (Knicken und Biegung zwischen den Knotenpunkten). Bei kleinen Strebenkräften wäre im letzteren Fall auch eine direkte Schweißung ($^1/_2$ V-Naht oder Kehlnaht) der schräg abzuschnei-

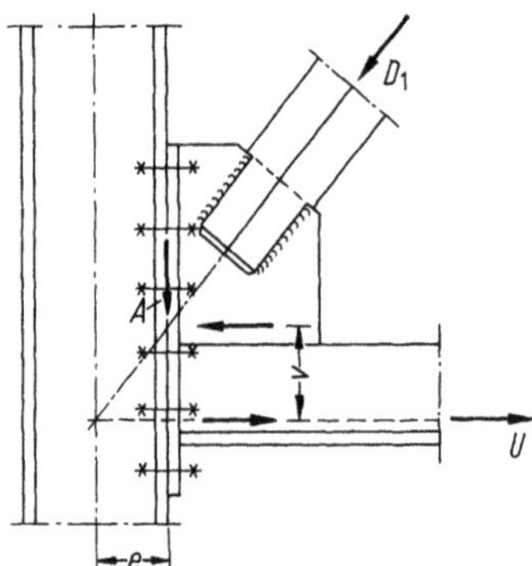

Bild B 159. Anschluß eines Binders mit fallender Endstrebe an der Stütze

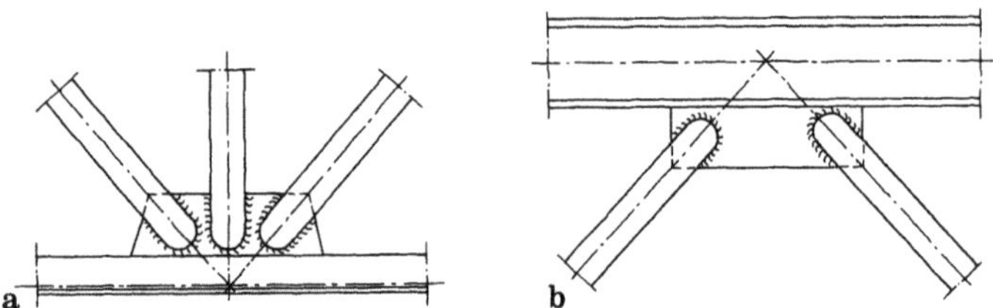

Bild B 160a, b. Binder mit rohrförmigen Füllungsgliedern

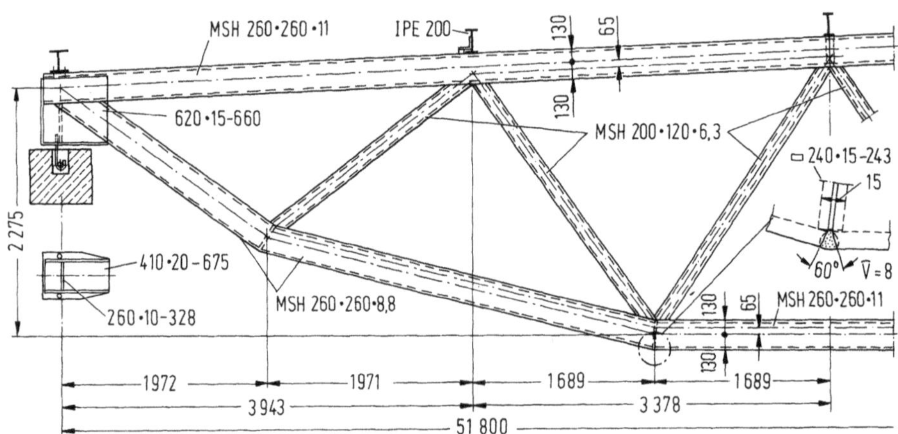

Bild B 161. Binder der Sporthalle Krefeld (Seibert und Steingass, 1973)

denden Rohrenden mit dem Gurtflansch möglich (ohne Knotenblech); die Krafteinleitung ist dann sorgfältig zu verfolgen.

Sind alle Stabquerschnitte als Hohlprofile ausgebildet, z. B. quadratische und rechteckige Profile wie in Bild B 161, so verschweißt man zweckmäßigerweise die Stäbe
direkt miteinander, ohne Verwendung von Knotenblechen. Um eine gewisse Durch-
dringung der Diagonalstäbe unter sich zu erhalten und dadurch einen direkten Ausgleich der lotrechten Komponenten zu erlauben, sind im dargestellten Binder
„negative Fehlhebel" vorgesehen, indem sich die Schwerlinien der Füllungsglieder
unter- bzw. oberhalb der Gurtschwerlinie schneiden (vgl. Schiller und Würker,
1974).

6.3.5 Besonderheiten bei Raumfachwerken

Die Streben von Raumfachwerken sind räumlich angeordnet, so daß für die Knoten-
ausbildung entsprechende Lösungen zu wählen sind. Im Laufe der Entwicklung sind
zahlreiche Ausführungsarten vorgeschlagen worden. Aus Transport- und Montagegründen sind Schweißanschlüsse der Streben selten. Als Beispiel für Schraubenverbindungen zeigt Bild B 162a einen kugelförmigen Knotenpunkt mit in Schaft-
richtung beanspruchten HV-Schrauben als Verbindungsmittel für Gurt- und Stre-
benstäbe, während gemäß Bild B 162b die Schrauben auf Abscheren (zweischnittig)
wirken.

Ähnliche Lösungen können auch bei Dreigurtfachwerken verwendet werden. Da
die Gurte nur in einer Richtung angeordnet sind und somit durchlaufen können,
werden meistens Ausbildungen bevorzugt, welche mit den bei ebenen Fachwerken
üblichen verwandt sind. Bild B 163 zeigt einen Obergurtknoten mit in den schrägen

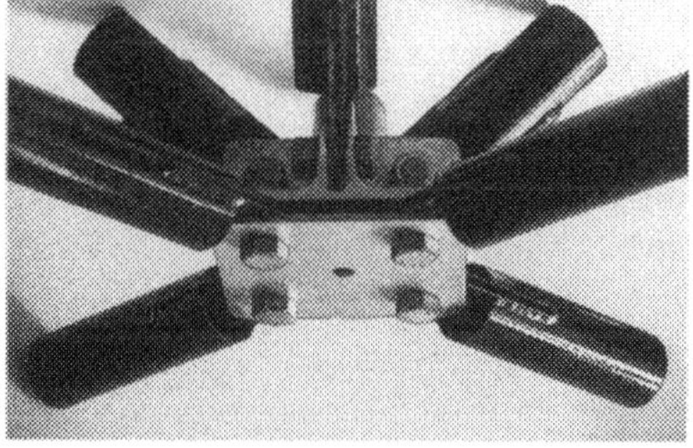

Bild B 162. a Knotenpunkt System MERO; **b** Knotenpunkt System VARITEC

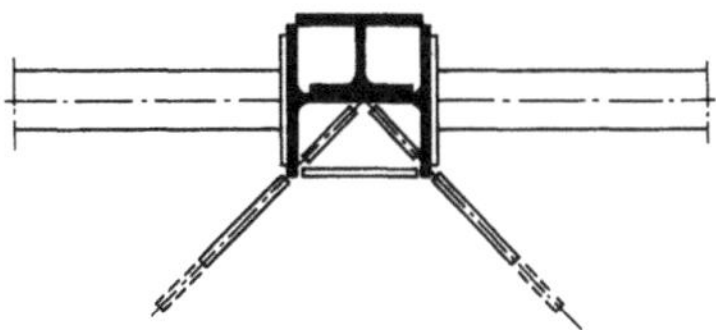

Bild B 163. Obergurtknoten eines Dreigurtbinders

Ebenen der Ausfachung angeordneten Knotenblechen. Für eine weitere Lösungsmöglichkeit sei auf Bild B 72 verwiesen.

Bei Fachwerken aus Hohlprofilen, insbesondere bei eigentlichen Rohrquerschnitten, sind die Strebenanschlüsse meistens geschweißt; dabei entstehen, im Vergleich mit ebenen Fachwerken, keine größeren Schwierigkeiten.

6.4 Vollwandbinder, insbesondere vollwandige Rahmen

Einfach gelagerte Vollwandbinder kommen in der Regel nur für beschränkte Spannweiten in Frage (l = 15 bis 20 m); in diesem Bereich werden auch Wabenträger verwendet. Besondere Bedingungen (vgl. z. B. Lacher, 1973, sowie Carlsson, 1974) können den Anwendungsbereich erweitern.

Vollwandige Elemente sind bei Rahmen auch für größere Spannweiten häufig; anschließend werden solche Konstruktionen behandelt.

6.4.1 Bauformen der vollwandigen Rahmen

Bei Industriehallen mit Kranbahnen und flachem Dach sind die Riegel nahezu waagrecht. Der Zweigelenkrahmen nach Bild B 164 führt zu geringeren Fundamentabmessungen und ermöglicht zudem eine einfachere Höhenregulierung nach Eintreten von Setzungen. Er ist somit vorwiegend bei weniger günstigen Baugrundverhältnissen zu empfehlen.

Der eingespannte Rahmen gemäß Bild B 165 besitzt eine höhere Steifigkeit, besonders in Querrichtung (Kranseitenschub, Wind). Diese Ausbildung erfordert einen geringeren Materialaufwand aber höhere Fundationskosten. Sie wird im Industriebau bei normalen Gründungsverhältnissen bevorzugt, besonders bei größerer Hallenhöhe und schwerem Kranbetrieb.

Bei Hallen mit vorwiegend lotrechter Belastung (keine oder nur kleine Kranlasten) wirken sich die Abweichungen der Rahmenachse gegenüber der Drucklinie aus gleichmäßiger Vertikallast mit wachsender Spannweite immer ungünstiger aus (große Biegemomente, daher unwirtschaftliche Querschnitte). Der Rahmen mit im First deutlich geknicktem Riegel, vgl. Bild B 166, führt zu einer besseren Anpassung an

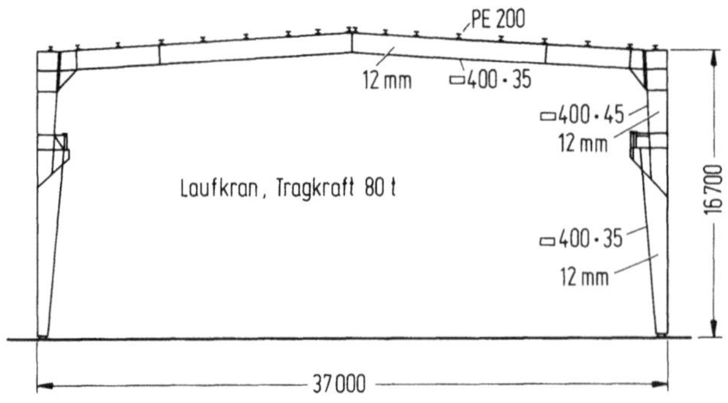

Bild B 164. Maschinenhalle KKW Mühleberg (Schmitt, 1970)

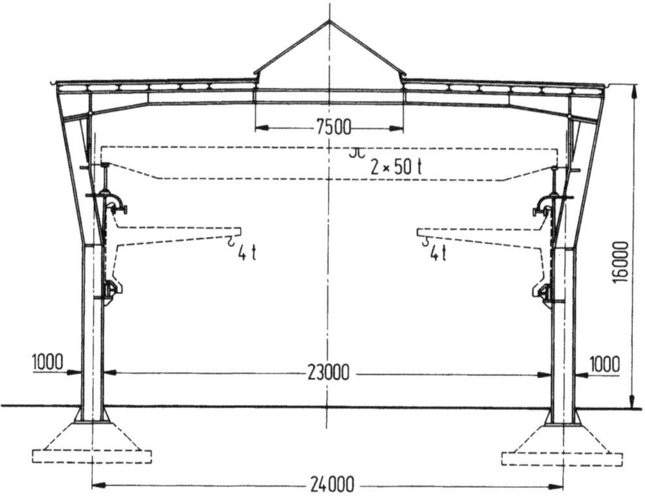

Bild B 165. Werkstatthalle (Vevey, 1964)

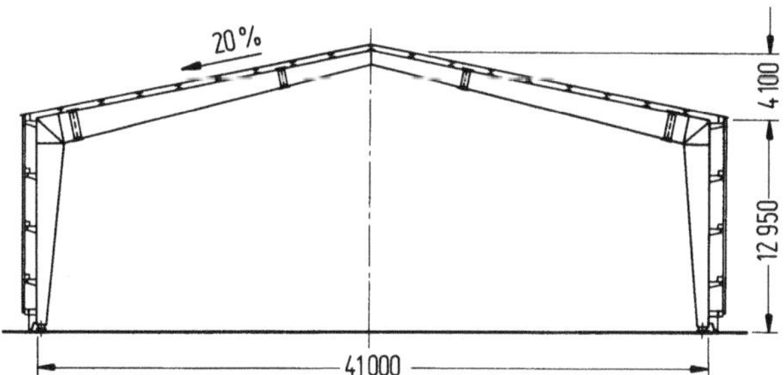

Bild B 166. Messehalle in Wien (Ptak, 1961)

die Stützlinie. Für eine solche Form, insbesondere bei steilerem Dach d. h. bei größerem Knick im First, kann auch der Dreigelenkrahmen wegen der einfacheren Montage in Frage kommen (Nachteil: Fuge in der Dachhaut in Firstachse nötig).

Bei weitgespannten Rahmen führt die Ausbildung mit geneigten Stielen, wobei alle Knotenpunkte möglichst auf der Drucklinienparabel liegen, zu leichten, eleganten Tragkonstruktionen. Die Riegel der in Bild B 167 dargestellten Ausstellungshalle folgen der Satteldachform und sind über den Schnittpunkt mit dem Schrägstiel hinaus als Kragarme bis zur Längswand verlängert. In diesen Seitenbereichen könnte das Dach auch von Hilfsbindern getragen werden, welche außenseitig auf Fassadenstützen und innenseitig auf die Rahmenzwischenknoten aufgesetzt sind. Für besondere Anwendungen werden auch Schrägfassaden, parallel zu den Stielen, vorgesehen.

Die Belichtungsanforderungen können besondere Formen bedingen, wie dies aus Bild B 168 ersichtlich ist.

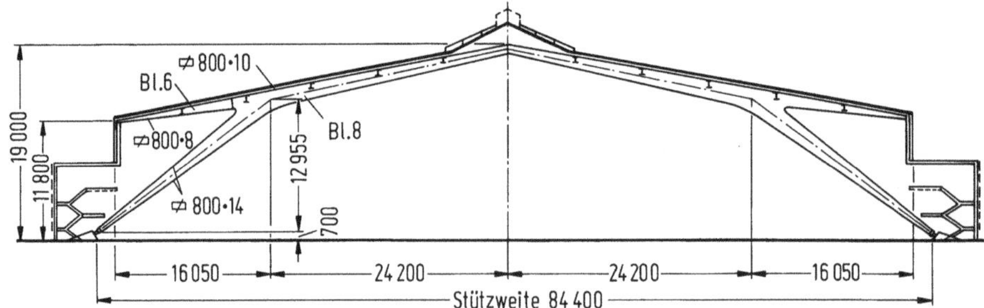

Bild B 167. Europahalle in Hannover (Höber, 1951)

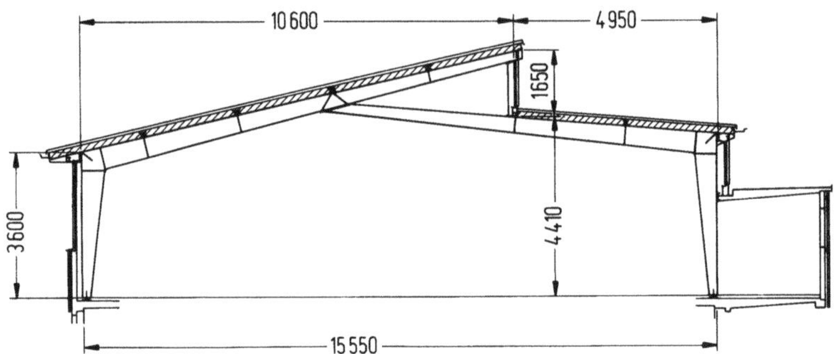

Bild B 168. Fabrikationshalle mit unsymmetrischen Stahlbindern und einseitigem Oberlicht (Bauen in Stahl 1, S. 40)

6.4.2 Rahmenecken

6.4.2.1 Ausführungsarten der Montagestöße

Aus Transportgründen sind bei Rahmenbindern praktisch immer Montagestöße erforderlich. Dabei sind im Zusammenhang mit der Rahmenecke folgende Ausführungsarten möglich:
— Nach der Art der Verbindungsmittel
  Stoß oder Anschluß *geschraubt*, insbesondere mit HV-Schrauben (kurze Montagezeit, witterungsunabhängig; Ausgleich von Toleranzen möglich) oder auf Montage *geschweißt* (kleinere Bauhöhe, weil Stoßlaschen und Schraubenköpfe wegfallen; keine Lochschwächung; steiferer Anschluß). Die letztere Ausführungsart kommt eher bei schweren, hochbeanspruchten Rahmenkonstruktionen in Frage (vgl. Bild B 177).
— Nach der Lage des Stoßes
  Riegel auf Montage direkt an die Stütze angeschlossen, d. h. Montagestoß mit der Rahmenecke kombiniert, oder normaler Trägerstoß außerhalb der Ecke versetzt.

Diese zwei Ausbildungsmöglichkeiten sind in Bild B 169 an Beispielen mit Schraubenverbindungen dargestellt. Bei der Ausbildung a) werden sowohl auf die Stützen- wie

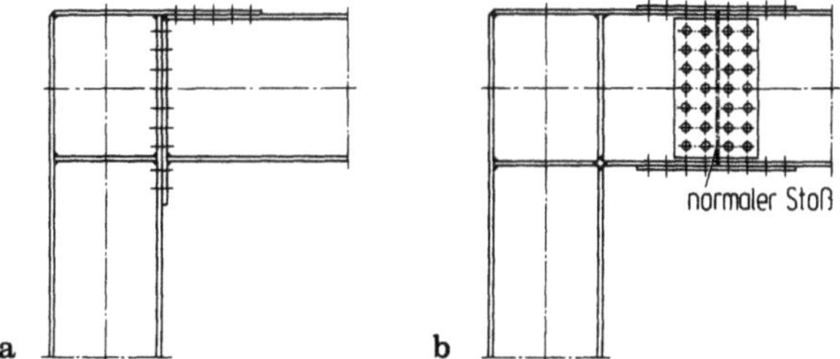

Bild B 169. a Anschluß direkt an Stütze; **b** Normaler Trägerstoß

auf die Riegelenden Stirnplatten mit einseitiger Auskragung angeschweißt; die Montageverbindung beschränkt sich auf den Anschluß dieser Stirnplatten.

Zudem sind Riegelanschluß und Montagestoß kombiniert (nur eine Verbindung). Diese Ausbildungsart genügt jedoch nur dann, wenn der untere Trägerflansch vorwiegend auf Druck (negative Momente) beansprucht ist: die unteren Schrauben können nur relativ geringe Zugkräfte aufnehmen.

Für eine solche Lage des Stoßes werden auch reine Stirnplattenanschlüsse mit HV-Schrauben auf Zug verwendet, die auch die Aufnahme alternierender Momente erlauben.

In Bild B 169b ist die Montageverbindung, die damit zu einem normalen Trägerstoß wird, außerhalb der eigentlichen Rahmenecke angeordnet. Eine solche Verbindung ist einfacher auszuführen und an eine Stelle geringerer Beanspruchungen ($M_{\text{Stoß}} < M_{\text{Ecke}}$) verlegt. Zudem kann der Anschluß des Riegelstumpfes an die Stütze unter günstigen Bedingungen in der Werkstatt geschweißt werden. Obwohl hier zwei Verbindungen (Riegelstumpfanschluß und Montagestoß) erforderlich sind, ist diese Ausbildung öfters dennoch wirtschaftlicher. Selbstverständlich kann der Riegelstoß auch auf Montage geschweißt werden (vgl. Bild B 177).

6.4.2.2 Statische Untersuchung der Rahmenecke

Der Spannungszustand in einer rechteckigen Rahmenecke nach Bild B 169 ist durch hohe Schubspannungen gekennzeichnet: die Flanschspannungen müssen an den Flanschenden verschwunden sein, wobei dieser Abbau nur durch im Übergang Flansch-Steg wirkende Schubspannungen gewährleistet werden kann. Da die Tragwirkung im Bereich der Rahmenecken zu den Grundlagen des Stahlbaues gehört (vgl. Stüssi, 1971), soll hier nur mit Bild B 170 ein Näherungsverfahren für die Vorbemessung in Erinnerung gerufen werden. Wenn man die Riegelnormalkraft vernachlässigt, ergeben sich aus Gleichgewichtsgründen aus den als „Belastung" wirkenden Riegelspannungen die Querkräfte in waagrechten Schnitten der Stützenverlängerung, mit

$$V_{\max} = \frac{M_R}{J_R}\frac{b}{2}\left(A_{R,\text{Flansch}} + \frac{1}{4}A_{R,\text{Steg}}\right) \cong \frac{M_R}{0{,}9\cdot b}$$

Innerhalb einer plastischen Betrachtung werden die Schubspannungen als gleichmäßig über die Fläche des Stützensteges angenommen. Wenn man zudem, mindestens teil-

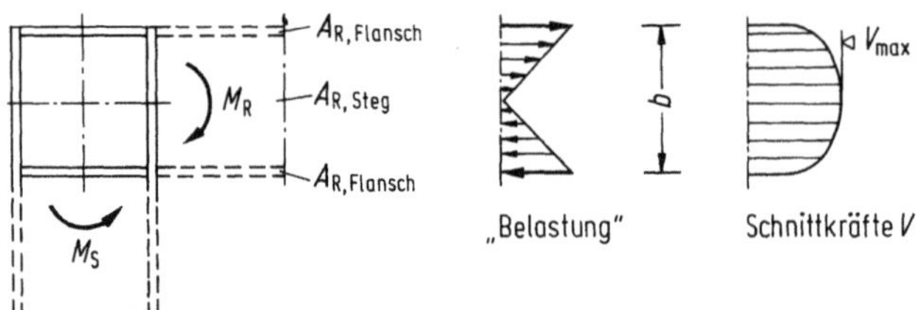

Bild B 170. Schubkräfte in einer Rahmenecke

weise, die Verfestigung des Werkstoffes berücksichtigt, darf bei Walzprofilen die Grenzschubspannung zu $^2/_3$ der Fließgrenze angesetzt werden. Neuere Versuchsergebnisse (Tschemmernegg et al., 1987) zeigen, daß die Tragfähigkeit noch größer ist, u. a. wegen der Rahmenwirkung der Stützenflansche.

Ein erhöhter Tragwiderstand kann durch Stegverstärkungen oder durch eine Vergrößerung der Anschlußhöhe durch Vouten erreicht werden. Bei der ausgerundeten Rahmenecke, vgl. z. B. Bild B 177, ist der Einfluß der Ablenkungskräfte zu beachten (vgl. Abschnitt 6.3.4 für das ähnliche Problem des Trägerknickes, sowie Stüssi, 1971).

6.5 Stützen

6.5.1 Besonderheiten des Stabilitätsnachweises von Stützen

Im allgemeinen sind Stützen nach Bild B 171 in folgenden Ebenen beansprucht:

— *In der Binderebene y* durch Normalkräfte und Biegemomente (Grenzwerte aus den verschiedenen Lastfällen bestimmen). Insbesondere bei Stützen von Rahmenkonstruktionen oder allgemein bei Hallen mit schwerem Kranbetrieb ist der Spannungsanteil aus Biegung (Kranlasten, Wind) öfters so überwiegend, daß sich ein eigentlicher Stabilitätsnachweis in der y-Ebene erübrigt. Dies ist umso eher der Fall, als aus betrieblichen Gründen die Horizontalverschiebungen klein zu halten sind ($u < h/300$), und somit der Momentenzuwachs infolge N (Einfluß 2. Ordnung) gering bleibt. Der Formänderungseinfluß ist deshalb nur bei schlanken, vorwiegend auf Druck beanspruchten Stützen zu bestimmen, z. B. durch sukzessive Näherung, falls keine einfache M-Verteilung vorliegt.

— *In der Längsebene x* ist seitliches Ausknicken oder genauer Biegedrillknicken zu untersuchen. Dabei kann die kritische Last durch die Wahl einer genügenden Biegesteifigkeit EJ_y erhöht werden; in der Regel wird zudem die Knicklänge in dieser Ebene durch Zwischenhalterungen (Stabilitätsverband oder Vertikalwindverband und entsprechende Verbindungsstäbe, vgl. Abschnitt 5.1) klein gehalten. Diese Lösung ist allerdings für Innenstützen von mehrschiffigen Hallen nur beschränkt anwendbar (z. B. Verbindung in der Höhe der Kranbahnen).

Ist der Verband wie üblich nur in einer Ebene angeordnet (z. B. in der Außenflanschebene nach Bild B 171, so ist zudem die Möglichkeit eines Torsionsknickens über die ganze Stützenhöhe h, mit in der Verbandsebene liegender Drehachse, zu verfolgen. Dabei darf die durch die Fassadenriegel gewährleistete Drehbettung berücksichtigt werden.

6.5.2 Bauliche Ausbildung

6.5.2.1 Stützen mit Fußgelenk

In Bild B 172a ist eine schwerbelastete gelenkige Stütze dargestellt. Der I-förmige Querschnitt ist durch Schweißung zusammengesetzt. Die Flansche selber bestehen aus schweren HE-Profilen, so daß eine hohe Biegesteifigkeit in zwei Richtungen gewährleistet ist. Selbstverständlich kommen für solche hochbeanspruchte Stützen auch Kastenquerschnitte in Frage.

Die in Bild B 172b dargestellte Stütze ist wohl unten gelenkig gelagert. Mit der unteren Schrägstrebe wird aber eine Einspannung erreicht. Zudem ist die Stützenverlängerung biegesteif mit dem Binder angeschlossen, so daß als statisches System ein eingespannter Rahmen mit fachwerkartigem Riegel vorliegt.

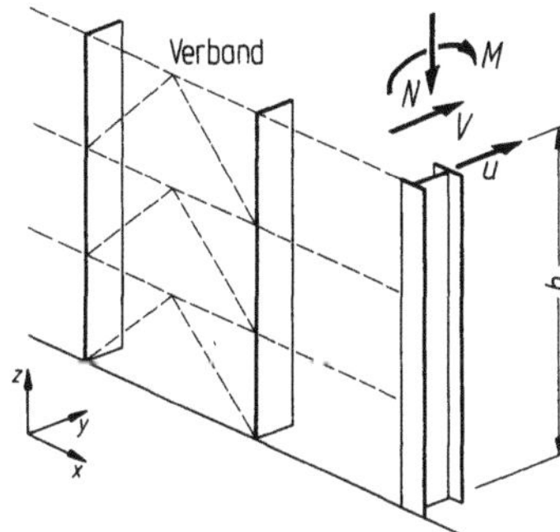

Bild B 171. Stützenbeanspruchungen

Bei kleineren Hallenkonstruktionen werden für die Stützen wenn möglich Walzprofile verwendet. Allerdings ist zu beachten, daß z. B. für die Stiele eines Zweigelenkrahmens eine Ausbildung mit konstantem Querschnitt zu einer schlechten Materialausnützung führt (Biegemomente gegen den Stützenfuß abnehmend).

Aus einem schräg geschnittenen und nach Umkehrung wieder zusammengeschweißten Walzprofil kann nach Bild B 173 mit einer einzigen Längsnaht eine gute Anpassung an die Momentenfläche erreicht werden. Selbstverständlich führt auch das Zusammenschweißen eines trapezförmigen Stehbleches mit zwei Flanschen zu einer für solche Beanspruchungen passenden Stützenform (vgl. Bild B 166).

Zusammengeschweißte Stützen ermöglichen zudem zweckmäßige Lösungen für die Auflagerung der Kranbahn (vgl. Bild B 33, B 164 und Abschnitt 6.5.2.3).

6.5.2.2 Eingespannte Stützen

Für Hallen kleiner und mittlerer Spannweiten mit leichten Krananlagen eignen sich Stützen aus Walzprofilen (Bild B 174a und b). Da selbst bei zusammengesetzten eingespannten Stützen die Ausbildung mit konstanter Querschnittshöhe die Regel darstellt, mindestens unterhalb der Kranbahnen, ist eine Veränderlichkeit des Profiles über die Höhe des Stützenunterteiles nicht erforderlich. Im oberen Teil, dagegen,

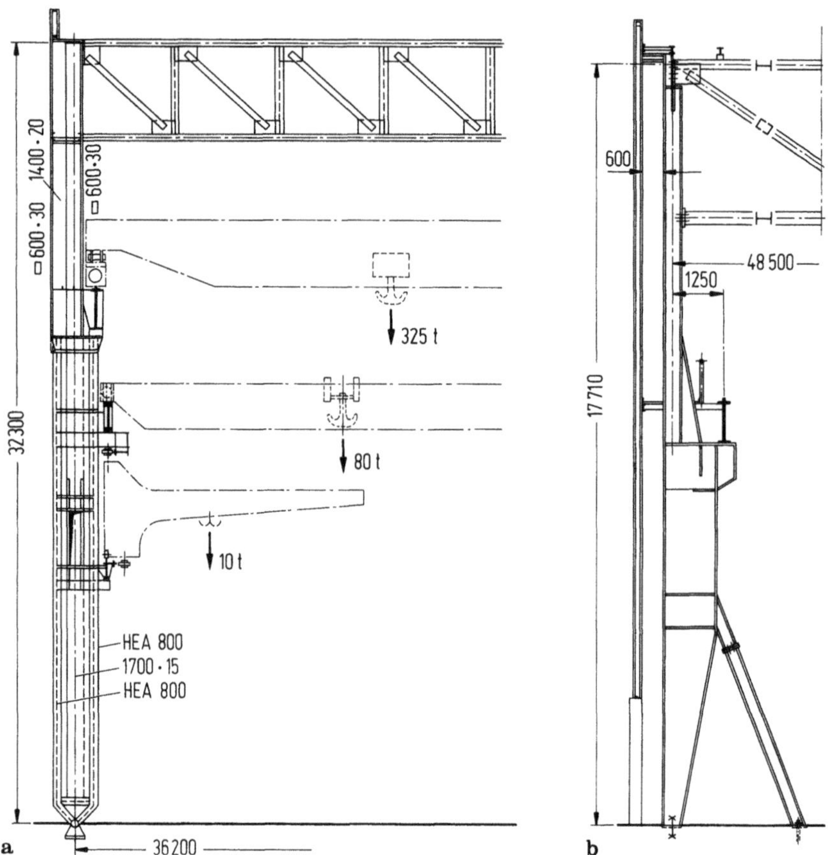

Bild B 172. a Stütze BBC Birrfeld (Langer und Wirz, 1978); **b** Stütze CERN Genf (Bauen in Stahl 1977/27)

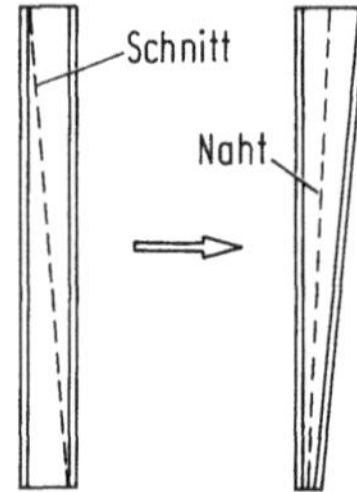

Bild B 173. Stütze mit linear veränderlicher Querschnittshöhe

bedingen die Einleitung der Auflagerkräfte der Kranbahn sowie die in Abschnitt 6.5.2.3 erwähnten Sicherheitsvorschriften öfters besondere Stützenformen, die praktisch nur mit zusammengeschweißten Querschnitten auszuführen sind (vgl. Bild B 174c sowie B 165).

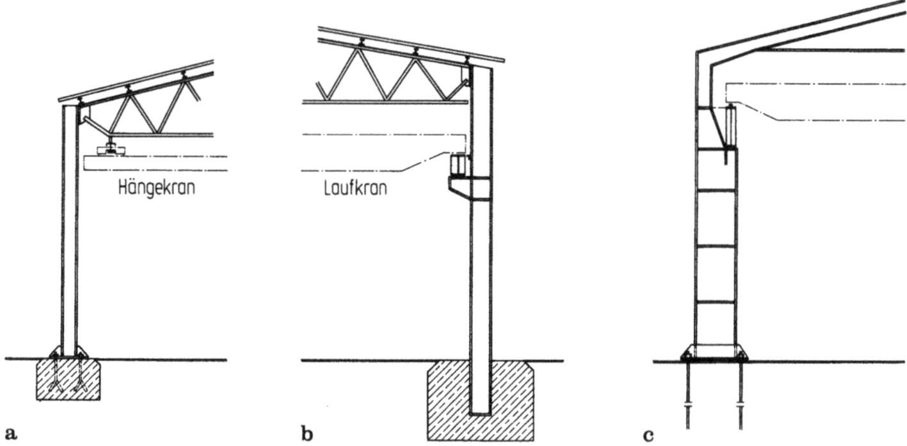

Bild B 174a–c. Ausbildungsmöglichkeiten eingespannter Stützen

In Bild B 175 sind zwei Ausführungsbeispiele von *vollwandigen* Stützen für große Kranlasten wiedergegeben. Bei der Ausbildung a) ist der Stützenquerschnitt kastenförmig. Die Kranbahnträger dieser Halle (vgl. Bild B 32) sind ebenfalls Kastenträger, mit den schwerer belasteten Innenstegen jeweils in der Ebene der Stützenflansche. Die Konsolen der Stütze tragen somit nur die Außenstege der Kranbahnträger.

Die in Bild B 175b dargestellte Stütze ist mit der unten gelenkig gelagerten Stütze nach Bild B 172a eng verwandt, indem auch hier die Flansche aus HE-Profilen bestehen.

Bild B 176 zeigt eine Halle mit *fachwerkförmigen* Stützen, wie sie gelegentlich für die Abstützung schwerer Kranbahnen im Industriebau verwendet wird (vgl. zudem Bild B 90). Stützen in Fachwerkausbildung erleichtern die Unterbringung von Leitungen und die Anordnung der Laufstege (vgl. Abschnitt 6.5.2.3). Die Gurte sind meistens in der Achse der Kranbahnen angeordnet und als I-Querschnitte mit Flanschen parallel zur Fachwerkebene ausgebildet (zweiwandige Ausbildung).

Gelegentlich werden auch rahmenförmige Stützen ausgeführt (Rahmenstab) oder aus betrieblichen Gründen wenigstens einzelne Felder ohne Diagonalen vorgesehen.

Kombinationen von vollwandiger und fachwerkartiger Ausbildung in der gleichen Stütze sind ohne weiteres möglich. Insbesondere werden öfters die Stützenoberteile (oberhalb der Kranbahn) auch bei fachwerkförmiger Ausführung des Unterteiles vollwandig ausgeführt (vgl. Bild B 176).

Bei *freistehenden* Kranbahnen werden ebenfalls fachwerkartige oder vollwandige Stützen mit Ausbildungsformen verwendet, die den soeben beschriebenen ähnlich sind. Während bei Hallenkonstruktionen die zwei zu einem Laufkran gehörenden Kranbahnen oder Stützenreihen in der Regel durch die Binder gekoppelt sind, fehlt eine solche Verbindung bei freistehenden Kranbahnen (die Verbindung durch die Kranbrücke selber darf normalerweise nicht berücksichtigt werden). Dies ist bei der Berechnung zu beachten.

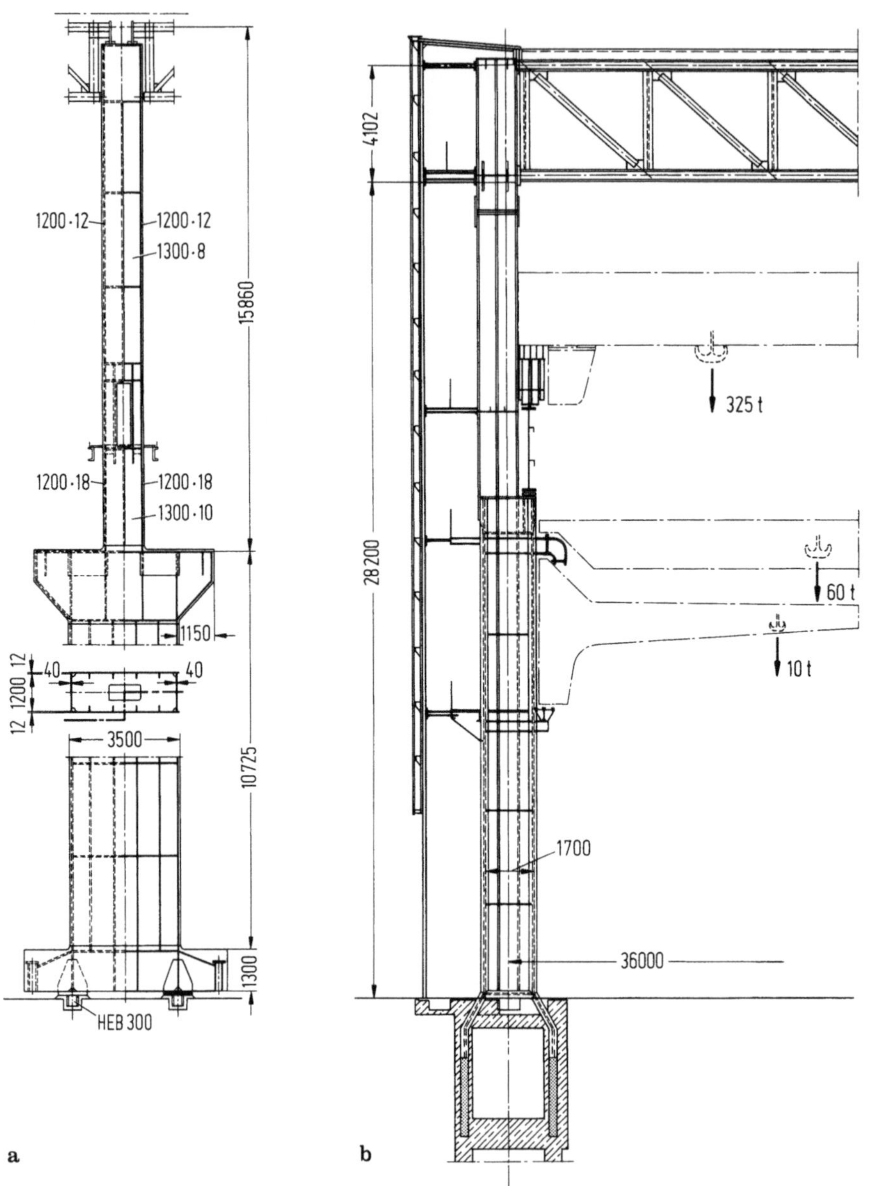

Bild B 175. a Stütze einer Halle für den Großmaschinenbau (Boué und Kruse, 1973); **b** Stütze BBC Birrfeld (Schneeberger und Bäuerlein, 1970)

Bild B 176. Halle für den Großmaschinenbau (Bauen in Stahl 2, S. 34)

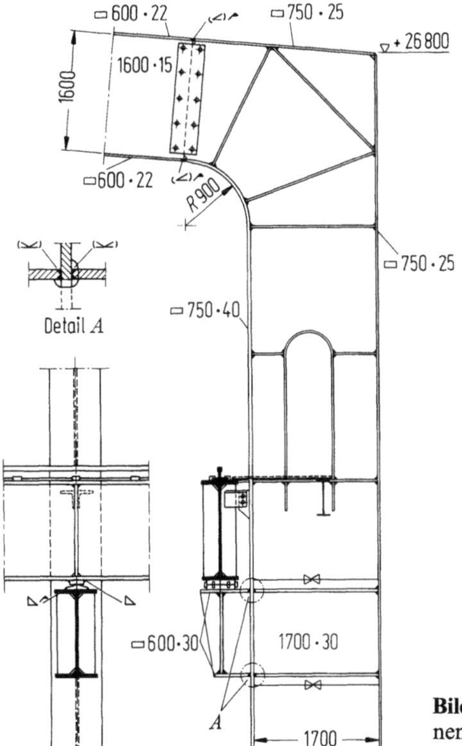

Bild B 177. Oberteil einer Stütze für die Maschinenhalle eines thermischen Kraftwerkes (Grandis und Petronio, 1971)

6.5.2.3 Auflagerung von Kranbahnen

Die Auflagerung von Kranbahnen auf die Stützen wird im Abschnitt 8.6 behandelt.
Für Ausführungsbeispiele sei zudem auf die Bilder B 172 sowie B 174 bis 176 hingewiesen.

Die Vorschriften für die Arbeitssicherheit verlangen einen gefahrlosen Zugang zur
Führungskabine von Laufkranen (vgl. Abschnitt 8.3.2). Dies bedingt öfters Laufstege neben den Kranbahnen, die im Stützenbereich durchzuführen sind, z. B. mittels
einer genügend großen Öffnung im Stützensteg wie in Bild B 177 dargestellt.
Ähnliche Ausführungen sind auch aus den Bildern B 172 und B 176 ersichtlich.

Wird der Abstand zwischen Stützenoberteil und Laufkran genügend groß gewählt,
so kann der Laufsteg neben der Stütze durchgeführt werden. Der benötigte größere
Zwischenraum bedingt öfters eine besondere Gestaltung des Stützenoberteiles (vgl.
die Bilder B 164 und B 165).

6.6 Stützenfüße

6.6.1 Allgemeines

Im Hochbau werden sowohl am Fuß gelenkig gelagerte Stützen (Pendelstützen sowie
Stiele von Gelenkrahmen) als auch eingespannte Stützen verwendet. Die Einspannung
führt zu einer günstigen Verteilung der Schnittkräfte und zu einer größeren Steifigkeit
der Tragstruktur. Die Aufnahme der Einspannkräfte verlangt allerdings eine stärker
ausgebildete Gründung mit entsprechenden Mehrkosten, besonders bei wenig trag-
fähigem Untergrund.

Die Annahme einer starren Einspannung ist meist nur näherungsweise erfüllt; sie
kann zu einer Unterbemessung des Tragwerkes und zu einer Überbemessung der
Stützenfüße und insbesondere der Gründung führen. Versuche an Rahmenbindern
mit in Einzelfundamenten eingespannten Stützen haben selbst für festen Baugrund
Verschiebungen und Verdrehungen am Fuß gezeigt, welche die Einspannmomente
um 10 bis 40% verminderten (Belenya, 1961).

Im Rahmen der folgenden Ausführungen wird einzig die Ausbildung und Bemessung der Stützenfüße behandelt, d. h. es wird vorausgesetzt, daß die an der Auflagerung
wirkenden Kräfte bekannt sind und daß deren Größe durch die Ausbildung des
Stützenfußes und der Gründung nicht maßgebend beeinflußt wird.

6.6.2 Gelenkige Stützenfüße

Bei gelenkigen Stützenfüßen kommen sowohl praktisch achsial belastete Pendelstützen als auch Rahmenstiele, mit einer zusätzlichen waagrechten Komponente am
Fuß, in Frage. Daneben findet man im Hochbau häufig Ausbildungsformen, bei
denen eine Behinderung der Drehung vorkommt. Für Hauptelemente wäre eine
solche Zwängung bei der Bemessung zu berücksichtigen, so daß diese Lösung nur für
leichte Stützen verwendet wird.

Stützenfüße für Pendelstützen

Fußgelenke sind bei Pendelstützen so auszubilden, daß eine Drehung entweder um
eine Achse (Bild B 178) oder räumlich (Kugelkalotte) möglich ist. Bolzen, Dübel

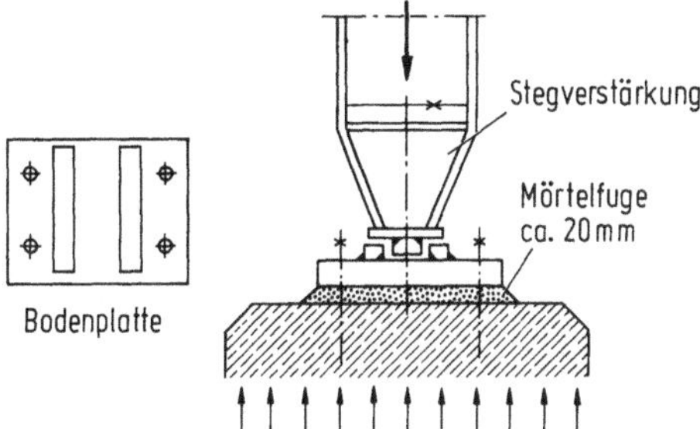

Bild B 178. Stützenfuß mit Kippleiste

oder Ankerschrauben nehmen allfällige Querkräfte auf (Querbelastung aus Wind usw. oder waagrechte Lagerkräfte bei einer exzentrischen Einleitung von Kranbahnlasten).

Stützenfüße für zentrische Belastung

Voraussetzung für die Ausbildung nach Bild B 179 sind geringe Stützenverformungen, so daß diese Lösung nur für leichte Zwischenstützen geeignet ist. Um die Stützendrehungen möglichst wenig zu behindern, ist die Fußplatte klein zu halten. Ihre Stärke ergibt sich aus den Biegebeanspruchungen infolge der Flächenpressungen (meistens gleichmäßig verteilt angenommen). Die Schubdübel (L- oder T-Profil nach Bild B 179a) oder Schubanker (Bild B 179b) nehmen kleinere Querkräfte auf; allenfalls dienen sie auch als Montagehilfe. Sie sind stets anzuordnen.

Neuere Versuchsergebnisse (Beaulieu und Picard, 1985) zeigen, daß auch bei Stützenfüßen nach Bild B 179 die Drehungen so stark behindert sind, daß sich die Knicklast merklich erhöht. Dieser günstige Einfluß wird bei der Bemessung meistens vernachlässigt.

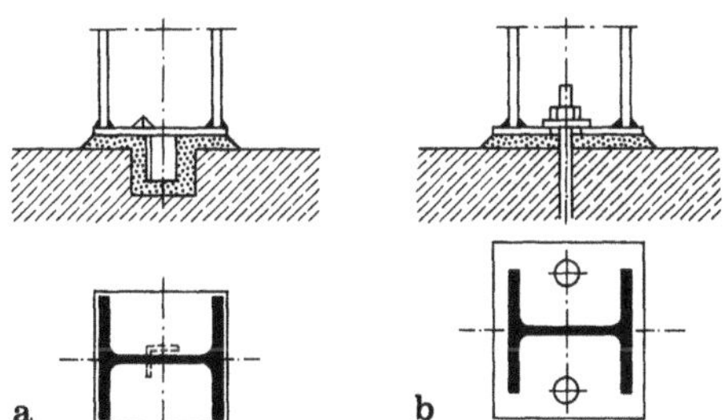

Bild B 179a, b. Stützenfüße für zentrische Belastung

Stützenfüße für die Stiele von Rahmen

Bei den Stielen von Zwei- oder Dreigelenkrahmen treten größere Enddrehungen auf, so daß die Ausbildung als Gelenk erforderlich ist. Die Gestaltung des Stützenfußes wird durch das Verhältnis V/N, die Ausbildung der Stütze (Querschnittsform) sowie die Art der Aufnahme des Horizontalschubes (z. B. Zugband) beeinflußt.

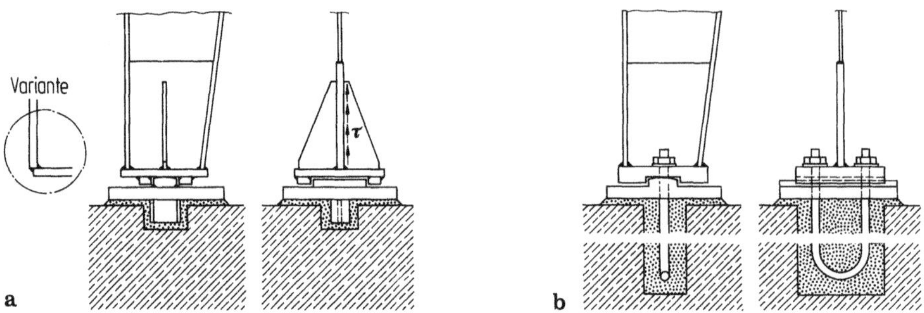

Bild B 180a, b. Fußgelenke von Rahmen

Bild B 180a zeigt eine der üblichen Ausbildungsformen. Eine über die Kippleiste angeordnete Aussteifung leitet die lotrechte Auflagerkraft ein, während die Horizontalkraft von den Nocken übertragen wird. Allenfalls ist der untere Teil des Steges zu verstärken, weil die Rippenkraft auf Schub zu den Flanschen weitergeleitet werden muß.

Bei der kompakteren Ausbildung nach Bild B 180b werden die Fuß- und die Bodenplatte aus Blech größerer Dicke herausgehobelt. Bei genügender Dicke der Fußplatte erübrigt sich hier eine Rippe für die Krafteinleitung. Negative Auflagerkräfte werden durch die in der Achse der Kippleiste angeordneten Ankerschrauben aufgenommen. Durch diese zentrische Ausbildung wird eine nicht beabsichtigte Einspannung vermieden. Die Fußverdrehung bewirkt allerdings eine gewisse Zwangsbiegung in den Schrauben.

Bei dem in Bild B 181a gezeigten geneigten Rahmenstiel wird die Auflagerkraft durch schräge Rippen zu den Flanschen weitergeleitet. Rundstahlanker nehmen abhebende Kräfte auf. Liegen verhältnismäßig hohe Querkräfte vor, so kann gemäß Bild B 181b die Bodenplatte geneigt angeordnet werden, so daß unter lotrechten Lasten die Resultierende senkrecht zur Bodenplatte wirkt. Die Verankerungselemente haben dann nur die kleineren Kräfte parallel zur Bodenplatte aufzunehmen, die bei gewissen Lastfällen, z. B. bei Wind, auftreten.

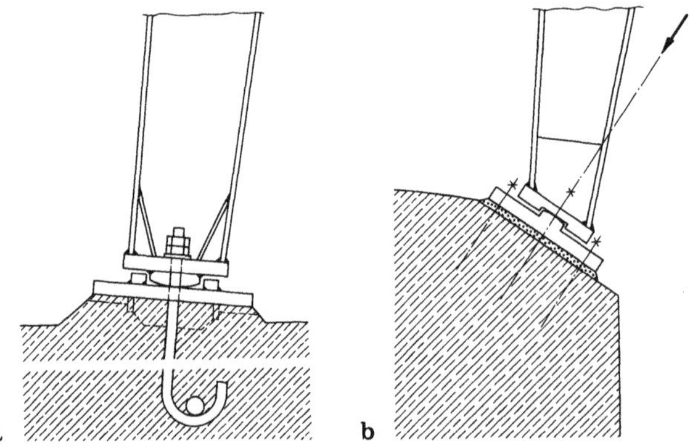

Bild B 181a, b. Fußgelenke für Rahmen mit größerem Horizontalschub

6.6.3 Eingespannte Stützenfüße

Bei den eingespannten Stützenfüßen kann man zwei Ausbildungsformen unterscheiden: unmittelbare Einspannung in der Gründung (einbetonierte Stütze) oder Verbindung über Fußplatte und Ankerkonstruktion.

6.6.3.1 Unmittelbare Einspannung

Das Einbetonieren eines Walzprofiles in einem Köcherfundament nach Bild B 182a wird für mäßige Kräfte sowie für Bauten ohne nachträgliche Änderungen bevorzugt. Diese Konstruktion ist einfach und wirtschaftlich. Zudem sind keine Bauteile außerhalb des Stützengrundrisses vorhanden, die die Flächenausnützung in diesem Bereich beeinträchtigen könnten.

Die Einspanntiefe t wird bei vorwiegender Biegung zu 1,5 bis 2,5 Mal die Höhe des Stützenquerschnittes angenommen, wobei das Verhältnis bei zunehmender Stützengröße abnehmen kann. Ein Nachweis der Flanschbiegung aus den örtlichen Betonpressungen oder des Abscherens des Steges ist nicht erforderlich, da die Steifigkeit des Betonblockes die dazugehörigen Verformungen gar nicht zuläßt. Im Sinne des Bildes B 182b darf man sich deshalb auf die Ermittlung der mittleren Betonpressung am Stützenflansch beschränken und dabei, ähnlich wie bei Verbundkonstruktionen im Hochbau (vgl. Bild C 48), eine plastische Spannungsverteilung einführen.

Aus Wirtschaftlichkeitsgründen (Bewehrungsgehalt) wird die Betonpressung in der Regel nicht ausgenützt. Sie dient vielmehr dazu, die das Aufspalten des Fundamentes

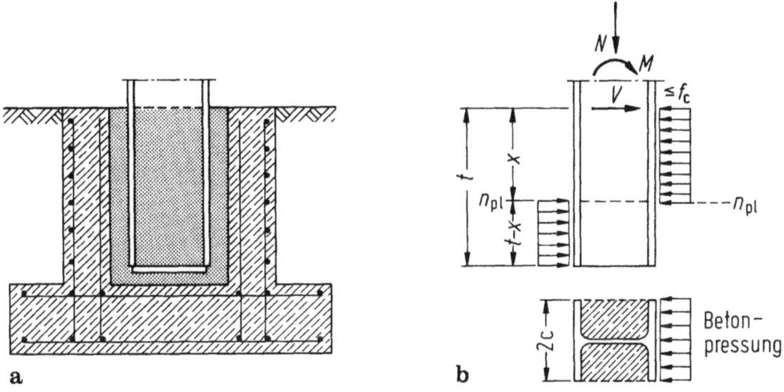

Bild B 182a, b. Köcherfundament und angenommene Verteilung der Betonpressungen

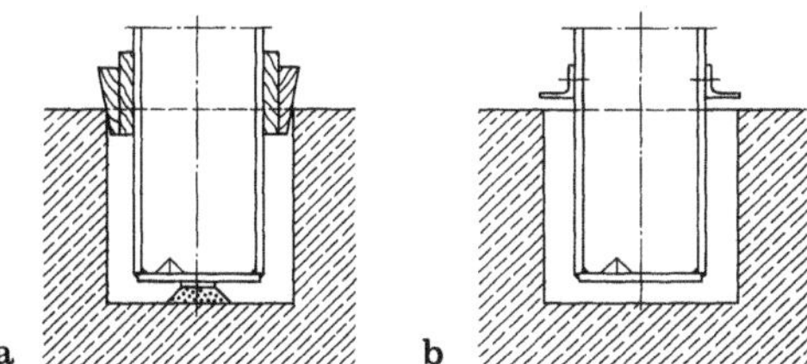

Bild B 183a, b. Montagehilfen für unmittelbar eingespannte Stützen

verhindernde Ringbewehrung zu bestimmen. Die Abmessungen des Fundamentes und die Vertikalbewehrung ergeben sich aus der Betrachtung des Gesamtgleichgewichtes der einwirkenden Stützenkräfte mit dem Erddruck auf der Seitenfläche und den Sohlenpressungen. Es handelt sich dabei um Probleme des Grundbaues und des Stahlbetonbaues.

Die unmittelbare Einspannung erschwert eine genaue Regulierung. Deshalb sind nach Bild B 183a bei kleineren Stützen eine auf die genaue Höhe ausgerichtete Setzplatte sowie eine provisorische Holzverkeilung oder nach Bild B 183b bei größeren Stützen Beiwinkel zum Abstellen und Ausrichten anzuordnen.

6.6.3.2 Verbindung über Fußplatte und Ankerkonstruktion

Bild B 184a zeigt schematisch die Gesamtanordnung des Stützenfußes. Die Verteilung der Flächenpressungen hängt von der Größe der Exzentrizität e, von der Steifigkeit der Fußausbildung, der Zuganker und der Gründung, sowie von der Höhe der Vorspannung in den Verankerungen ab. Für den Tragfähigkeitsnachweis genügt es allerdings meistens, im Sinne der Plastizitätstheorie nur die Gleichgewichtsbedingungen zu erfüllen. Die Berechnung erfolgt wie im Stahlbetonbau, normalerweise unter der Annahme einer gleichmäßigen Verteilung der Betonpressungen. Für eine Vorbemessung der Ankerschrauben darf nach Bild B 184a die Breite der Druckfläche zu $b/4$ geschätzt werden. Damit wird, mit $c = e - {}^3\!/_8 \cdot b$,

$$Z = N \frac{c}{a}; \qquad D = N \frac{a + c}{a}$$

Durch die in Bild B 184b gezeigte Ausbildung kann eine statisch klare Aufteilung in eine beschränkte Druck- und Zugfläche erreicht werden.

Bei hoch vorgespannten Ankern wird der Gebrauchsfähigkeitsnachweis, falls erforderlich, am homogenen Querschnitt mit einer linearen Pressungsverteilung durchgeführt. Dies verlangt eine steife Ausbildung des Stützenfußes, die auf alle Fälle erforderlich ist, um eine mehr oder weniger volle Einspannung der Stütze zu gewährleisten.

Die Ausbildungsform hängt von der Größe der aufzunehmenden Schnittkräfte ab. Bild B 185 zeigt verschiedene Lösungen für kleinere Einspannkräfte. Bei der Ausbildung a) wird die vorgängig gelieferte Ankergarnitur mit Schablonenplatte durch den Bauunternehmer versetzt und einbetoniert; anschließend erfolgt die genaue

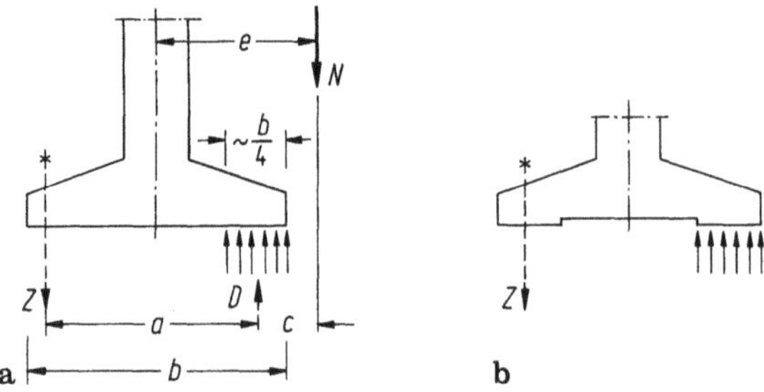

Bild B 184a, b. Zug- und Druckkraft in einem Stützenfuß

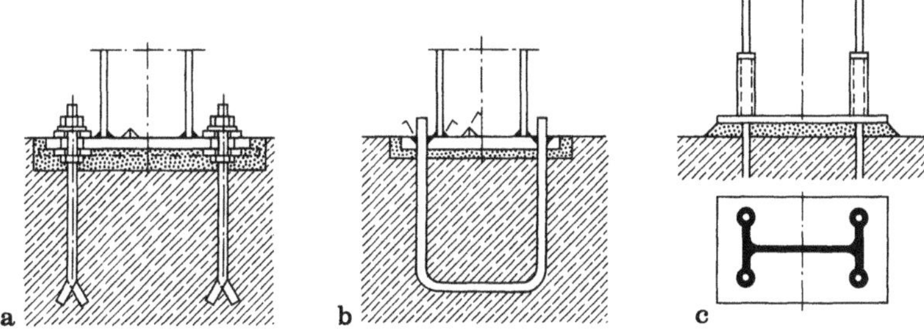

Bild B 185 a–c. Stützen mit unversteiften Fußplatten

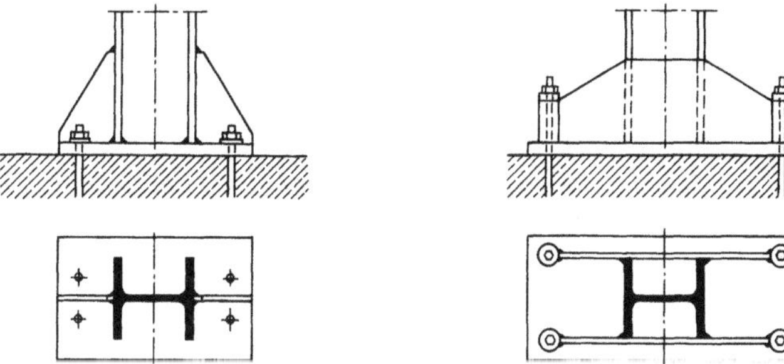

Bild B 186. Versteifte Fußplatte   **Bild B 187.** Eingespannte Stütze mit Fußriegel

Höhenregulierung. Die Fußplatte der Ausführungsart b) wird dagegen lose geliefert und nach dem Versetzen der Anker mit diesen Bauteilen und mit der Stütze verschweißt. In Bild B 185 c ist eine Anordnung gezeigt, bei der die Ankerkräfte direkt dem Stützenflansch eingeleitet werden, so daß die Beanspruchungen der Fußplatte kleiner sind.

Für größere Kräfte würden die oben gezeigten Lösungen zu sehr hohen Ankerkräften und bei den Ausbildungen a) und b) zu einer unvernünftigen Stärke der Fußplatte führen. Nach Bild B 186 wird deshalb die Stütze unten mit dreieckartigen Konsolen verbreitet und die Fußplatte gleichzeitig versteift.

Die in Bild B 187 gezeigte Ausbildung mit Fußriegel erlaubt es, hohe Ankerkräfte ohne Biegung der Fußplatte einzuleiten. Allenfalls sind wie in Bild B 175 a die lotrechten Wangen oben mit einem durchgehenden Flansch zu versehen, um die Tragfähigkeit der Kragarme zu vergrößern. Statisch gesehen handelt es sich bei dieser Fußkonstruktion um eine Rahmenecke (vgl. Abschnitt 6.4.2); auch die konstruktiven Ausbildungsmöglichkeiten sind ähnlich.

6.7 Besonderheiten bei Shedbauten

Die Verbindung der Shedbinder mit den Fensterträgern stellt ein für Shedbauten charakteristisches konstruktives Problem dar. Die Anordnung hängt einerseits von der Ausbildung der miteinander anzuschließenden Elemente, andererseits von der gewählten statischen Tragwirkung der Shedbinder (einfach gelagert oder durchlaufend) ab.

Von den zahlreichen Lösungsmöglichkeiten sollen nur deren zwei dargestellt werden. Bild B 188 zeigt eine Shedkonstruktion mit fachwerkartigen Fensterträgern und aus Walzprofilen bestehenden Shedbindern. Im Sinne des Abschnittes 2.6.4.3 handelt es sich um eine Tragstruktur Typ Ic (der leichte Verband in der undurchsichtigen Dachfläche ist nicht dargestellt). Die Shedbinder sind mit den Ständern der Fensterträger verschraubt. Bei Anwendung von HV-Schrauben und von entsprechend bemessenen Stirnplatten könnte eine Durchlaufwirkung für die Shedbinder erreicht werden.

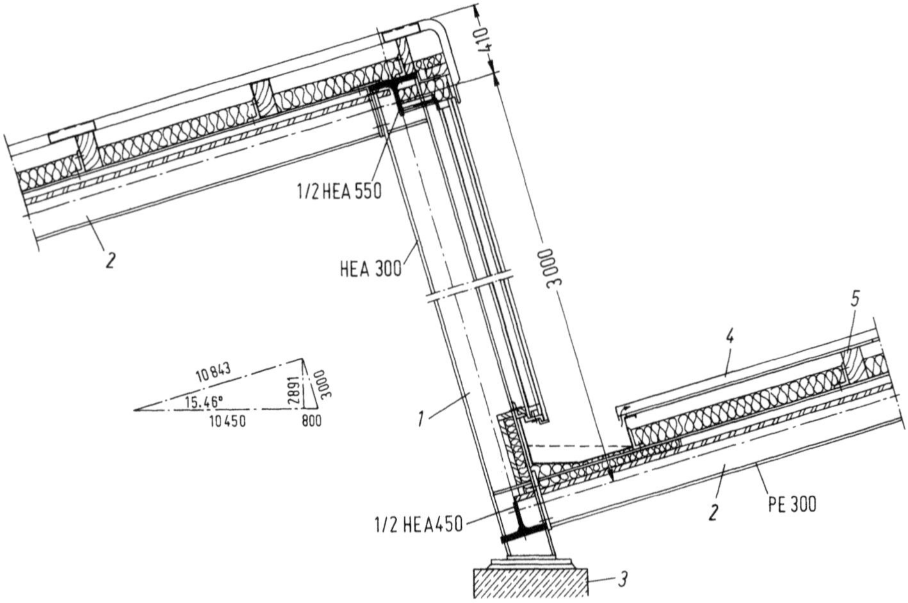

Bild B 188. Lagerhalle Sanitas AG (Bauen in Stahl 1981/26);
1 Fensterträger; *2* Shedbinder; *3* Stahlbetonstützen; *4* Wellplatten; *5* Holzpfetten

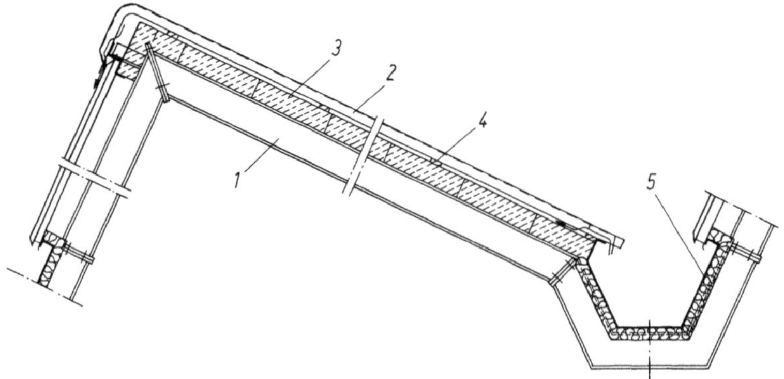

Bild B 189. Sheddach mit rinnenartigem Fensterträger;
1 Shedbinder; *2* Faserzement-Wellplatten; *3* Leichtbauplatten; *4* Holzlattung; *5* Fensterträger

In Bild B 189 ist eine Tragstruktur Typ Ia (vgl. Abschnitt 2.6.4.3) dargestellt: die aus abgekantetem Blech bestehenden Fensterträger dienen zugleich als Wasserrinne. Die Shedbinder aus Walzprofilen laufen durch: sie sind an den Stoßstellen biegesteif mit HV-verschraubten Stirnplatten angeschlossen. Sie dienen zudem zur Erhaltung der Querschnittsform der dünnwandigen Fensterträger und verhindern deren Verdrehung.

7 Verbände

7.1 Allgemeines

Den Verbänden können eine oder mehrere der folgenden Aufgaben zugeordnet werden:
— Gewährleistung der Standfestigkeit (Gesamtstabilität). Bei den meisten ebenen Tragsystemen wird erst durch das Zusammenwirken der Binderscheiben mit den Verbandsscheiben die räumliche Standfestigkeit gewährleistet.
— Lastverteilende Verbände, obwohl nicht erforderlich für die Gesamtstabilität, werden häufig in der Dachebene angeordnet. Werden diese Elemente so ausgeführt, daß sie als Durchlaufträger über große Teile oder über die ganze Hallenlänge wirken, können solche Verbände zur Lastverteilung herangezogen werden (vgl. Bild B 22).
— Gewährleistung der Stabilität einzelner Elemente (Knickverband im Sinne des Abschnittes 5.1). Der Dachverband dient zugleich der Stabilisierung der Bindergurte, die Wandverbände der Stabilisierung der Fassadenstützen in der Wandebene.
— Verbände für besondere Aufgaben, z. B. Bremsverbände, Kranbahnverbände, lokale Verstrebungen usw.

7.2 Anordnung der Verbände

Wie in Abschnitt 2 erläutert, kann die Zusammenfassung der einzelnen Scheiben zu einem räumlich stabilen Tragwerk auf verschiedene Arten erfolgen. Daraus ergeben sich auch unterschiedliche Verbandsanordnungen. Diese Zusammenhänge werden jetzt als bekannt vorausgesetzt.

Verbände werden gelegentlich als untergeordnete Bauglieder betrachtet, die erst am Schluß der Entwurfsarbeit eingeplant und so angeordnet werden, daß die bereits vorliegende Konstruktion möglichst wenig geändert werden muß. Verbände sind aber *vollwertige* Tragelemente, deren Anordnung von Anfang an genau festgelegt werden muß. Während der Nutzung kann es allerdings passieren, daß „störende" Verbandsstäbe entfernt werden. Das gutmütige Verhalten von Stahlkonstruktionen zeigt sich daran, daß solche amputierte Bauten heute noch stehen!

Verbände werden meistens wechselweise beansprucht; eine symmetrische Ausbildung ist daher vorzuziehen. Dadurch werden auch die Bearbeitung der Werkstattpläne und die Fertigung vereinfacht.

7.3 Berechnung der Verbände

7.3.1 Dachlängsverbände

Liegt ein räumlich statisch bestimmtes System, z. B. eine Halle mit Pendelstützen nach Abschnitt 2.2.3.1 vor, lassen sich die Verbandskräfte einfach bestimmen. Allenfalls ist die durch die waagrechten Auslenkungen der Dachscheibe bewirkte Schiefstellung der Pendelstützen, d. h. es sind die entsprechenden Ablenkungskräfte mit zu berücksichtigen.

Wird der Längsverband zur Lastverteilung *zusätzlich* angeordnet, so liegt ein räumliches mehrfach statisch unbestimmtes System vor. Für die Näherungsberechnung mit dem als Träger auf elastischer Bettung wirkenden Verband sowie für die genauere Berechnung sei auf Abschnitt 2.2.3.4 hingewiesen. Selbstverständlich kann dabei die Gliederung des Verbandes außer acht gelassen und an Stelle des Fachwerkträgers ein Vollwandträger gleicher Steifigkeit eingesetzt werden. Der Anteil der Füllungsglieder an den Verformungen wird durch die Einführung einer Ersatzschubsteifigkeit berücksichtigt, wie sie für übliche Verbandsformen in Bild B 190 angegeben ist.

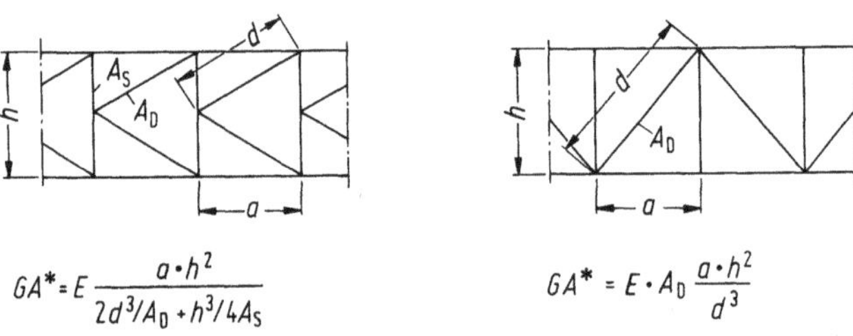

$$GA^* = E \frac{a \cdot h^2}{2d^3/A_D + h^3/4A_S} \qquad GA^* = E \cdot A_D \frac{a \cdot h^2}{d^3}$$

Bild B 190. Ersatzschubsteifigkeit GA* für Fachwerke

7.3.2 Dachquerverbände

7.3.2.1 Bestimmung der Stabkräfte der Verbandsausfachung

Die Querverbände liegen oft in der Dachfläche und bilden im allgemeinen Fall einen querbelasteten, gekrümmten oder geknickten Fachwerkträger ohne Torsionssteifigkeit. Die Berechnung erfolgt grundsätzlich wie für einen räumlich gekrümmten Stab mit U-Querschnitt, mit dem als Steg wirkenden Verband und mit den beteiligten Binderscheiben als Flansche. Da die Belastung nicht im Schubmittelpunkt sondern in der Stegachse angreift, entstehen Torsionsmomente, die durch „Flanschbiegung" aufgenommen werden. Dies gilt auch für die Ablenkungen in den Knicken.

Bild B 191 zeigt den Querverband einer Bogenkonstruktion. Das vorliegende System ist dreifach statisch unbestimmt gelagert (Stüssi, 1955). Für eine symmetrische Anordnung und eine symmetrische Belastung, wie sie für die Windkräfte im Hochbau als Normalfall anzusehen ist, wird $X_1 = X_3$ sowie $X_2 = H_A$, und das Problem ist noch einfach statisch unbestimmt.

Infolge der Symmetrie sind zudem die Einspannmomente (aus H_A und X_1 sowie aus X_2 und X_3) und daher die Windauflagerkräfte W und W' gleich groß. Damit

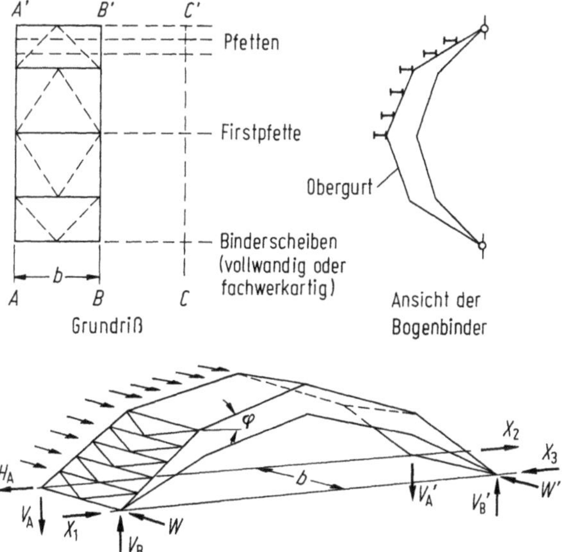

Bild B 191. Querverband eines Daches mit Bogenbindern

lassen sich die quergerichteten Windquerkräfte V_w von der Mitte aus als Summe der Knotenkräfte bestimmen. Da die Füllstäbe in beiden Binderscheiben keine in die Verbandsfläche fallenden Komponenten aufweisen, ergeben sich die Stabkräfte der Verbandsausfachung aus den Gleichgewichtsbedingungen der Grundrißprojektion.

Für den in Bild B 192 dargestellten K-Verband erhält man die in der Abbildung angegebenen Stabkräfte, die selbstverständlich auch bei einer statisch bestimmten Lagerung des Windverbandsystemes gelten (z. B. Lagerung der Binderscheiben auf Pendelstützen oder auf biegeweichen eingespannten Stützen). Diese Stabkräfte sind somit unabhängig vom statischen System der Binderscheiben.

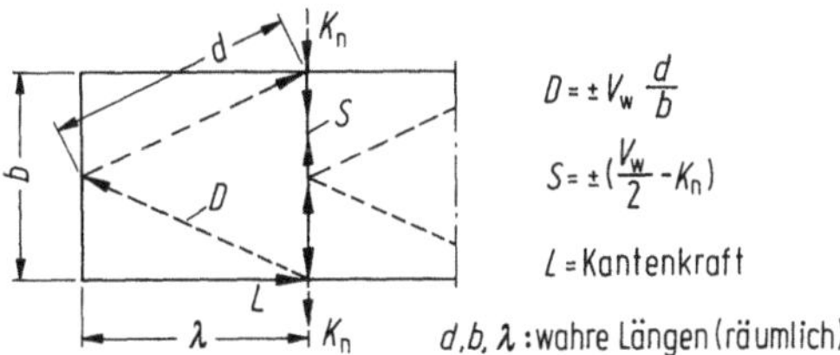

Bild B 192. Bestimmung der Stabkräfte der Ausfachung

7.3.2.2 Kantenkräfte und Beanspruchungen der Binderscheiben A und B

In jedem Knotenpunkt steht eine Strebenkraft D im Gleichgewicht mit einer Pfostenkraft S und einer Kantenkraft L, die den Zusammenhang zwischen Verband und als

Verbandsgurte wirkenden Binderscheiben A und B herstellt. Die Größe der Kantenkraft ergibt sich aus Bild B 192 zu

$$L = \pm V_{\mathrm{w}} \frac{\lambda}{b} \qquad (\lambda = \text{wahre Feldlänge})$$

Die bekannten Kantenkräfte $\pm L$ werden jetzt als äußere Belastung auf die Scheiben A und B angebracht. Bei einer statisch unbestimmten Lagerung dieser Scheiben, z. B. als Zweigelenkbogen nach Bild B 191, ergeben sich die Überzähligen Größen — im Fall des Bildes B 193 der Horizontalschub H_{A} — aus den Verträglichkeitsbedingungen.

Das Vorgehen hängt grundsätzlich nicht von der Ausbildungsart der Scheiben A und B ab. Bei Fachwerkbindern greifen die Kantenkräfte in den gemeinsamen Knoten (Binder/Verband). Bei Vollwandbindern ist selbstverständlich die Exzentrizität der Kantenkräfte zur Trägerachse zu berücksichtigen. Für die analytische Berechnung werden zweckmäßigerweise die Kantenkräfte in Komponenten L_{x} und L_{y} zerlegt.

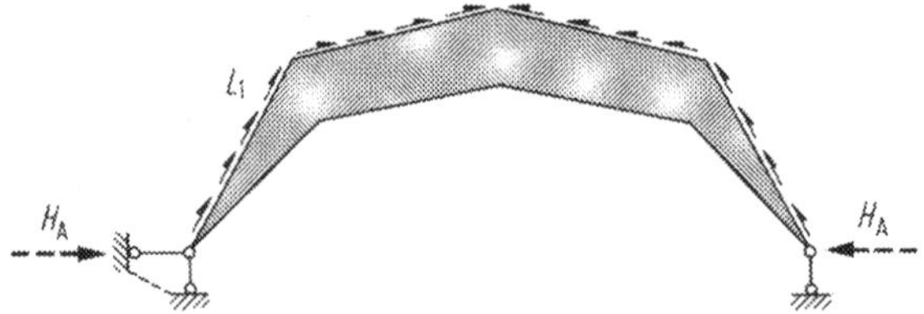

Bild B 193. Kantenkräfte als Belastung der Binderscheiben

7.3.2.3 Besondere Verbandsformen im Aufriß

Bei einem *ebenen* Dachverband wirken alle Kantenkräfte in dieser Ebene und stellen direkt die Zuwachskraft für die Gurte in jedem Knoten dar, da aus den Kantenkräften keine Auflagerkräfte entstehen. Aus der Beziehung für L im Abschnitt 7.3.2.2 ergeben sich die Gurtkräfte des Verbandes zu

$$N_{\mathrm{G}} = \Sigma\, V_{\mathrm{w}} \frac{\lambda}{b} = \frac{M_{\mathrm{w}}}{b}$$

d. h. der Zusammenhang mit der üblichen Betrachtung des Verbandes als ebener Fachwerkträger ist hergestellt.

Bei Vollwandbindern führen die Kantenkräfte, vom Auflager bis zur Mitte summiert, zu Normalkräften $N = \Sigma\, L$ und bei konstanter Exzentrizität e zu Biegemomenten $M = e \cdot \Sigma\, L$. Die entsprechenden Spannungen sind zu superponieren. In erster Näherung darf die Berechnung wie bei Fachwerkbindern durchgeführt werden, wobei als Verbandsgurt der entsprechende Trägerflansch zuzüglich $^{1}/_{4}$ der Stegfläche einzusetzen ist.

Bei *bogenförmigen* Bindern bleibt die Verbandsführung polygonal, so daß gegenüber Abschnitt 7.3.2.2 keine Besonderheiten auftreten.

Liegt bei *Dreieckbindern* der Dachverband nach Bild B 14a in den geneigten Dachflächen, würden Gurtkräfte im Knick (Bindermitte) zu einer lotrechten Ablenkungskraft führen, die beim Dreieckfachwerk — unabhängig von der Ausfachung — nur von den Obergurten aufgenommen werden kann. Die Obergurtkraft genau in Bindermitte muß somit verschwinden, und die Kantenkräfte summieren sich hier als Gurtkräfte von der Mitte zum Auflager hin. Jede Verbandshälfte wirkt als Kragarm, wobei die dazugehörigen Einspannmomente von den Untergurten aufgenommen werden. Diese Wirkungsweise geht aus Bild B 194 hervor (alle Kräfte in kN).

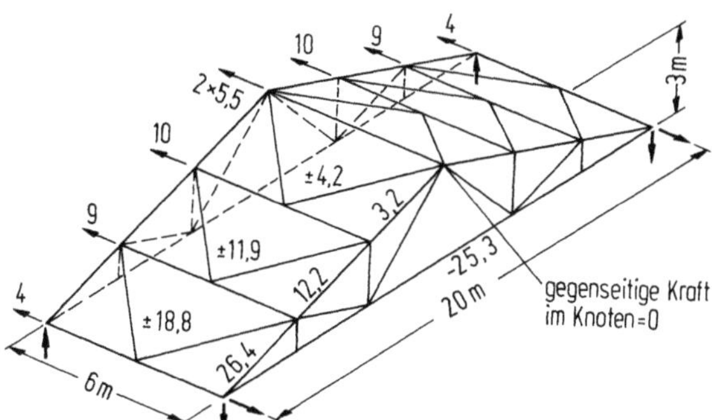

Bild B 194. Beanspruchung eines in der Dachneigung liegenden Querverbandes, mit Dreieckbindern

7.3.3 Wandverbände

Die in den Längsfassaden angeordneten Vertikalverbände (vgl. z. B. Bild B 19) leiten die Auflagerkräfte der Dachquerverbände zu den Fundationen. Ihre Berechnung bietet keine Besonderheiten.

Die Vertikalverbände der Giebelwände ersetzen eine Binderscheibe bei der Aufnahme der auf die Längsfassaden wirkenden Windkräfte (vgl. Bild B 17b). Bei der Ausbildung mit Pendelstützen und durchgehendem Dachverband nach Abschnitt 2.2.3.1 sind selbstverständlich die entsprechenden waagrechten Auflagerkräfte aufzunehmen.

7.3.4 Knickverbände

7.3.4.1 Einfaches Verbandsmodell

Der in Bild B 195 dargestellte Stab mit der Biegesteifigkeit EJ_v und der Spannweite l stellt den einfachen Fall eines Verbandes zur Stabilisierung von m parallel geschalteten Druckgurten dar. Zur Vereinfachung sind diese Gurtstäbe als eine Serie von Pendelstützen angenommen, d. h. ihre seitliche Biegesteifigkeit im Vergleich zu derjenigen des Verbandes ist vernachlässigt. Die Verbindungselemente zwischen dem Verbandsstab und den gestützten Gurtknoten, d. h. nach Bild B 118 die Pfetten, werden als dehnstarr vorausgesetzt. Mit der Topologie nach Bild B 195 bewirkt eine in jedem Drittelspunkt wirkende Einheitslast eine Auslenkung $w_{H=1} = 5 \cdot l^3 /$ $(162 \cdot EJ_v)$.

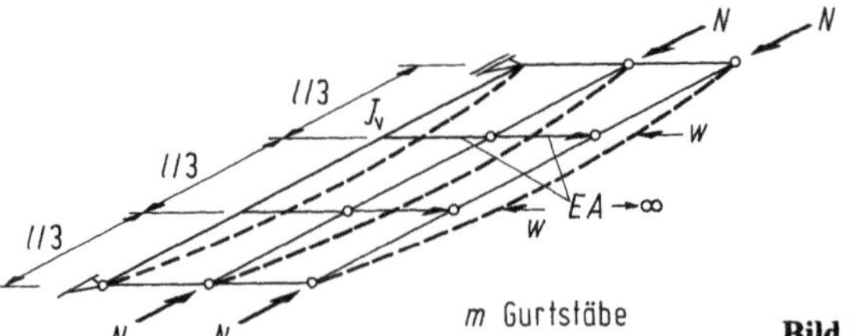

Bild B 195. Modell eines Knickverbandes

7.3.4.2 Bemessungskriterien

Für idealgerade Druckgurte liefern die Gleichgewichtsbedingungen am verformten System eine Verzweigungslast, die sich beim betrachteten symmetrischen System einfach bestimmen läßt. Bei einer Auslenkung w in den Drittelspunkten entstehen aus den Normalkräften ΣN der Druckgurte Ablenkungskräfte $\Sigma N \cdot w/(l/3)$. Mit der oben angegebenen Einheitsverschiebung $w_{H=1}$ ergibt sich daher:

$$\Sigma N \, \frac{w}{l/3} \, \frac{5l^3}{162 \cdot EJ_v} = w \quad \text{oder} \quad (\Sigma N)_{cr} = \frac{162}{15} \, \frac{EJ_v}{l^2} = 1{,}094 \cdot \pi^2 \frac{EJ_v}{l^2}$$

Im Grenzfall zahlreicher Feldweiten der Druckgurte findet man genau die Eulersche Knicklast des Verbandsstabes: es spielt nämlich keine Rolle, ob die Ablenkungskräfte bei den Druckgurten oder direkt am Verbandsstab angreifen. Wäre die Eigensteifigkeit der Gurtstäbe nicht vernachlässigbar, hätte man an Stelle von EJ_v die Summe $EJ_v + \Sigma EJ_G$ einzusetzen.

Die Verzweigungslast ist ein Maß für die Empfindlichkeit des Systems gegenüber Einflüssen 2. Ordnung. Mit dem bekannten Vergrößerungsfaktor $1/(1 - \Sigma N/(\Sigma N)_{cr})$ entstehen für $\Sigma N \to (\Sigma N)_{cr}$ unendlich große Endverformungen, falls die zu stabilisierenden Elemente Anfangsauslenkungen aufweisen. Die Verbandssteifigkeit ist daher so groß zu wählen, daß der Verformungseinfluß eine vernünftige Bemessung erlaubt.

Durch die Wirkung der Schubverformungen vermindert sich die Steifigkeit. Für eine sinusförmige Biegelinie ist folgende Ersatzbiegesteifigkeit einzuführen

$$EJ^* = \frac{EJ}{1 + \left(\dfrac{\pi}{l}\right)^2 \dfrac{EJ}{GA^*}}$$

mit GA^* nach Bild B 190.

Zusätzlich zum Steifigkeitskriterium ist noch die Festigkeit vom Verband zu überprüfen. Dabei sind gewisse anfängliche Verformungen anzunehmen. Bei direkter äußerer Belastung (Wind) kommen die dazugehörigen Auslenkungen hinzu. Bild B 196 zeigt als Beispiel die nach Norm SIA 161/1979, 3 061 3, vorgeschriebenen Anfangsverformungen.

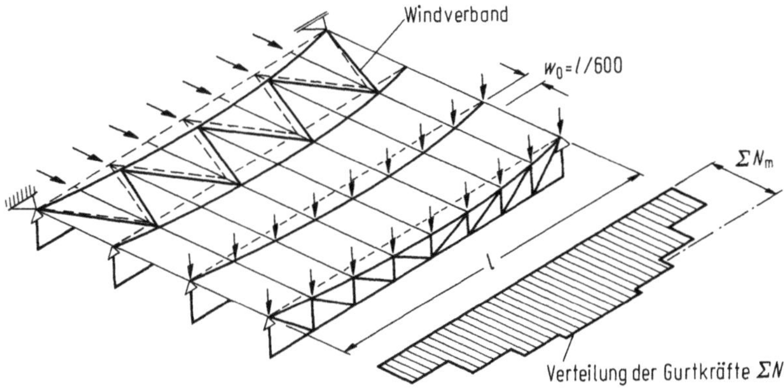

Bild B 196. Durch einen Knickverband seitlich stabilisierte Binderobergurte

7.3.4.3 Näherungsmethode

Für die Bemessung eines Knickverbandes kann nach Möhler und Schelling (1968) eine gleichmäßig verteilte Ersatzlast $q = \Sigma\, N_m/(30l)$ eingeführt werden, wobei nach Bild B 196 $\Sigma\, N_m$ die Summe der mittleren Druckkräfte der durch die Verbandskonstruktion zu stabilisierenden Stäbe und l die Gesamtlänge des auf Druck beanspruchten Bereiches des abzustützenden Bauteils bedeutet. Im Sinne des oben erwähnten Steifigkeitskriteriums darf unter dieser Ersatzlast allein die Verformung des Knickverbandes $l/600$ nicht überschreiten. Diese Lösung liefert in gewissen Fällen zu kleine Querkräfte (Dubas, 1983), erlaubt aber eine einfache Vorbemessung. Für eine genauere Untersuchung sind, grundsätzlich wie beim einfachen Modell, die Verformungseinflüsse zu ermitteln, z. B. durch sukzessive Näherungen.

Schließlich ist zu erwähnen, daß Auflagerkräfte der Verbandsscheibe und durch die Traufpfetten am Verband angeschlossen Gurtendkräfte einen Gleichgewichtszustand bilden: die Wandverbände bleiben unbeansprucht.

7.3.4.4 Einzelabstützung von Knickstäben

Dieser Grenzfall der Knicksicherung geht aus Bild B 197 hervor. Beim Druckstab mit der Anfangsverformung w_0 ergibt sich nach Möhler und Schelling (1968) die Stützkraft zu $\psi \cdot N(4w_0/l)$, wobei der Wert für $\psi = 1$ der Ablenkungskraft eines Stabes mit Mittelgelenk entspricht. Für den wichtigen Fall einer starren Stützung ergibt sich $\psi_{max} = 4/3$. Wird auch hier ein Wert $w_0 = l/600$ angenommen, so beträgt die Auflagerkraft der Abstützung aufgerundet 1 % der Druckkraft des zu stabilisierenden Druckgliedes. Diese Regel ist durch versuchsmäßige Ergebnisse bestätigt.

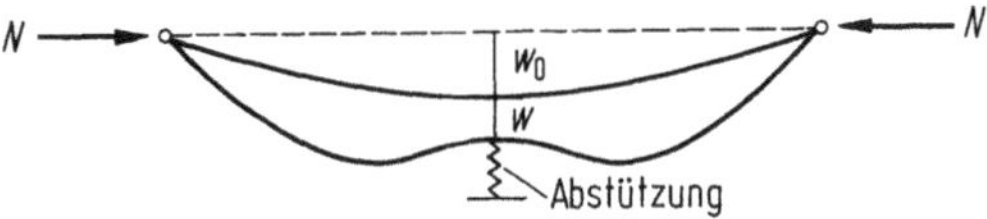

Bild B 197. Druckstab mit Anfangsverformung und elastischer Zwischenstützung

Bei der Knicksicherung mehrerer gedrückter Elemente ist die Summe der Ablenkungs-kräfte zu berücksichtigen.

Bei der Abstützung durch einen Verband im Sinne des Bildes B 196 entspricht die oben angegebene Regelung ($\Sigma\,N/100$) einer mehrwelligen Knickform. Für die Be-messung der Verbandsscheibe ist sie deshalb nicht anwendbar, wohl aber für die Kontrolle der Pfetten als Verbindungselemente.

7.4 Konstruktive Ausbildung der Fachwerkverbände

7.4.1 Gesamtanordnung und Querschnittswahl

Bei Fachwerkverbänden sind meist Gurtungen und Pfosten bereits vorhanden, wes-halb sich die konstruktive Ausbildung auf die Streben beschränkt. Bei stärker be-lasteten Verbänden müssen allerdings auch die anderen Elemente genauer untersucht und allenfalls verstärkt werden. Als Pfosten eines Dachquerverbandes wirkende Pfetten müssen knicksicher sein und dürfen im Verbandsfeld nicht durch Gelenke unterbrochen werden.

Bei kleiner Spannweite kann es andererseits wirtschaftlicher sein, den Fachwerk-verband in einem Stück zu fertigen und einzubauen. Dadurch erübrigen sich die bei der klassischen Lösung nötige Ausführung der zahlreichen Strebenanschlüsse auf der Baustelle.

Als Querschnitte für die Streben kommen in Frage:
— geschlossene Querschnitte (Rohre),
— offene Querschnitte (Winkel, H-Profile),
— volle Querschnitte (biegeschlaff: Rund- und Flachstahl, Seile; für eine Aus-führung mit gekreuzten Diagonalen).

Entscheidend für die Wahl sind Spannweiten (Knicklänge), Kraftgröße, erforderliche Steifigkeit, statisches System und Anschlußmöglichkeiten.

7.4.2 Ausbildungsmöglichkeiten

Die Gurtungen, Pfosten und Streben liegen meistens in drei verschiedenen parallelen Ebenen. Die Längs- und Querkomponenten der Füllungsglieder greifen somit in den Knoten exzentrisch zu den Stabachsen an und bewirken eine lotrechte Biegung der steiferen Elemente. Bei einem Querverband handelt es sich um die Binder (Verbands-gurte) und um die Pfetten (Verbandspfosten), allenfalls auch um die Streben, falls sie einseitig angeschlossen sind.

Zudem ist die Anordnung im Grundriß zu beachten. Der zentrische Streben-anschluß nach Bild B 198a stellt die Normallösung dar. Bei der exzentrischen An-ordnung nach Bild B 198b ist ein Anschluß ohne Knotenblech möglich. Wegen der zusätzlichen waagrechten Biegung, hier des steiferen Bindergurtes, sollte diese Aus-bildung nur bei schwach beanspruchten Verbänden gewählt werden.

In Bild B 199 sind zwei typische Knotenpunkte eines Längsverbandes dargestellt, wie er zur Stabilisierung von Bindern auf Pendelstützen verwendet wird. Als Ver-bandsgurte dienen zwei Längsrahmen (vgl. Bild B 45b), während verstärkte Pfetten als Pfosten wirken. Die hochbeanspruchten Streben sind als Rohre ausgebildet und zweischnittig angeschlossen.

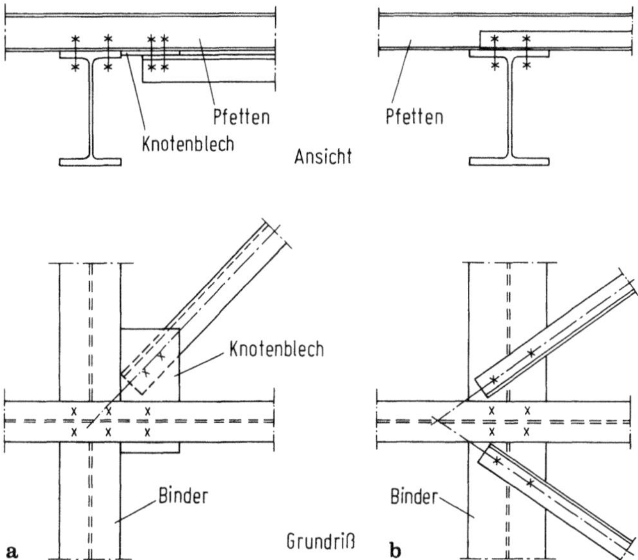

Bild B 198. a Streben zentrisch; **b** Exzentrischer Strebenanschluß

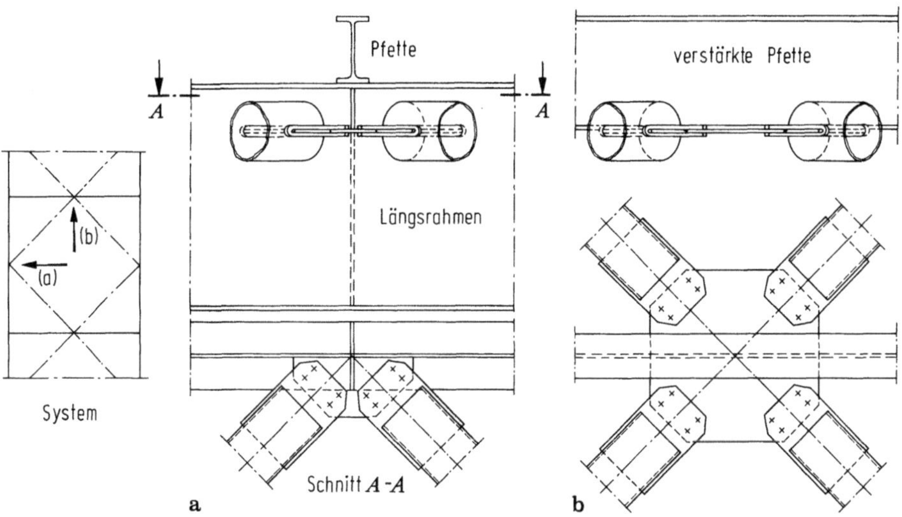

Bild B 199a, b. Knotenpunkte eines schweren Dachlängsverbandes

7.5 Scheibenwirkung von Profilblechen

7.5.1 Einleitung

Stahlprofilbleche, insbesondere Trapezbleche (vgl. Abschnitt 4.2.3), finden als Dacheindeckung und Wandverkleidung im Hallenbau eine breite Verwendung. Zusammen mit Randelementen entsteht eine Scheibe, welche einen Fachwerkverband ersetzen kann. Wird als Beispiel der Dachquerverband einer pfettenlosen Flachdachhalle betrachtet, so wirken die Dachbleche als „Steg" eines waagrechten Windträgers, dessen Gurte durch zwei Binderscheiben oder genauer durch Teile davon ausgebildet sind. Am Übergang zu den Wandscheiben sind zudem als „Auflagersteifen" wirkende schubeinleitende Elemente erforderlich, z. B. die Traufriegel.

Seit dem Erscheinen entsprechender Empfehlungen der EKS (1977) können solche Scheiben mit der erforderlichen Sicherheit bemessen werden. Bild B 200, aus dieser Veröffentlichung entnommen, zeigt die Ausbildung bei einem Pfettendach. Zur Verbindung mit den tiefer liegenden Bindergurten sind besondere Bindebleche vorgesehen, da sonst die Krafteinleitung sehr ungünstig wäre und große Gesamtverformungen entstehen würden.

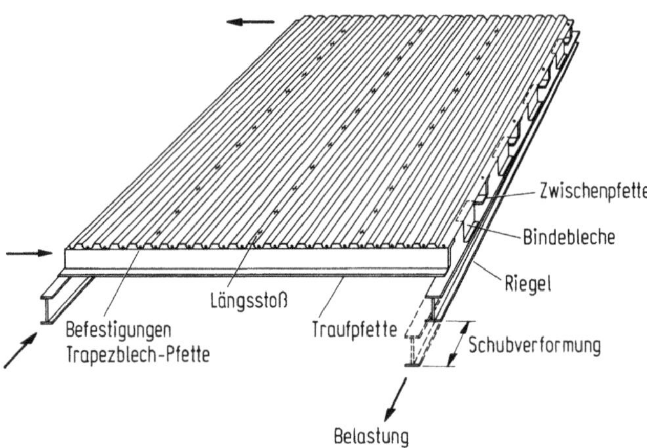

Bild B 200. Dachscheibe eines Pfettendaches

7.5.2 Grundsätze der Berechnung

Neben dem selten maßgebenden Schubbeulen der Profilwandungen sind insbesondere die Krafteinleitungsbereiche zu untersuchen. Im Unterschied zum Vollwandträger mit gewelltem oder abgekantetem Steg, bei dem die Gurte gleichzeitig als Endquerschotte wirken, sind hier die Bleche nicht entlang ihres ganzen Umfanges mit den „Gurten" verbunden: sie liegen auf und übernehmen die Verbindungskräfte nur in der Anschlußebene. Bild B 201a zeigt, daß die Einleitung des Schubanteils der oberen Wandung eine Querbiegung des Blechprofils bewirkt. Die dazugehörigen Verformungen sind in Bild B 201b dargestellt. Örtlich arbeitet das Trapezprofil als Rahmen; zudem wird die Beulgefahr auf einer Seite erhöht.

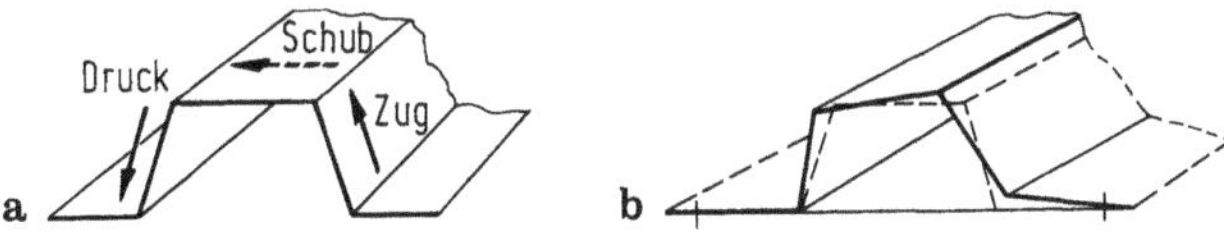

Bild B 201 a, b. Querbiegung und Querverformung beim Anschluß von Trapezprofilen

Diese Biegebeanspruchungen, zusammen mit den Zusatzkräften für die Verbindungsmittel, sind bei der Bemessung zu berücksichtigen. Die dazugehörigen lokalen Verformungen vermindern die globale Schubsteifigkeit der Scheibe. Schließlich ist eine mögliche Interaktion mit den Biegespannungen aus den lotrechten Lasten (Plattenwirkung) zu verfolgen. Im Rahmen einer Einführung können diese Probleme nur erwähnt werden. Wir möchten auf die Literatur verweisen: neben den EKS-Richtlinien auf die zusammenfassende Darstellung von Federolf (1981) sowie auf die Untersuchungen von Davies und Bryan (1982), Schardt und Strehl (1976 und 1980), sowie Baehre und Wolfram (1986).

7.5.3 Bemessung der Verbindungsmittel

Als Verbindungsmittel werden meistens selbstschneidende Schrauben, eingetriebene Profilblechnägel (Setzbolzen) oder allenfalls Schweißpunkte verwendet. Ihre Tragfähigkeit wird meistens experimentell bestimmt und von den Lieferfirmen mitgeteilt (vgl. z. B. Seghezzi et al., 1978). Das Ermüdungsverhalten solcher Verbindungen ist noch wenig untersucht worden. Gemäß den EKS-Empfehlungen ist eine Begrenzung auf $^1/_3$ der statischen Tragfähigkeit vorgeschrieben. Bei Konstruktionen mit schwerem Kranbetrieb kann die Anwendung von Blechscheiben zur Stabilisierung dennoch kaum empfohlen werden.

Wie beim Blechträger ergibt sich der Schubfluß in der Halsverbindung Gurt/Profilblech, d. h. die Gurtzuwachskraft aus der bekannten Formel $V \cdot S/J$. Da der Anteil des „Steges" am Biegewiderstand vernachlässigbar ist, ist S/J gleich dem Kehrwert der Trägerhöhe b. Der Schubfluß, d. h. die Kraft der Schubverbindung pro Längeneinheit beträgt somit V/b. Die Gurtkraft ergibt sich, wie beim Fachwerk in Abschnitt 7.3.2.3, zu M/b. Um die Querverformungen klein zu halten, ist ein Verbindungsmittel in jeder Sicke anzuordnen, so daß der gegenseitige Abstand und dadurch die Anschlußkraft pro Verbindungsmittel bekannt ist.

7.5.4 Vorsichtsmaßnahmen

Da die Blechscheiben erst gegen den Schluß der Montage wirksam werden, sind in der Regel provisorische Montageverbände erforderlich. Bei Preisvergleichen sind diese Mehrkosten zu berücksichtigen, welche die Wirtschaftlichkeit der Scheibenlösung in Frage stellen können.

Um die Sicherheit der Konstruktion während der Nutzung zu gewährleisten, sind nach den EKS-Richtlinien gut sichtbare Anschläge anzubringen, die auf die Unentbehrlichkeit der Verkleidungselemente für die Stabilität des Tragwerkes hinweisen!

8 Kranbahnen

8.1 Allgemeines

Bei der Auslegung von Hallenbauten kommt der optimalen Lösung des innerbetrieblichen Transportes große Bedeutung zu. Infolge der Vielfalt an Transportgütern sind auch die eingesetzten Fördermittel vielgestaltig. Deren Festlegung muß frühzeitig erfolgen. Während Flur-Fördermittel (z. B. Gabelstapler in Lagerhallen) die Tragkonstruktion nur unwesentlich beeinflussen, sind Überfluranlagen mit schweren Laufkranen für die statische und konstruktive Auslegung der Halle bestimmend, weshalb diese im Rahmen des Hallenbaues besonders betrachtet werden.

Die Festlegung des Transportsystems sowie des Fördermittels werden nicht behandelt. Ausgehend von den Angaben des Kranherstellers müssen die Kranbahnen, meist als integrierter Bestandteil des Hallentragwerkes, entworfen und bemessen werden.

8.2 Krantypen

8.2.1 Hängekrane

Hängekrane werden vorteilhaft für kleinere Tragkräfte, in der Regel bis 50 kN, selten mehr als 100 kN, eingesetzt. Besondere Vorteile der Hängekrane sind deren geringe Bauhöhe und die geringen Anfahrmaße, die eine optimale Nutzung des Hallenraumes ermöglichen; sie können auch für die Bestreichung einer Teilfläche eingesetzt werden (vgl. Bild B 202).

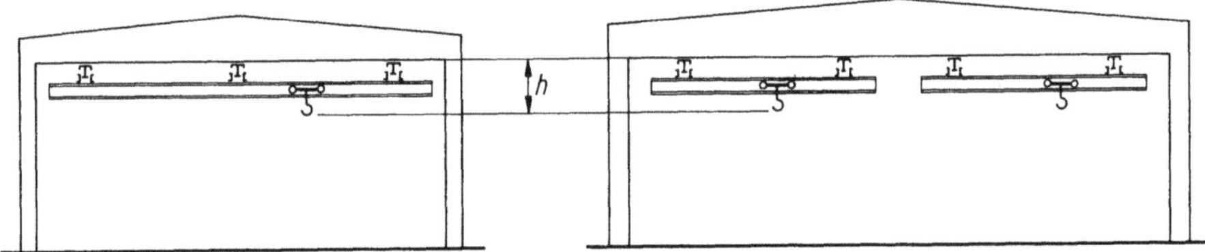

Bild B 202. Mögliche Anordnung von Hängekranen

Bei größeren Hallenbreiten oder beschränkter Kranträgerhöhe wird eine mehrfache Aufhängung erforderlich; bei größeren Binderabständen werden besondere Längsträger — in die Dachkonstruktion integriert — für die Aufhängung der I-förmigen Kranbahnträger angeordnet.

Neben der Möglichkeit einer Unterteilung der Hallenbreite in getrennte Arbeitsfelder, kann durch eine Koppelung (Verriegelung) ein Überwechseln der Laufkatzen oder ein gemeinsames Fahren ermöglicht werden. Auch eine Überfahrt in ein benachbartes Hallenschiff ist mittels ortsfester Überfahrstücke möglich.

Die hohe Flexibilität, die im Tandembetrieb mögliche Tragkraft von über 200 kN, sowie die gute Raumnutzung bevorzugen diesen Krantyp für leichtere und mittlere Fabrikationsbetriebe.

8.2.2 Laufkrane

Laufkrane sind die häufigst eingesetzten Fördermittel in Industriehallen. Die Tragkraft kann dabei zwischen 50 und 5000 kN variieren. In verschiedenen Industriezweigen wurde die angestammte Funktion des Transportes wesentlich erweitert, so daß eigentliche Bearbeitungsanlagen mit zusätzlicher Förderfunktion vorliegen.

Ein Laufkran kann auch mehrere Laufkatzen unterschiedlicher Leistung (Tragkraft, Hubgeschwindigkeit) aufweisen. Häufiger besitzt die gleiche Laufkatze mehrere Hubeinrichtungen (Haupthub/Hilfshub). Entsprechend unterschiedlich ist die Auslegung der Krane und die Größe der Eigenlasten. Die in Handbüchern angegebenen Raddrücke in Funktion der Tragkraft und der Spannweite sind Richtwerte für einfache Laufkrane, die einzig für Hub-, Längs- und Querbewegungen eingesetzt werden. Allfällige Lastaufnahmemittel, z. B. Hebemagnete, führen zu einer Verminderung der Nutzlast.

Von Bedeutung für die konstruktive Ausbildung der Halle ist die vom Betrieb geforderte Steuerungsart: Steuerung vom Boden aus (Druckknopf oder Funk) oder von einem fest am Kran installierten Führerkorb (Bild B 203). Bei letzterer Betriebsart ist aus Sicherheitsgründen (vgl. maßgebende Unfallverhütungs-Vorschriften) baulich eine ständige Zugänglichkeit mit entsprechenden Durchgangsprofilen zu gewährleisten.

Bild B 203. Fabrikationshalle mit Lauf- und Konsolkranen

8.2.3 Konsolkrane

Konsolkrane (vgl. Bild B 203) bestreichen die seitlichen Hallenzonen bis maximal $^{1}/_{3}$ der Hallenbreite und dienen vor allem zur Bedienung kleinerer Bearbeitungsmaschinen, die an den Hallenseiten angeordnet sind. Konsolkrane werden stets in Kombination mit darüber angeordneten Laufkranen angelegt. Die Beeinträchtigung des Laufkrans ist unwesentlich.

Konsolkrane sind in der Regel auf geringe Tragkräfte von 10 bis 50 kN ausgelegt. Nachteilig und kostenintensiv wirkt sich die Notwendigkeit dreier Schienen aus.

Deshalb wird dieser Krantyp seltener angeordnet. Bei Beschränkung auf eine kleinere Wirkungsfläche tritt der kostengünstigere Konsoldrehkran, meist mit Drehpunkt an einer Hauptstütze und mit Hängekatzen bis zu 50 kN, ein.

8.2.4 Halbportal- und Portalkrane

Portalkrane, häufig für Transportaufgaben im Material- oder Fertigteilpark eingesetzt, stellen i. allg. unabhängige Flur-Fördermittel dar. Somit tritt auch keine Wechselwirkung mit der Tragkonstruktion der Halle ein. Bei den Halbportalkranen sind jedoch die gegenseitigen Einwirkungen zu beachten.

8.3 Einwirkungen und Anforderungen

8.3.1 Kranart und Arbeitsweise

Je nach Kranart und Arbeitsweise des Kranes ergeben sich unterschiedliche Einwirkungen auf die Kranbahnen. Neben der effektiven Größe der maximalen Beanspruchungen sind von Bedeutung die Anzahl der vorgesehenen Lastzyklen (Anzahl der Spannungsspiele) und der prozentuelle Anteil leichter, mittlerer und maximaler Beanspruchungen, d. h. die Festlegung des Spannungskollektives.

Die Ermittlung der maximalen Beanspruchungen erfolgt über eine angemessene Erhöhung der statischen Kranlasten durch die Einführung von Schwing- oder Stoßbeiwerten φ in Abhängigkeit der Kranart und der Arbeitsweise, d. h. in Funktion der sog. Hubklasse. Die während der vorgesehenen Lebensdauer der Kranbahn auftretenden Betriebsbedingungen werden durch die Zuordnung zu einer bestimmten Betriebs- oder Beanspruchungsgruppe, in Abhängigkeit der Anzahl Spannungsspiele und des Spannungskollektives, näherungsweise erfaßt. Dadurch ist die Durchführung des Betriebsfestigkeitsnachweises, d. h. des Sicherheitsnachweises gegen Bruch bei zeitlich veränderlichen, häufig wiederholten Beanspruchungen möglich.

Das Vorgehen ist in Bild B 204 schematisch festgehalten.

Die Festlegung der Hubklasse und der Betriebs- oder Beanspruchungsgruppe erfolgt mit dem Bauherrn oder mit dem Kranhersteller. Damit sind die Eckwerte der Bemessung weitgehend bestimmt; das Vorgehen ergibt sich aus den maßgebenden Vorschriften.

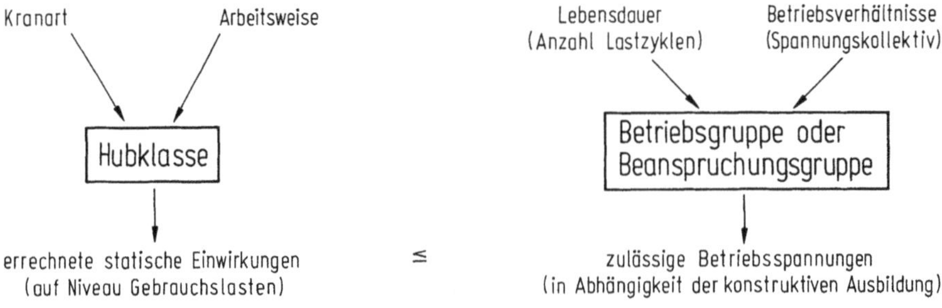

Bild B 204. Vorgehen beim Betriebsfestigkeitsnachweis einer Krananlage

8.3.2 Bedienung und Unterhalt

Krananlagen müssen bedient und unterhalten werden. Liegt eine Flursteuerung des Kranes vor, Normalfall bei Hängekranen und Halbportalkranen sowie bei leichten Einzellaufkranen, so müssen einzig für Wartungs- und Reparaturarbeiten entsprechende Standorte mit angemessener Zugänglichkeit und Arbeitssicherheit gewährleistet werden.

Bei korbgesteuerten Anlagen, Normalfall für schwerere Laufkrane und insbesondere bei Anlagen mit mehreren Laufkranen auf gleicher Schiene, sind bezüglich der Zugänglichkeit und der einzuhaltenden Sicherheitsabstände die maßgebenden Unfallverhütungsvorschriften einzuhalten.

Durch die Festlegung der Sicherheitsabstände soll mögliches Einklemmen von Wartungs- oder Bedienungspersonen zwischen festen Bauwerksteilen (Stützen, Dachbinder) und bewegten Kranteilen verhindert werden. Daneben erfolgen noch Angaben konstruktiver Art wie Anordnung und Ausbildung der Geländer, über Gleitsicherheit usw., die jedoch nur geringfügige Auswirkungen auf die Ausbildung des Tragwerkes haben. In Bild B 205 sind einige Anforderungen festgehalten.

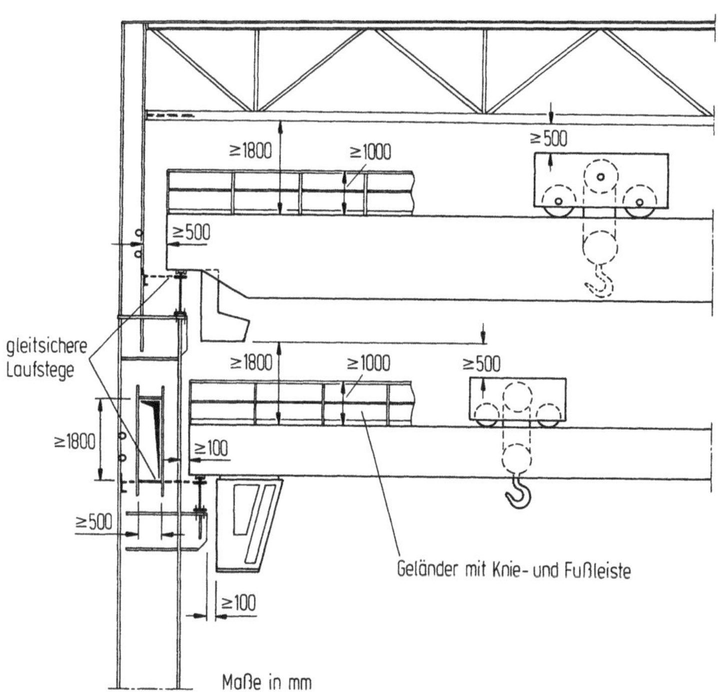

Bild B 205. Beispiele für einzuhaltende Sicherheitsabstände

8.3.3 Lasten auf Kranbahnträger

Allgemeines

Die Einwirkungen auf die Kranbahnträger resultieren aus:
— Eigenlasten des Kranbahnträgers und eventueller Ausrüstung;

— Einwirkungen aus Kranbetrieb: Normalfall, Ausnahmezustände;
— Wind- und Temperatureinwirkungen (insb. für im Freien angeordnete Anlagen).

Falls der Kranbahnträger zugleich zur Tragwirkung im Gesamtsystem herangezogen wird, sind zusätzlich die dadurch hervorgerufenen Beanspruchungen zu überlagern. Dabei sind allerdings nur mögliche oder wahrscheinlich gleichzeitig auftretende Zustände zu betrachten.

Die Eigenlasten haben i. allg. einen geringen Einfluß auf die Dimensionierung. Der Anteil liegt meistens unter 5 %, so daß auf eine genauere Berechnung verzichtet werden kann.

Bei den Einwirkungen aus Kranbetrieb sind die Ausnahmezustände gesondert zu betrachten. Für die Einwirkungen aus Normalbetrieb ist zu beachten, daß unterschiedliches Verformungsverhalten von Kran und Kranbahnträger zu Zwängungen führt. Die daraus resultierenden Kräfte können bei statischen Nachweisen meist vernachlässigt werden, sind aber für den Betriebsfestigkeitsnachweis abzuschätzen.

Lotrechte Lasten aus Kranbetrieb (für Laufkrane und Hängekrane)

Ausgehend von den Angaben des Kranherstellers und der Einstufung des Krans (Hubklasse) können die auf den Kranbahnträger wirkenden lotrechten Lasten bestimmt werden. Die Angaben des Kranherstellers sollten mindestens umfassen:
— maximale Tragkraft oder Hublast;
— extreme statische Radlasten R_{max} und R_{min};
— Abmessungen des Kranes wie Spannweite, Radstand, Länge über Puffer, Katzanfahrmaß;
— Hubgeschwindigkeiten und Kranfahrgeschwindigkeit;
— Radabmessungen, Kranschienenprofil.

Ergänzende Angaben können von Fall zu Fall erforderlich sein oder sind erwünscht, wie Masse der Laufkatze und des Kranes.

Ausgehend von Kranart und Arbeitsweise ist den nationalen Vorschriften oder den FEM-Angaben der Schwing- oder Stoßbeiwert φ zu entnehmen. Die mit diesem Beiwert behafteten Lasten stellen die Ausgangswerte für statische Festigkeits- und für Betriebsfestigkeitsnachweise dar.

Waagrechte Seitenlasten quer zur Fahrbahn (für Laufkrane und Hängekrane)

Die waagrechten Seitenlasten quer zur Fahrbahn werden durch Beschleunigen und Bremsen der Laufkatze, durch schrägen Seilzug sowie durch Kranschräglauf und Unregelmäßigkeiten der Kranbahn hervorgerufen. Die genaue Erfassung dieser durch unterschiedliche, sich z. T. überlagernde Wirkungen bedingten Beanspruchung bereitet i. allg. Schwierigkeiten.

Näherungsweise können die waagrechten Seitenlasten quer zur Fahrbahn pauschal zu 15 % der maximalen statischen Radlasten R_{max} angenommen werden. Dabei wird ferner der Angriffspunkt auf Schienenoberkante mit freier Kraftrichtung festgelegt. Die Seitenlasten können wechselweise auf jedem Kranbahnträger auftreten, unabhängig von der Art der Kranführung.

Für eine genauere Erfassung der Seitenlasten aus Kranfahren, insbesondere infolge Schräglauf, ist eine präzise Kenntnis der Massenverteilung, der Eigenschaften des Fahrwerkes und der Führungsmittel, sowie der Lagerung und Antriebsart der Laufräder erforderlich. Entsprechende Angaben sind somit vom Kranhersteller anzufordern. Dabei ist zu beachten, daß für den Kranschräglauf nicht allein die in Fahrrichtung am vorderen Führungsmittel auftretende Seitenkraft, sondern die ganze Kraftgruppe eingeführt wird. Dadurch vermindern sich zwangsläufig die in den Stützen einzuleitenden Kräfte; andernfalls ergeben sich zu hohe waagrechte Seitenlasten auf die Kranbahnunterstützungen.

Waagrechte Lasten längs zur Fahrbahn (für Laufkrane und Hängekrane)

Aus Anfahren und Bremsen der Krane entstehen längs zur Fahrbahn wirkende Kräfte. Auch Schrägzug hat analoge Wirkung. Die Größe dieser Kräfte wird begrenzt durch die über Reibungsschluß der angetriebenen oder gebremsten Räder übertragbare Kraft. Näherungsweise darf die auf Höhe der Schienenoberkante wirkende Längskraft zu 20% der maximalen statischen Radlasten der angetriebenen oder gebremsten Räder festgelegt werden.

Von größerer Bedeutung können die Massenkräfte aus Pufferstoß sein. Diese Kräfte sind abhängig von Krandaten wie Größe und Lage des Schwerpunktes der Kranmasse, Fahrgeschwindigkeit beim Fahrbahnende (z. B. Absicherung über Endschalter) sowie von der Kennlinie des Puffers. Entsprechende Angaben sind vom Kranhersteller anzufordern.

Lastannahmen bei Wirkung mehrerer Krane

Die Festlegungen variieren je nach Arbeitsweise und Lage der Krane: auf dem gleichen Kranbahnträger, gekoppelt oder unabhängig; im gleichen Hallenschiff; in verschiedenen Hallenschiffen.

Arbeiten zwei Krane gleicher oder verschiedener Bauart planmäßig zusammen — gekoppelte Krane — so sind diese wie ein einzelner Kran zu behandeln. Andernfalls sind die einzelnen Krane als unabhängige Einwirkungen zu betrachten, wobei die möglichen gleichzeitig auftretenden Betriebs- und Extremfälle mit dem Werkeigentümer abzuklären und festzulegen sind.

8.3.4 Anforderungen bezüglich Steifigkeit und Bautoleranzen

Steifigkeitsanforderungen

Grenzwerte für die Verformungen werden in den Vorschriften angegeben; sie ergeben sich aus den betrieblichen Bedingungen und sind deshalb vom Werkeigentümer zu überprüfen.

Als Richtwerte können für Kranbahnträger von Laufkranen gelten:
— vertikale Durchbiegung infolge maximaler statischer Radlasten: 1/600 bis 1/800 der Spannweite;
— waagrechte Ausbiegung infolge der Seitenlasten: 1/800 bis 1/1000 der Spannweite unter der Annahme starrer Abstützpunkte.

Die Abstützpunkte, in der Regel die Kranbahnstützen, sollten unter den waagrechten Lasten ebenfalls beschränkte waagrechte Ausbiegungen aufweisen. Wichtiger als die absolute Größe dieser Auslenkungen ist die Differenz gegenüberliegender Abstützpunkte, die nicht mehr als 20 mm betragen sollte.

Bautoleranzen

Sofern keine strengeren Anforderungen seitens des Werkeigentümers oder des Kranherstellers aufgestellt werden, sind folgende Werte zu beachten:
— die Abweichung der effektiven Spurweite vom festgelegten Wert soll höchstens ± 10 mm betragen;
— die Abweichung der Höhenlage soll höchstens ± 10 mm betragen;
— die Abweichung der Schienenachse von der Kranbahnträgerachse soll die Stegdicke nicht übersteigen.

8.4 Kranschienen

8.4.1 Lastübertragung Rad—Schiene

Die Lastübertragung Rad—Schiene stellt kein statisches Problem mehr dar, liegt doch eine zeitlich und örtlich variierende Beanspruchung vor, die stark von den Betriebsbedingungen (Betriebsdauer, Laufgeschwindigkeit, Verhältnis der Raddrücke) als auch von der Ausbildungsart (Steifigkeit der einzelnen Elemente, Ausführungstoleranzen usw.) abhängt.

In den meisten europäischen Ländern werden Laufräder mit zylindrischer Lauffläche und ebenen Schienenoberflächen bevorzugt. Die Größe der Kranschiene, d. h. die Schienenkopfbreite wird vom Kranhersteller unter Annahme einer zentrischen Kraftübertragung ermittelt, wobei in die normierte Berechnung noch folgende Daten eingehen: Durchmesser und Werkstoff des Rades, nutzbare Breite des Kopfes und Werkstoff der Schiene, Drehzahl des Laufrades und Betriebsdauer des Fahrantriebes, maximale Radlast und mittlere Radlast.

Eine weitere Vereinfachung führt zu folgendem Ansatz:

$$F_{RS} \cong \frac{2}{3} \frac{D \cdot b_{eff}}{10^5} f_{t,\,Schiene} \lessgtr \frac{2R_{max} + R_{min}}{3}$$

mit dem Raddurchmesser D und der nutzbaren Schienenkopfbreite b_{eff} in mm, der Zugfestigkeit f_t des Schienenmaterials in N/mm² und der übertragbaren Kraft F_{RS} in kN. Für leichten Kranbetrieb darf obiger Wert um 10% erhöht werden, für rauhen Kranbetrieb ist eine Ermäßigung um 10% vorzunehmen.

Die in der normierten Berechnung getroffene Annahme der zentrischen Lastübertragung ist nicht erfüllt (vgl. z. B. Gehri, 1979). Für die Schiene führt dies bei größerer Abweichung zu einer stärkeren Abnutzung. Von größerer Bedeutung sind die in der Unterkonstruktion der Schiene (Kranbahnträger) auftretenden Querbiegespannungen, die häufig Ursache für festgestellte Schäden und Ermüdungsbrüche sind.

8.4.2 Schienenarten

Je nach Wirkungsweise oder Befestigungsart unterscheidet man selbsttragende, statisch mitwirkende und gleitend gelagerte Schienen. Entsprechende Schienentypen haben sich daraus entwickelt. Bei rauhem Kranbetrieb (große Schienenabnützung) wird eine Befestigungsart angestrebt, die eine einfache Auswechslung der Schiene ermöglicht. Durch Einsatz höherfester Schienen- (und Rad-)Werkstoffe oder durch Festlegung geringerer Raddrücke wird die Lebensdauer wesentlich erhöht.

Selbsttragende Schienen

Selbsttragende Schienen kommen nur für Hängekrananlagen bei enger Aufhängung in Frage. Häufig werden INP, sowie z. T. auch IPE und HE-Profile direkt als Schienen verwendet. Da die Radlasten an den Flanschenrändern eingeleitet werden, kann dies bei zur Dicke relativ breiten Flanschen zu einer lokalen Überbeanspruchung führen. Nach kurzer Gebrauchsdauer kann sich ein hoher Fahrwiderstand einstellen. Der Einfluß des Raddruckes (Einzellast) auf die Trägerflansche kann nach Becker (1968) oder Mendel (1970) ermittelt werden.

Eine wesentliche Verbesserung wird durch die Verwendung hochfester Stähle und dickwandiger Querschnittsformen (vgl. Bild B 206) erreicht. Durch den Einsatz eines Sonderprofils aus hochfestem Stahl als Untergurt wird ein in weiten Grenzen anpaßbarer Trägerquerschnitt ermöglicht.

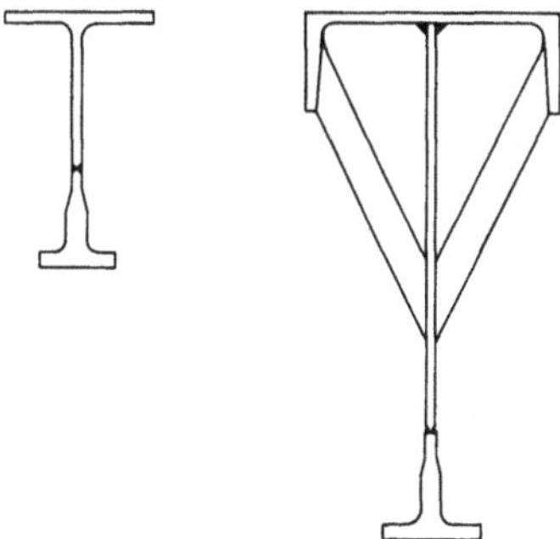

Bild B 206. Trägerformen für Hängekrane; Höhe variabel 240 bis 800 mm

Mitwirkende Kranschienen

Bei kleinen und mittleren Radlasten (50 bis 300 kN) wird eine direkte schubsteife Verbindung der Schiene mit dem Kranbahnträger mittels Schweißung bevorzugt (Bild B 207).

Die Kranschienen (abgerundete oder abgeschrägte) werden mittels beidseitig durchlaufender Kehlnähte befestigt. Unterbrochene Nähte sind abzulehnen (Kerbwirkung, Korrosion). Die Schweißnähte werden nur für die quergerichteten waagrechten Kräfte und auf Schubkräfte infolge statischer Mitwirkung bemessen; dies bedingt jedoch eine einwandfreie direkte Auflagerung auf dem Träger, da sonst die Schweißnähte überbeansprucht werden.

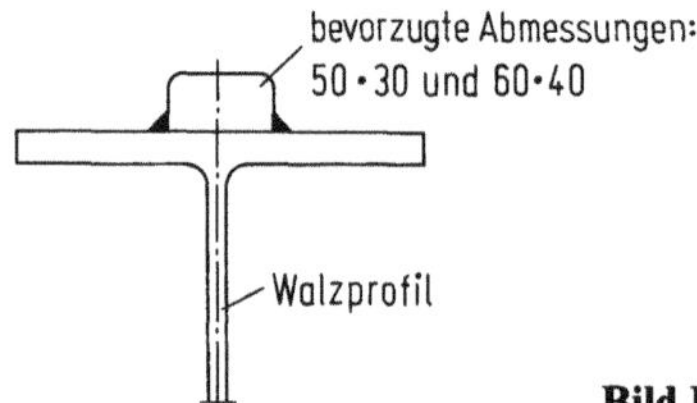

Bild B 207. Aufgeschweißte Flachstahlschiene

Die Flachstahlschienen werden normiert mit Kopfbreiten 50 bis 70 mm, Höhen 30 bis 40 mm und Zugfestigkeiten f_t = 490 und 590 N/mm² hergestellt. Größere Abmessungen und Stähle höherer Festigkeiten sind jedoch erhältlich, wobei bei den Stählen höherer Festigkeit auf Schweißeignung zu achten ist.

Schienenform für gleitende Lagerung

Die gleitende Lagerung der Schienen weist folgende Vorteile auf:
— genaueres Ausrichten der Schienen, zumindest quer zur Fahrrichtung einfach;
— mögliches Auswechseln abgenützter Schienen, wie dies bei rauhem Betrieb erforderlich ist;
— Schiene über die ganze Länge aus einem Stück, auch bei den Kranbahnfugen;
— Möglichkeit der Anordnung elastischer Verschleißplatten (ruhigerer Lauf des Kranes und geringerer Verschleiß von Schiene und Spurkranz; verminderte Stegbeanspruchung durch die verbesserte Längsverteilung der Lasten).

Der Einbau elastischer Kranschienenunterlagen führt aber zu einer nicht unbeträchtlichen Querbiegung des Obergurtes des Kranbahnträgers, wirkt doch die Unterlage als elastische Bettung mit einer fast gleichmäßigen Verteilung in Querrichtung. Durch eine abgestufte Härte, insbesondere durch Stahleinlagen im Mittelbereich wird Abhilfe geschaffen.

Als Kranschienen kommen hier die Schienen mit Fußflansch Form A nach DIN 536 Teil 1 (vgl. Bild B 208a), mit einer zwischen 45 und 120 mm variierenden Kopfbreite, sowie Blockschienen mit eingewalzten oder aus einem Vollprofil gehobelten oder gefrästen Nuten für die Klemmbefestigung (vgl. Bild B 208b) in Frage. Die Befestigung geschieht heute fast ausschließlich durch im Handel erhältliche aufgeschraubte

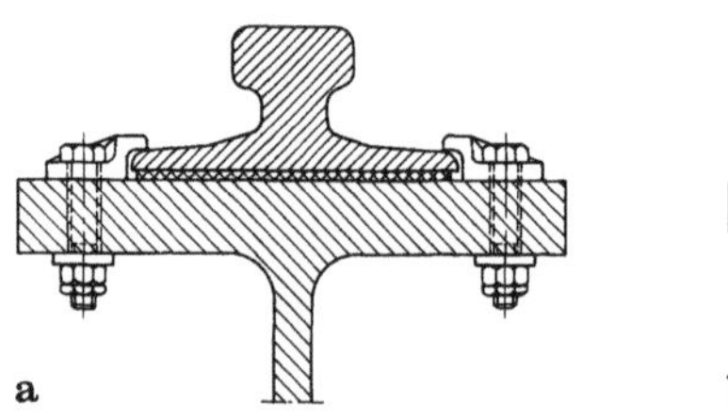

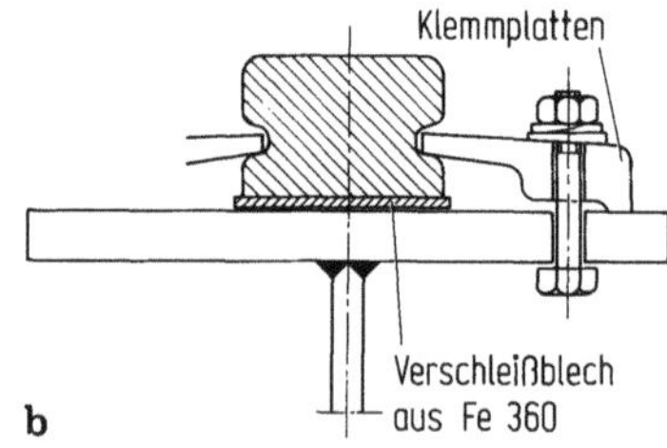

Bild B 208. **a** Einteilige Klemme für eine A-Schiene; **b** Einteilige Klemme für eine Nutenschiene

Schienenklammern. Das Aufschweißen von Klemmplattenteilen, bei zweiteiligen Klemmen, führt zu einer unerwünschten Kerbwirkung. Dies gilt auch für die früher z. B. mit Bolzenschweißung befestigten Gewindebolzen.

8.4.3 Schienenstöße

Schienenunterbrechungen sind aus betrieblichen Gründen zu vermeiden, weil hier der Verschleiß weit höher ist. Mitwirkende Schienen werden bei den Stößen ebenfalls mit Schweißnähten gestoßen. Um ein einwandfreies Schweißen des Trägerflansches zu ermöglichen, sind für die Schiene zwei Nähte mit einem dazwischenliegenden Übergangsstück vorzusehen, die sauber verschliffen werden (Fahreigenschaften des Kranes). Bei gleitender Lagerung werden die Schienen über die ganze Hallenlänge zusammengeschweißt und selbst über Dehnfugen der Kranbahnträger durchgeführt. Für eine vollständige Verschweißung der Schienenquerschnitte sind geeignete Schweißverfahren je nach Profil und Stahlqualität zu wählen.

Sind Schienenunterbrechungen erforderlich, so werden sie gemäß Bild B 209 unter 45° angeordnet.

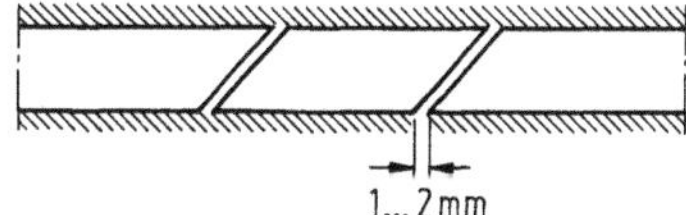

Bild B 209. Schienenunterbrechung für eine mitwirkende Schiene

8.5 Kranbahnträger

Für Hängekrane genügen die Schienenprofile allein (enge Aufhängung) oder es werden zusammengesetzte Querschnitte verwendet. Für Lauf- und Konsolkrane sind dagegen stets besondere Träger erforderlich.

8.5.1 Hängekrane

Die Kranbahnen werden als Durchlaufträger ausgebildet. Die pendelige Aufhängung erlaubt eine einfache Regulierungsmöglichkeit bezüglich der Höhenlage, führt jedoch zu einer gewissen Beweglichkeit längs und quer.

8.5.2 Laufkrane

Als statische Systeme für Kranbahnträger kommen in Frage: einfacher Balken, Durchlaufträger oder Zweifeldträger. Wegen der größeren Steifigkeit und des Wegfalls von Schienenunterbrechungen sind durchlaufende Systeme zu bevorzugen. Bei schweren Krananlagen wird gelegentlich der einfache Balken verwendet, weil die Aufnahme der bei durchlaufenden Systemen auftretenden negativen Auflagerkräfte nicht problemlos ist. Als Variante kommt eine Ausbildung als Durchlaufrahmen in Frage, wie sie in Bild B 23 dargestellt ist.

Die Träger können vollwandig oder fachwerkartig ausgebildet werden. Infolge der großen Einzellasten ist die vollwandige Ausbildung vorzuziehen. Die bei genieteten Konstruktionen verbreitete Fachwerklösung kommt heute praktisch nicht mehr in Frage.

Die Träger werden durch lotrechte und waagrechte (längs und quer wirkende) Kräfte beansprucht (vgl. Abschnitt 8.3.3). Die Längskräfte dürfen normalerweise vernachlässigt werden, ausgenommen für die Bemessung der Bremsverbände.

8.5.2.1 Lotrechte Lasten

Neben den Biegemomenten und den Querkräften sind die örtlichen Beanspruchungen im Steg infolge der Lasteinleitung sowie eine mögliche exzentrische Lagerung zu berücksichtigen. Dabei darf angenommen werden, daß die Kranschiene und der Obergurt die Radlast auf eine gewisse Länge verteilen. Die übliche Annahme geht aus Bild B 210 hervor. Für die Berechnung muß auch der Fall mit abgenützter Schiene — etwa 1/4 der Schienenkopfhöhe — untersucht werden. Für eine genauere Ermittlung der Verteillänge, ausgehend von einem Balken (= Schiene + Flansch) auf elastischer Bettung (= Steg) kann z. B. auf Gehri (1979) sowie auf die Veröffentlichung B1 „Berechnungsgrundlagen für Kranbahnen" der Schweiz. Zentralstelle für Stahlbau (1979) hingewiesen werden.

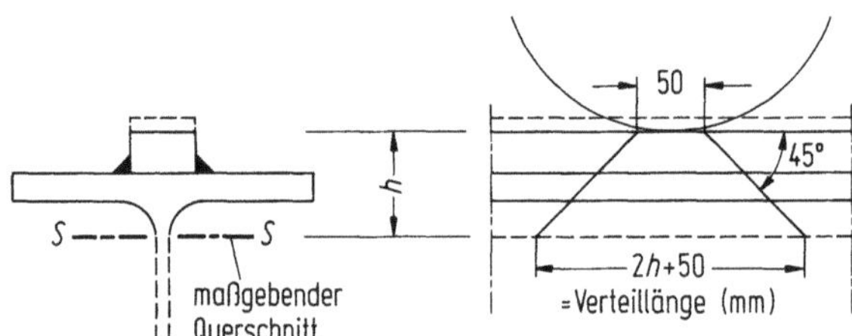

Bild B 210. Längsverteilung der Radlast

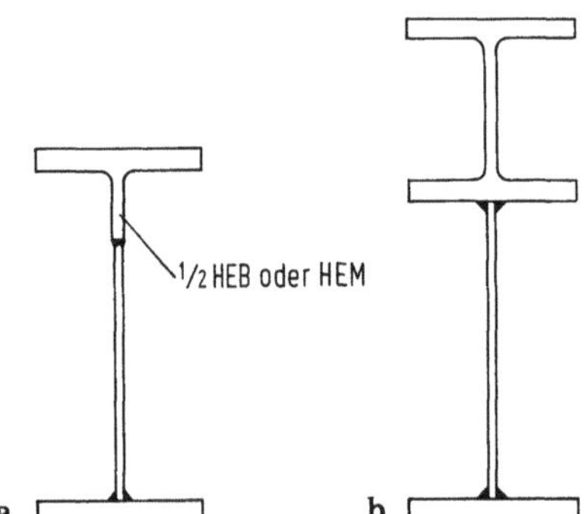

Bild B 211a, b. Örtliche Stegverstärkung für leichtere Anlagen (a) und für schwere Kranbahnen (b)

Die hohen Pressungen, die stets unterhalb der Fließgrenze zu halten sind, können eine Verstärkung des Steges erfordern. Bild B 211 zeigt zwei Ausbildungsmöglichkeiten.

Als Verbindungsmittel kommen Kehl- oder K-Nähte in Frage. Bei Kehlnähten ist die obere Stegkante zu hobeln und beim Schweißen gut mit der Lamelle zu verspannen. Ohne diesen sicheren Kontakt wären die Kehlnähte überbeansprucht. Bei K-Nähten kommt diese Schwierigkeit nicht vor. Zudem liegt die Ermüdungsfestigkeit für die hier besprochenen Beanspruchungen quer zur Naht höher.

8.5.2.2 Längskräfte

Obwohl die Längskräfte bezüglich des Kranbahnträgers vernachlässigt werden dürfen, muß auf die Standsicherheit der Krananlage geachtet werden. Dazu können häufig die entsprechenden Windverbände herangezogen werden. Bild B 212 zeigt mögliche Ausbildungen der Bremsverbände; eine Kombination mit den Wandverbänden ist hier üblich.

Dabei muß beachtet werden, daß die Kranbahnträger in der Regel nicht in der Ebene der Windverbände verlaufen. Bei der Ausbildung nach Bild B 213a führt diese Exzentrizität zu Biegemomenten in den Konsolen und zu Torsionsmomenten in den Stützen, die nicht vernachlässigt werden dürfen. Falls diese Beanspruchungen zu groß werden sollten, ist nach Bild B 213b ein waagrechter Verbindungsverband vorzusehen. Auch eine waagrechte vollwandige Verbindung ist denkbar.

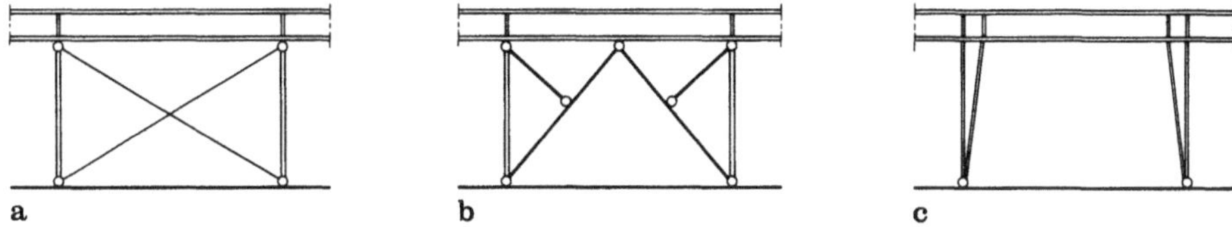

Bild B 212a–c. Mögliche Ausbildungen für Bremsverbände

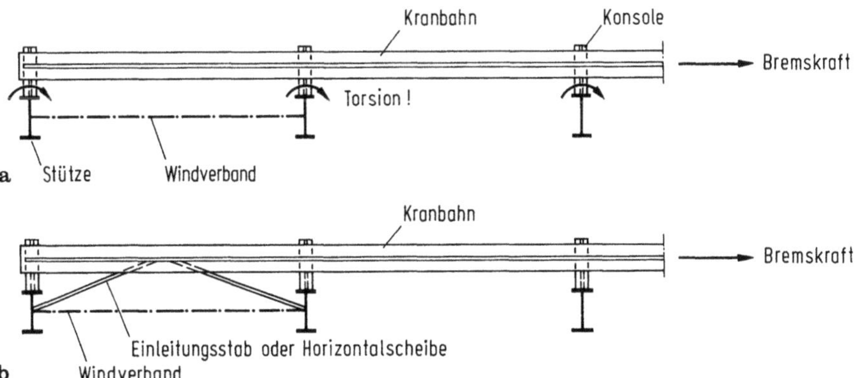

Bild B 213a, b. Waagrechte Verbindung zwischen Kranbahn und Windverband

8.5.2.3 Waagrechte Lasten quer zur Kranbahn

Diese in Abschnitt 8.3.3 erwähnten Lasten wirken auf die Schienenoberkante (Radkranz, vgl. Bild B 214a) oder direkt auf den Obergurt (bei Laufkranen mit waagrechten Führungsrollen nach Bild B 214b), so daß Torsionsmomente im Kranbahnträger auftreten. Bei der üblichen Lösung mit Spurkranzführung ist zu beachten, daß die waagrechte Kraft häufig nur auf eine Kranbahn wirkt, da auf der anderen Seite die Räder quer verschieblich gelagert sind.

Im Folgenden werden einige Ausbildungsformen für die Aufnahme der waagrechten Kräfte beschrieben.

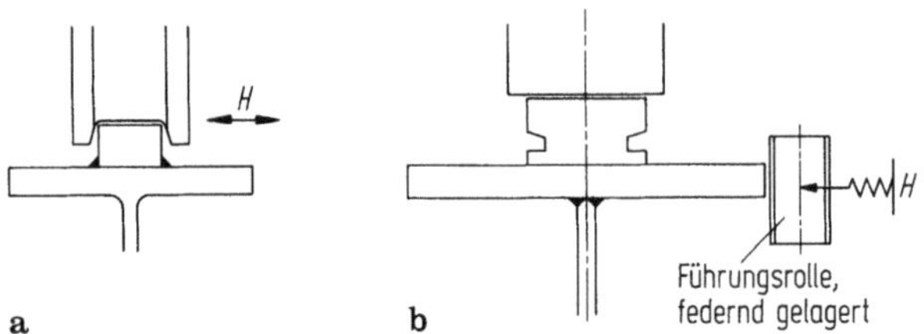

Bild B 214a, b. Seitliche Führung von Laufkranen

Offene Querschnitte

Für kurze Spannweiten und kleine Querlasten genügt öfters ein unverstärktes Walzprofil (HEA oder HEB, seltener IPE). Manchmal ist es wirtschaftlicher, den Obergurt zu verbreitern. Bild B 215a zeigt die Verstärkung eines Walzträgers mit angeschweißten Winkeln, Bild B 215b einen Blechträger mit unsymmetrischem Querschnitt.

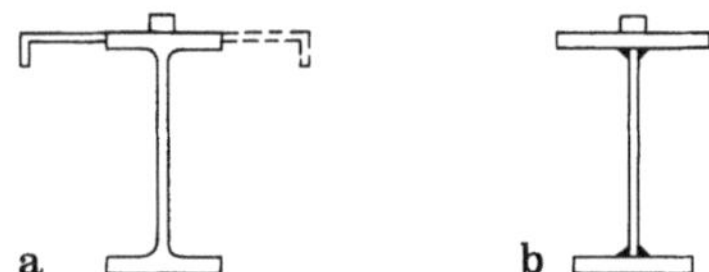

Bild B 215a, b. Kranbahnträger mit verstärktem Obergurt

Bei größeren Spannweiten und höheren Querlasten ist zur Erhöhung der seitlichen Steifigkeit eine waagrechte Tragebene vorzusehen, die nach Abschnitt 2.2.3.4 in die Haupttragkonstruktion integriert werden kann. Bild B 216 zeigt die grundsätzliche Anordnung. Das Verbandfachwerk wirkt manchmal gleichzeitig als Wandriegel. Bei schnellaufenden Kranen ist diese Kombination wegen der Erschütterungen zu vermeiden.

Laufstege, die nach Abschnitt 8.3.2 primär wegen der Arbeitssicherheit angeordnet sind, können mit dem Obergurt verschweißt und als horizontale Tragebene ausgenützt werden. Bei vollwandiger Ausbildung sind die mitwirkenden Teile durch Steifen gegen Beulen zu sichern. Riffel- oder Warzenbleche sowie gelochte Bleche werden meist am Obergurt angeschraubt, so daß nur eine teilweise Mitwirkung vorliegt.

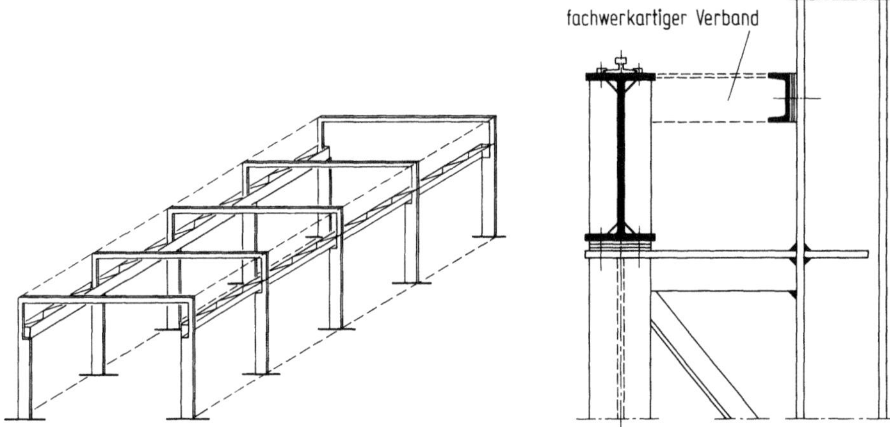

Bild B 216. Längsverband eines Kranbahnträgers

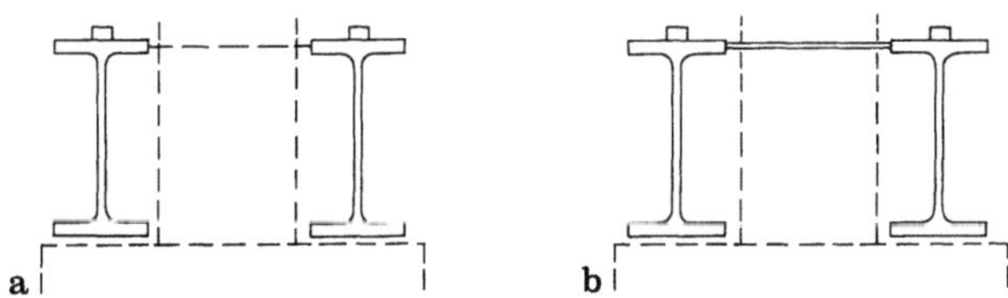

a   b

Bild B 217a, b. Gemeinsame Längsscheibe als Fachwerk (**a**) oder als Laufsteg (**b**)

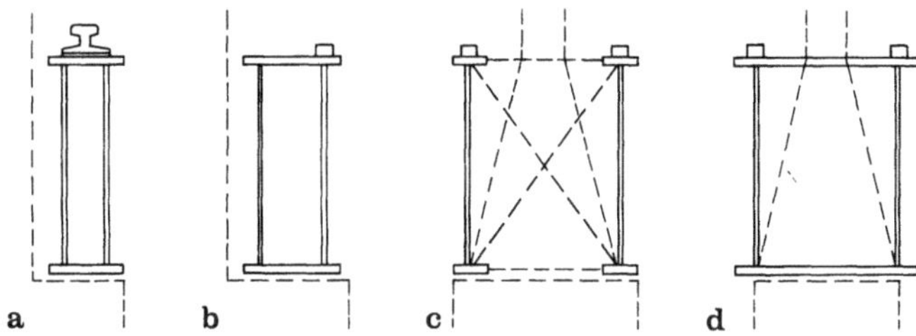

a   b   c   d

Bild B 218a–d. Kastenförmige Kranbahnträger; **a** Amerikanische Bauweise; **b** Kastenförmiger Träger mit einem dickeren Steg unter der Schiene; **c** Nebeneinanderliegende Träger mit oberer und unterer Fachwerkscheibe; **d** Kastenträger für zwei Kranbahnen

Bei symmetrischen Anlagen in mehrschiffigen Hallen kann nach Bild B 217 eine waagrechte Tragebene für zwei benachbarte Kranbahnen benützt werden.

Kastenförmige Querschnitte

Kastenförmige Querschnitte bedingen einen höheren Bearbeitungsaufwand, so daß sie nur für größere Kranlasten oder bei symmetrischen Anlagen in mehrschiffigen Hallen in Frage kommen. Bild B 218 zeigt schematisch einige Ausbildungsmöglichkeiten. Für das Heranziehen der beträchtlichen waagrechten Steifigkeit kastenförmiger Kranbahnträger bei der Verteilung der Seitenkräfte sei auf Abschnitt 2.2.3.4 hingewiesen.

8.5.3 Konsolkrane

Bild B 219 zeigt mögliche Ausbildungen für die obere und die untere Kranbahn eines Konsolkranes. Da die Konsolkrane als Ergänzung der Laufkrananlagen angeordnet werden, ist eine Kombination mit den Trägern der Laufkrane möglich. Die Probleme der Krafteinleitung sind gleich wie bei den Laufkranen zu behandeln.

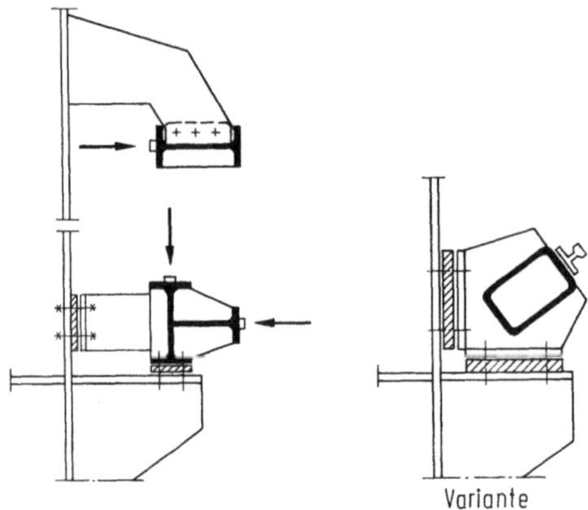

Bild B 219. Kranbahnträger für Konsolkrane

8.5.4 Anmerkungen zur Bemessung der Kranbahnträger

Schnittkräfte

Für mehrfeldrige Durchlaufträger mit verstärkten Randfeldern sind die Grenzwerte der wichtigsten statischen Größen für einen oder zwei Laufkrane in Handbüchern enthalten, so daß in der Regel auf die Ermittlung und Auswertung von Einflußlinien verzichtet werden kann. Wegen der Ermüdungsgefahr dürfen die Schnittkräfte nicht plastisch berechnet werden.

Bemessung

Kranbahnträger werden nach Abschnitt 8.5.2.3 auf schiefe Biegung und Torsion beansprucht. Je nach Ausbildung werden bei der Bemessung die unten angegebenen einfachen aber genügend genauen Näherungen für die Beschreibung des Tragverhaltens verwendet. Eine genauere Bemessung mit der Theorie der Wölbkrafttorsion ist in der Regel nicht erforderlich.

a) Offener Querschnitt nach Bild B 220a

Mit brauchbarer Näherung wird das Moment M_x aus den lotrechten Lasten durch den Gesamtquerschnitt aufgenommen. Das Querbiegemoment M_y wird ganz dem oberen

Teilquerschnitt zugewiesen. Bei stark geneigten Hauptachsen ist eine genauere Berechnung auf Biegung in zwei Richtungen und Wölbkrafttorsion unter Berücksichtigung der Lagerungsbedingungen durchzuführen.

b) Faltwerke

Bei der Ausbildung mit Längsverband nach Bild B 220b liegt an sich eine Faltwerkkonstruktion vor. In erster Näherung wird das Biegemoment M_x durch den Vollwandträger aufgenommen. Der waagrechte Fachwerkträger übernimmt die Querbiegung M_y, wobei der Innengurt durch den oberen Teilquerschnitt gebildet ist. Für eine genauere Berechnung kann auf Abschnitt 7.3.2.3 hingewiesen werden: die Gurtzuwachskräfte des Fachwerkverbandes, d. h. die Kantenkräfte wirken als exzentrische waagrechte Zusatzbelastung des Vollwandträgers.

c) Kastenquerschnitte nach Bild B 220c

Die Biegespannungen werden hier nach der klassischen Biegelehre (Navier) ermittelt, die Torsionsschubspannungen nach der ersten Bredtschen Formel. Bezugspunkt für die Torsion ist selbstverständlich der Schubmittelpunkt M.

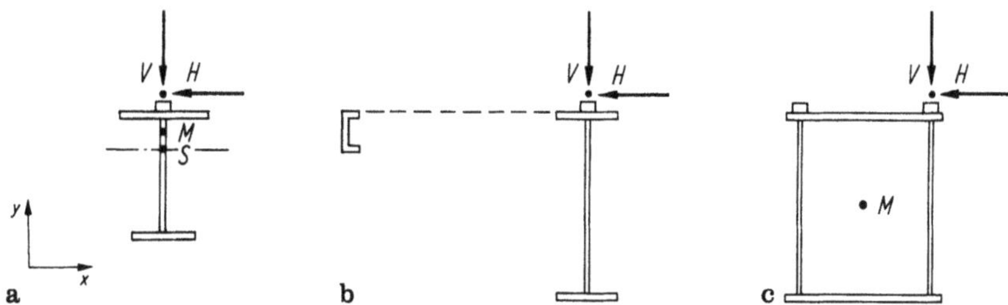

Bild B 220a–c. Beanspruchungen von Kranbahnträgern verschiedener Querschnittsausbildung

8.6 Konstruktive Ausbildung der Auflagerung

Bei leichten Kranen werden die Kranbahnen über Konsolen an die Hallenstützen befestigt, während bei höheren Lasten eine direkte Einleitung in die Stütze bevorzugt wird. Montageungenauigkeiten, sowie gewisse Verformungen der Hallenkonstruktion sind nicht zu vermeiden, so daß die Auflagerung stets eine nachträgliche Regulierung der Kranbahn erlauben soll.

Leichte Kranbahnen

Für die Ausbildung nach Bild B 221 sind Futterbleche zur Einregulierung der Kranbahnspur erforderlich. Die Auflagerkräfte werden von HV-Schrauben oder von Paßschrauben aufgenommen.

Die Ausführungen nach den Bildern B 222a und b unterscheiden sich nur in der Art der Weiterleitung der Seitenkräfte. Beim leichten Kranbahnträger a) wird der Steg des Walzprofiles mit einer Rundstange am Stützenflansch (Rundloch, Durchmesser 2d) angeschlossen. In der Ausbildung b) ist der Obergurt seitlich verstärkt, und der Winkel dient zugleich als Verbindung mit der Stütze. In beiden Fällen sind Lang-

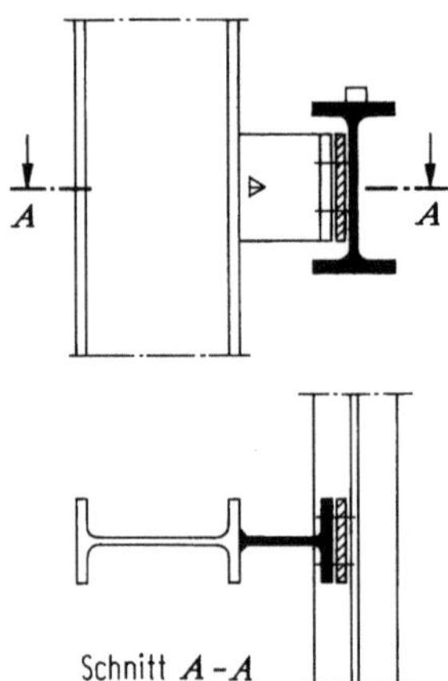

Schnitt $A-A$

Bild B 221. Seitliche Befestigung eines Kranbahnträgers

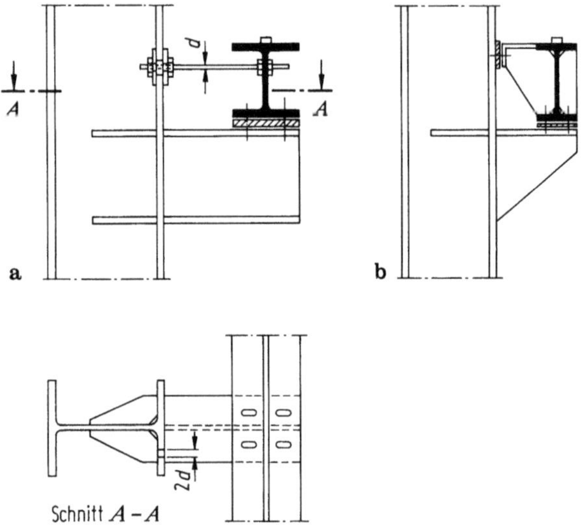

a

b

Schnitt $A-A$

Bild B 222 a, b. Auflagerung von Kranbahnträgern auf Konsolen

löcher in den Konsolen zur Einregulierung der Kranbahnspur und Futter zur Höhen-regulierung erforderlich.

Für den Anschluß der Konsolen an den Stützen kommen Kehlnähte oder Stumpf-nähte in Frage. Bei der Wahl muß das Ermüdungsverhalten berücksichtigt werden, so daß Kehlnähte nur bei einer beschränkten Lastwechselzahl in Frage kommen.

Schwere Kranbahnen

Bild B 223 zeigt eine mögliche Ausbildung für eine Kranbahn mit einem als seitlicher Verband wirkenden Laufsteg. Für weitere Ausführungsbeispiele sei auf die Bilder in Abschnitt 6.5.2 sowie auf Bild B 205 hingewiesen.

Bei den Befestigungen der Kranbahnträger an die Stützen treten bei schwerem Kranbetrieb gelegentlich Schäden auf. Diese sind auf die Unverträglichkeit der Verbindungsart mit den auftretenden Kräften und Verformungen zurückzuführen. Für weitere Angaben sei u. a. auf Gehri (1975) hingewiesen.

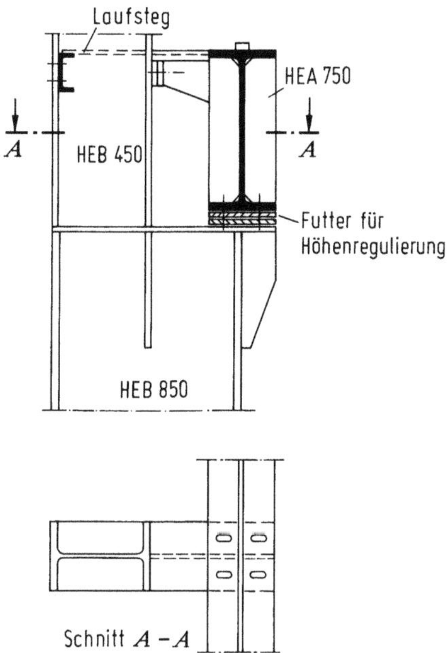

Bild B 223. Auflagerung eines Kranbahnträgers in der Ebene des Stützeninnenflansches

C Skelettbauten

Konstruktionsarten

1 Allgemeines

1.1 Entwurfskriterien

1.1.1 Definition Skelettbau

Ein Skelettbau ist ein meist vielgeschossiger Bau, bei dem die tragende Konstruktion im wesentlichen durch ein Gerippe oder Skelett gebildet wird. Der Raumabschluß wird durch andere Bauelemente übernommen. Beim reinen Stahlskelettbau besteht das Gerippe aus Stahl, während der Raumabschluß in der Regel durch andere Baustoffe erfolgt.

1.1.2 Wirtschaftliche Aspekte

Die Anordnung von Räumen übereinander erlaubt eine höhere Nutzung der Gebäudegrundrißfläche. Zudem ergeben sich zwischen den einzelnen Räumen kürzere Verbindungswege und somit eine wirtschaftlichere Nutzung des Gebäudevolumens. Bezüglich Raumgestaltung bestehen allerdings gegenüber den eingeschossigen Bauten größere Einschränkungen. So müssen die Räume stapelbar sein. Zudem ist ein hoher Grad an Einheitlichkeit gewünscht, um eine Rasterbildung des Skelettes zu ermög-

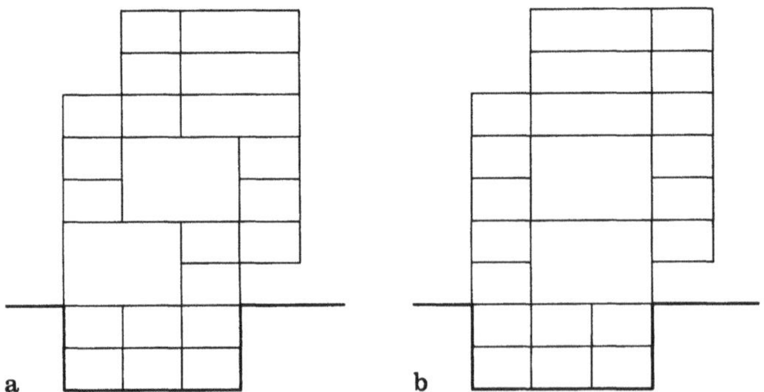

Bild C 1a, b. Mögliche Anordnung von Räumen (nur ebene Betrachtung)

lichen. So zeigt die Lösung b) im Bild C 1 eine statisch günstigere Anordnung. Zusätzlich ist noch die Gliederung in der Tiefe zu beachten, stellt doch das Skelett eine räumliche Struktur dar.

Der Gliederung des Skelettes, d. h. der statisch zweckmäßigen Stapelung der Räume und der Festlegung der Raumgröße (Rastermaß) kommt größte wirtschaftliche Bedeutung zu, weshalb der Bauingenieur bereits in der Vorprojektphase beizuziehen ist. Dabei darf jedoch nicht übersehen werden, daß die Kosten der Tragstruktur nur einen Bruchteil der Gesamtkosten darstellen. Raumabschließende Elemente, Transportanlagen, Heizung und Lüftung haben einen meist höheren Anteil an den Gesamtkosten.

Durch die Gliederung des Gebäudes ist die Form des Skelettes weitgehend festgelegt, nicht aber die eigentliche Tragstruktur (vgl. Abschnitt 1.2). Die Aufgabe des Ingenieurs besteht nun im Suchen nach einer wirtschaftlichen Ausbildung des Traggerippes, das sowohl den räumlichen Erfordernissen als auch den Anforderungen in statischer Hinsicht genügt.

1.1.3 Statische Anforderungen

Das Skelett muß einen genügenden Tragwiderstand besitzen und soll eine dem Verwendungszweck angepaßte Steifigkeit aufweisen.

Der *Tragwiderstand* des Skelettes ist für die ungünstigste Lastkombination nachzuweisen. Die lotrechten Lasten (Eigenlasten, Nutzlasten und Schneelasten) sind gemäß den geltenden Vorschriften einzuführen. Bei höheren, schlanken Gebäuden kommt den horizontalen Lasten aus Wind sowie den Temperatureinwirkungen größere Bedeutung zu (vgl. Abschnitt 1.4). Zu berücksichtigen sind auch die außerordentlichen Einwirkungen (Erdbeben, Explosion, Brände usw.).

Die erforderliche *Steifigkeit* wird durch die Nutzung des Gebäudes und durch das Verformungsverhalten sowie die Empfindlichkeit der raumabschließenden Elemente bestimmt. Dabei ist zu unterscheiden zwischen lokaler Steifigkeit (Durchbiegung von Geschoßdecken und Fassaden, relative Verschiebung übereinanderliegender Geschosse) und der Gesamtsteifigkeit (waagrechte Auslenkung des Gebäudes, Schwingungsverhalten).

Die für Hallenbauten festgelegten Grenzwerte der waagrechten Verformungen dürfen nicht auf Skelettbauten übertragen werden. In der Regel ist sowohl die totale Auslenkung als auch die gegenseitige Verschiebung zwischen zwei Stockwerken (Risse in den Zwischenwänden) zu begrenzen. Als Richtwerte können gelten (bei Beanspruchung unter Normwind ohne Lastfaktor):
— Gesamtauslenkung   1/400 bis 1/700 der Gebäudehöhe;
— gegenseitige Verschiebung 1/600 bis 1/1000 der Stockwerkhöhe.

Die kleineren Grenzwerte sind für Skelettbauten mit leichter Verkleidung einzuhalten, die größeren dürfen für massive Auskleidungen verwendet werden. Man berücksichtigt damit indirekt die rechnerisch vernachlässigte, aussteifende Wirkung der massiven Auskleidung.

1.1.4 Bauphysikalische Anforderungen

Wegen der weitgehenden Funktionstrennung (vgl. Abschnitt 1.1.1) hat das Verhalten des Baustoffes Stahl hinsichtlich Wärme- und Schalldämmung eine geringe Bedeutung. Durch Vermeiden einer direkten Verbindung zwischen Umgebung und Innenraum sowie zwischen Innenräumen mittels durchgehender Stahlteile können nachteilige bauphysikalische Eigenschaften des Stahles (Kälte- oder Wärme- und Schallbrücken) ausgeschaltet werden.

Neuerdings werden allerdings Stahlskelette oder Teile davon außerhalb der Umhüllung angeordnet; dadurch soll ein architektonischer Akzent gesetzt werden. Dies muß jedoch mit gewissen bauphysikalischen Nachteilen erkauft werden. Temperaturänderungen der Außenluft wirken unmittelbar auf Teile des Stahlskelettes ein. Nebst Lösung der daraus resultierenden bauphysikalischen Probleme müssen aber auch statische Probleme aus dem Lastfall Temperatur (zusätzliche Kräfte aus Temperatureinwirkungen, Auslenkungen infolge Temperaturdifferenzen) beachtet werden.

1.1.5 Belastungen

Bei der Berechnung und Bemessung von Skelettbauten sind folgende Einwirkungen zu beachten:

Ständige Lasten, insbesondere Eigenlasten

Die Eigenlasten der einzelnen Bauteile und der Einrichtungen sind den tatsächlichen Abmessungen und Verhältnissen entsprechend zu ermitteln. Für die Bestimmung der meist vorkommenden Eigenlasten werden zudem mittlere Einheitsmassen angegeben. Bei der Ermittlung der Standsicherheit sind, falls die ständigen Lasten stabilisierend wirken, hierfür untere Grenzwerte (z. B. die 0,8- oder 0,9-fachen mittleren Werte) einzuführen.

Nutzlasten

Die einzuführenden Regelwerte sind den nationalen Vorschriften zu entnehmen. Falls bei Wohnbauten, Dienstgebäuden und Geschäftshäusern nicht eine Vollbelastung aller Decken zu erwarten ist, darf die auf einer Stütze oder Wand wirkende Nutzlast reduziert werden, indem z. B. nur auf einem Geschoß die volle Nutzlast eingesetzt und für die anderen Geschosse eine geringere Last in Rechnung gestellt wird. Im Falle von Abfangkonstruktionen sowie bei der Fundamentberechnung darf die gleiche Reduktion angenommen werden.

Schneelasten

Bei mehrgeschossigen Bauten haben die Schneelasten für das Gesamttragwerk eine sekundäre Bedeutung. Einzig lokal, d. h. für die Bemessung des Dachtragwerkes ist eine genauere Erfassung der Schneelasten erforderlich. Mit der Gebäudehöhe zunehmende Windströmung führt zudem zu einem stärkeren Schneeabtrag und -verfrachtung. Die Schneelasten sind demzufolge ungleichmäßiger verteilt aber gesamthaft auch kleiner (vgl. auch Abschnitt A 3.4.3).

Windlasten

Die Windlastangaben in den nationalen Vorschriften können trotz ihrer Ausführlichkeit nicht alle Bauwerksformen abdecken. Für Bauwerke, bei denen die Windbelastung maßgebend für die statische Ausbildung ist und die eine nicht mit den Normangaben übereinstimmende Form aufweisen, sollten die Windlasten mittels Windkanaluntersuchungen genauer erfaßt werden. Dabei darf der — im Laufe der Lebensdauer des Bauwerkes variierende — Einfluß der Umgebung nicht außer acht gelassen werden.

Für Teilbereiche, insbesondere für Fassaden- und Dachelemente, können wesentlich höhere Windlasten auftreten. Hohe Werte werden in Rand- und Eckzonen festgestellt (vgl. Abschnitt A 3.5.3).

Temperaturänderungen

Meistens werden keine auf Skelettbauten spezifisch ausgerichteten Vorschriften über Temperatureinwirkungen angegeben. Je nach Anordnung des Skelettes innerhalb, inmitten oder außerhalb der isolierenden Raumhülle treten andere Temperaturschwankungen auf, die von Fall zu Fall zu erfassen sind. Liegen Teile der Tragstruktur ungeschützt außerhalb der Raumhülle, so sind Temperaturschwankungen von $\pm 30\,°C$ gegenüber der mittleren Ortstemperatur zu berücksichtigen, wobei diese Schwankungen jeweils einheitlich über die betrachteten Tragwerksteile anzunehmen sind. Hinzu sind aber auch erhebliche Temperaturunterschiede zwischen besonnter und unbesonnter Seite zu beachten.

Erdbebenwirkungen

In der Regel sind nur die in waagrechter Richtung auftretenden Verschiebungen und Beschleunigungen zu berücksichtigen. Für nicht allzu hohe Gebäude (< 50 m) mit weitgehend symmetrischem Tragwerksgrundriß und Massenverteilung wird der Nachweis meistens mit horizontalen Ersatzlasten durchgeführt, die von der waagrechten Erdbebenbeschleunigung (Zoneneinteilung aufgrund der tatsächlichen Seismizität) und von einem frequenzabhängigen Konstruktionswert abhängig sind. Dieser Konstruktionswert berücksichtigt den günstigen Einfluß der plastischen Verformungen aber auch die Bedeutung des Bauwerkes für die Allgemeinheit (Bauwerksklassen). Damit darf bei dieser außergewöhnlichen Einwirkung für alle Bauwerke mit dem gleichen Lastfaktor von 1,0 gerechnet werden.

Je nach Nutzung sind für die gleichzeitig wirkenden lotrechten Lasten neben den ständigen Lasten verminderte Nutzlasten einzuführen, deren Größe vom Gebäudezweck (z. B. kleinere Reduktion für Lagerhäuser) abhängt.

Das Verfahren der Ersatzlasten kann die Erdbebenwirkungen nur rudimentär erfassen. Für besondere Bauwerke, z. B. für Turmhochhäuser sind verfeinerte Ansätze anzuwenden, welche die Schwingungscharakteristik des Gebäudes und die Besonderheiten seines elastischen sowie elastoplastischen Verhaltens berücksichtigen. In diesem Zusammenhang kann das oft verwendete Antwortspektren-Verfahren nur erwähnt und auf die umfangreiche Literatur verwiesen werden.

Brandeinwirkungen

Der Lastfall Brandeinwirkung wurde in den bisherigen Normen für Belastungs-
annahmen nicht direkt aufgeführt. In Analogie zu den Erdbebenwirkungen dürfen
die Brandeinwirkungen als außerordentliche Einwirkungen betrachtet und behandelt
werden.

Aufgrund der feuerpolizeilichen Vorschriften der zuständigen Ämter wird der Nachweis einer bestimmten Brandwiderstandsklasse gefordert. Ausbildung und Bemessung
der Tragkonstruktion haben so zu erfolgen, daß der geforderte Brandwiderstand aus-
gewiesen werden kann. Das Vorgehen ist analog dem statischen Tragfähigkeitsnachweis. Neu hinzu kommt hier, daß Einflüsse aus Wärmedehnungen (und Wärmedeh-
nungsbehinderungen) bei den Beanspruchungen sowie Einflüsse aus Temperatur-
erhöhungen auf die Werkstoffeigenschaften und auf den Eigenspannungszustand der
Bauteile bei den Tragwiderständen zu berücksichtigen sind. Für weitere Angaben sei
u. a. auf die EKS-Empfehlungen (1983) sowie auf die SIA Dokumentation 82
(Schweiz. Ing.- und Arch.-Verein, 1985) verwiesen.

Explosionen

Angaben hierüber sind in Abschnitt A 3.7.3 zu finden. Bei Geschoßbauten ist die Gesamtanordnung so zu wählen, daß eine örtliche Zerstörung nicht zu einem progressiven Einsturz großer Teile des Gebäudes führt.

1.2 Tragstrukturen

1.2.1 Ausbildungsformen

Die Auslegung der Tragkonstruktion erfolgt derart, daß für die gegebenen Raumab-
messungen (dadurch sind die möglichen Abstützpunkte festgelegt) eine wirtschaftliche
Aufnahme der auftretenden Lasten und Einwirkungen erfolgt.

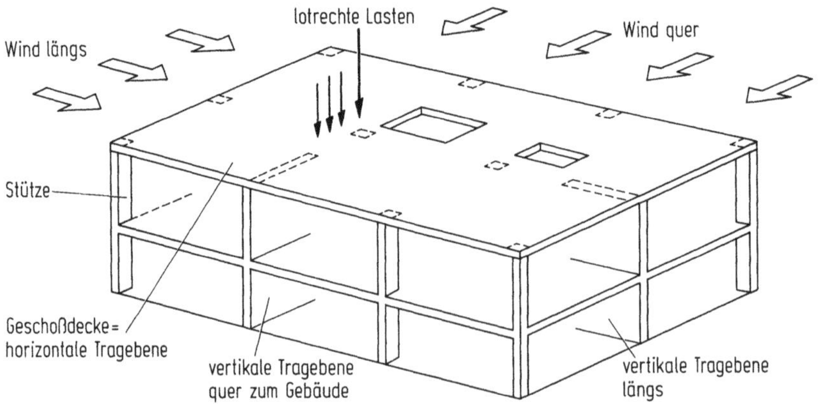

Bild C 2. Tragelemente von Geschoßbauten

Beim Entwurf der Tragkonstruktion mehrgeschossiger Bauten liegt das Hauptgewicht in der rationellen Aufnahme der lotrechten Lasten. Mit zunehmender Gebäudehöhe und zunehmender Schlankheit (Verhältnis Gebäudehöhe zur Gebäudebreite) steigt der Einfluß der Horizontalkräfte (Wind, Erdbeben), und deren Ableitung wird zum vorrangigen statischen Problem (vgl. Abschnitt 1.2.4). Die Tragstruktur schlanker Gebäude wird daher wesentlich verschieden von derjenigen gedrungener Gebäude mit wenigen Geschossen sein. Deshalb werden anschließend die Tragstrukturen für mehrgeschossige Bauten (Abschnitt 2) und für Turmhochhäuser (Abschnitt 3) getrennt behandelt. Im Zwischenbereich gedrungen/schlank treten beide Arten von Tragstrukturen, häufig in gemischter Form, auf.

Die Tragelemente lassen sich in horizontale Tragebenen (Geschoßdecken) und in vertikale Tragebenen (Wände, Stützen) zusammenfassen (vgl. Bild C 2).

1.2.2 Geschoßdecken

Der Ausbildung der Geschoßdecken kommt große Bedeutung zu. Diese hat einerseits statischen Anforderungen zu genügen, d. h. der Ableitung der Deckenlasten zu den Stützen oder Wänden, unter Beachtung der gewünschten Spannweiten und der zur Verfügung stehenden Bauhöhe. Bei Geschäftsbauten muß zudem auf die umfangreichen Versorgungsleitungen (insbesondere Kanäle für die Klimaanlagen) Rücksicht genommen werden. Hierfür werden größere Durchbrüche und ein genügender Hohlraum zwischen Geschoßdecke und Unterdecke benötigt (vgl. Abschnitt 1.3.1).

Für die Geschoßdecken stehen die verschiedensten Ausbildungen zur Verfügung. Grundsätzlich können folgende Lagerungsbedingungen vorkommen: punktgestützte Decke nach Bild C 3 oder Linienstützung, entweder nur in einer Richtung mittels Unterzüge (Riegel) oder in zwei orthogonalen Richtungen. Durchbrüche, unregelmäßige Stützung und/oder Grundrißform führen zu aufwendigeren Deckenausbildungen.

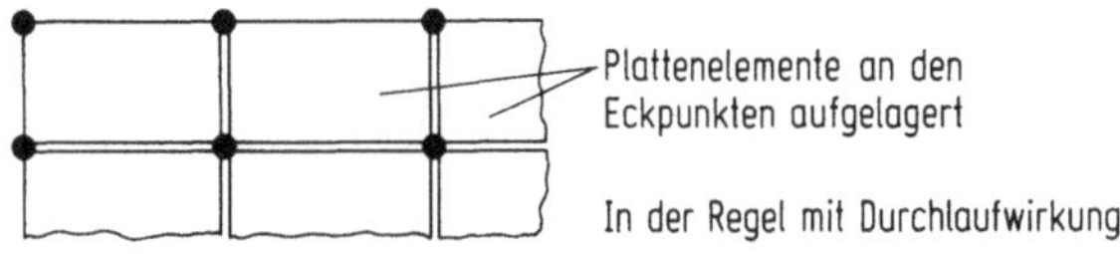

Bild C 3. Punktgestützte Decke

Die Geschoßdecken weisen in der Regel eine ausreichende Schubsteifigkeit (in horizontaler Richtung) auf, so daß keine speziellen waagrechten Scheiben (Verbände) benötigt werden.

1.2.3 Stützen

Stützen dienen zur konzentrierten Ableitung der lotrechten Lasten. Gewünscht wird ein möglichst kleiner Querschnitt (höhere Nutzung und kleinere Behinderung in der Raumeinteilung). Tragende Wände können die gleiche Funktion ausüben; sie werden meist zugleich zur horizontalen Stabilisierung und/oder zur räumlichen Abtrennung (Brandschutz/Treppe) herangezogen.

1.2.4 Tragelemente für horizontale Lasten

Zur Abtragung der horizontalen Lasten in das Fundament und zur Stabilisierung der Tragkonstruktion sind aussteifende lotrechte Scheiben erforderlich. Häufig werden am gleichen Bauwerk verschiedene Aussteifungssysteme angeordnet. Kombinationen sind möglich, wobei auf die unterschiedliche Steifigkeit zu achten ist, insbesondere falls keine statisch bestimmte Aufteilung der Kräfte möglich ist.

Bei der Anordnung nach Bild C 4 wird der Treppenhausschacht bei Windeinwirkung nicht nur auf Biegung, sondern auch auf Torsion beansprucht. Extremwerte der Torsionsbeanspruchung werden für diese Anordnung bei fehlenden oder weichen Scheiben, z. B. bei rahmenartiger Ausbildung, erreicht.

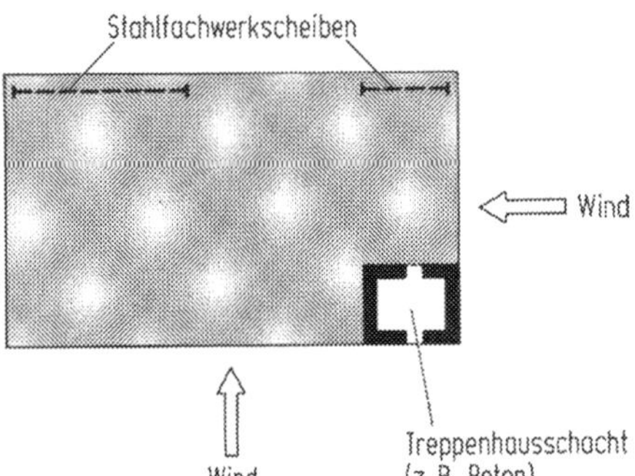

Bild C 4. Lotrechte Aussteifungssysteme

Für die vertikalen Scheiben kommen folgende Ausbildungsformen in Frage:

Rahmenartige Ausbildung

Diese kann in jeder Stützenachse entweder längs oder quer (ebene Rahmen) oder in beiden Richtungen erfolgen (orthogonal angeordnete ebene Rahmen = räumliche Rahmenwirkung). In Bild C 5 sind Beispiele statischer Systeme dargestellt. Die rahmenartige Ausbildung erfolgt bei Stahlskelettbauten meist nur in einer Richtung, wobei die Rahmen zudem häufig nur in einzelnen Stützenachsen angeordnet werden.

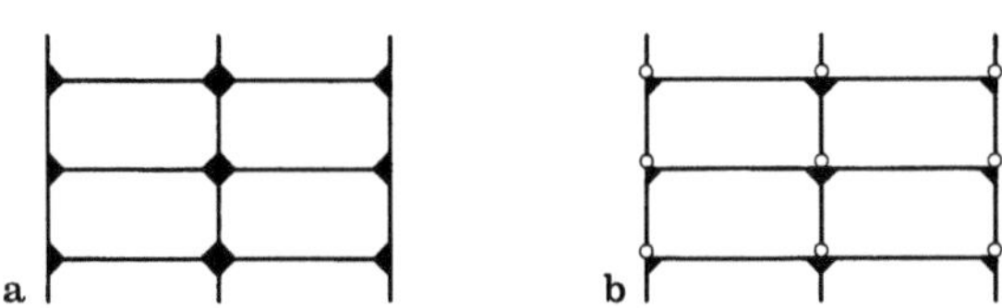

Bild C 5a, b. Rahmenartige Scheiben

Fachwerkartige Ausbildung (Verbände)

Da eine möglichst ungehinderte Benützung der Geschoßfläche gefordert wird, kann die fachwerkartige Ausbildung nur in wenigen Stützenachsen und Feldern (Treppenhaus und Trennwände) erfolgen. Die statisch günstige und häufig auch wirtschaftlichste Ausfachung der Fassaden führt zu Schwierigkeiten mit den architektonischen Belangen. In Bild C 6a–e sind einige Ausbildungsmöglichkeiten dargestellt. Bild C 6f zeigt zudem einen exzentrisch ausgesteiften Rahmen. Diese Anordnung wird bei erdbebengefährdeten Skelettbauten verwendet, weil solche Scheiben gegenüber statischen horizontalen Lasten relativ steif reagieren, bei dynamischer Beanspruchung dagegen durch Plastifizierung größerer Bereiche hervorragende Dämpfungseigenschaften aufweisen.

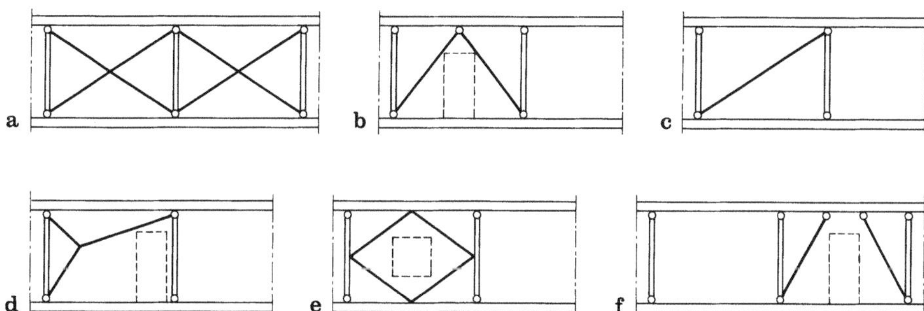

Bild C 6a–f. Fachwerkartige Scheiben

Vollwandige Ausbildung (z. T. mit Öffnungen)

Die vollwandige Ausbildung ist meist nur in den Fassaden (Teilbereiche) oder in Verbindung mit dem Treppenhaus ausführbar. Ausbildungsarten sind: in Mauerwerk (für geringe Anzahl Stockwerke), in Stahlbeton (häufigste Ausführungsart), in Stahl (selten, bei sehr hohen Zug- und Schubbeanspruchungen).

1.3 Raumabschließende Elemente

1.3.1 Geschoßdecken

Neben der obenerwähnten Tragfunktion haben die Geschoßdecken auch eine trennende Funktion, d. h. vor allem Schalldämmung, aber auch Wärmedämmung und Brandschutz. Außerdem dienen sie als Installationsträger für Heizung, Lüftung, Beleuchtung, Wasser, Telephon usw.

Diese vielfältigen Ansprüche führen zu zahlreichen Grundformen, wie sie in Abschnitt 4.2 beschrieben werden. Kein Deckentyp kann gleichzeitig optimal allen Anforderungen genügen. Für jeden Einzelfall muß die geeigneteste Ausbildung gesucht werden.

1.3.2 Wände

Außenwände

In der Regel beschränken sich die statischen Anforderungen auf die örtliche Aufnahme der Windkräfte (für die „tragenden Wände" vgl. Abschnitt 1.2.3). Die Wandausbildung wird daher besonders von den Erfordernissen bezüglich Klimaeinwirkung, Schall und Feuer, sowie von den Anforderungen bezüglich Ästhetik, Dauerhaftigkeit, Unterhalt und Reinigung bestimmt.

Innenwände oder Trennwände (ohne tragende Funktion)

Sie dienen einerseits zur Schaffung eines geeigneten Innenklimas, wozu u. a. auch eine befriedigende Schallisolation gehört. Daneben können diese Wände noch brandschutztechnische Aufgaben erfüllen.

1.4 Einfluß der Schlankheit auf die Tragstruktur

1.4.1 Entwurf

Die Rahmenbauweise ist die klassische Strukturform für kleinere und mittlere Gebäudehöhen. Bei größerer Stockwerkzahl steigt bei dieser Ausbildungsart der spezifische Stahlbedarf pro m² Geschoßfläche stark an. Am Beispiel der aus einem dreifeldrigen Stockwerkrahmen gebildeten Tragkonstruktion ist in Bild C 7 der zunehmende Einfluß der Horizontalkräfte (Windlasten) auf den Stahlverbrauch pro m² Geschoßfläche deutlich erkennbar (Khan, 1968).

Für *gedrungene*, niedrige Bauten ist für die Auslegung der Tragstruktur die Größe der lotrechten Lasten maßgebend. Für einen gegebenen Stützenraster ist die Aus-

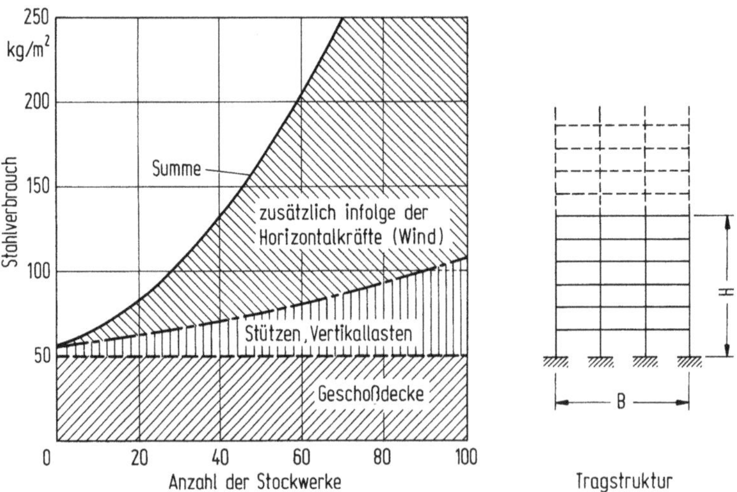

Bild C 7. Stahlverbrauch pro m² Geschoßfläche für die Rahmenbauweise

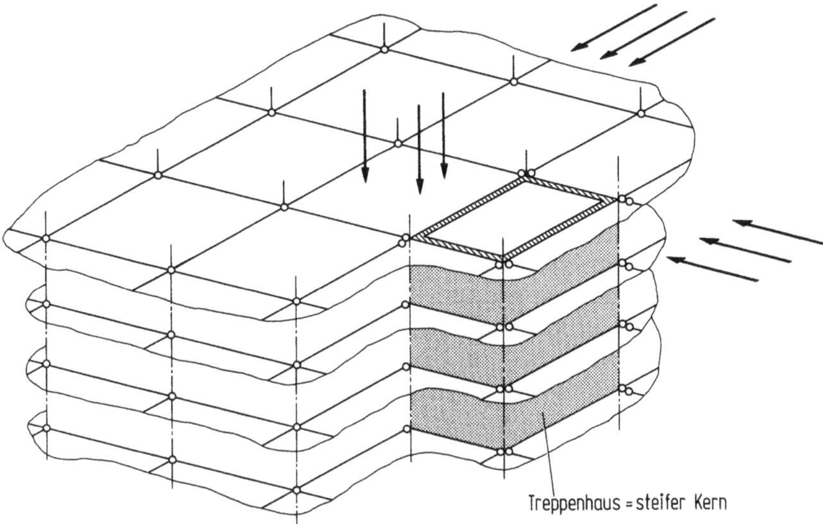

Bild C 8. Tragstruktur für gedrungene Bauten

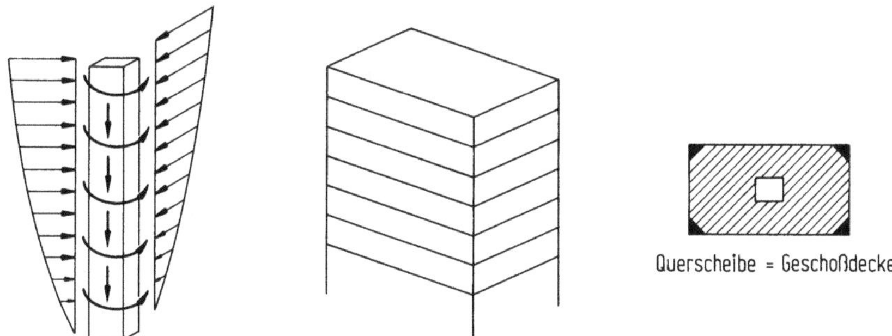

Bild C 9. Tragstruktur für schlanke Gebäude

bildung der Decken mehr oder weniger unabhängig von der Stockwerkzahl; sie hängt nur von der unmittelbar auf die Geschoßdecke wirkenden Last ab. Bei einem gleichmäßigen Stützenraster ergibt sich eine aus Deckenkonstruktion — inkl. Deckenträger und Unterzüge — und Stützen (statisch: Pendelstützen) bestehende Tragstruktur (vgl. Bild C 8). Zur räumlichen Stabilisierung und zur Aufnahme der Horizontallasten kann das normalerweise vorhandene Treppenhaus herangezogen werden (statisch: eingespannter Stab hoher Biegesteifigkeit). Andernfalls sind die Stützen in die Deckenkonstruktion einzuspannen oder besondere Vertikalscheiben (Vertikalverbände) anzuordnen.

Für *schlanke*, hohe Gebäude ergibt sich eine statisch günstige Tragstruktur bei Betrachtung des gesamten Gebäudes als unten eingespannter Stab (vgl. Bild C 9). Die beste Querschnittsausbildung für den biege- und druckbeanspruchten Kragträger ist durch eine vollwandige, kastenförmige Ausbildung gegeben, wobei in den Eckzonen eine stärkere Materialkonzentration erwünscht ist. Die Geschoßdecken wirken zugleich als querschnittserhaltende Scheiben. Als Vorbild einer solchen Tragstruktur kann das Bambusrohr dienen, wobei die Knoten die Querscheiben darstellen. Das Verhältnis Höhe/Breite beträgt in der Regel weniger als 7.

1.4.2 Besonderheiten der Berechnung

Die in Abschnitt 1.1.3 festgelegten Steifigkeitsanforderungen führen dazu, daß bei mehrgeschossigen Bauten der Verformungseinfluß gering bleibt, so daß eine Berechnung der Schnittkräfte nach Theorie 1. Ordnung meistens eine genügende Annäherung darstellt. Bei hohen lotrechten Lasten und Rahmenbauweise ist jedoch stets die Empfindlichkeit des Tragwerkes auf Verformungseinflüsse zu überprüfen.

Bei Turmhochhäusern wirkt sich der Verformungseinfluß mit zunehmender Schlankheit stärker aus. Grundsätzlich ist hier die Berechnung der Schnittkräfte nach Theorie 2. Ordnung (Gleichgewicht am verformten System) durchzuführen. In der englischsprachigen Fachliteratur wird hier häufig vom P-Δ-Effekt gesprochen; damit will man die Wirkung der infolge Horizontalauslenkungen Δ aus den lotrechten Lasten P entstehenden, destabilisierenden Kräften veranschaulichen.

Grundsätzlich liegt hier eine Analogie zur eingespannten Kragstütze vor (vgl. Bild C 10). Die Empfindlichkeit des Tragwerkes kann dabei durch das Verhältnis der

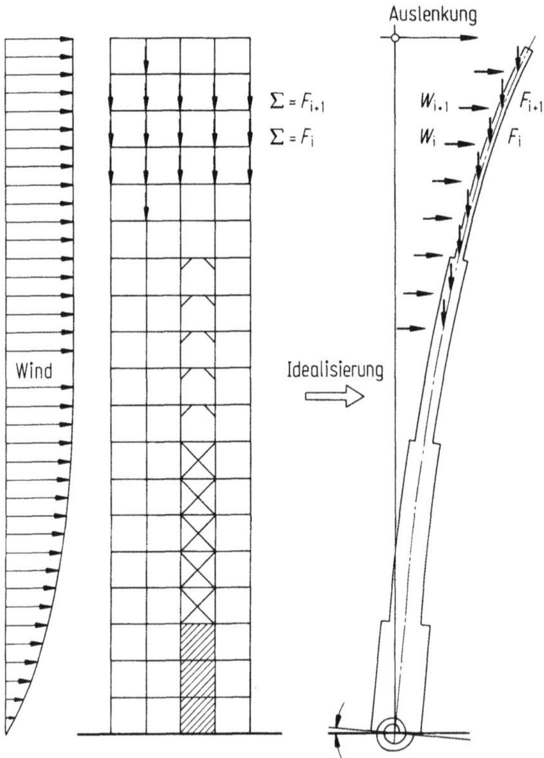

Bild C 10. Idealisierung des Tragwerkes zu einem schubweichen Ersatzvollstab

lotrechten Lasten zur kritischen Last N_{cr} ausgedrückt werden. Der Vergrößerungsfaktor 2. Ordnung schreibt sich bekanntlich zu $1/(1 - \gamma \cdot N/N_{cr})$, wobei γ den Lastfaktor bedeutet. Liegt der Vergrößerungsfaktor wesentlich über 1,50, deutet dies auf ein empfindliches Tragsystem hin. Im Bild C 10 ist der vorhandene Stockwerkrahmen für die Untersuchung 2. Ordnung durch einen schubweichen Ersatzvollstab gleicher Verformbarkeit simuliert (vgl. auch Abschnitt 3.2).

Der entwerfende Ingenieur hat selbstverständlich die entsprechend vergrößerten Schnittkräfte bei der Bemessung zu beachten. Er sollte sich jedoch auch Gedanken machen, ob nicht eine durch eine erhöhte Steifigkeit erzielte Reduktion des Verformungseinflusses vorzuziehen ist (z. B. durch steifere Verbände, Einbezug kernartig ausgebildeter Treppen- und Liftschächte usw.).

1.5 Vorteile der Stahlskelettbauweise

Nutzungsfaktor

Durch die Verwendung von Baustoffen hoher Festigkeit und Steifigkeit erfolgt ein Gewinn an nutzbarem Grundriß und an Geschoßhöhe bei vergleichbarem Bauvolumen (vgl. Bild C 11 für den Vergleich der Nutzfläche bei Stahl- und Stahlbetonstützen). Zudem können größere Stützenabstände gewählt werden.

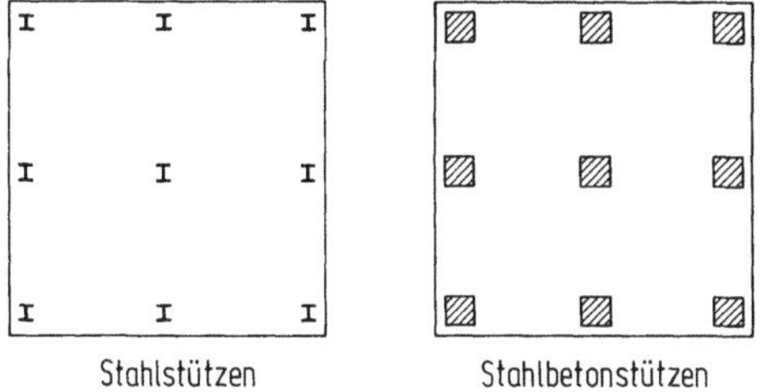

Bild C 11. Vergleich der Nutzfläche zwischen Stahl- und Stahlbetonstützen

Baukosten

Eine günstige Wirkung auf die Baukosten haben folgende Eigenschaften:
— geringeres Gewicht der Tragkonstruktion mit der daraus resultierenden Reduktion der Fundamentabmessungen;
— kürzere Bauzeit, d. h. reduzierte Bauzinse, durch Vorfabrikation in der Werkstatt;
— minimale Lagerplätze auf der Baustelle erforderlich: bei guter Organisation ist eine Montage direkt ab Lastwagen möglich (wichtig in städtischen Zentren). Zudem sind die Arbeiten auf der Baustelle fast unabhängig von Witterung und Jahreszeit.

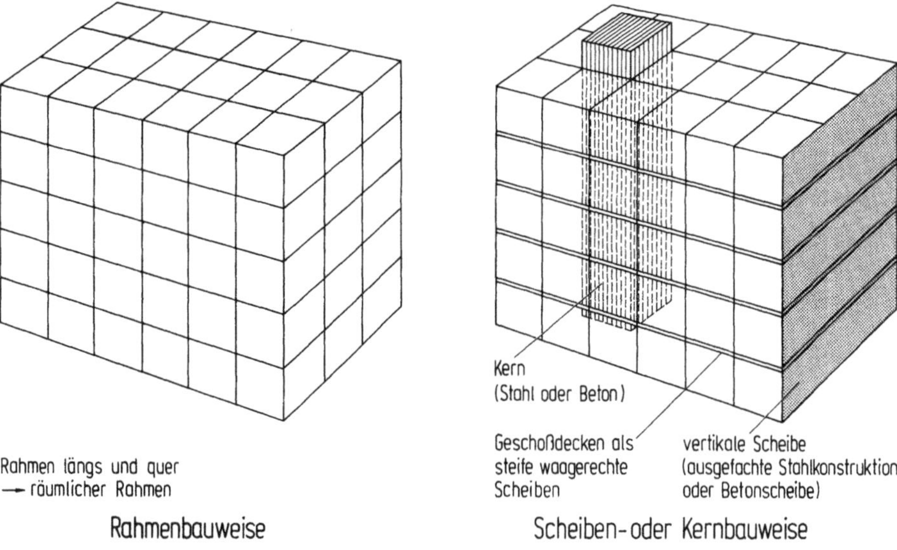

Rahmenbauweise   Scheiben- oder Kernbauweise

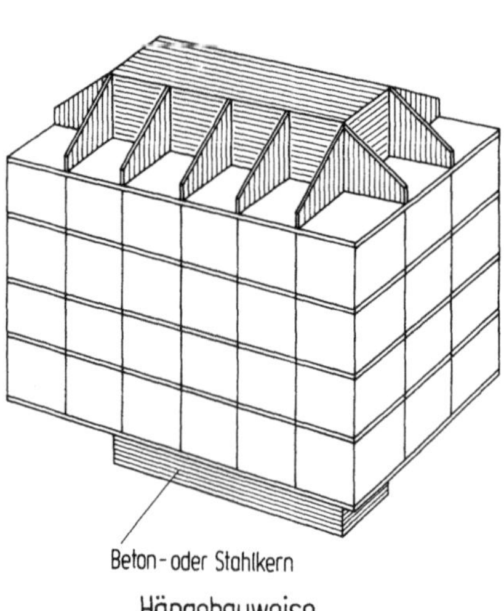

Hängebauweise

Bild C 12. Tragkonstruktionen für mehrgeschossige Bauten

Dauerhaftigkeit/Unterhalt

Durch die Trennung in tragende Konstruktion aus Stahl und raumabschließende Elemente liegt eine klare Kräfteübertragung vor, die eine genaue Erfassung des Beanspruchungszustandes ermöglicht. Die kontrollierte Herstellung im Werk (sowohl der Halbzeuge als auch der Teilelemente) liefert günstige Voraussetzungen für die Güte der Konstruktion. Durch die Funktionstrennung ist auch eine zweckmäßige Festlegung der Wand- und Deckenfüllstoffe bezüglich Wärmedämmung, Dauerhaftigkeit und Unterhalt möglich. Schließlich sind die Befestigungen der raumabschließenden Elemente mit der Tragstruktur sowie die Installationsführung einfach.

Umbauten

Umbauten sind leichter möglich, einerseits wegen der klaren Trennung in Tragkonstruktion und raumabschließende Elemente, andererseits wegen der einfachen Verstärkungsmöglichkeit. Dadurch erhöht sich die Flexibilität der Nutzung.

2 Tragkonstruktionen für mehrgeschossige Bauten

2.1 Anforderungen — Bauweisen

Bei mehrgeschossigen Bauten kommt der wirtschaftlichen Aufnahme der lotrechten Lasten primäre Bedeutung zu. Die entsprechenden Tragelemente wurden bereits in den Abschnitten 1.2.2 und 1.2.3 erwähnt. Konstruktive Ausbildungsmöglichkeiten sind in den Abschnitten 4 bis 7 zusammengestellt. In der Regel können die Geschoßdecken statisch als unabhängig von den restlichen Tragelementen betrachtet werden.

Für die Ableitung der Horizontallasten (Wind, Erdbeben usw.) kommen die anschließend behandelten, in Bild C 12 gezeigten Bauweisen in Frage.

Eine Kombination verschiedener Bauweisen am gleichen Bauwerk ist möglich, wobei auf das unterschiedliche Verformungsverhalten zu achten ist. Einen häufigen Fall stellt die Anordnung mit einem Scheibensystem in einer Richtung (Schmalseite) und einem Rahmensystem in der anderen Richtung (längs).

Kriterien für die Festlegung zweckmäßiger Lösungen sind:
— Verhältnis der Horizontallasten zu den Vertikallasten. Bei kleinen Horizontallasten kann die Rahmenbauweise in Frage kommen.
— Möglichkeiten des Einbauens von Scheiben. Dies ist stets vorzuziehen wo konstruktiv möglich, da diese Lösung eine größere Steifigkeit bei kleinerem Materialaufwand aufweist.

2.2 Rahmenbauweise

2.2.1 Einleitung

Die Tragstruktur besteht aus Rahmenelementen, gebildet aus den Riegeln oder Decken und den Stützen. Dabei müssen nicht alle Knotenpunkte biegesteif ausgebildet werden (vgl. Abschnitt 5.1). Bei eigentlichen Geschoßbauten kann auf eine Rahmenwirkung in den Geschoßebenen verzichtet werden, weil die schubsteifen Decken diese Funktion übernehmen. Eigentliche Vollsteifrahmen, mit biegesteifen Verbindungen in allen Ebenen kommen dagegen bei Kesselgerüsten und ähnlichen Strukturen in Frage (vgl. Vorländer und Stirböck, 1976).

Die Berechnung lotrechter räumlicher Rahmen erfolgt meist getrennt für die beiden Tragrichtungen. Beliebig gerichtete Lasten lassen sich in zwei durch die vertikalen Tragebenen gebildete Richtungen zerlegen. Meist liegt eine orthogonale Anordnung dieser Tragebenen vor. Für lotrechte Lasten wird die Mitwirkung paralleler Nachbarebenen in der Regel nicht berücksichtigt, d. h. jede Tragebene wird mit ihren anteiligen lotrechten Lasten als unabhängig wirkend angenommen.

Für waagrechte Lasten ist die globale Betrachtung jedoch stets angebracht, falls diese Lasten ungleichmäßig verteilt sind, eine unregelmäßige Tragstruktur mit unterschiedlicher horizontaler Steifigkeit paralleler Tragebenen oder ein unregelmäßiger Baukörper vorliegt und schließlich die Horizontalscheiben als praktisch starr angenommen werden müssen.

In Bild C 13 ist der Einfluß einer unregelmäßigen Form des Baukörpers aufgezeigt. Wären im Fall b) weiche Horizontalscheiben (rahmenförmige Ausbildung) vorhanden, könnten auch bei unterschiedlichen waagrechten Auslenkungen der beiden Teilkörper nur geringe Differenzkräfte ΔH übertragen werden. Im Normalfall steifer Horizontalscheiben (Geschoßdecken oder Verbände), können größere Differenzkräfte ΔH auftreten, die sowohl von den Geschoßdecken als auch von den zusätzlichen beanspruchten Tragebenen aufzunehmen sind.

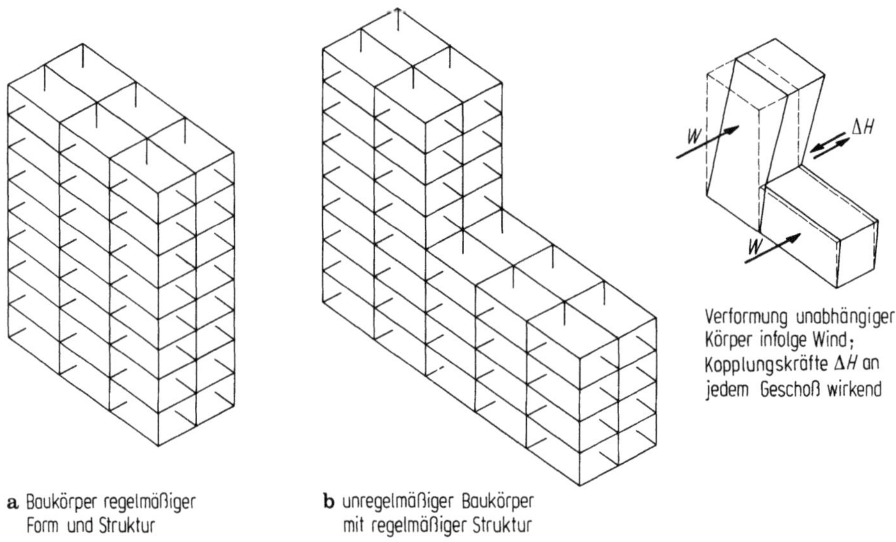

Bild C 13a, b. Einfluß unregelmäßiger Baukörperformen

2.2.2 Ausbildungsmöglichkeiten

Der Gliederung des Rahmens kommt große Bedeutung zu. Durch eine regelmäßige Anordnung der Tragebenen in Quer- und Längsrichtung werden ein geringes Konstruktionsgewicht und vor allem eine Vielzahl gleicher Elemente (Verringerung der Entwurfs-, Fabrikations- und Montagekosten) erreicht. Entscheidend für die endgül-

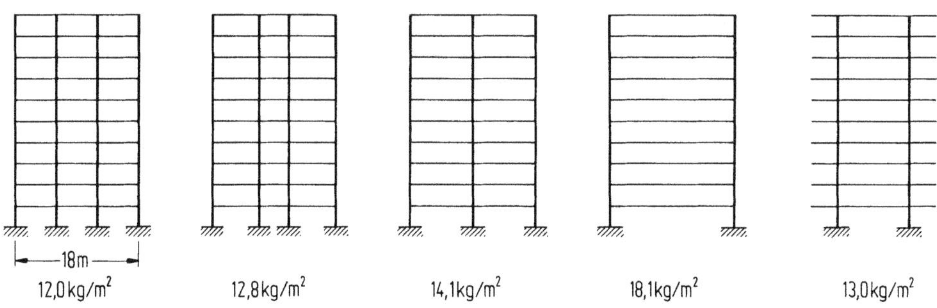

Bild C 14. Gewichtsvergleich für verschiedene Rahmenausbildungen bei einer Gebäudebreite von 18 m (pro m² Geschoßfläche)

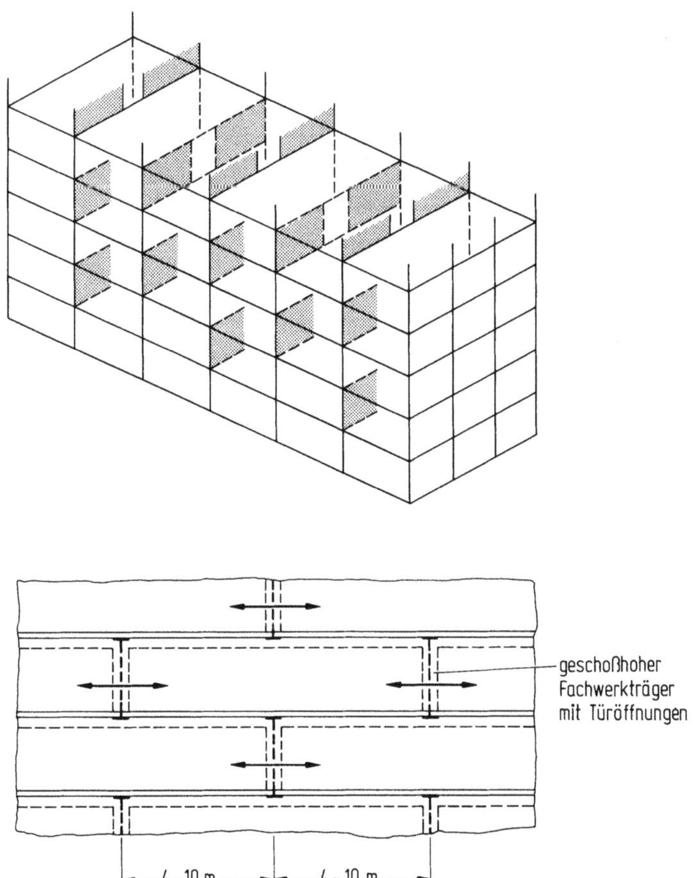

Bild C 15. Riegel als geschoßhohe Fachwerkträger

tige Wahl sind neben den Baukosten die betrieblichen Anforderungen oder Wünsche (Großräumigkeit, Flexibilität) mit einem Mindestmaß an Stützen.

Der Gewichtsvergleich gemäß Bild C 14 zeigt, daß zweistielige Rahmen mit Außenstützen das höchste Konstruktionsgewicht aufweisen. Da sie größte Freiheit in der Raumgestaltung erlauben, wird diese Lösung trotzdem häufig vorgezogen. Normale Spannweiten zweistieliger Rahmen liegen zwischen 8 und 16 m. Die obere Grenze dürfte bei 30 m liegen (Civic Center in Chicago mit 26,5 m).

2.2.3 Besondere Anordnungen

Große Spannweiten zweistieliger Rahmen lassen sich bei versetzter Anordnung stockwerkshoher Fachwerkträger als Riegel erreichen. Diese in Bild C 15 gezeigte Ausbildung wird in den USA als „Staggered Trusses" bezeichnet. Sie ist auch für die Aufnahme der waagrechten Lasten sehr günstig: trotz der Versetzung wirken die Fachwerkträger gesamthaft wie durchgehende Vertikalwände, indem die waagrechten Querkräfte in jedem Stockwerk durch die Decken beidseitig weitergeleitet werden können (entsprechende Verbindungen erforderlich). Die Feldweite im Bereich des Mittelganges ist meistens vierendeelartig biegesteif ausgebildet. Für die Ausführung eines Hotel-Neubaues mit 42 Stockwerken kann auf Ohlemutz (1987) hingewiesen werden.

Andere Anordnungen, bei denen in einzelnen Geschossen ein Mehrfaches des Stützenmoduls M vollkommen frei bleibt, sind möglich, wobei jedoch zwangsläufig eine Wiederholung über alle Stockwerke zu erfolgen hat (vgl. Bild C 16). Auch bei diesen Varianten werden die Stützen gleichmäßig beansprucht.

Werden einzelne vertikale Tragebenen stärker ausgebildet (bezüglich Steifigkeit und Tragfähigkeit) und sind zugleich steife Geschoßdecken vorhanden, so ist die rahmenartige Ausbildung aller vertikaler Tragebenen nicht mehr erforderlich. Man erhält dadurch eine sich der Scheibenbauweise nähernde Lösung.

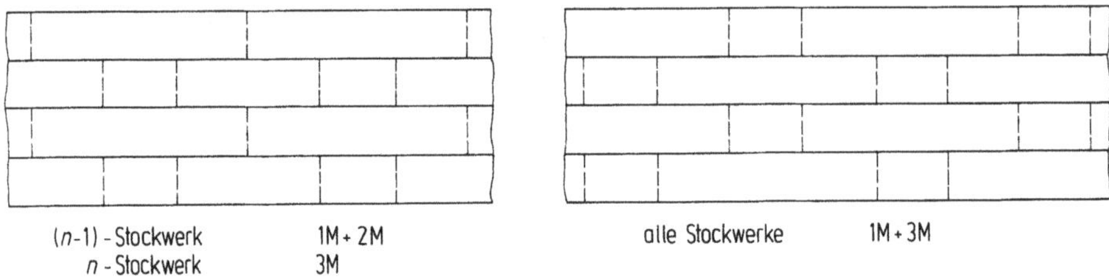

Bild C 16. Alternative Anordnung geschoßhoher Riegel

2.3 Scheibenbauweise

Vereinzelte lotrechte Tragebenen werden so ausgebildet, daß sie neben den anteiligen vertikalen Lasten die gesamten Horizontallasten aufnehmen können. Horizontalscheiben (normalerweise direkt die eigentlichen Geschoßdecken) übertragen die waagrechten Lasten geschoßweise zu den lotrechten Tragebenen.

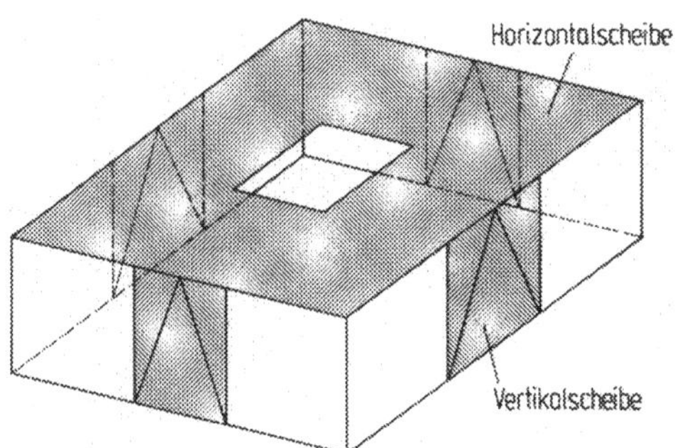

Bild C 17. Räumliche Aussteifung; alle Stützen gelenkig

Die Aussteifung kann grundsätzlich auf verschiedene Arten erreicht werden: durch Ausfachungen, durch vollwandige Scheiben sowie durch steife rahmenartige Scheiben (siehe Abschnitt 2.2.3). Um die räumliche Stabilität zu gewährleisten, sind mindestens drei lotrechte Scheiben erforderlich, wobei nach Bild C 17 in der Regel vier, meist symmetrisch angeordnete, vertikale Scheiben vorgesehen werden. Die Stützen müssen bei obiger Bauweise, zusätzlich zu den lokalen Querlasten aus Wind, nur noch Normalkräfte übertragen und können deshalb als „Pendelstützen" ausgebildet werden.

Reine Stahlskelette in Scheibenbauweise stellen wirtschaftliche Tragstrukturen dar. „Stahlscheiben" werden normalerweise als Fachwerkscheiben ausgebildet. Der wesentliche Vorteil dieser Bauweise liegt:
— im geringeren Stahlaufwand (gegenüber der Rahmenbauweise);
— in der Eignung zur Aufnahme größerer Horizontallasten;
— in der größeren Steifigkeit;
— in der einfacheren Ausbildung der Anschlüsse Riegel/Stütze, da diese keine Biegesteifigkeit mehr besitzen müssen, d. h. „gelenkig" ausgeführt werden können (vgl. Abschnitt 5.2).

An Stelle von Fachwerkscheiben aus Stahl können auch Betonscheiben (Wände) verwendet werden. Diese Ausführung erfolgt häufig bei Giebelwänden oder im Zusammenhang mit Brandmauern. Die Betonwände übernehmen normalerweise neben den horizontalen Lasten auch vertikale Lasten (hohes Verhältnis von N/M günstig, da geringere Bewehrung erforderlich). Bei dieser gemischten Ausführung ist auf das unterschiedliche Verformungsverhalten von Beton und Stahl (insbesondere auf Schwinden und Kriechen) zu achten. Durchdachte, konstruktive Lösungen für den kraftschlüssigen Anschluß der Stahlkonstruktion an die Betonwände sind entscheidend, wobei die Fertigungstoleranzen zu berücksichtigen sind.

2.4 Kernbauweise

Werden die einzelnen Scheiben direkt miteinander verbunden, so entsteht ein biege- und torsionssteifer Kern. Bild C 18 zeigt schematisch den Übergang der Scheiben- zu Kernbauweise.

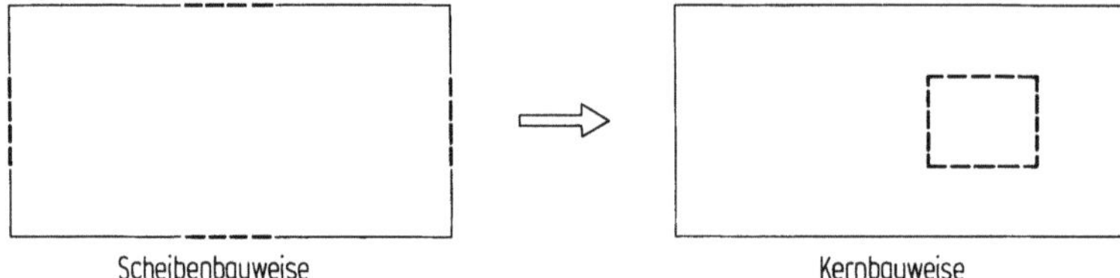

Bild C 18. Übergang von der Scheiben- zur Kernbauweise

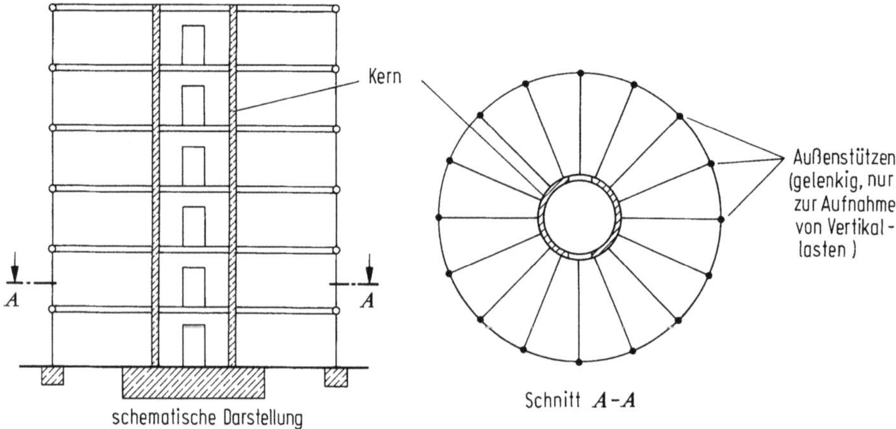

Bild C 19. Rundbau in Kernbauweise

Innerhalb des Kernes werden in der Regel Aufzüge, Treppen, Versorgungsleitungen usw. angeordnet. Aus Gründen des Brandschutzes sind Treppen und Aufzüge von den übrigen Räumen durch Brandmauern zu trennen. Dies kann durch eine entsprechende „Verkleidung" der Scheiben erfolgen. In Europa werden diese Brandwände häufig aus Beton ausgeführt und direkt zum Tragen herangezogen. Man erhält somit einen Kern, bestehend aus Betonwänden mit Öffnungen, der sämtliche Horizontallasten in das Fundament leiten muß und zugleich noch einen Teil der Vertikallasten aufnimmt. Bild C 19 zeigt als Beispiel einen Rundbau in Kernbauweise.

Bei geringeren Gebäudehöhen kann der schlanke Kern ohne Schwierigkeiten die gesamten Horizontallasten aufnehmen und in den Baugrund einleiten. Erst bei größeren Gebäudehöhen und/oder schlechten Fundationsverhältnissen steigt der Aufwand, da dann eine genügend große Gründung (meist in Kombination mit den Kellergeschossen) oder sogar eine Pfählung (Verankerung) erforderlich sein kann (Nachweis der Kippsicherheit des ganzen Gebäudes).

Die Kernbauweise mit Betonkern kann auch für größere Gebäudehöhen noch zu wirtschaftlichen Lösungen führen, falls die Herstellung des Betonkernes mit Gleitschalungen erfolgen kann (hohe Maßhaltigkeit, kurze Bauzeit ohne wesentliche Beeinträchtigung der Montage des Stahlskelettes). Für die Leistungsfähigkeit dieser Bauweise zeugt das Hochhaus Maine-Montparnasse in Paris mit 210 m Höhe und 58 Stockwerken (Maillard, 1971). In Deutschland können die Höchhäuser für die

Deutsche Welle in Köln mit 37 Geschossen (Hirsch und Reimers, 1978), in der Schweiz das Gebäude des westschweizerischen Fernsehens in Genf mit 18 Stockwerken (Bauen in Stahl, 1971/11) erwähnt werden.

2.5 Hängebauten

Aus der Kernbauweise hat sich eine Sonderform entwickelt, die Hängebauweise. Häufig besteht der Wunsch, das Erdgeschoß möglichst großzügig zu gestalten. Durch Einziehen von Abfangträgern kann die Stützenzahl reduziert werden. Eine weitere Möglichkeit besteht in der kragenförmigen Gestaltung der ersten Geschoßdecke, wie dies schematisch in Bild C 20a skizziert ist (vgl. z. B. Dilly, 1972, sowie Varga und Moritz, 1981).

An Stelle einer Abstützung ist auch eine Aufhängung denkbar, wobei die Fassadenstützen durch schlaffe Zugglieder ersetzt werden können. Man erhält dann den im Bild C 20b skizzierten Hängebau. Für entsprechende Ausführungen sei z. B. auf Schneider (1968), auf McHalfie Clark (1973) und auf Führing (1973) hingewiesen.

Für die Hängebauweise sprechen vorwiegend architektonische Gesichtspunkte, wie freiere Anordnung des Erdgeschosses und schlankere Gestaltung der Fassadentragelemente. Andererseits treten gewisse statische und konstruktive Nachteile auf, die zu höheren Rohbaukosten führen. Die wichtigsten Unterschiede in statischer und konstruktiver Hinsicht sind:
— Beschränkte Anzahl Geschosse. Infolge der entgegengesetzt gerichteten Verformungen der Hänger und des Kernes können die relativen lotrechten Verschiebungen in den unteren Geschossen die dem betreffenden Gebrauchszweck entsprechenden übersteigen. Bei höheren Bauten müssen somit zwei oder sogar drei unabhängige auskragende Konstruktionen ausgebildet werden (siehe z. B. Schneider, 1968, und Williams, 1969). Dadurch entsteht ein größeres Volumen, weil die

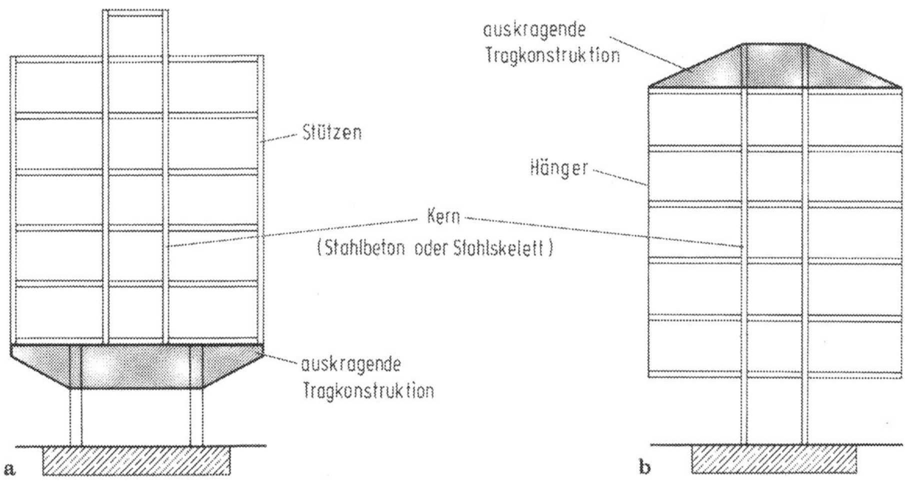

Bild C 20a, b. Entwicklung der Hängebauweise aus der Kernbauweise

Geschosse mit der auskragenden Tragkonstruktion sich weniger intensiv ausnützen lassen (meist sogenanntes technisches Geschoß).
— Kompliziertere Montage. Erst nach der Fertigstellung des Kernes und der Kragkonstruktion kann mit der Montage der Geschosse begonnen werden. Ungünstig wirkt sich hier aus, daß die stärksten Elemente (Kragkonstruktion) die größte Montagehöhe aufweisen.
— Bei Ausbildung des Kernes in Betonbauweise wirkt sich die höhere Normalkraft günstig aus, weil dies einer Vorspannung des Kernes entspricht. Bei Kernen in Stahlbauweise tritt dieser Einfluß nicht ein, so daß daraus ein höherer Stahlverbrauch resultiert.

Statisch treten keine Besonderheiten auf. Konstruktiv muß auf die Gestaltung der Hänger (häufig Kabel oder Flachstähle) und auf die Umlenkung der hohen Hängerkräfte in der Auskragung geachtet werden. Bei Stahlkernen wird die Kragkonstruktion ebenfalls in Stahl ausgeführt und direkt integriert. Bei Betonkernen kann die Kragkonstruktion entweder in Beton (Spannbeton; Hardy, 1977) oder in Stahl ausgebildet werden. Bei der letzteren Lösung ist auf eine konstruktiv saubere Einleitung der Kräfte aus der stählernen Kragkonstruktion in den Betonkern zu achten (Beachtung großer Verformungen infolge der ständigen Lasten und der Verformungsänderungen infolge Nutzlast).

Neben den pilzförmigen Hängebauten sind in Kombination mit mehreren Kernen auch brückenförmige Hängebauten entstanden, wie sie in Bild C 21 schematisch skizziert sind (für Bild C 21a, vgl. Janin und Girard, 1975; für Bild C 21b, vgl. Birkerts, 1973). Für weitere Ausführungen kann auf Hardy (1977) und auf Lieberum (1984) hingewiesen werden.

Eine weitere Sonderform der Hängebauweise stellt die in Bild C 22 dargestellte Tragstruktur dar. Die Geschosse sind hier nicht an einem Kern, sondern in Blöcken zu je vier Stockwerken an einem räumlichen Rahmen aufgehängt (vgl. Parent und

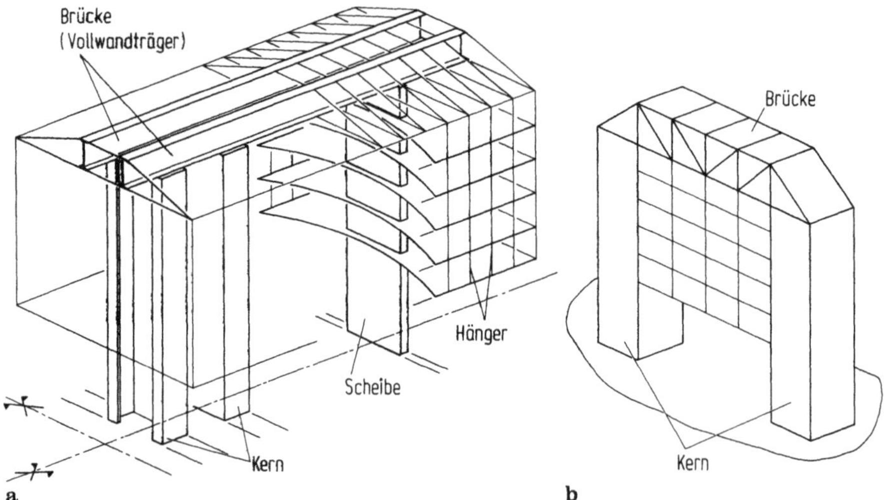

Bild C 21a, b. Brückenförmige Hängebauten

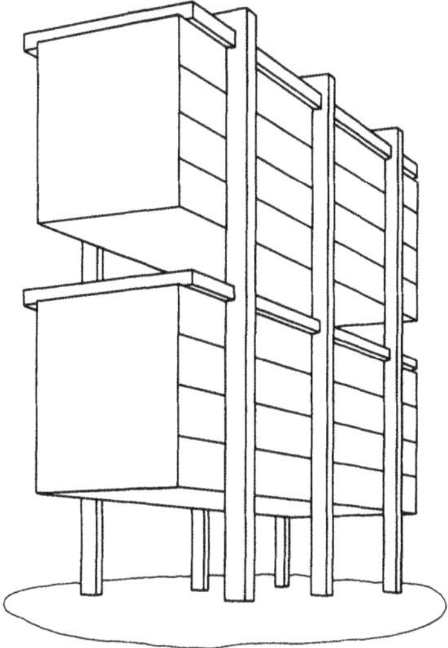

Bild C 22. Hängebauweise mit in Blöcken aufgehängten Stockwerken

Champlois, 1968). Für die eigenwillige Konstruktion eines 43-stöckigen Gebäudes mit außenliegenden Rohrstützen und umlaufenden Aufhängefachwerkträgern sei auf Buchmann (1985) hingewiesen.

2.6 Kombinierte Systeme

Der Aufbau der Tragstruktur ist häufig das Ergebnis einer Kombination verschiedener Tragsysteme, z. B. Scheiben und Rahmen oder Vollwandscheiben (Beton) und Fachwerkscheiben in der gleichen Tragrichtung (vgl. Bild C 23 sowie Abschnitt 1.2.4).

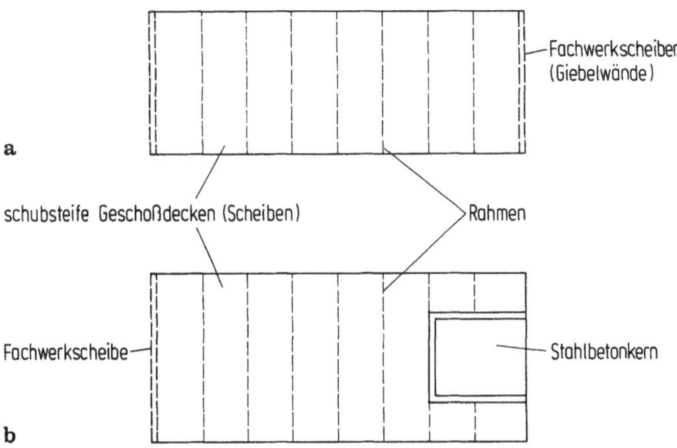

Bild C 23a, b. Kombinationen von Rahmen, Scheiben und Kern

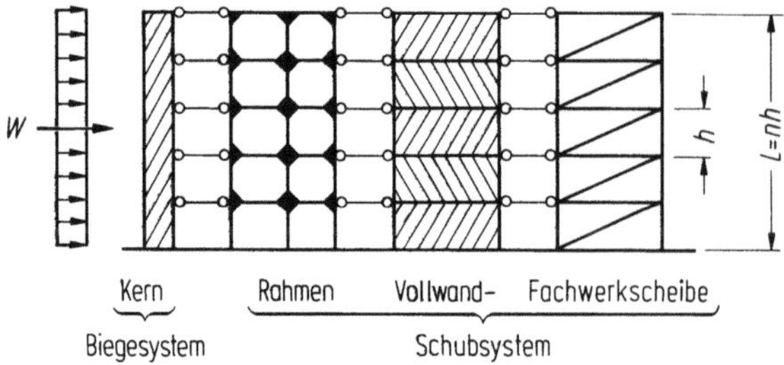

Bild C 24. Ebenes Modell für die Berechnung kombinierter Systeme

Die Aufteilung der wirkenden Horizontallasten auf die einzelnen Vertikalebenen erfordert bei diesen kombinierten Systemen einen größeren Aufwand. Eine Aufteilung einzig auf Grund der „Schubsteifigkeit" der Vertikalebenen pro Stockwerk ist unkorrekt, da diese das unterschiedliche Verformungsverhalten von Rahmen, Fachwerkscheiben und Vollwandscheiben nicht berücksichtigt (anderer Verlauf der Verformungskurve, mit zunehmender Neigung von unten nach oben bei Biegesystemen und abnehmender Neigung, = Schubwinkel, bei Schubsystemen).

Durch die in Bild C 24 gezeigte Koppelung der einzelnen Systeme kann mit vernünftigem Aufwand eine wirklichkeitsnahe Lastaufteilung bei symmetrischen Strukturen nach Bild C 23a errechnet werden. Dabei darf in der Regel die Geschoßdecke als eine starre Scheibe und somit die Verbindungsstäbe als steif angenommen werden. Bei unsymmetrischen Strukturen (z. B. C 23b) erfahren die starren Geschoßscheiben nicht nur eine Translation sondern auch eine Rotation, so daß eine räumliche Betrachtung erforderlich ist.

2.7 Maßnahmen zur Reduktion des Einflusses der Horizontallasten

Bei schlankem Kern oder schlanker Scheibe würden sich aus den Horizontallasten unzulässig große Auslenkungen ergeben. Durch Einbezug der außenliegenden Stützen über einen steifen Kopfriegel (meist geschoßhohes Fachwerk) in das Tragsystem

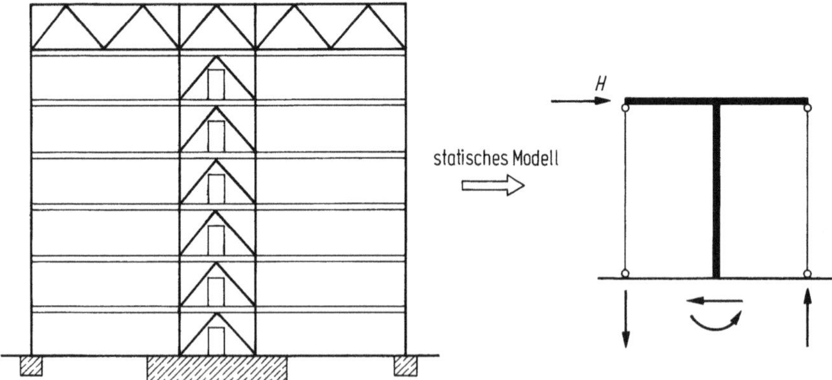

Bild C 25. Statische Mitwirkung der Fassadenstützen zur Übertragung der Horizontalkräfte

werden durch das oben angreifende Gegenmoment die Auslenkungen und die Momentenbeanspruchung wesentlich vermindert (siehe Bild C 25 sowie Schneider, 1970).

Durch zweckmäßige Ausnützung solcher Maßnahmen — insbesondere mit der Anordnung zweigeschoßhoher Riegel in mehreren Höhenlagen — können Tragstrukturen, die für mehrgeschossige Bauten konzipiert wurden, auch für höhere Bauten noch wirtschaftlich eingesetzt werden. Ein Beispiel für die Leistungsfähigkeit einer solchen Anordnung ist das „Toronto-Dominion" Center mit rund 225 m Höhe und 56 Stockwerken (vgl. Bregman, 1971).

3 Tragsysteme für Turmhochhäuser

3.1 Anforderungen

Bei den turmartigen Hochhäusern haben die Horizontallasten einen entscheidenden Einfluß auf die Auslegung der Tragstruktur. Wie in Bild C 7 gezeigt, steigt bei der konventionellen Rahmenbauweise mit zunehmender Gebäudehöhe der Stahlverbrauch, der zusätzlich zur Aufnahme der Windkräfte erforderlich ist, stark an. Demzufolge sind Tragstrukturen zu bevorzugen, bei denen die zur lotrechten Lastabtragung erforderlichen Elemente zugleich auch einen wesentlichen Anteil der Horizontallasten aufzunehmen vermögen.

In den letzten Jahrzehnten hat sich hier — im Zusammenhang mit dem Bau von Gebäuden mit 300 bis 450 m Höhe — eine ingenieurmäßige Entwicklung angebahnt,

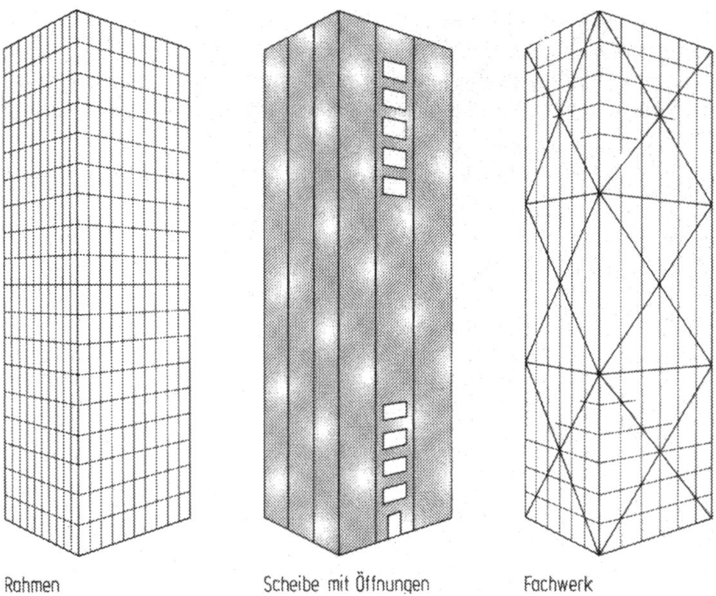

Bild C 26. Typische Ausbildungsformen röhrenförmiger Tragstrukturen

die von der Suche nach optimalen Tragstrukturen stark geprägt ist. Allen diesen Strukturen ist gemeinsam, daß die außenliegenden Vertikalelemente (d. h. die Fassadenstützen) möglichst vollständig zur Tragwirkung herangezogen werden. Dadurch erhält man im Sinne von Bild C 9 eine röhrenförmige oder kastenförmige Ausbildung, wobei die Röhren- bzw. Kastenwände als Rahmen oder als vollwandige bzw. fachwerkartige Scheiben ausgebildet werden können, wie dies aus Bild C 26 hervorgeht.

Wie in Abschnitt 1.1.5 festgehalten, muß für Hochhäuser der Temperatureinfluß in die statischen Betrachtungen (Ausbiegungen, Tragvermögen) einbezogen werden. So können Temperaturdifferenzen von über 30 °C zwischen der Warm- und Kaltseite eines Gebäudes auftreten. Ohne entsprechende Wärmedämmung der Tragstruktur (Verkleidung) würden solche Temperaturdifferenzen zu unzulässig hohen Auslenkungen oder bei Behinderung zu großen Zwängungen führen.

3.2 Rahmenbauweise

Durch die regelmäßige Anordnung von Fensteröffnungen kommt man zu einer rahmenartigen Ausbildung der Fassade. Besitzt die Tragstruktur nur Außenstützen, so entsteht nach Bild C 27 ein mit Wänden aus rahmenartigen Scheiben gebildeter Hohlkasten, eine sogenannte Rahmenröhre. Die Geschoßdecken wirken dabei als Querschotte.

Bei Beanspruchung durch Horizontallasten wirkt die Rahmenröhre wie ein unten eingespannter Kragträger mit kastenförmigem Querschnitt. Infolge der gegenüber einer vollwandigen Ausbildung bedeutend kleineren Schubsteifigkeit der rahmenartigen Scheibe ist die Naviersche Voraussetzung — Ebenbleiben des Querschnittes für die als Stab aufgefaßte Rahmenröhre — auch näherungsweise nicht mehr gewährleistet. Die Verteilung der Stützendehnungen über den Querschnitt nimmt die in Bild C 28 dargestellte Form an.

Obiges Phänomen — in der englischsprachigen Literatur mit „shear lag" bezeichnet — ist nicht neu, tritt es doch bereits bei Plattenbalken sowie bei entspre-

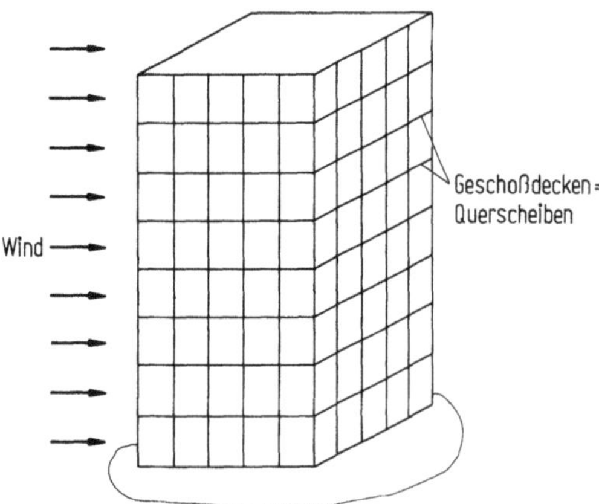

Bild C 27. Rahmenröhre mit dichter Anordnung der Querscheiben

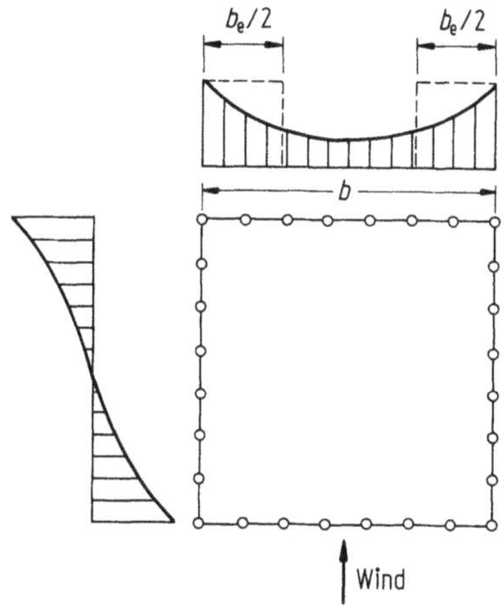

Bild C 28. Verteilung der Stützendehnungen in einer Rahmenröhre

chenden kastenförmigen Querschnitten auf. Die ungleichmäßige Verteilung der Biege-längsspannungen über die Gurtbreite ist die Folge davon, daß die Schubkräfte längs der Kante Gurt/Steg eingeleitet werden und somit größere Schubverzerrungen auf-treten.

Das Problem wird für die Bemessung meistens mit der Einführung einer mitwir-kenden Breite b_e angegangen. Sie ist abhängig vom Verhältnis G/E. Bei kleinem Ver-hältnis — z. B. beim Holz — ergeben sich, wegen der geringeren relativen Schub-steifigkeit, somit auch kleinere mitwirkende Breiten (vgl. Möhler et al., 1963).

Bei der Rahmenröhre ist ein entsprechendes Verhältnis G/E, genauer gesagt GA^*/EA zu ermitteln. Als Fläche A ist dabei für die betrachtete Wandung die Summe der Stützenquerschnitte einzusetzen. Die reduzierte Schubsteifigkeit GA^* ist eine Funktion der Rahmensteifigkeit und ergibt sich als Kehrwert des mittleren Schubwinkels für eine Einheitsquerkraft. Das Vorgehen ist somit analog wie bei einem Fachwerk (vgl. Bild B 190) oder beim Engesserschen Rahmenstab (Engesser, 1909). Bei einem regelmäßig aufgebauten Rahmen mit einer Steifigkeit EJ_S der Stützen und EJ_R der Riegel sowie mit einem Stützenabstand a, einer Stockwerkhöhe h und einer Gesamt-breite b der Wand ergibt sich (Dubas, 1981a):

$$\frac{b}{GA^*} = \frac{a \cdot h}{12E}\left(\frac{a}{J_R} + \frac{h}{J_S}\right)$$

Bei größeren Gebäudebreiten b werden nach Bild C 29 zur Aufnahme der Vertikal-lasten zusätzlich Innenstützen angeordnet, die in ihrer Gesamtheit als „Kern" wirken. Wird dieser Kern ebenfalls in Rahmenbauweise ausgebildet, so darf in der Regel dessen Mitwirkung zur Aufnahme von Horizontallasten vernachlässigt werden. Dies ist besonders der Fall, wenn die Rahmenröhre des Kernes Riegel mit kleiner Bauhöhe besitzt, d. h. wenn der Kern eine gegenüber dem äußeren „Kasten" geringere Schub- und Biegesteifigkeit aufweist. Meistens wird die Kernkonstruktion ohnehin mit Pen-delstützen ausgebildet.

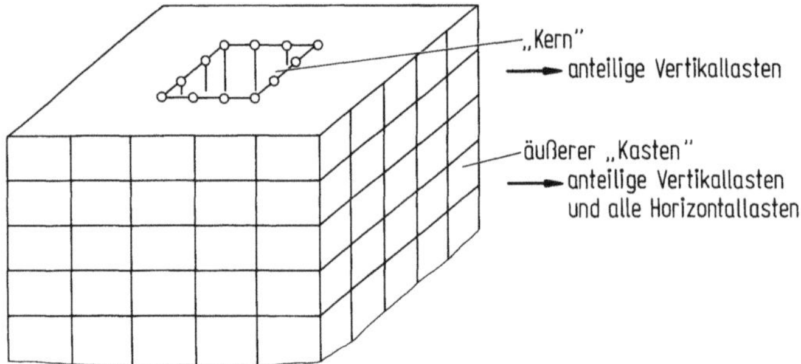

Bild C 29. Näherungsweise Aufteilung der lotrechten und waagrechten Lasten

3.3 Vollwandige Scheibenbauweise mit Öffnungen

Diese Bauweise stellt nach Bild C 30 den Grenzfall der Rahmenbauweise dar. Durch die Anordnung breiterer Stützen und höherer Riegel wird die Schubsteifigkeit des Rahmens wesentlich erhöht, so daß statisch eher eine gelochte Scheibe vorliegt. Wegen der großen Raumtiefe ist auch bei der Rahmenbauweise trotz hohem Fensteranteil eine fast ständige künstliche Beleuchtung erforderlich. Die Verkleinerung der Fensterfläche wird deshalb kaum als nachteilig empfunden, da daraus sowohl statische als auch klima- und installationstechnische Vorteile resultieren. Heute werden Hochhäuser erstellt, bei denen die verglaste Fläche nur noch knapp 1/4 der Fassadenfläche ausmacht. Bei vollständiger Ausnützung der restlichen 3/4 für die tragende „Haut" gelangt man zum Scheibensystem mit Öffnungen. Die Berechnung kann dabei analog der Rahmenbauweise erfolgen, wobei die Schubsteifigkeit deutlich höher ist.

Wegen der beinahe idealen Bedingungen bezüglich Werkstoffausnutzung eignet sich diese Bauweise für extrem schlanke, hohe Gebäude. Beispiele hierfür sind das World Trade Center, New York, mit 411 m Höhe und Grundriß von $63,5 \times 63,5$ m (Idelberger, 1970) und das Gebäude der Standard Oil in Chicago mit 343 m Höhe und Grundriß von $57,3 \times 57,3$ m (Picardi, 1973, vgl. auch Abschnitt 6.3). Allenfalls kann die entsprechend ausgebildete Fassendenverkleidung zur Schubübertragung herangezogen werden (vgl. z. B. Ohlemutz, 1983, mit max. 8 mm dicken ebenen Blechen).

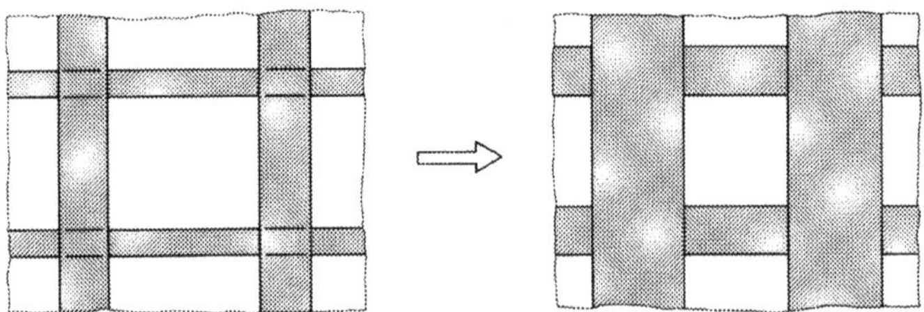

Bild C 30. Übergang der Rahmenstruktur zur gelochten Scheibe

3.4 Fachwerkröhre

Eine andere Möglichkeit zur Erzielung einer hohen Schubsteifigkeit der Fassadenscheiben ohne bedeutende Reduktion der Fensterflächen besteht in der Eingliederung eines Fachwerkes, wie z. B. in Bild C 31 dargestellt (Khan et al., 1968; Schneider, 1969; Gunnin, 1976). Bei dieser Bauweise müssen die Eckstützen entsprechend stark ausgebildet werden. Die zwischen den Fachwerkfeldern angeordnete Fassade kann frei gestaltet werden. Grundsätzlich müssen die Fassadenstützen und Riegel nur auf die Vertikallasten sowie auf die zwischen jedem Fachwerkfeld anfallenden Horizontallasten (indirekte Belastung — Einleitung der Horizontallasten in die Fachwerkknoten) bemessen werden. Für Turmhochhäuser mit deutlich rechteckigem Grundriß kann sich die Ausfachung der Längswände auf die Eckbereiche beschränken (vgl. Colaco und Mahendra, 1975).

Der Vorteil dieser Bauweise liegt in der möglichen Trennung in eine primäre Struktur (Fachwerkröhre) und in eine sekundäre Struktur (Fassadenstützen und Riegel), wobei für letztere eine größere Freiheit in der Gestaltung vorliegt, da aus statischen Gründen nur eine leichtere Struktur erforderlich ist (grundsätzlich einem mehrstökkigen Gebäude mit der Höhe eines Fachwerkfeldes entsprechend). Ein Nachteil liegt in der uneinheitlichen Beanspruchung der sekundären Struktur. Bedingt durch die normalerweise steife Verbindung zwischen dem Fachwerksystem und der sekundären Tragstruktur tritt eine Interaktion beider Systeme auf. Dadurch wirken Teile der sekundären Struktur in der Hauptstruktur mit und müssen entsprechend stärker dimensioniert werden. Zudem ist die bei Erdbeben erforderliche Duktilität nur beschränkt vorhanden.

An Stelle der sekundären Rahmenstruktur ist, wie in Bild C 32 dargestellt, eine vollständige, feingliedrige fachwerkartige Ausbildung möglich. Dies führt allerdings zu einer eher ungewohnten Ausbildung der Fensterflächen. Die Fassadenstreben

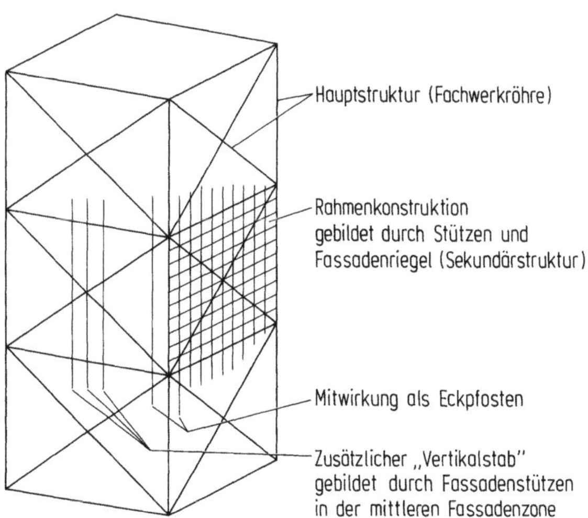

Bild C 31. Hauptstruktur als Fachwerkröhre gebildet

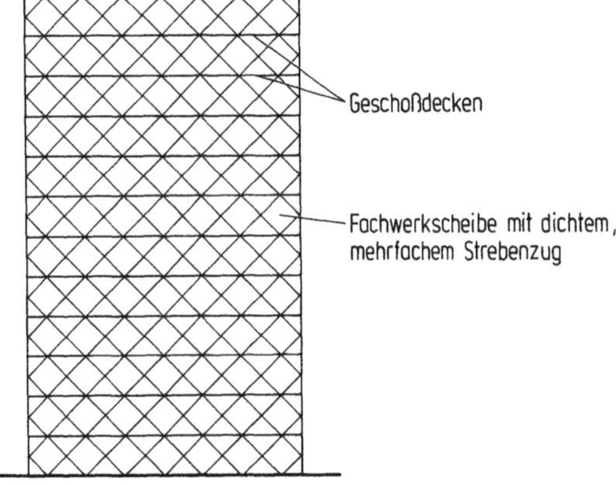

Bild C 32. Fachwerkartige Ausbildung der Fassadenscheibe

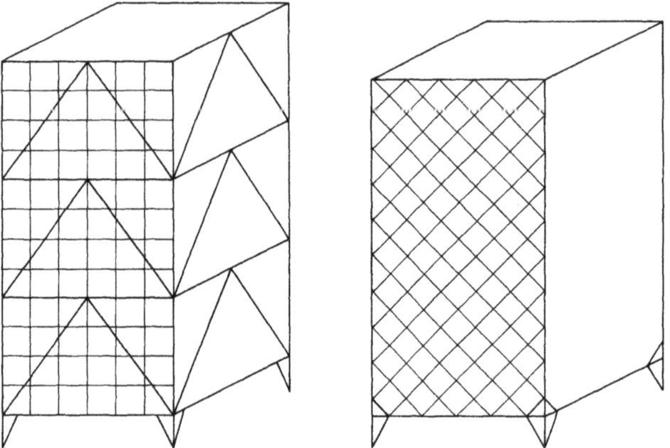

Bild C 33. Fachwerkröhre mit freiem Erdgeschoß

arbeiten selbstverständlich auch als Stützen für die Vertikalbelastung (für eine Ausbildung ohne lotrechte Stützen, vgl. Gräfe, 1978).

Bei der Fachwerkscheibenbauweise sind stets kräftige Eckstützen erforderlich, da diese allein als Gurtungen des Fachwerkes zur Aufnahme der Windkräfte dienen. Zudem übernehmen sie einen wesentlichen Anteil der Vertikallasten. Man kann somit diesen Eckstützen, ohne besonderen Verlust an Biegesteifigkeit auch sämtliche Vertikallasten im unteren Gebäudebereich zuordnen. Man erhält dann einen durchgehend freien Raum auf Erdgeschoßhöhe (vgl. Bild C 33).

Liegen größere Gebäudetiefen und -breiten vor, so ist stets ein „Kern" erforderlich. Analog der Rahmenröhre übernimmt die Tragstruktur des Kernes fast ausschließlich Vertikallasten.

3.5 Weitere Maßnahmen zur Reduktion des Einflusses von Horizontallasten

Grundsätzlich können zwei verschiedene Lösungen angestrebt werden, die zudem kombinierbar sind.

3.5.1 Formgebung des Gebäudes

Durch windschlüpfige Formgebung des Gebäudes können die Horizontallasten, die sich aus der Wirkung des Windes ergeben, vermindert werden (die Horizontallasten aus eventueller Erdbebenwirkung können selbstverständlich nicht beeinflußt werden), z. B. runder und oktogonaler Turm nach Bild C 34a.

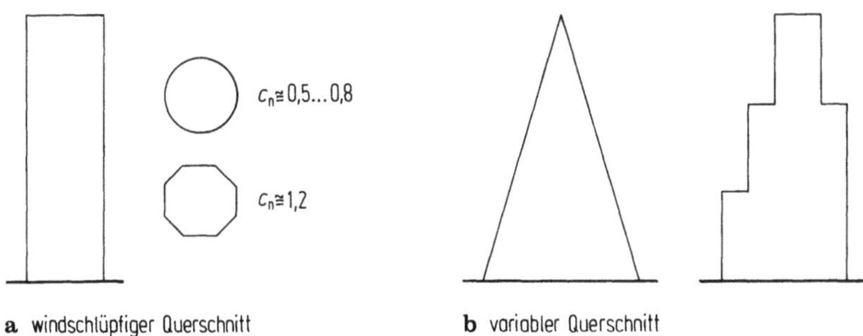

Bild C 34a, b. Günstige Formgebung des Gebäudes bezüglich der Horizontallasten

Durch eine abgesetzte oder abgestufte Formgebung (Idealform Kegel) kann das resultierende Moment aus Horizontallasten (sowohl für Wind als auch für Erdbeben) entscheidend reduziert werden. Zudem steht eine breitere Basis zur Aufnahme dieses Momentes zur Verfügung (vgl. z. B. Schröter, 1972). Schematisch ist dies in Bild C 34b dargestellt. Eine ähnliche Wirkung wird beim im Bau befindlichen Hochhaus für die „Bank of China" in Hongkong (Ohlemutz, 1986) erreicht, indem das mit Wanddiagonalen versteifte Gebäude in der Höhe abgestuft ist.

3.5.2 Integrierte Bauweise

Bei Gebäuden in Rahmenbauweise mit größeren Gebäudetiefen und -breiten zeigt sich, daß auch bei hoher Schubsteifigkeit der Wände (Fensteröffnungen gegen Null) — bedingt durch das hohe Verhältnis b/h — keine volle Mitwirkung der Fassadenstützen erreicht wird. Hier ist die Bildung eines mehrzelligen Kastenquerschnittes vorteilhaft. Dadurch werden auch die mittleren Bereiche der Fassaden stärker zur Mitwirkung herangezogen, wie dies aus Bild C 35 ersichtlich wird.

Die mittlere Scheibe ist vorzugsweise als Fachwerkscheibe (größere Schubsteifigkeit bei kleinstem Materialaufwand) auszubilden, sofern die Nutzung dies erlaubt. Häufig kann eine Fachwerkscheibe nur über einen Teilbereich ausgeführt werden, zum Teil sind sogar nur rahmenförmige Ausbildungen möglich.

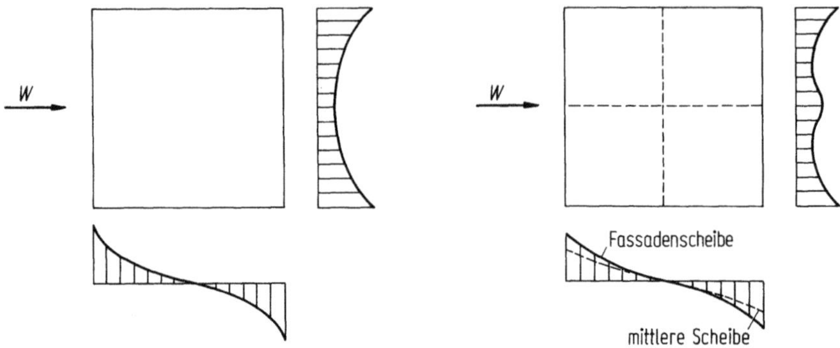

Bild C 35. Einfluß einer mittleren Scheibe auf die Mitwirkung der Fassaden

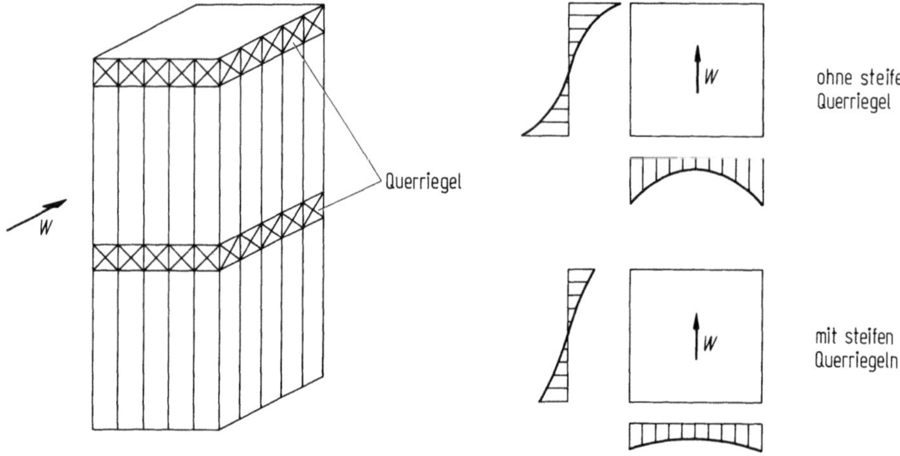

Bild C 36. Stärkere Mitwirkung der Fassadenstützen durch die Anordnung einzelner, hoher Fachwerkriegel

Eine weitere Möglichkeit, die Schubsteifigkeit der rahmenartigen Fassadenscheiben gesamthaft zu erhöhen, besteht in der Anordnung einzelner Querriegel großer Bauhöhe (über zwei oder mehrere Stockwerke), welche die Schubsteifigkeit und dadurch die Mitwirkung der Fassadenscheiben wesentlich erhöhen (vgl. Bild C 36). Diese steifen Querriegel bewirken nämlich im Grenzfall eine lineare Verteilung der Stützendehnungen (Analogie zur Annahme des Ebenbleibens der Querschnitte nach Bernoulli-Navier).

3.5.3 Kombinierte Lösung

Durch Kombination der Lösungen 3.5.1 und 3.5.2 erhält man optimale Tragstrukturen. Ein Beispiel hierfür ist das zur Zeit höchste Gebäude der Welt, das Sears-Building in Chicago, mit 442 m Höhe und einer Grundfläche von 68,6 × 68,6 m (Iyengar et al., 1973). Die Tragstruktur ist schematisch in Bild C 37 dargestellt.

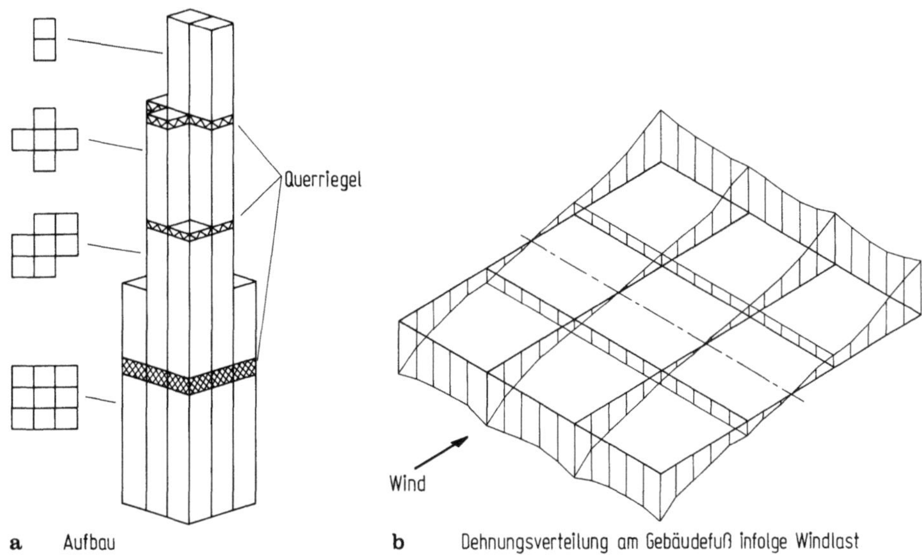

Bild C 37 a, b. Tragstruktur des Sears-Building in Chicago mit Dehnungsverteilung am Fuß

Konstruktionselemente

4 Decken und Wände

4.1 Aufgabe und Aufbau der Decken

4.1.1 Erwünschte Eigenschaften der Geschoßdecken

Geschoßdecken haben primär die Aufgabe, die lotrechten Nutzlasten aufzunehmen und zur stützenden Konstruktion weiterzuleiten; gleichzeitig wirken sie als waagrechte Scheiben (vgl. Abschnitt 1.2.2). Die Decken gewährleisten zudem den gegenseitigen Abschluß der Geschosse, wobei sie einen genügenden Luftschall- und Trittschallschutz, die erforderliche Wärmedämmung und den von den feuerpolizeilichen Vorschriften verlangten Brandwiderstand aufzuweisen haben.

Für die Geschoßdecken sind folgende Eigenschaften erwünscht:
— geringe Eigenlast, die zu einem leichten Stahlgerippe und zu weniger aufwendigen Gründungen führt;

— hohe Tragfähigkeit, Steifigkeit und Schwingungsunanfälligkeit bei beschränkter
Bauhöhe, so daß große Abstände der Deckenträger möglich sind;
— rasche und witterungsunabhängige Herstellung während des Fortganges der Montage der Stahlkonstruktion, möglichst in Trockenbauweise und ohne Absprießung;
zudem sollen die Decken sofort als Arbeitsbühnen benützbar sein;
— einfaches Unterbringen der Versorgungsleitungen, hohe Anpassungsfähigkeit für
spätere Veränderungen, insbesondere Durchbrüche;
— niedriger Preis.

Selbstverständlich erfüllt kein Deckentyp alle diese Anforderungen. Für jeden Einzelfall muß unter Abwägung der oben erwähnten Punkte der geeigneteste Typ bestimmt
werden.

4.1.2 Deckenaufbau

Für die Decken kommt die einschalige (einfache Deckenplatte) oder die zweischalige
Ausbildung mit Unterdecke in Frage. Einschalige Decken werden vor allem für Industriebauten, Lager- und Parkhäuser usw. verwendet, bei denen wenig Installationen
vorhanden sind oder sichtbare Leitungen nicht stören, und zudem die Anforderungen
an den Schallschutz gering sind. Für Geschäftshäuser, Verwaltungsgebäude und dgl.,
bei denen umfangreiche Versorgungsleitungen untergebracht werden müssen, stellen
dagegen zweischalige Decken die Regel dar; der Zwischenraum bleibt zudem auch im
Betrieb zugänglich (Unterdecke leicht demontierbar). Bei Verwendung feuerhemmender Stoffe für diese Unterdecke kann die verlangte Feuerwiderstandsdauer öfters ohne
weitere Maßnahmen erreicht werden.

Zwischen der Oberkante der Tragschicht (meistens Beton) und dem Bodenbelag
(Spannteppich, PVC, Parkett usw.) wird, falls Trittschalldämmung erforderlich ist, ein
Unterlagsboden zwischengeschaltet (Bild C 38). Dadurch wird zudem ein Ausgleich
der Herstellungsungenauigkeiten erreicht.

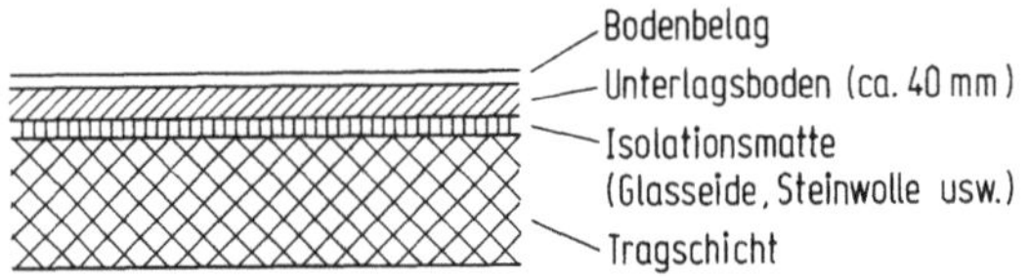

Bild C 38. Decke mit Unterlagsboden

4.2 Deckenarten

4.2.1 Stahlblechdecken

Vorteile der Stahlblechdecken

Stahlblechdecken sind trotz ihrer hohen Tragfähigkeit leicht und können rasch verlegt werden; sie sind sofort begehbar und dienen während der Montage als Arbeitsbühne und als Unfall- und Wetterschutz für die weiteren Arbeitsgänge. Das Unterbringen der Installationsleitungen für Licht, Kraft, Telephon, Klimaanlagen usw.

ist erleichtert. Die in Abschnitt 4.1.1 aufgestellten Anforderungen sind somit nahezu alle erfüllt. Der Preis ist allerdings relativ hoch, so daß die Anwendung sich vorwiegend für Geschäftshäuser und ähnliche Bauten aufdrängt.

Stahlzellendecken und ähnliche Decken ohne Verbund

Bereits vor einigen Jahrzehnten sind in den USA verschiedene Blechdeckensysteme entwickelt worden, z. B. die in Bild C 39 dargestellte Decke (Q-Floor) mit seitenverdreht übereinander gestellten und verschweißten profilierten Blechen. Obwohl die Mitwirkung des Betons nicht berücksichtigt wird, besitzen solche Decken eine hohe Tragfähigkeit und ermöglichen daher eine Ausbildung mit größeren Spannweiten zwischen den Deckenträgern. Die Hohlräume dienen als Leitungskanäle, so daß die Anpassungsfähigkeit bei Nutzungsänderungen gewährleistet ist.

Die Stahlzellendecken sind relativ aufwendig und haben in Europa keine breitere Anwendung gefunden.

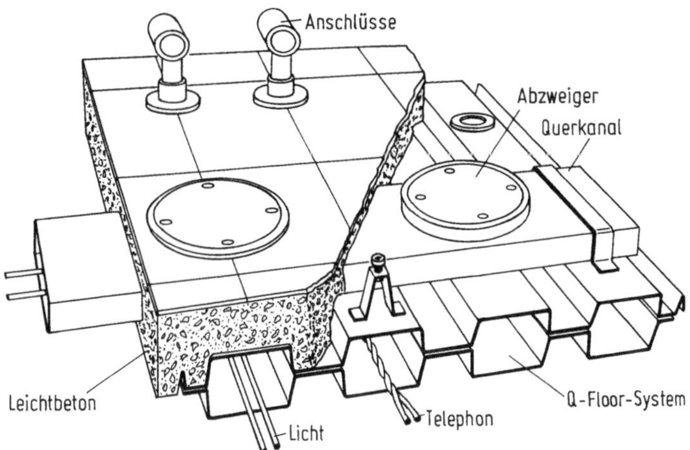

Bild C 39. Q-Floor-System

Verbunddecken

Die dünnwandigen Blechprofile dienen während des Betonierens als verlorene Schalung und im Gebrauchszustand als untere Bewehrung des Aufbetons. Damit die Querverteilung gewährleistet ist, sollte die Stärke der Betonüberdeckung mindestens 50 mm erreichen. Zudem wird meistens als Schwind- und lastverteilende Bewehrung oben ein Netz eingelegt (falls mit einer Durchlaufwirkung gerechnet wird, ist selbstverständlich eine obere Bewehrung im Stützenbereich vorzusehen).

Bei den ersten Ausführungen in der Schweiz, in den fünfziger Jahren, wurde Trägerwellblech eingesetzt, so daß die erreichbaren Spannweiten mit rund 2 m bescheiden blieben (Cosandey, 1960). In der Zwischenzeit haben sich überall die profilierten, verzinkten Bleche (Stärke 0,9 ÷ 1,5 mm) durchgesetzt. Bild C 40a zeigt eine Ausführung mit Trapezprofilen. Um die Übertragung der Verbundspannungen zwischen Blech und Beton zu gewährleisten, sollen die Profilwandungen eingeprägte Sicken, Nocken oder Perforationen aufweisen, welche zu einer mechanischen Verzahnung führen. Auf dem Markt befinden sich mehrere Ausführungsarten (vgl. z. B. Eggert und Kanning, 1979). Eine weitere Möglichkeit besteht darin, ein Bewehrungsnetz auf das Trapezprofil punktweise aufzuschweißen.

Bleche mit ebenen Wandungen lassen sich verwenden, falls die Profilform eine Klemmwirkung gewährleistet, wie dies beim schwalbenschwanzförmigen Querschnitt nach Bild C 40b der Fall ist: eine zerstörungsfreie Trennung von Blech und Beton in lotrechter Richtung ist hier unmöglich; zudem werden die Längsschubkräfte durch eine Art Keilwirkung übertragen. Wenn Hohlräume für die Durchführung von Leitungen erforderlich sind, werden kanalförmige Zellen zwischen den Rippen geschweißt (Rippe rechts).

Die Tragfähigkeit solcher Verbunddecken läßt sich kaum nur rechnerisch bestimmen, weil sie stark von der Art der Schubübertragung abhängt. Sie wird deshalb aufgrund von bis zum Bruch geführten Versuchen ermittelt. Dabei ist auch das Verhalten bei der Erschöpfung der Tragfähigkeit miteinzubeziehen: das Versagen sollte möglichst duktil erfolgen, nicht schlagartig nach Überwindung der Verbundwirkung

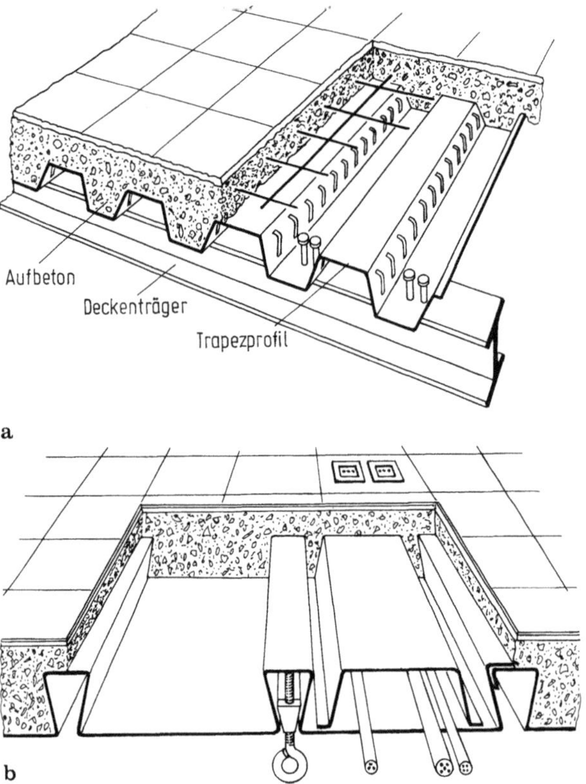

Bild C 40a, b. Mögliche Ausbildungen von Verbunddecken

zwischen Blech und Beton. Nicht zuletzt aus diesem Grunde wird öfters verlangt (z. B. Norm SIA 161/1979, 3 133 3), daß an den Blechenden in jedem Fall Verankerungen, z. B. durchgeschweißte Kopfbolzendübel (vgl. Bild C 40a) anzubringen sind. Damit kann sich auch ohne durchgehenden Verbund als Tragsystem ein flacher Bogen (Beton) mit Zugband (Blech) bilden. Für weitere Angaben zum Verhalten der Verbunddecken sei auf die EKS Empfehlungen für Stahlprofilblech-Verbunddecken (1975) hingewiesen.

Selbstverständlich ist es auch möglich, die Stahlbleche nur als verlorene Schalung zu verwenden, d. h. ihre Mitwirkung im Gebrauchszustand zu vernachlässigen. Diese Lösung ist meistens aufwendiger.

Auf alle Fälle sind die Tragfähigkeit und die Durchbiegungen der Profilbleche während des Betonierens zu kontrollieren. Wegen der schlanken Wandungen arbeiten die Profile (insbesondere ihre Druckgurte) für diesen Lastfall hoch im überkritischen Beulbereich.

4.2.2 Betondecken

Ortsbetondecken

Ortsbetondecken werden meistens direkt zwischen den Unterzügen gespannt, so daß Gebälkträger entfallen können. Nachteilig sind die hohe Eigenlast sowie die nasse Bauweise mit der erforderlichen Schalung und den Abstützungen, die wegen der Abbindezeit länger stehen bleiben. Ein Betonieren im Zuge der Skelettmontage ist daher nicht möglich. Andererseits können Ortsbetondecken bei hohen Nutzlasten (Industriebauten) oder bei unregelmäßigem Grundriß trotz der hohen Schalungskosten wirtschaftlich sein. Bei eigentlichen Geschoßbauten kommen sie dagegen kaum zur Ausführung.

Bild C 41 zeigt eine Ausbildung mit kleinster Bauhöhe. Durch das Einbetonieren des Stahlträgers wird zudem der Brandschutz gewährleistet. Der Stahlquerschnitt ist unsymmetrisch (Verstärkungslamelle), weil im Gebrauchszustand die Betondecke in Verbund mitwirkt. Diese im Abschnitt 4.3.4 erwähnte Verbundwirkung wird bei Ortsbetondecken meistens ausgenützt.

Selbstverständlich werden auch punktgestützte Flachdecken ausgeführt. Die Auflagerkräfte sind in die Stahlstützen mit besonderen Kragenkonstruktionen einzuleiten, die ein Durchstanzen verhindern sollen. Für verschiedene Ausbildungsmöglichkeiten sei z. B. auf Reyer (1982) hingewiesen.

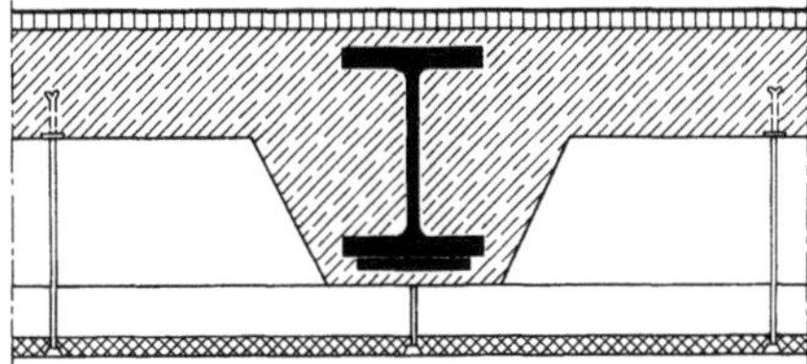

Bild C 41. Stahlbetondecke mit einbetoniertem Träger

Betonelemente mit Aufbeton

In gewissen Fällen werden vorfabrizierte Betonelemente als verlorene Schalung verwendet. Sie enthalten ebenfalls die nötige Feldbewehrung. Als Sonderfall kann die in Bild C 42 abgebildete Decke mit vorgespannten „Brettern" oder Stegbalken erwähnt werden. Die Verbindung zum Aufbeton und die Schubsicherung sind mit den gezeigten Bügeln gewährleistet. Zwischen den Elementen dienen Tonhourdis als verlorene Schalung.

Bei breiteren Brettelementen ist die Untersicht einer Sichtschalung gleichzusetzen. Schließlich wird die Scheibenwirkung vom Aufbeton problemlos hergestellt.

Fertigteildecken

Stahlbetonfertigteile eignen sich auch für höhere Nutzlasten und größere Spannweiten. Die Elemente können im Zuge der Skelettmontage verlegt werden und sind daher sofort begehbar. In der Regel werden auch hier die Betonteile zur Tragwirkung

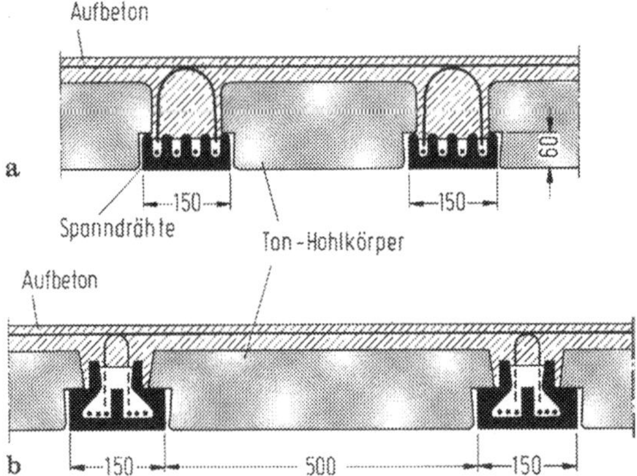

Bild C 42. a Vorgespannte Bretter; **b** Vorgespannte Stegbalken

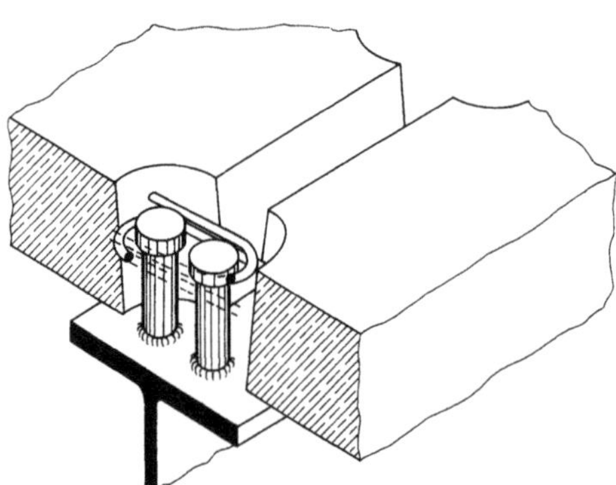

Bild C 43. Verbundfuge einer vorfabrizierten Stahlbetondecke

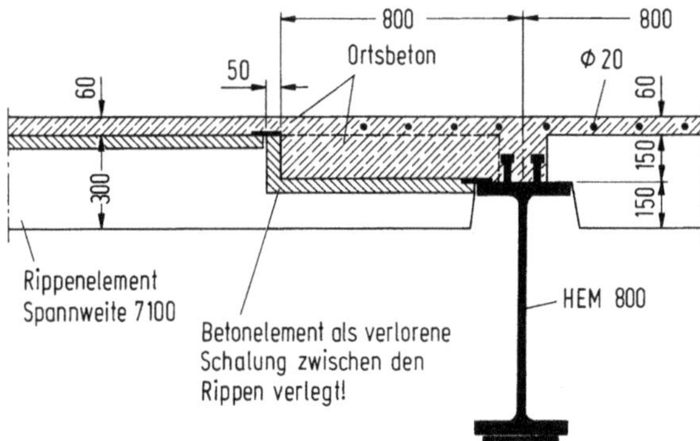

Bild C 44. Rippenplatten mit Aufbeton

mit den Stahlprofilen herangezogen. Die Längsfugen befinden sich meistens auf der Trägerachse. Bild C 43 zeigt eine Ausbildung, bei der die Verbundmittel in besonderen Aussparungen angeordnet sind (vgl. z. B. Sontag, 1973 und 1974). Vorstehende Bewehrungsschlaufen umfassen die Kopfbolzendübel, so daß die Scheibenwirkung ohne Aufbeton gewährleistet ist. Eine solche Anordnung wird außerhalb der BRD selten verwendet.

Bei größeren Spannweiten zwischen den unterstützenden Trägern können Rippenplatten verwendet werden, wie sie in Bild C 44 dargestellt sind. Die besondere Formgebung im Endbereich ermöglicht eine einfache Auflagerung. Um eine einwandfreie Mitwirkung der Decke mit dem Unterzug zu erreichen, ist hier Ortsbeton bis zur Trägeroberkante vorgesehen, wobei Fertigteile als verlorene Schalung dienen.

Durch die Verwendung von Blähton oder Blähschiefer als Zusatzstoff läßt sich Beton mit niedriger Raumdichte (0,7 bis 1,7 t/m³) herstellen. Elemente dieser Art werden vorwiegend als Dacheindeckung (vgl. Abschnitt B 4.2.4) eingesetzt. Bei Geschoßbauten sind gewisse Nachteile bezüglich Schallschutz und Feuerwiderstand in Kauf zu nehmen. Zudem verlangt eine Scheibenwirkung ohne Aufbeton eine Fugenbewehrung und allenfalls eine Verdübelung der Elemente unter sich.

Hourdisdecken

Die Hourdis dienen als verlorene Schalung für den Aufbeton. Je nach der Zusammensetzung dieser vorfabrizierten Leichtbaukörper wird eine höhere Wärme- und Schalldämmung sowie ein guter Brandwiderstand, gleichzeitig mit einer beträcht-

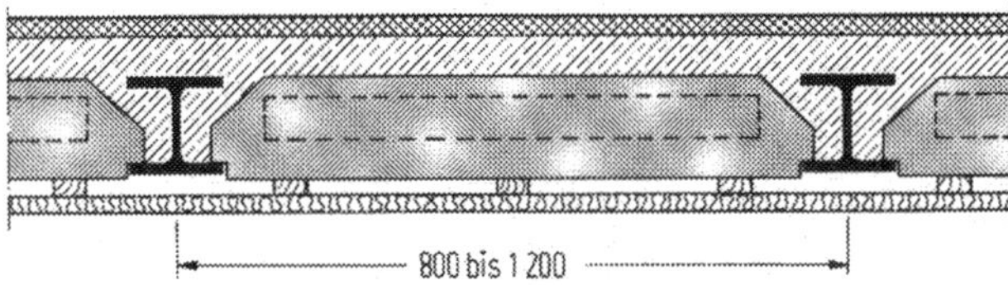

Bild C 45. Decke mit Leichtbetonhourdis

lichen Gewichtsverminderung erreicht. Wegen des benötigten engen Gebälkabstandes von 0,6 m (Tonhourdis) bis 1,2 m (Schilfrohrhourdis) kommt diese Ausbildung heute kaum noch in Frage. Als Anwendungsbeispiel zeigt Bild C 45 eine Decke mit Leichtbetonhourdis.

4.3 Deckenträger

4.3.1 Allgemeines

Die stählernen Deckenträger stellen einen nicht vernachlässigbaren Anteil am Gesamtgewicht des Stahlskelettes dar und verdienen deshalb eine eingehende Untersuchung im Laufe des Entwurfes, dies um so mehr als häufig eine große Zahl gleicher Träger vorliegt. Um die Gesamtstärke der Decke und dadurch die Stockwerkhöhe möglichst klein zu halten, ist eine beschränkte Bauhöhe erwünscht. Trotzdem muß die erforderliche Steifigkeit vorhanden sein, um Risse in der Deckenkonstruktion und besonders in darauf abgestellten spröden Wänden zu vermeiden. Falls ein geringer Stahlverbrauch angestrebt wird, sind Gitterträger einzusetzen, allerdings auf Kosten einer größeren Bauhöhe. Zur Erhöhung der Tragfähigkeit und der Steifigkeit kann die Verbundwirkung mit der Decke (vgl. Abschnitt 4.3.4) ausgenützt oder eine Durchlaufwirkung über den Unterzügen (vgl. Abschnitt 4.3.5.2) vorgesehen werden.

4.3.2 Anordnung des Gebälkes im Grundriß

Bei Gebäuden mit rechteckigem Grundriß und in Querrichtung angeordneten Haupttragelementen, z. B. Rahmen, laufen die Deckenträger in Längsrichtung, wie dies auch

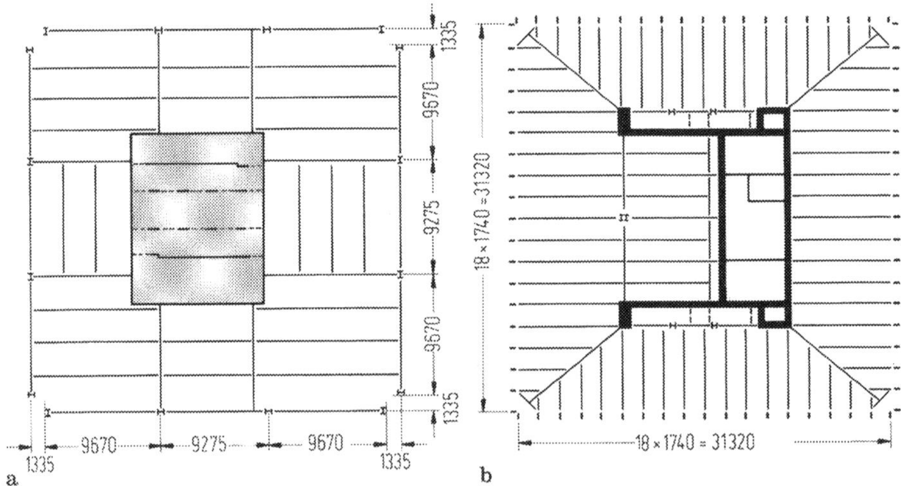

Bild C 46. a „Penmor Towers" in Johannesburg (Geach et al., 1975); **b** Studioturm der Deutschen Welle in Köln (Hirsch und Reimers, 1978)

bei den Pfetten von Hallenbauten der Fall ist. Bei der in Abschnitt 2.1 erwähnten Stabilisierung mit Querscheiben und Längsrahmen ist das Gebälk dagegen in Querrichtung angeordnet.

Andere Grundrißformen führen zu davon abweichenden Anordnungen. Als Beispiel soll ein quadratischer Grundriß betrachtet werden, bei dem die Arbeitsräume um eine sowohl alle waagrechten Kräfte als auch einen Teil der lotrechten Lasten übernehmende Kernkonstruktion angeordnet sind. Bild C 46a zeigt eine mögliche Ausbildung mit paarweise senkrecht zum Kern angeordneten Unterzügen und orthogonal dazu stehenden Deckenträgern. Die Verbunddecken mit Trapezblechen tragen wieder in Richtung der Unterzüge. Bei der Turmkonstruktion nach Bild C 46b sind dagegen nur vier Unterzüge vorgesehen, jeweils von der Kernecke zur Gebäudeecke laufend. Die Spannweite der Deckenträger ist entsprechend anzupassen.

4.3.3 Querschnittsausbildung der Deckenträger

Je nach Spannweite und zur Verfügung stehender Bauhöhe kommen folgende Ausbildungsformen in Frage:
— Walzprofile, in der Regel PE-Profile wegen ihres günstigen Verhältnisses W_x/g und J_x/g. Die beschränkte Seitensteifigkeit ist nicht nachteilig, da die Decke ein Kippen wirksam verhindert und zudem die waagrechten Lasten direkt aufnimmt.
— Blechträger werden bei den üblichen beschränkten Spannweiten seltener verwendet. Eine Serienherstellung mit Schweißautomaten kann die Wirtschaftlichkeit wieder erhöhen, besonders wenn spezielle Forderungen einen unsymmetrischen Trägerquerschnitt bedingen (Beispiel: T-förmiger Obergurt, mit nach oben gerichtetem Steg, um eine Schallübertragung durch die Hohlräume der darüber angeordneten Verbunddecke zu verhindern).
— Wabenträger erlauben eine bequeme Durchführung der Versorgungsleitungen in regelmäßigen Abständen.
— Gitterträger eignen sich besonders bei größeren Spannweiten. In den USA werden die sogenannten „Steel Joists" serienmäßig hergestellt: Trägerhöhe 200 bis 800 mm, Spannweiten bis 18 m. Die Gurte und Füllungsglieder bestehen meistens aus Winkelprofilen und sind ohne Knotenbleche miteinander angeschlossen. Ähnliche Trägerarten werden auch in Europa angeboten, allerdings in einem beschränkteren Anwendungsbereich.

Bei der Wahl der Querschnitte der Deckenträger ist nicht nur die Tragfähigkeit sondern auch die Gebrauchsfähigkeit zu berücksichtigen. Auf die Rissesicherheit wurde bereits im Abschnitt 4.3.1 hingewiesen. Nach Norm SIA 161/1979 sind für Hochbauträger, die zur Unterstützung rissegefährdeter Wände dienen, die Durchbiegungen unter den maßgebenden variablen Lasten auf $l/500$ zu beschränken. Für den Komfort der Benützer ist auch das Schwingungsverhalten der Deckentragkonstruktion von Bedeutung. Erfahrungsgemäß sollte für Bürogebäude die Eigenfrequenz ohne Nutzlast nicht unter 3 Hz liegen. Für weitere Angaben sei auf die umfangreiche Literatur hingewiesen, z. B. auf die Veröffentlichung „Monograph on Planing and Design of Tall Buildings", Vol. SB 5.7 (1979).

4.3.4 Verbundwirkung

4.3.4.1 Allgemeines

Wir haben bereits erwähnt, daß das Heranziehen der Verbundwirkung zwischen Stahlträger und Deckenbeton sowohl bei Betonplatten als auch beim Aufbeton von Profilblechen eine erhöhte Tragfähigkeit und Steifigkeit gewährleistet. Bild C 47 zeigt die grundsätzliche Anordnung solcher Verbundlösungen, die zu einer kleineren Profilgröße und dadurch zu einer Verringerung des Stahlgewichtes führen. Ein Teil dieser Ersparnisse wird jedoch durch die Kosten der Verdübelung (Material und insbesondere Arbeitsaufwand) aufgehoben.

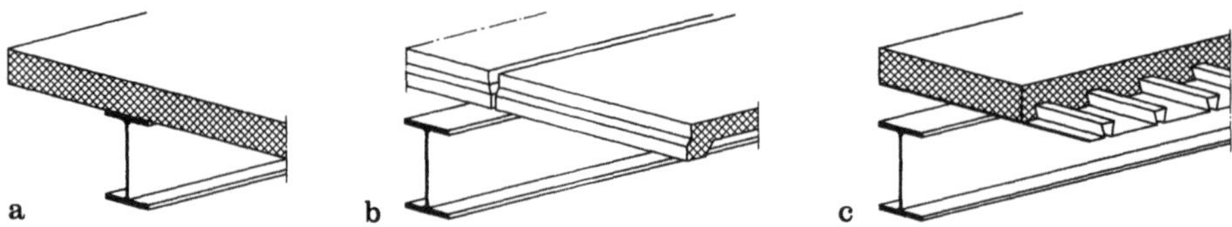

Bild C 47a–c. Verbundträger mit Vollplatte (**a**), Rippenplatte (**b**) oder Verbunddecke (**c**)

Eine ausführliche Behandlung der Verbundbauweise würde den Rahmen des vorliegenden Buches bei weitem sprengen. Wir beschränken uns daher auf eine kurze Darstellung der plastischen Bemessungstheorie der Verbundträger, wie sie bereits in den dreißiger Jahren von Stüssi (1932) entwickelt und durch Versuche (Roš 1944) für Träger unter vorwiegend ruhender Belastung bestätigt worden ist.

4.3.4.2 Bestimmung des plastischen Biegewiderstandes M_{uv} von Verbundträgern

Wir untersuchen den wichtigen Fall eines vollverdübelten Trägers (vgl. Abschnitt 4.3.4.3) mit der Betonplatte in der Druckzone. Im Hochbau liegt die plastische Nullinie $n_{pl} - n_{pl}$ praktisch immer in der Betondecke; bei reiner Biegung ergibt sich ihre Lage nach Bild C 48 aus der Gleichheit der Betondruckkraft, $N_c = a \cdot b \cdot f_c$, mit der Fließzugkraft des Stahlträgers, $N_{y,a} = A_a \cdot f_y$. Dabei bedeutet f_c den Rechenwert der Betonfestigkeit, der gegenüber der minimalen Würfeldruckfestigkeit $f_{cw,min}$ mit einem Beiwert von 0,65 abgemindert wird (Unterschiede zwischen Würfel- und Prismendruckfestigkeit, zwischen Probekörper und Tragwerk usw.). Als mitwirkende Breite b darf die volle Breite des Betongurtes in Rechnung gestellt werden, jedoch nicht mehr als ein Drittel des Abstandes der Momentennullpunkte. Daraus ergibt sich:

$$a = \frac{A_a \cdot f_y}{b \cdot f_c} \quad \text{und} \quad M_{uv} = e \cdot N_{y,a} = A_a \cdot f_y \left(z - \frac{A_a \cdot f_y}{2 \cdot b \cdot f_c} \right)$$

Die in Bild C 48 dargestellte Dehnungsverteilung — mit einer zu 3‰ angenommenen Bruchstauchung des Betons — erlaubt es, die vorausgesetzte Spannungsverteilung des Stahlträgers zu überprüfen: die Annahme ist erfüllt, falls in der Höhe des oberen Flansches die Fließdehnung $\varepsilon_y = f_y/E$ des Stahls überschritten ist. Die

Fließlast des Obergurtes trägt allerdings wenig zum plastischen Moment bei (kleiner Hebelarm), so daß eine Verletzung dieser Dehnungsbedingung kaum von Belang ist.

Im Rahmen einer plastischen Bemessung muß die Belastungsgeschichte nicht berücksichtigt werden, d. h. es spielt keine Rolle, ob der Träger während des Betonierens untersprießt war oder nicht. Beim Tragfähigkeitsnachweis ist einfach das Gesamtmoment der äußeren Lasten (Eigenlast und Nutzlast) mit dem Wert M_{uv} zu vergleichen. Bei nicht unterstützten Trägern ist selbstverständlich der Betonierzustand gesondert zu untersuchen (Stahl allein wirkend). Dieser Lastfall kann für nicht untersprießte, plastisch bemessene Verbundträger maßgebend sein.

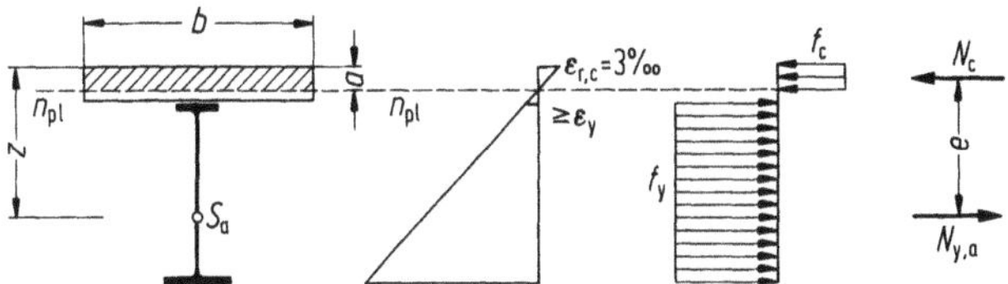

Bild C 48. Plastisch ermittelter Biegewiderstand eines Verbundträgers

Für die gängigen Walzprofile sind die Werte der plastischen Momente in der Veröffentlichung A3 „Verbundträger im Hochbau" der Schweiz. Zentralstelle für Stahlbau (1982) sowie im „Stahl im Hochbau", Band II/Teil 1 (1987) enthalten. Diese Tabellen geben auch die elastisch bestimmten Biegesteifigkeiten wieder. Die Berechnungsmethode ist dem im Stahlbetonbau verwendeten n-Verfahren grundsätzlich gleich, mit dem Unterschied, daß die Eigensteifigkeit der „Bewehrung" — hier des Stahlträgers — selbstverständlich nicht vernachlässigbar ist.

Für die Bemessung teilverdübelter Verbundträger sei auf die Literatur hingewiesen, z. B. auf die EKS-Empfehlungen „Composite Structures" (1981) sowie auf Bode (1980).

4.3.4.3 Plastischer Tragfähigkeitsnachweis der Verdübelung

Die zu untersuchende Vollverdübelung ist nach Bild C 49 so definiert, daß die Erschöpfung des Tragwiderstandes durch Erreichen des Momentes M_{uv} im maßgebenden Querschnitt und nicht durch ein vorzeitiges Versagen der Verdübelung ver-

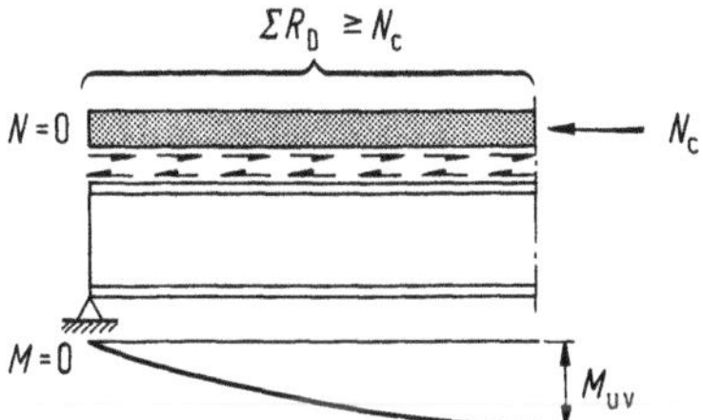

Bild C 49. Definition der Vollverdübelung

ursacht wird. Die Summe der Dübeltraglasten R_D im Scherbereich, d. h. zwischen dem Widerlager oder dem Momentennullpunkt und dem plastifizierten Querschnitt (Bild C 48), muß größer oder gleich der im Bruchzustand in Rechnung gestellten Betonkraft $N_c = N_{y,a}$ sein. Der Anteil des Obergurtes an $N_{y,a}$ darf eventuell weggelassen werden, weil die zugehörige Fließlast sehr wenig zu M_{uv} beiträgt.

Als Verbundmittel werden meistens *Kopfbolzendübel* eingesetzt. Bei einem Rechenwert der Betonfestigkeit $f_c \geq$ 16 N/mm^2 ist Abscheren des Bolzenschaftes maßgebend, und der Tragwiderstand eines solchen Dübels mit einer Höhe $h_D \geq 4d$ (d = Bolzendurchmesser) und einer Zugfestigkeit f_t ($\geq$ 450 N/mm^2) ist nach Norm SIA 161/1979, 3 132 2, festgelegt zu

$$R_D = 0,7 \cdot \pi(d/2)^2 \cdot f_t$$

Der Faktor 0,7 wurde versuchsmäßig ermittelt und ergibt sich aus dem kleineren Wert der Schubfestigkeit im Vergleich zur Zugfestigkeit. In anderen Ländern gelten ähnliche Beziehungen.

Bei Trägern mit konstantem doppeltsymmetrischem Querschnitt, wie sie im Hochbau öfters als Walzprofile vorkommen, dürfen bei gleichmäßiger Belastung die Dübel im Scherbereich in gleichen Abständen angeordnet werden (d. h. nicht entsprechend dem Schubfluß $V \cdot S/J$ wie dies im Rahmen einer elastischen Bemessung erforderlich wäre). Der Obergurt ist nämlich bei weitem nicht ausgenützt und somit imstande, noch nicht durch die Dübel eingeleitete Druckkraftanteile außerhalb der plastifizierten Zone aufzunehmen. Dazu sind allerdings flexible Dübel, z. B. Kopfbolzendübel erforderlich, weil sie einen Schubflußausgleich durch Verschiebungen zwischen Stahlträger und Betonplatte erlauben, ohne an Schubfestigkeit einzubüßen.

Für kleinere Schubkräfte eignen sich Schenkeldübel, die ohne Schweißung am Trägerflansch angeschlossen werden (vgl. z. B. Tschemmernegg, 1985).

In Deutschland werden auch Verbundfachwerkträger verwendet, bei denen das Stahlfachwerk ohne Obergurt geliefert wird. Auf der Baustelle sind die Füllungsglieder, oder genauer die Knotenbereiche über HV-Schrauben mit der Betonplatte zu verbinden (Gegenplatte mit Kopfbolzendübeln einbetoniert). Für diese Ausbildungsart sei z. B. auf Reinig (1974) oder auf Waltersdorf (1975) hingewiesen. Die einzuleitenden Dübelkräfte ergeben sich bei einer solchen Anordnung eindeutig aus den waagrechten Komponenten der Fachwerkstreben; eine gleichmäßige Verteilung wäre hier nicht statthaft.

Für die Verdübelung von Blechprofildecken mit den Stahlträgern sind die Besonderheiten der Kraftübertragung zu beachten. Bei quer zum Stahlträger laufenden Rippen ist die Einleitung der Dübelkräfte in die über die Rippen durchgehende Betondeckung erschwert. In den EKS-Empfehlungen (1981) sind versuchsmäßig abgeleitete Abminderungsfaktoren angegeben (vgl. auch Roik und Bürkner, 1981, sowie die Norm SIA 161/1979, 3 132 14). Die Kopfbolzendübel können entweder in der Werkstatt geschweißt und die Bleche entsprechend gelocht werden, oder die Dübel werden auf Montage durch das Blechprofil hindurch geschweißt.

4.3.5 Auflagerung der Deckenträger

Wegen der hohen Anzahl der in Geschoßbauten auszuführenden Anschlüsse der Deckenträger mit den Unterzügen ist die Wahl der Ausbildungsform der Auflagerung für die Wirtschaftlichkeit von Bedeutung. Dabei sind Anordnungen zu bevorzugen, die eine einfache Montage erlauben. Wegen der beschränkten Bauhöhe ist allerdings eine Auflagerung auf den Unterzügen, im Gegensatz zu den Pfetten, meistens nicht möglich.

4.3.5.1 Gelenkige Lagerung

Der gelenkige Anschluß der Deckenträger führt, bei richtiger Anordnung, zu einer einfacheren Montage. Allerdings ist das Material schlecht ausgenützt; zudem treten größere Verformungen ein, wobei die Auflagerdrehungen bei der üblichen Ausbildung mit durchgehender Betonplatte zu Rissen in diesem Bereich führen können. Diese Lösung ist somit nur bei mäßigen Spannweiten angezeigt.

Der in den Bildern C 50a und b gezeigte Anschluß mit Doppelwinkeln ist der gebräuchlichste. Die Fertigung ist bohrstraßengerecht, verlangt aber bei bündigen Oberkanten (Bild C 50b) ein Ausklinken des Deckenträgers. Zudem ist auf Montage ein seitliches Einfahren erforderlich. In der Veröffentlichung C 9.1 „Stahlbaupraxis" der Schweiz. Zentralstelle für Stahlbau (1983) sind solche typisierten Anschlüsse tabelliert und das entsprechende Berechnungsmodell ist angegeben.

Mit der in Bild C 50c dargestellten Lösung treten die obenerwähnten Nachteile nicht mehr auf. Bei einseitiger Belastung ist allerdings zu berücksichtigen, daß der Unterzug keine nennenswerte Torsionssteifigkeit besitzt, so daß die relativ große Exzentrizität der Auflagerkraft durch ein Kräftepaar aus waagrechten Schraubenkräften aufzunehmen ist.

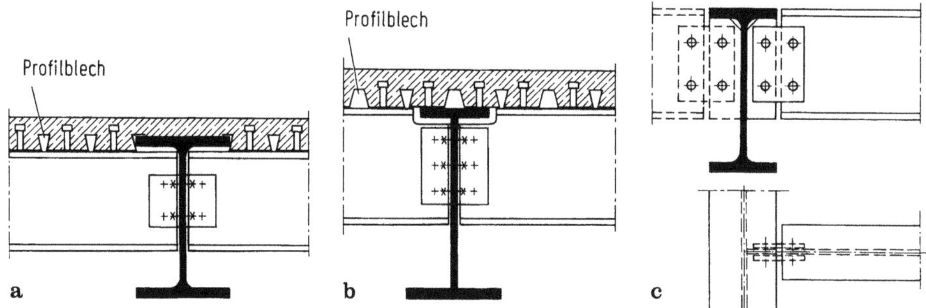

Bild C 50a–c. Ausführungsmöglichkeiten für den gelenkigen Anschluß von Deckenträgern

Für kleine Anschlußkräfte können die in Bild C 50c gezeigten angeschweißten Anschlußplatten durch Doppelwinkel ersetzt werden. Bei einseitiger Belastung werden die breiten Schenkel der Anschlußwinkel ungünstig beansprucht. Für Bemessungsnomogramme sei auf Hotz (1985) hingewiesen.

Eine weitere Möglichkeit besteht darin, lotrechte T-Profile mit dem Steg des Unterzuges zu verschweißen und den Montageanschluß als Scherverbindung zwischen dem T-Flansch und einer am Deckenträger im Werk angeschweißten Stirnplatte auszubilden. Bei dieser Lösung ist ein Ausgleich der Toleranzen nur durch Futterbleche zu erreichen. Zudem ist die Verdrehbarkeit behindert, so daß diese Ausbildung einen Übergang zum biegesteifen Anschluß nach Bild C 51b darstellt.

4.3.5.2 Durchlaufende Deckenträger

Bei in Verbund mit der Betonplatte arbeitenden Deckenträgern kann ein Anschluß nach Bild C 50a oder b auch bei durchlaufender Anordnung gewählt werden, falls die Kontinuität oben durch eine Zulagebewehrung und unten auf Kontakt oder durch Schweißung gewährleistet ist. Bei elastischer Bemessung darf die Durchlaufwirkung nur für die nach dem Abbinden des Betons eintretenden Lasten betrachtet werden. Im Rahmen einer plastischen Berechnung (Verfahren P-P, d. h. plastische Ermittlung sowohl der Schnittkräfte als auch des Querschnittswiderstandes) darf allerdings die Belastungsgeschichte vernachlässigt und zudem dürfen die Momente umgelagert werden. Die einzuhaltenden Bedingungen hängen davon ab, ob sich das erste Fließgelenk auf der Stütze oder im Feld bildet. Diese Probleme können hier nur erwähnt werden (vgl. die EKS-Empfehlungen, 1981, und zudem Ansourian, 1984, sowie Bode und Fichter, 1986).

Eine hochwertige Ausführung wird bei einer stahlbaumäßigen Kontinuität erreicht. Bild C 51a zeigt eine Ausbildung mit durchgesteckten Zuglaschen (vgl. Bräuer et al., 1980). Die Querkräfte werden durch einen Stirnplattenanschluß weitergeleitet, der auch die Druckaufnahme unten sichert. Bei oberkantbündigen Trägern wird die Kontinuitätslasche selbstverständlich oben angeordnet (vgl. z. B. Muess, 1982). Diese Ausführungen sind teuer, sowohl für die Fertigung als auch für die Montage; sie kommen eher für große Gebälkspannweiten und hohe Belastungen in Frage.

Für eingesattelte Durchlaufträger kann der biegesteife Anschluß auch als Stirnplattenverbindung mit zugbeanspruchten HV-Schrauben ausgeführt werden. Bei Deckenträgern kommt in der Regel der in Bild C 51b gezeigte Anschluß mit bündigen Platten in Frage. Die an sich günstigere Verbindung mit überstehenden Stirnplatten, d. h. mit einer Schraubenreihe oberhalb des Trägers, ist meistens nicht möglich, weil der relativ große Höhenunterschied zwischen dem Flansch des Unterzuges und dem-

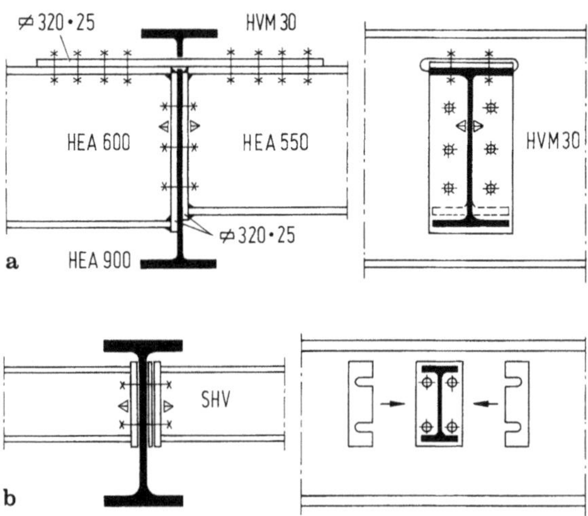

Bild C 51a, b. Durchlaufende Deckenträger; **a** Mit Kontinuitätslasche; **b** Mit HV-verschraubtem Stirnplattenstoß

jenigen des Deckenträgers kaum verträglich wäre mit der Deckenanordnung. Zum Längenausgleich sind beim Stirnplattenanschluß die Träger 2 bis 3 mm kürzer auszuführen und paarweise Kammfutter mitzuliefern, die ohne Entfernen der Schrauben seitlich in die lose Verbindung eingeführt werden können.

4.4 Wände

4.4.1 Allgemeines

Bei den Wänden muß zwischen tragenden Wänden und solchen, die nur zum Raumabschluß dienen, unterschieden werden. Bei den tragenden Wänden beeinflussen die statischen Gesichtspunkte weitgehend die Ausbildung. Dies ist oft bei Giebel- und Treppenhauswänden der Fall, die als Scheiben für die Aufnahme der waagrechten Lasten und eines Teils der lotrechten Lasten wirken. Gelegentlich werden auch die Fensterbrüstungen als Unterzüge oder als Riegel von Fassadenrahmen ausgebildet.

Abgesehen von den Kern- und Schubwänden werden die Innenwände meistens als nicht tragende Wände ausgebildet.

4.4.2 Tragende Wände

Reine Stahlskelette (Rahmenbauweise oder Fachwerkscheiben) bedürfen zur Gewährleistung der Standfestigkeit keiner tragenden Wände. Werden solche zusätzlich angeordnet, so muß diese Mitwirkung im Sinne von Abschnitt 2.6 berücksichtigt werden.

Gemauerte Wände

Wegen ihrer Eigenlast von 3 bis 7 kN/m^2 werden gemauerte Wände, für Ausfachungen und Brüstungen, heute nur bei niedrigeren Bauten verwendet. Sie benötigen Sturz- oder Abfangträger. Auch für tragende Innenwände (Brandmauer) sind sie wegen der geringen Anpassungsfähigkeit selten. Der Einfluß gemauerter Wände am Widerstand für waagrechte Lasten der Gesamtkonstruktion ist schwierig zu erfassen und wird meistens vernachlässigt (vgl. zudem Abschnitt 1.1.3 für die Steifigkeitskriterien).

Stahlbetonwände

Bei Geschoßbauten werden Stahlbetonwände für die Aufnahme der waagrechten Kräfte in der Scheiben- und in der Kernbauweise sowie bei Hängebauten verwendet (vgl. Abschnitte 2.3 bis 2.5). Sie können als reine Stahlbetonwände oder als Verbundkonstruktionen mit bündig anliegenden oder einbetonierten Stahlträgern oder -stützen ausgebildet werden. Im ersten Fall kommen auch vorfabrizierte Betonscheiben zur Anwendung, wobei zur Übertragung größerer Kräfte stahlbaumäßige Anschlüsse zwischen einbetonierten Stahlelementen und Stahlkonstruktion erforderlich sind.

Bei der Verbindung mit der Stahlkonstruktion ist auf die unterschiedlichen Verformungen der Betonteile (Schwinden und Kriechen) sowie auf die größeren Ausführungstoleranzen Rücksicht zu nehmen (vgl. z. B. Bild C 67).

Leichtbauwände

Gelegentlich werden Brüstungen aus ausgesteiftem Stahlblech mit den Stützen steif angeschlossen, so daß eine ausgezeichnete Rahmenwirkung entsteht. Für eine solche Ausbildung sei auf Bild C 66 hingewiesen.

4.4.3 Nichttragende Wände

Als nichttragende Wände werden lotrechte Elemente bezeichnet, die nicht als Teile der Haupttragkonstruktion wirken. Sie müssen aber eine genügende Tragfähigkeit besitzen, um den örtlichen Beanspruchungen zu widerstehen.

Vorhangwände (curtain walls)

Vorhangwände werden definitionsgemäß vor dem tragenden Skelett angeordnet und mit ihm befestigt. Diese Befestigungen müssen eine sichere Übertragung der Eigenlasten sowie der Windkräfte gewährleisten und Reguliermöglichkeiten für die Montage erlauben. Die Ausbildung der Fugen zwischen den Elementen der Vorhangwand und deren Befestigungen gestatten die Herstellung beliebig großer Flächen.

Beim Aufbau solcher leichten nichttragenden Wände wird meistens nach Bild C 52 eine Funktionsteilung angestrebt und somit eine mehrschalige Konstruktion vorgesehen. Die Außenhaut dient als Wetterschutz; sie muß wasserdicht und dauerhaft sein, aber auch Temperaturdehnungen erlauben. Als Material kommt in Frage: Leichtmetall (eloxiert), wetterfester, rostfreier, emaillierter oder kunststoffbeschichteter Stahl, Glas, Bronze, Kupfer aber auch Leichtbeton (somit große Freiheit in der Farb- und Formgebung). Die Wärmedämmung ist in mehreren Schichten aufgebaut, inkl. Sperrschicht. Die Innenhaut kann den Bedürfnissen angepaßt werden (Leichtmetall, Holzfaserplatten usw.). Bei den sogenannten Kaltfassaden ist der Hohlraum zwischen Wetterschutz und Wärmedämmung belüftet, um die Bildung von Kondenswasser zu verhindern (vgl. auch Abschnitt B 4.3.4).

Vorhangwände besitzen geringe Eigenlasten (rund 0,25 kN/m² für Metallwände, 1,5 kN/m² für Leichtbetonwände). Durch die kleinen Dickenabmessungen ergibt sich eine größere Nutzfläche. Schließlich führt die Vorfabrikation zu einer gerüstlosen

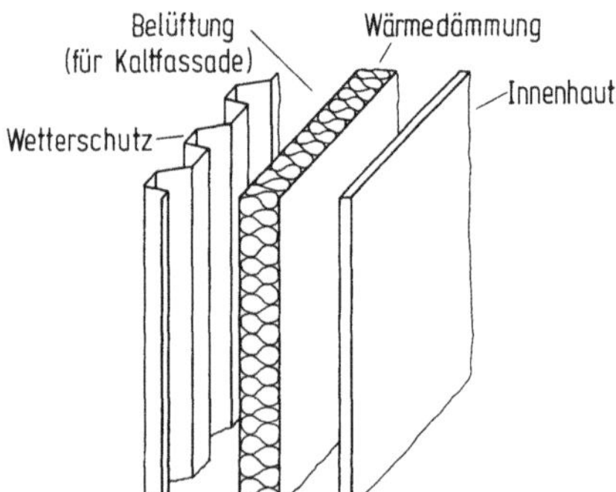

Bild C 52. Aufbau einer mehrschaligen Fassade

Montage und zu einer kurzen Bauzeit. Nachteilig sind die schwierigere Anpassung an die Ausführungstoleranzen des Skelettes, welche eine höhere Montagegenauigkeit verlangt, die Probleme mit der Kühlung und der Heizung — besonders bei großen Glasflächen — sowie die fehlende Wärmespeicherung, schließlich der höhere Preis. Für vielgeschossige Bauten überwiegen aber die Vorteile deutlich.

Skelettausfachungen

Die Skelettausfachungen sind entweder an vier Seiten oder zumindest an zwei gegenüberliegenden Seiten am tragenden Skelett angeschlagen. Die Eigenlasten und die Windlasten werden damit an die Tragkonstruktion kontinuierlich übertragen. Für mögliche Ausbildungsformen, wie sie auch im Hallenbau vorkommen, sei auf Abschnitt B 4.3.2 hingewiesen. Solche Lösungen kommen heute eher bei niedrigen Industriebauten vor.

Innenwände

Besonders bei Geschäftshäusern sind zur allfälligen Unterteilung oder zur Änderung der Grundrißform von Mehrzweckräumen verschiebliche Trennwände erforderlich. Dadurch wird eine freie Raumgestaltung während der Nutzung gewährleistet. Solche Trennwände bestehen aus leichten vorfabrizierten Sandwichelementen in Geschoßhöhe (Leichtmetallrahmen mit Füllung aus Holzfaserplatten usw.).

4.4.4 Verkleidungen

„Karrosserieteile" werden bei sichtbaren Innenstützen, aber auch bei Außenstützen oder Brüstungen als Verkleidung und allenfalls als Schutz der Wärmedämmung angebracht. Solche Elemente sollen nur der Vollständigkeit halber erwähnt werden, spielen sie doch im Laufe des ingenieurmäßigen Entwurfskonzepts nur eine untergeordnete Rolle.

5 Knotenpunkte

5.1 Allgemeine Gesichtspunkte

Die konstruktive Ausbildung der Unterzüge (Riegel) und der Stützen eines Stahlskelettes hängt vom statischen Aufbau der Tragstruktur ab. Dies gilt insbesondere für die Verbindung der Tragelemente in den Knoten, die ihrerseits die Querschnittswahl beeinflußt. Bei Rahmenkonstruktionen sind die Stäbe in den Knoten biegesteif anzuschließen. Werden die waagrechten Kräfte durch Verbände oder massive Scheiben aufgenommen, so dürfen die Anschlüsse der Träger mit den Stützen gelenkig gestaltet werden. Auch in solchen Fällen kann eine biegesteife Ausbildung oft Vorteile bringen.

Die Wahl des Tragsystemes und der entsprechenden Ausbildungsart der Knoten hat hauptsächlich nach wirtschaftlichen Gesichtspunkten zu erfolgen (einfachere Herstellung und Montage von „gelenkigen" Anschlüssen, allerdings meistens auf Kosten eines höheren Stahlgewichtes). Es handelt sich darum, die konstruktiv optimale Lösung zu finden. Für weitere Angaben sei u. a. auf Hart et al. (1982) sowie auf Sontag (1983) hingewiesen.

Gelenkige Lagerung

Ein gelenkiger Anschluß *aller* in einem Knoten zusammentreffenden Tragelemente ist meistens konstruktiv schwierig und daher aufwendig. Auch bei der sogenannten „gelenkigen" Lagerung wird deshalb zumindest eines der Haupttragglieder — Stütze oder Unterzug — durch den Knoten durchgeführt (wie die Gurtungen eines Fachwerkträgers). In Bild C 53 sind drei Ausbildungsmöglichkeiten für Skelette mit seitlich unverschieblichen Knoten (Festhaltung durch Verbände oder Scheiben) skizziert.

Bei der Lösung a) gehen die Stützen durch, wie dies für höhere Gebäude geeignet ist. Die Ausbildung b) mit durchlaufenden Unterzügen wird bei niedrigen Gebäuden mit großen Feldweiten verwendet. Bild C 53c, schließlich zeigt eine Anordnung, bei der alle Tragelemente durchgeführt sind; sie müssen dann nebeneinander geführt werden (Unterzüge oder Stützen zweiteilig).

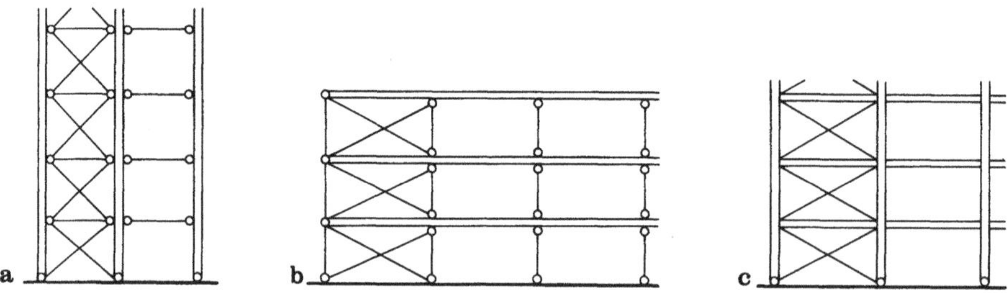

Bild C 53a–c. Ausbildungsmöglichkeiten für unverschiebliche Tragsysteme

Rahmenkonstruktionen

Auch bei Rahmenkonstruktionen — mit seitlich verschieblichen oder unverschieblichen Knoten — müssen nicht unbedingt alle Knotenanschlüsse biegesteif ausgebildet werden: maßgebendes Kriterium ist wieder die Gesamtwirtschaftlichkeit (Materialaufwand + Bearbeitungs- und Montagekosten). Anwendungsbeispiele für „gemischte" Knoten sind in Bild C 54 enthalten.

Bild C 54a zeigt ein Industriegebäude mit übereinanderliegenden Zweigelenkrahmen, d. h. mit einem gelenkigen Anschluß der Riegel jeweils mit der obenliegenden Stütze (vgl. auch Bild C 5b). In Bild C 54b ist ein Stockwerkrahmen mit ungleichen Feldweiten (Mittelgang) dargestellt. Die kurzen Riegel sind beidseitig gelenkig angeschlossen (leichtere Ausbildung als bei Durchlaufwirkung). Wind wird durch die beiden zweistieligen Rahmen aufgenommen.

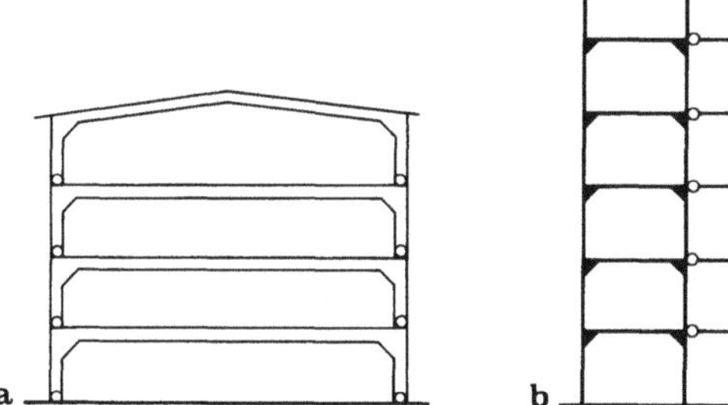

Bild C 54a, b. Rahmenkonstruktionen mit teilweise gelenkigen Anschlüssen

„Halbsteife" Anschlüsse

Seit längerer Zeit werden besonders in den USA „halbsteife" Anschlüsse (semi-rigid joints) verwendet, bei denen infolge der Nachgiebigkeit des Anschlusses die Einspannwirkung abgemindert wird und somit kleinere Knotenmomente auftreten. Solche Anschlüsse wurden früher genietet, z. B. mit waagrechten, in den Ecken zwischen Stütze und Riegel angeordneten Winkel- und T-Profilen. Die Stützenstege blieben in der Höhe der Riegelflansche unversteift (für Ausführungen vgl. z. B. Pickworth, 1960).

Wegen des reduzierten Aufwandes für die Herstellung werden heute vermehrt ähnliche steifenlose Knoten mit verschiedenen Riegelanschlüssen verwendet (vgl. Abschnitt 5.3.3). Die durch die rippenlose Krafteinleitung bewirkten größeren örtlichen Verformungen sind aber zu berücksichtigen. Zudem kann meistens der Anschluß nicht den vollen Biegewiderstand des Riegels übertragen. Falls dieser Anschluß größere Rotationen erlaubt, kann eine plastische Berechnung durchgeführt werden (vgl. Hotz, 1983, sowie Veröffentlichung A4 „Rahmentragwerke in Stahl", Schweiz. Zentralstelle für Stahlbau, 1987). Bei einer seitlich verschieblichen Konstruktion wäre der Einfluß der durch die Anschlußnachgiebigkeit bedingten größeren waagrechten Auslenkungen zu beachten, so daß diese Anordnung eher bei unverschieblichen Tragwerken angezeigt ist.

Konstruktive Ausbildung der Knotenpunkte

Die konstruktive Ausbildung der Knotenpunkte hängt hauptsächlich von der Lage des Montagestoßes und von der Art der Verbindungsmittel ab. Die in Abschnitt B 6.4.2.1 enthaltenen Ausführungen bleiben grundsätzlich für Skelettbauten gültig. Selbstverständlich kommt der außerhalb des Knotenbereiches angeordnete Trägerstoß nach Bild B 169b nur für biegesteife Anschlüsse in Frage.

Allgemeine Regeln zur optimalen Lösung lassen sich nicht aufstellen. Die Art der Verbindungsmittel ist objektabhängig zu wählen, wobei die heutige Tendenz darin besteht, das Ausmaß der Montageschweißungen auf hochbeanspruchte Anschlüsse zu beschränken.

5.2 „Gelenkige" Knoten

Stütze durchgehend — Unterzug gelenkig angeschlossen

Die Anordnung entspricht grundsätzlich Bild C 53a. Der bohrstraßengerechte Trägeranschluß mit Doppelwinkel nach Bild C 55a oder mit an der Stütze angeschweißtem Knotenblech darf als gelenkig betrachtet werden, da die Schraubenverbindungen infolge der Lochaufweitung nachgiebig sind und die Anschlußwinkel sich verformen (vgl. z. B. Schmidt und Harre, 1983). Falls eine genügende Anschlußhöhe zur Verfügung steht, kommt auch die Auflagerung auf einer angeschweißten Knagge nach Bild C 55b in Frage. Wenn der Montagewinkel am Stützenflansch geschweißt wird, ist diese Lösung auch bei kastenförmigen Stützen anwendbar (keine Anschlußschrauben in der Stütze erforderlich).

Unterzug durchlaufend — Stütze unterbrochen

Die in Bild C 56 gezeigten Schrägrippen dienen zur Weiterleitung der Stützenkraft und zur Einleitung der Auflagerkraft des Unterzuges. Eine rippenlose Kraftübertragung ist hier nur zulässig, falls beide Flansche des Unterzuges einwandfrei seitlich gehalten sind — z. B. durch einen senkrecht zum Unterzug laufenden Träger —, da sonst eine Gelenkwirkung eintreten könntc.

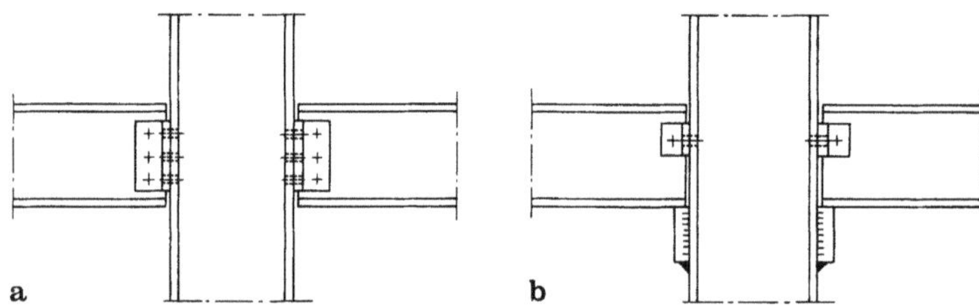

Bild C 55a, b. Gelenkige Riegelanschlüsse

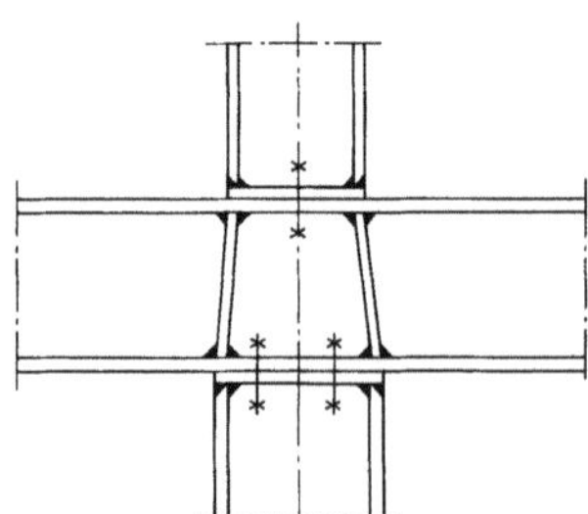

Bild C 56. Durchlaufender Unterzug

Zweiteilige Stütze durchgehend — Unterzug durchlaufend

Obwohl beide Stäbe durchgeführt werden, gewährleistet die Anordnung nach Bild C 57 praktisch eine gelenkige Verbindung. Die Stütze ist dabei als Rahmenstab (mit Bindeblechen) ausgebildet. Diese Lösung ist eher selten anzutreffen.

Zweiteiliger Unterzug durchlaufend — Stütze durchgehend

Die in Bild C 58 gezeigte direkte Schraubenverbindung der Stützenflansche mit den Unterzugstegen ermöglicht nur die Aufnahme geringer Biegemomente. Eine Auflagerung des Unterzuges auf an der Stütze angeschweißte Konsolen (ähnlich Bild C 57) wäre dagegen als gelenkig zu betrachten.

Diese Lösung mit zweiteiligem Unterzug erlaubt eine einfache Durchführung der lotrechten Versorgungsleitungen. Nachteilig ist die Querschnittsform des Unterzuges: zur Vermeidung einer Torsionsbeanspruchung der Einzelprofile (Schubmittelpunkt) sind in der oberen und in der unteren Flanschebene Bindebleche in gewissen Abständen anzuordnen.

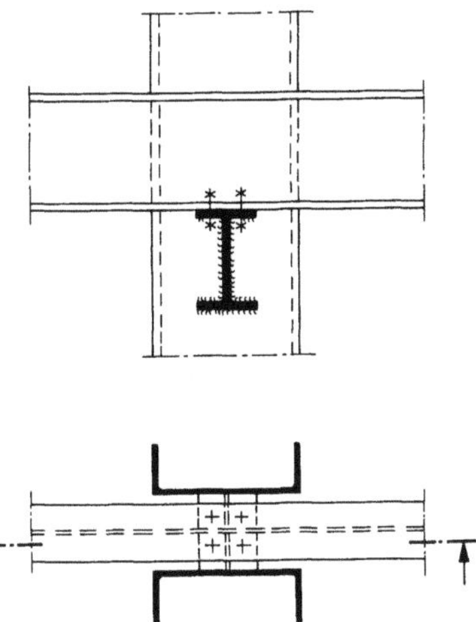

Bild C 57. Kreuzung einer zweiteiligen Stütze mit einem durchlaufenden Unterzug

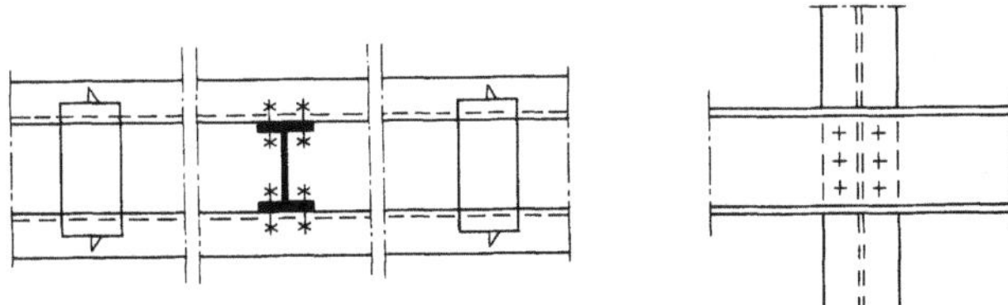

Bild C 58. Kreuzung eines zweiteiligen Unterzuges mit einer durchlaufenden Stütze

5.3 Biegesteife Knoten (Rahmenknoten)

Die Ausbildung und die Bemessung von biegesteifen Rahmenecken erfolgen bei Skelettbauten grundsätzlich ähnlich wie bei Hallenbauten: der Kräfteverlauf ist dabei im Einzelnen zu verfolgen (vgl. Abschnitt B 6.4.2.2). Bei Skelettbauten ist allerdings eine Vergrößerung der Anschlußhöhe durch Vouten, Eckbleche usw. aus Platzgründen selten möglich, so daß hauptsächlich eine Stegverstärkung (dickeres Blech oder Beibleche) in Frage kommt.

5.3.1 Geschraubte Knotenanschlüsse

Die Knotenpunkte werden in der Werkstatt durch Schweißung so vorbereitet, daß auf Montage nur Schraubenverbindungen vorkommen. Der Kraftfluß ist allerdings ungünstiger als bei den vollständig geschweißten Anschlüssen nach Abschnitt 5.3.2.

Geschraubter Laschenanschluß

Die Ausbildung nach Bild C 59 kommt — wie die analoge Rahmenecke nach Bild B 169a — nur bei vorwiegend negativen Knotenmomenten, d. h. hauptsächlich bei unverschieblichen Rahmen in Frage. Die Stirnplatten können durch Doppelwinkel oder am Stützenflansch angeschweißte lotrechte Anschlußbleche ersetzt werden, die einen gewissen Längenausgleich ermöglichen (Lochspiel). Bei kleinen von der Stütze aufzunehmenden Riegeldifferenzmomenten kann die Zuglasche kragenartig um die Stütze geführt werden. Dadurch verkleinert sich der Schweißaufwand.

Bei verschieblichen Rahmen führen die Windkräfte zu alternierenden Momenten, so daß zusätzlich untere Anschlußlaschen erforderlich sind (vgl. Bild C 64a für einen räumlichen Knoten dieser Art). Wegen der Walz- und Fertigungstoleranzen sind Ausgleichsfutter zwischen Flansche und Laschen anzuordnen. Diese Ausbildung ist somit konstruktiv kompliziert. Sie ist größtenteils durch den in Bild C 60 gezeigten Stirnplattenanschluß mit HV-Schrauben verdrängt worden.

Um die Anschlußverformungen klein zu halten, sind als Verbindungsmittel Paßschrauben oder HV-Schrauben (Reibungsverbindungen, seltener) zu verwenden.

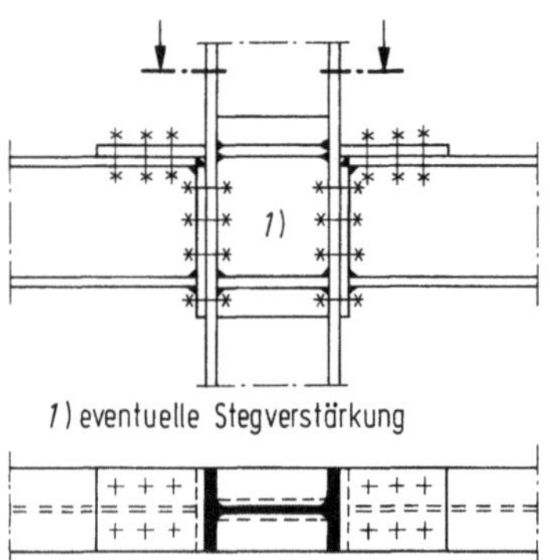

Bild C 59. Geschraubter Laschenanschluß für negative Momente

Bei Scherverbindungen mit Stahlbauschrauben ist der Einfluß der örtlichen Verschiebungen im Anschlußbereich auf die Verteilung der Schnittkräfte und auf die Verformungen zu beachten.

Stirnplattenanschluß mit zugbeanspruchten HV-Schrauben

Die in Bild C 60 gezeigte Anschlußart erfordert steife Stirnplatten und Stützenflansche, weil größere Verbiegungen dieser Elemente zu einer Überbeanspruchung der Schrauben durch Hebelwirkung und zu einer Vergrößerung der Knotennachgiebigkeit führen. Bei dünnwandigen Stützenflanschen kann eine Verbesserung durch im Flanschinneren lose eingelegte Unterlagsplatten erzielt werden (bessere Kraftverteilung). Für die Ausbildung der Ausgleichsfutter kann auf Bild C 51 c hingewiesen werden.

5.3.2 Vollständig geschweißte Knotenanschlüsse

Beidseitiger Anschluß mit waagrechten Rippen

Bild C 61 zeigt eine Lösung mit in der Werkstatt geschweißtem Knotenanschluß und mit Montagestoß (geschraubt oder geschweißt) im Feld, analog zu Bild B 169 b. Als Variante ist auch eine Montageschweißung direkt an der Stütze möglich, ohne Feldstoß. In diesem Fall ist ein Montagehilfswinkel zur provisorischen Festhaltung des Unterzugsteges erforderlich.

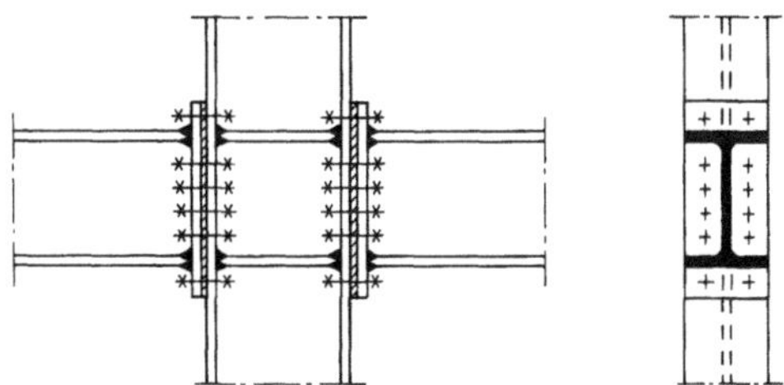

Bild C 60. Stirnplattenanschluß mit HV-Schrauben

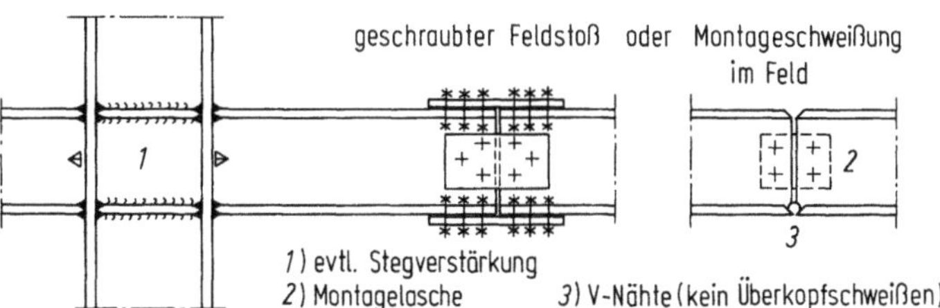

Bild C 61. In der Werkstatt geschweißter Knotenanschluß mit Montagestoß im Feld

Einseitiger Anschluß mit Schrägrippen

Bei der Steifenanordnung nach Bild C 62 ist eine Stegverstärkung nicht erforderlich, weil die Schrägrippen die Flanschkräfte direkt zu den Stützenflanschen weiterleiten. Die Schweißung beim Zusammenschluß der Rippen ist allerdings schwierig auszuführen. Auch bei dieser Anordnung kann der Knotenanschluß in der Werkstatt (Feldstoß nötig) oder auf der Baustelle geschweißt werden.

5.3.3 Rippenloser Anschluß

Bei im Verhältnis zu den Unterzügen dickwandigen Stützen dürfen unter den in den nationalen Vorschriften angegebenen Bedingungen die Krafteinleitungsrippen weggelassen werden (vgl. Bild C 63), weil die Stützenflansche die Gurtkräfte des Unterzuges auf eine genügende Länge des Stützensteges zu verteilen vermögen. Diese Lösung ist auch bei dünneren Stützenflanschen möglich; nach Abschnitt 5.1 sind dann die Verminderung des Biegewiderstandes und die größere Anschlußnachgiebigkeit zu berücksichtigen.

5.3.4 Räumliche Knoten (Kreuzknoten)

Räumliche Knoten, bei denen zwei sich rechtwinklig kreuzende Unterzüge mit der Stütze anzuschließen sind, werden grundsätzlich wie die ebenen Knoten gestaltet. Der geschraubte Anschluß gemäß Bild C 64a ist ähnlich ausgebildet wie beim Knoten

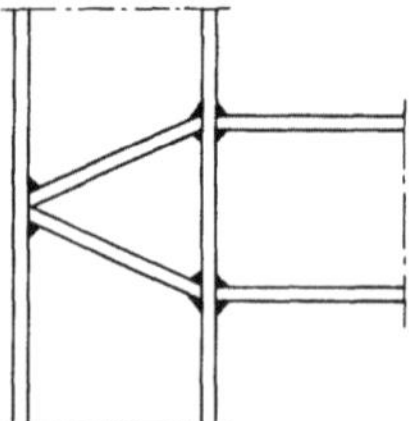

Bild C 62. Knotenanschluß mit Schrägrippen

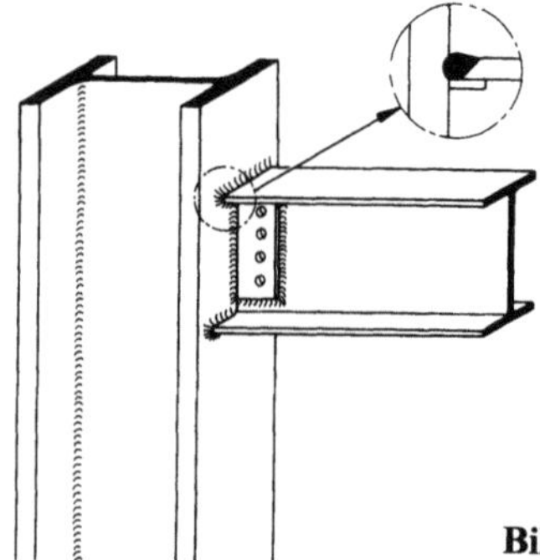

Bild C 63. Rippenloser Knotenanschluß

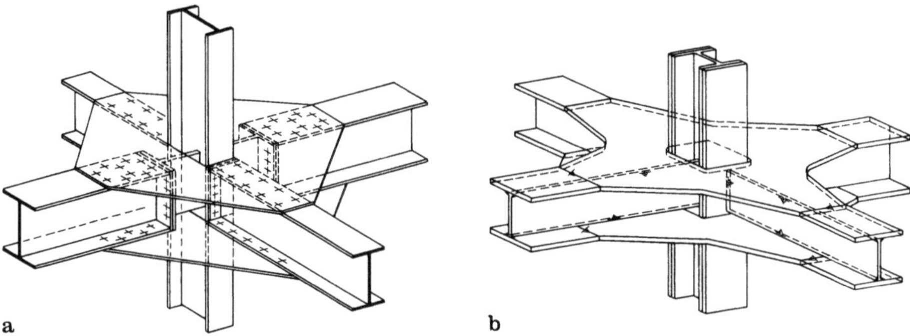

Bild C 64a, b. Räumlicher Knoten mit geschraubtem oder geschweißtem Anschluß

nach Bild C 59, nur sind die Kontinuitätslaschen oben und unten durch rautenförmige Knotenbleche ersetzt, mit einer Aussparung für die durchgeführte Stütze.

Bild C 64b zeigt eine ähnliche vollgeschweißte Ausbildung. Die sternförmigen Knoten werden in der Werkstatt vorbereitet und auf Montage über die durchgeführten Stützen gestülpt und angeschweißt. Die durchlaufenden Unterzüge sind an den Enden der Sternknoten durch Montageschweißungen angeschlossen.

6 Unterzüge

6.1 Querschnittswahl

Wenn immer möglich sind Walzprofile zu verwenden, normalerweise HE-Träger wegen der beschränkten Bauhöhe. Die Unterzüge, oder die Rahmenriegel, sind hauptsächlich auf Biegung beansprucht. Da häufige Durchbrüche für die Versorgungsleitungen erforderlich sind, kann die Übertragung der Querkräfte im Bereich größerer Öffnungen (Vierendeel-Wirkung) nach Bild C 65 Verstärkungen durch Beibleche, Kragen usw. verlangen. Für die entsprechenden Bemessungsverfahren sei u. a. auf Redwood (1983) hingewiesen.

Für hochbeanspruchte Rahmenkonstruktionen werden gelegentlich zusammengeschweißte Riegel benötigt. Beim Sears-Tower in Chicago (vgl. Bild C 37) bestehen die stärksten Riegel aus geschweißten I-Trägern mit Flanschen $400 \cdot 70$ mm und einer Gesamthöhe von 1070 mm.

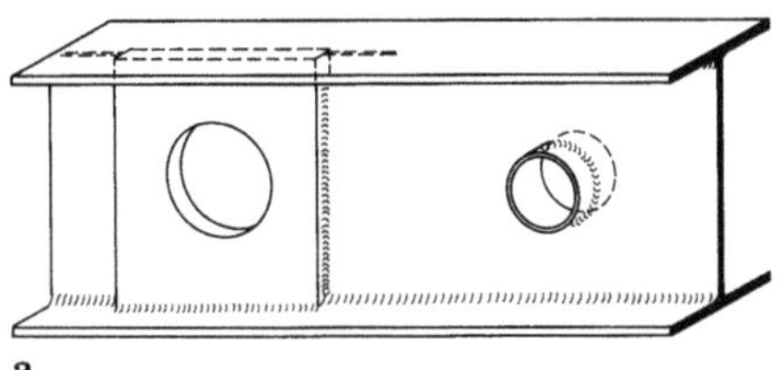
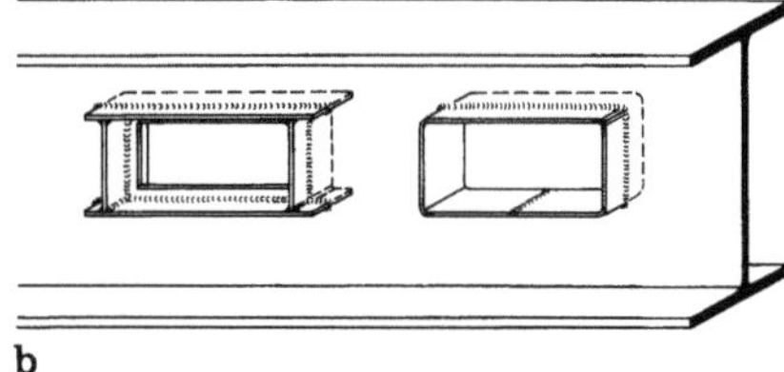

Bild C 65a, b. Stegverstärkungen

Für größere Spannweiten (> 10 m) kommen auch Fachwerkträger oder Blechträger variabler Höhe in Frage; die Durchführung der Versorgungsleitungen wird dadurch vereinfacht. Die fachwerkartige Ausbildung wird auch für Fassadenriegel verwendet (vgl. z. B. Marascia und Salvadori, 1976).

6.2 Verbundwirkung

Durch schubfeste Verbindung der Unterzüge mit dem Deckenbeton können sowohl die Steifigkeit als auch die Tragfähigkeit erhöht werden. Die in Abschnitt 4.3.4 enthaltenen Ausführungen gelten grundsätzlich auch für Unterzüge. Bei Riegeln von verschieblichen Stockwerkrahmen ist zu beachten, daß je nach Windrichtung negative Momente alternierend auftreten können.

Die Verbundwirkung kann auch einen Hauptbestandteil des Brandschutzkonzeptes bilden, besonders bei mehrgeschossigen Industriebauten. Dabei werden die Verbundbauteile so ausgebildet, daß die Feuerbeständigkeit ohne zusätzliche Maßnahmen erreicht wird. Für ein Anwendungsbeispiel kann u. a. auf Gehm et al. (1987) hingewiesen werden.

6.3 Besondere Ausbildungsformen

Wird die Windaussteifung eines Hochhauses hauptsächlich durch Fassadenrahmen gewährleistet, so können die Fensterbrüstungen als Fassadenriegel ausgebildet werden.

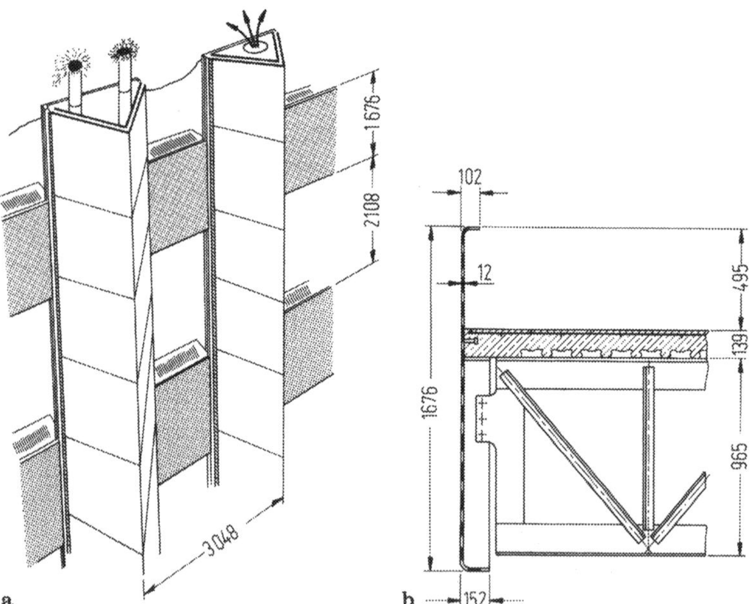

Bild C 66a, b. Fassadenrahmen des „Standard Oil" Hochhauses (Picardi, 1973)

Bild C 66a zeigt einen Teil des als eigentliche Fassade gestalteten Hauptwindrahmens des 343 m hohen „Standard Oil" Hochhauses in Chicago (vgl. Abschnitt 3.3). Zur Durchführung verschiedener Leitungen sind die Stützen mit dreieckförmigem Querschnitt ausgebildet. Die Fensterbrüstungen bestehen aus 12 mm starken Blechen mit Randversteifungen; sie sind mit dem Deckenbeton über Kopfbolzendübel verbunden (Bild C 66b). In der Werkstatt wurden dreigeschoßhohe Stützen mit den entsprechenden Brüstungsträgern vorfabriziert. Die Montagestöße dieser Träger befinden sich jeweils in Fensterachse und sind verschraubt.

6.4 Anschlüsse von Unterzügen an Betonwände

Im Innern eines Hochhauses sind die Unterzüge (oder die Deckenträger) gelegentlich an den Betonkern oder an eine Betonwand anzuschließen. Wegen der größeren Ausführungstoleranzen von massiven Bauteilen sowie wegen der Schwind- und Kriecheinflüsse sind immer Reguliermöglichkeiten vorzusehen.

In Bild C 67a ist der Anschluß durch einbetonierte Verankerungsbleche gewährleistet (Oberfläche bündig mit dem Beton wegen der Gleitschalung). Die Montageschweißung des Anschlußbleches und die Langlöcher in diesem Blech erlauben einen Ausgleich der Toleranzen, allerdings mit einem relativ großen Arbeitsaufwand.

Die Lagerung in Aussparungen ermöglicht meistens einen einfacheren Anschluß, führt aber zu Komplikationen beim Betoniervorgang. Bei der Anordnung nach Bild C 67b wird die Regulierung durch Futterbleche erreicht, die auf eine eingegossene Stahlplatte aufgeschweißt sind. Das obere Futterblech ist länger als die anderen und mit dem Flansch nur außerhalb der Nische geschweißt, so daß eine leichte Drehung am Anschluß möglich ist (vgl. Dilly, 1972).

Die Aussparung wird gelegentlich am Schluß ausbetoniert, dies am besten erst nach Aufbringen eines möglichst großen Teils der ständigen Last, um die unbeabsichtigte Einspannung des Trägers zu verringern.

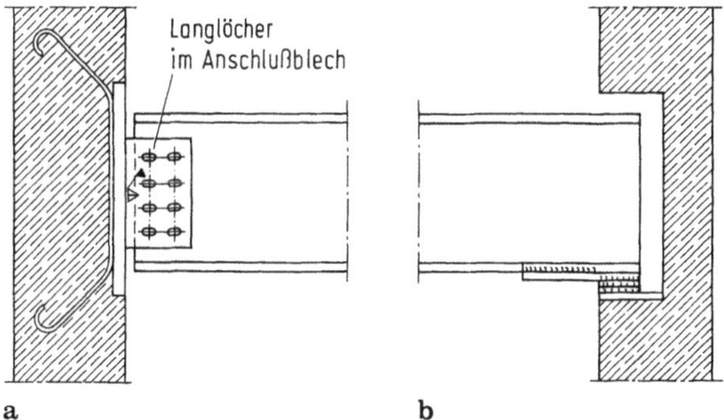

Bild C 67a, b. Ausbildungsmöglichkeiten für den Anschluß von Stahlträgern an Betonwände

7 Stützen

7.1 Grundlagen der Bemessung

Wie in Abschnitt 5.1 angegeben, können die Stützen entweder nur stockwerkweise oder über mehrere Geschosse durchgehend geführt werden. Für die Bestimmung der Knicklänge ist selbstverständlich die Lagerungsart zu beachten. Bei Rahmen mit seitlich verschieblichen Knoten ist eine einfache Ermittlung der Stützenknicklänge nur in Sonderfällen möglich: in der Regel ist seitliches Knicken des Gesamtrahmens maßgebend.

Zudem ist zu berücksichtigen, daß die Stützen von Stockwerkrahmen nicht nur die senkrechte Lastabtragung sondern auch die Weiterleitung der Knotenmomente übernehmen. Sie sind auf Druck mit Biegung beansprucht, so daß kein reines Knickproblem, sondern ein Spannungsproblem 2. Ordnung vorliegt. Die Schlankheit ist allerdings meistens so begrenzt, daß die Verformungseinflüsse für die Bemessung der Stützen keine große Rolle spielen (für den globalen Einfluß 2. Ordnung vgl. Abschnitt 1.4.2).

7.2 Querschnittswahl

Auch für die Stützen sind wenn immer möglich Walzprofile zu verwenden:
— HE-Profile, wegen des relativ günstigen Verhältnisses J_y/J_x (Knicken in beiden Richtungen möglich), z. B. in den unteren Stockwerken HEM, in den oberen HEA. Seit einiger Zeit stehen zudem dickwandige Stützensonderprofile HD zur Verfügung. H-Querschnitte eignen sich besonders gut für die Anschlüsse von Trägern in beiden Richtungen, sind doch alle Teile des Profils für Schraubenverbindungen gut zugänglich.
— Hohlprofile, d. h. runde, quadratische oder rechteckige Rohre. Profile gleicher Außenabmessungen sind durch Anpassung der Wandstärke über die Gebäudehöhe abstufbar (gleiche Deckenträger und gleiche Einbauelemente in allen Geschossen möglich). Nachteilig sind der schwierigere Trägeranschluß sowie der höhere Materialpreis.
— Verstärkte Walzprofile, insbesondere durch angeschweißte Seitenbleche zum Kastenprofil geschlossene HE-Träger, oder Kastenquerschnitte aus zwei längs ihrer Innenflansche angeweißten HE-, seltener PE-Profilen. Diese Kastenprofile sind geeignet für Stützen mit hohen Lasten oder Biegung in beiden Richtungen ($J_y \cong J_x$), z. B. für die Eckstützen von turmartigen Rahmenkonstruktionen.
— Aus Walzprofilen zusammengesetzte mehrteilige Stützen sind für Knoten erforderlich, die nach Bild C 57 ausgebildet sind. Als Einzelprofile kommen U-Stähle oder I-Querschnitte in Frage, die in gewissen Abständen durch Bindebleche zu Rahmenstäben verbunden werden. Diese arbeitsintensive Ausbildung ist relativ selten.

Für sehr große Lasten (Hochhäuser) werden Stützen aus bis fast 200 mm starken Blechen durch Schweißung zu dickwandigen H- oder kastenförmigen Querschnitten zusammengesetzt. Stützen von nahezu 1 m^2 Querschnittsfläche sind schon ausgeführt worden.

Eine Anpassung der Tragkraft der Stützen an die über die Gebäudehöhe veränderlichen Beanspruchungen läßt sich durch Abstufen der Wandstärken, falls erforderlich auch der Außenmaße, erreichen. Zudem kann die Tragkraft auch durch Verwendung von Stählen mit verschiedenen Festigkeitseigenschaften (Fe 360, Fe 510, allenfalls hochfeste Stähle) variiert werden.

7.3 Verbundstützen

Der Brandschutz von Stützen (vgl. Abschnitt 7.6) wird gelegentlich durch direktes Einbetonieren gesichert. Der Knicknachweis zentrisch belasteter Verbundstützen kann auf die Europäischen Knickspannungskurven zurückgeführt werden, wenn die bezogene Schlankheit zu $\bar{\lambda}_K = \sqrt{N_Q/N_{cr}}$ verallgemeinert wird; dabei bedeutet N_Q die Quetschlast, d. h. die Summe der „plastischen" Querschnittsanteile, und N_{cr} die Eulersche Knicklast. Der Tragwiderstand schreibt sich zu $N_u = N_Q \cdot \sigma_K/f_y$, mit dem Wert σ_K, der aus der für die Form des Stahlquerschnittes gültigen Knickspannungskurve $\sigma_K(\bar{\lambda}_K)$ zu entnehmen ist. Für eine Darstellung mit Literaturhinweisen und Bemessungsdiagrammen, auch bei Druck und Biegung, sei auf Bergmann und Breit (1984) hingewiesen; vgl. zudem „Stahl im Hochbau", Band II/Teil 1 (1987).

Bei höheren Geschoßbauten mit am Ort einbetonierten Stützen sollten die Stahlquerschnitte imstande sein, die ständigen Lasten allein aufzunehmen, da sonst vor der Herstellung der Decken und Wände eines Stockwerkes das Abbinden der Ummantelung der untenliegenden Stützen abzuwarten wäre (Verlängerung der Bauzeit).

7.4 Stützenstöße

7.4.1 Gesamtanordnung

Um die Anzahl der Montagestöße zu vermindern, werden die Stützen nach Bild C 68 meistens über mindestens zwei Stockwerke durchgeführt. Eine Ausnahme bildet die Anordnung nach Bild C 56, wobei man eigentlich nicht von Stützenstößen sondern

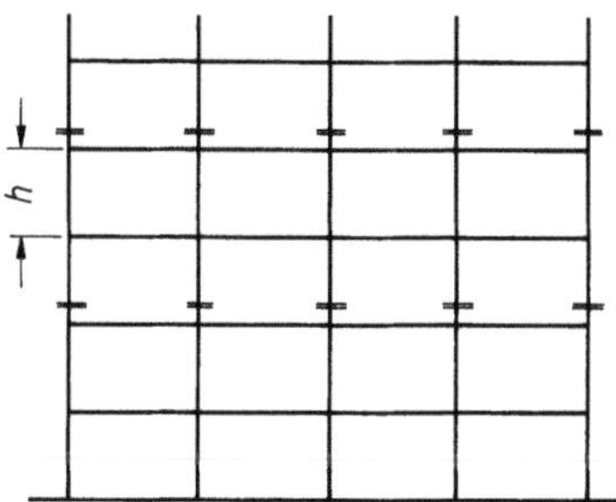

Bild C 68. Anordnung der Stützenstöße

von Anschlüssen an die Unterzüge sprechen muß. Die Stöße werden meist nahe $h/4$ oder knapp über die Geschoßhöhe angeordnet.

Bei den auf Druck und Biegung beanspruchten Stützen von Rahmenkonstruktionen sind immer Vollstöße (vgl. Abschnitt 7.4.2) vorzusehen, d. h. die Verbindungsmittel und eventuelle Stoßlaschen sind — wie beim Trägerstoß — für die vollen Schnittkräfte zu bemessen. Bei rein auf Druck beanspruchten, gelenkig gelagerten Stützen darf auch ein Kontaktstoß (vgl. Abschnitt 7.4.3) angeordnet werden.

Gegenüber der normalen Stoßausbildung von Druckstäben treten im Skelettbau Besonderheiten auf, weil oft zwei Stützen mit verschiedenen Außenmaßen (Profilabstufung) zu stoßen sind. Anschließend sind einige Gestaltungsmöglichkeiten skizziert.

7.4.2 Vollstöße

Geschraubter Laschenstoß

Da der geschraubte Laschenstoß wegen der örtlichen Vergrößerung des Stützenumfanges für Geschoßbauten keine optimale Lösung darstellt, wird nur der Fall ungleicher Stützenprofile bei kleiner Profilabstufung dargestellt. Bild C 69a zeigt eine einschnittige, Bild C 69b eine zweischnittige Laschenverbindung. In beiden Fällen sind Ausgleichsfutter erforderlich; dies gilt auch für den Stegstoß, falls der Dickenunterschied 1 mm übersteigt. Die Laschen sind auf den kleineren Stützenquerschnitt zu bemessen.

Geschweißter Vollstoß (Montageschweißung)

Beim Stoß von gleichen Profilen oder von Profilen mit übereinanderstehenden Querschnittsteilen sind nach Bild C 70a Stumpfnähte möglich. Bei Profilen mit kleiner Abstufung kommt die Lösung nach Bild C 70b in Frage. Die Dicke t der Stoßplatte ist so zu wählen, daß der Kraftfluß gewährleistet ist, d. h. $t \cong 2e$. Bei größeren Profilsprüngen wird nach Bild C 70c die breitere Stütze eingezogen. Nötigenfalls sind waagrechte Rippen zur Aufnahme der Ablenkungskräfte anzuordnen.

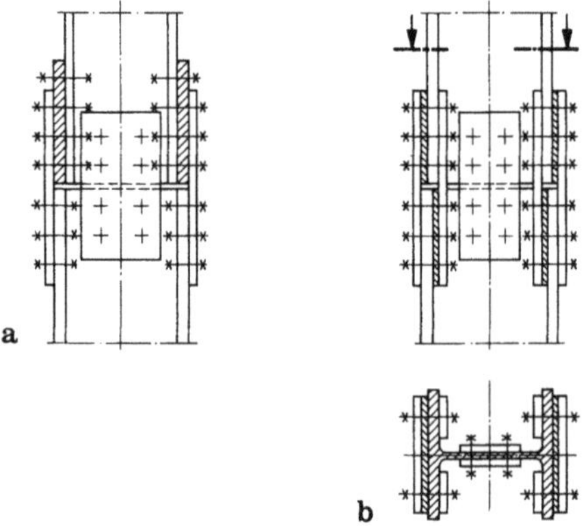

Bild C 69a, b. Geschraubter Laschenstoß einer Stütze

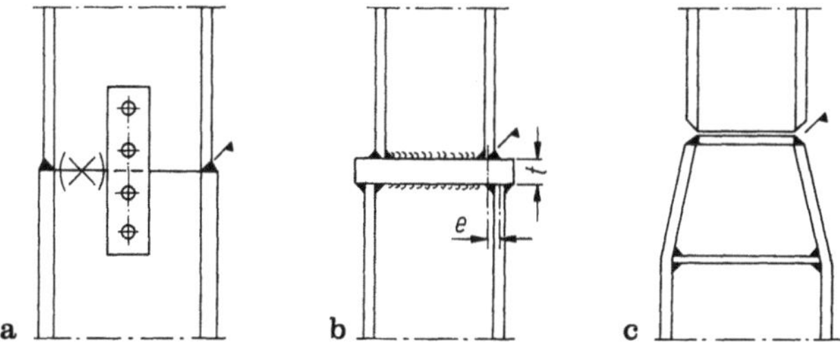

Bild C 70 a–c. Geschweißte Vollstöße

7.4.3 Kontaktstöße

Kontaktstöße mit angeschraubten Laschen

Die Ausbildung entspricht grundsätzlich derjenigen nach Bild C 69, mit dem Unterschied, daß eine genaue, winkelrechte Bearbeitung der beiden Stützenprofile in den Stoßflächen (Sägeschnitt) erforderlich ist. Die Laschen und die Verbindungsmittel dürfen dann für mindestens 1/4 des Stützendruckes bemessen werden; der Rest wird auf Kontakt übertragen.

Solche Stöße besitzen einen beschränkten Biegewiderstand und dürfen daher nur bei zentrisch belasteten Stützen verwendet werden, wobei wegen der beim Knicken eintretenden Biegemomente der Stoß in unmittelbarer Nähe von räumlich gehaltenen Knoten liegen und die Stütze zwischen zwei Stößen über mehrere Geschosse durchlaufen muß (vgl. Bild C 68).

Geschweißte Stöße mit teilweisem Kontakt

Auch bei geschweißten Stößen dürfen bei entsprechender Vorbereitung der Kontaktflächen die Nähte für eine abgeminderte Druckkraft bemessen werden (Bild C 71 a).

Kontaktstöße mit angeschweißten Stirnplatten

Um einen einwandfreien Kraftfluß zu gewährleisten, sind bei abgesetzten Stützenprofilen genügend dicke Stirnplatten anzuordnen (vgl. Abschnitt 7.4.2). Kontaktstöße mit Stirnplatten können keine nennenswerten Biegemomente übertragen und

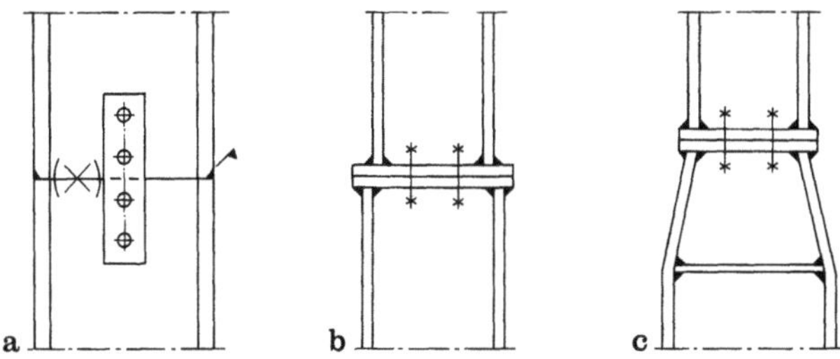

Bild C 71 a–c. Kontaktstöße

sind praktisch als Gelenke anzusehen, so daß diese Ausführungsart nur bei unmittelbar über dem Knoten liegenden Stößen in Frage kommt.

Die Kontaktstöße nach Bild C 71 b und c sind mit den Vollstößen nach Bild C 70 b und c verwandt. Bei großen Stützenkräften sind die Stirnplatten nach dem Schweißen zu bearbeiten (Fräsen). Falls ein sauberer Kontakt zwischen Profil und Stirnplatte vorhanden ist, dürfen auch hier die Schweißnähte (Kehlnähte) für eine Teilkraft bemessen werden.

7.5 Stützenfüße

Für die Ausbildung der Stützenfüße kann auf Abschnitt B 6.6 hingewiesen werden. Echte Fußgelenke werden im Skelettbau praktisch nur bei übereinander angeordneten Zweigelenkrahmen vorgesehen (vgl. Bild C 54 a). Bei zentrischer Belastung wählt man eine direkte Auflagerung auf das Fundament mittels Fußplatten (vgl. Bild B 179). Leiten die Stützen planmäßig Biegemomente oder Zugkräfte in die Fundamente ein, so ist eine unmittelbare Einspannung (Köcherfundament, seltener) oder eine Verankerungskonstruktion (vgl. Bild B 185) vorzusehen.

7.6 Brandschutz

Neben dem bereits in Abschnitt 7.3 erwähnten Einbetonieren von Stützen kommt nach Bild C 72 a eine kastenförmige Verkleidung mit wärmedämmenden Bauplatten oder nach Bild C 72 b das Anbringen von Putzen, Sprays oder dämmschichtbildenden Anstrichen in Frage. Für entsprechende Angaben sei auf die Fachliteratur verwiesen, z. B. auf die Veröffentlichung C 2.2 der Schweiz. Zentralstelle für Stahlbau, 1986.

Eine grundsätzlich andere Möglichkeit besteht darin, die als Hohlprofile ausgebildeten Stützen als Leitungen für eine Wasserkühlung zu benützen. Die bei einem Brand an die unverkleidete Stahlkonstruktion abgegebene Wärme wird vom kühlenden

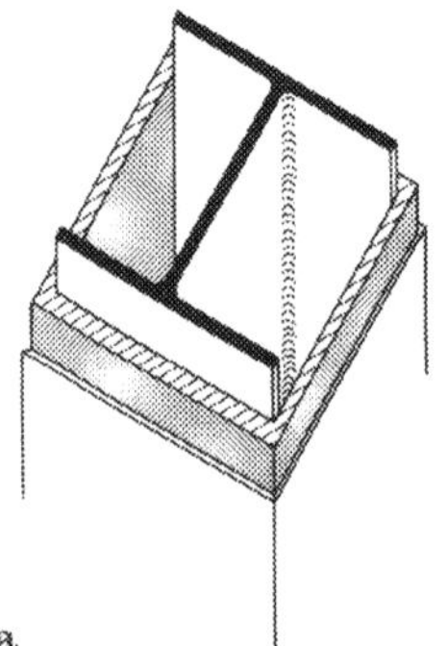
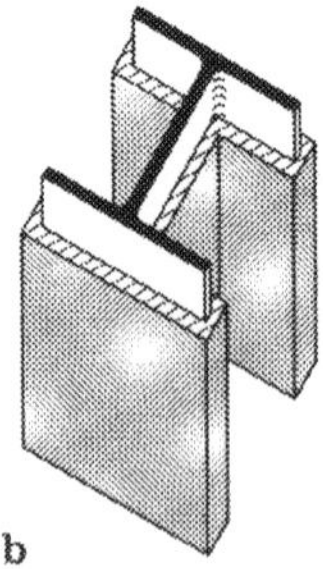

Bild C 72 a, b. Brandschutz-Verkleidungen von Stützen

Wasser aufgenommen; die dabei entstehenden Dichteunterschiede führen zu einer natürlichen Strömung des Wassers. Für weitere Angaben sei u. a. auf Moritz (1981) hingewiesen.

8 Verbände

8.1 Waagrechte Verbände

Waagrechte Verbände — in den Deckenebenen — sind nur dann anzuordnen, wenn die Geschoßdecken nicht genügend steif sind (keine Scheibenwirkung) oder wenn sie nicht schubsteif mit der Tragkonstruktion verbunden sind.

8.2 Vertikalverbände

Die vertikalen Windverbände wirken als in den Untergeschossen eingespannte Fachwerkträger. In der Regel sind die lotrechten Gurte der Verbände zugleich Stützen des Gebäudes. Deckenträger oder Unterzüge bilden die Verbandspfosten, so daß nur die Streben besondere Bauglieder darstellen.

Bei Stützen und Trägern, die einer Verbandsebene angehören, sind selbstverständlich die zusätzlichen Beanspruchungen aus den Horizontalkräften zu berücksichtigen. Andererseits ist zu beachten, daß bei einigen Ausfachungsarten (z. B. gekreuzte Streben) die Verbandsdiagonalen an der Abtragung der lotrechten Lasten beteiligt sind; die Streben nehmen nämlich zwangsläufig an der Verkürzung der Stützen teil und erhalten ebenfalls Druck. Durch Herstellen der endgültigen Strebenanschlüsse nach Aufbringen des größten Teiles der ständigen Last lassen sich die Diagonaldruckkräfte reduzieren. Man kann aber auch diese Mitwirkung der Ausfachungsstäbe an der Abtragung der Vertikallasten bewußt ausnützen, d. h. die Streben als zusätzliche Schrägstützen auffassen — wie dies beim im Bild C 74b skizzierten John-Hancock-Center der Fall ist — oder überhaupt nur Diagonalstützen vorsehen (vgl. Bild C 32).

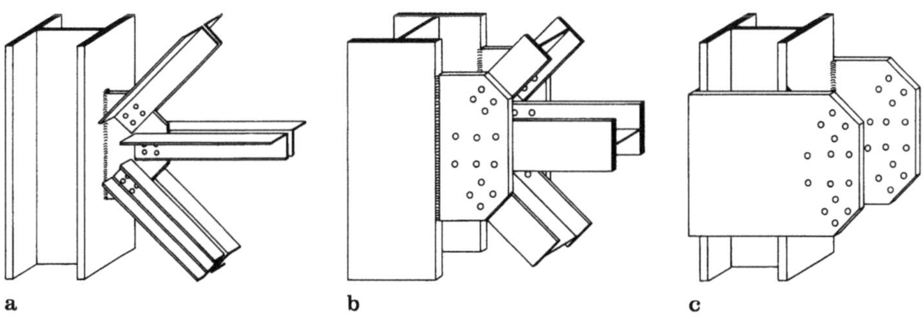

a   b   c

Bild C 73a–c. Beispiele von Stützenanschlußknoten

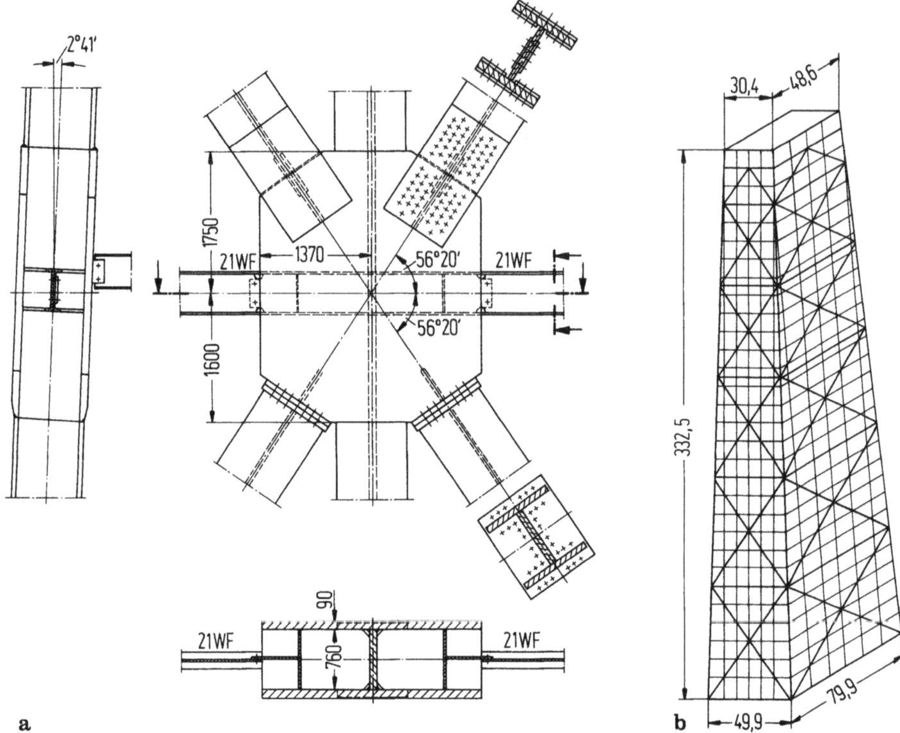

Bild C 74a, b. John-Hancock-Center (Khan et al., 1968, sowie Schneider, 1969)

Für die Ausbildung der Stäbe und Knoten sind die üblichen Konstruktionsregeln der Fachwerkträger zu beachten. Einige Ausfachungsformen, unter Berücksichtigung der architektonischen Erfordernisse, sind in Bild C 6 angegeben. Bild C 73 zeigt Knoten für den Anschluß von Verbandsstreben an Stützen. Die zweiwandige Ausbildung nach Bild C 73b und c ist aufwendiger und kommt nur bei größeren Stabkräften in Frage.

Als Beispiel für die Verbandsanordnung bei Fachwerkröhren (Abschnitt 3.4) ist in Bild C 74a ein Hauptknoten des 333 m hohen John-Hancock-Centers in Chicago abgebildet. Die Streben, die ebenfalls an der Abtragung der lotrechten Lasten mitwirken, sind mit geschweißten und geschraubten Montageverbindungen an schwere, fast geschoßhohe Knotenbleche angeschlossen. Bei den unteren Stirnplatten sind die Kontaktflächen gefräst. Die Stützenstöße (Detail links) sind mit Teilschweißung im Sinne von Abschnitt 7.4.3 ausgeführt, während die vorwiegend auf Zug beanspruchten waagrechten Riegel stumpf angeschweißt sind.

Das Heranziehen von Verkleidungen aus Profilblechen (vgl. Abschnitt B 7.5) ist an sich denkbar, kommt aber im Geschoßbau selten vor.

8.3 Montageverbände

Wenn die Seitensteifigkeit im endgültigen Zustand durch massive Kerne oder Wände gewährleistet ist, die im Montagezustand noch fehlen, sind zur Stabilisierung Montageverbände anzuordnen. Dies gilt auch für die Deckenebenen, falls die Deckenscheiben ihre Funktion als Horizontalverband erst nach der Montage übernehmen können.

Literaturverzeichnis

Ackeret, J.: Anwendungen der Aerodynamik im Bauwesen. Z. für Flugwiss. 13 (1965) 109–122.

Alhopuro, M.: Käsefabrik Valio in Vantaa (Finnland). Acier-Stahl-Steel 40 (1975) 19–23.

Anonym: Der Neubau der Lyoner Zentralschule (Frankreich). Acier-Stahl-Steel 33 (1968) 422–424.

Ansourian, P.: Beitrag zur plastischen Bemessung von Verbundträgern. Bauing. 59 (1984) 267–272.

Baehre, R.; Wolfram, R.: Zur Schubfeldberechnung von Trapezprofilen. Stahlbau 55 (1986) 175–179.

Basler, K.: Schneelaständerung in der Norm SIA 160. Schweiz. Bauztg. 94 (1976) 386–387.

Bauen in Stahl. Zürich: Schweiz. Zentralstelle für Stahlbau. Bis jetzt erschienen: Bd. 1, 1956; Bd. 2, 1962; seither Einzelhefte mit folgenden Sammelmappen: 1968/69 (14 H.); 1970/73 (40 H.); 1974/77 (33 H.); 1978/81 (26 H.); 1982/85 (28 H.); 1986/90.

Beaulieu, D.; Picard, A.: Contribution des assemblages avec plaque d'assise à la stabilité des poteaux. Construction Métallique 22 (1985) no 2, 3–19.

Becker, K.: Trägerflanschbiegung durch Laufkatzen. Fördern und Heben 18 (1968) 231–234.

Beer, H.: Rundhalle mit Hängekegeldach. Eine bemerkenswerte Neukonstruktion im Hallenbau. Stahlbau 32 (1963) 3–12.

Belenya, E. I.: An investigation into the actual conditions of work and the limit states of steel skeletons of industrial buildings. Building Research and Documentation, 1st CIB Congress. Amsterdam: Elsevier 1961, 70–84.

Bergier, P.; Dauner, H.-G.; Dumusque, P.-A.; Metzger, P.: Der Bau einer Werfthalle für Großraumflugzeuge in Zürich-Kloten. Acier-Stahl-Steel 38 (1973) 360–373.

Bergmann, R.; Breit, M.: Verbundstützen aus einbetonierten Walzprofilen. Merkblatt 217. Düsseldorf: Beratungsst. für Stahlverw. 1984.

Birkerts, G.: Ein als Hängebrücke ausgeführtes Gebäude: Die „Federal Reserve Bank" in Minneapolis (USA). Acier-Stahl-Steel 38 (1973) 250–255.

Bode, H.: Verbundträger im Hochbau. Merkblatt 267, 3. Auflage. Düsseldorf: Beratungsst. für Stahlverw. 1980.

Bode, H.; Fichter, W.: Zur Fließgelenktheorie bei Stahlverbundträgern mit Schnittgrößenumlagerung vom Feld zur Stütze. Stahlbau 55 (1986) 299–303.

Boué, P.; Kruse, H.: Fertigungs- und Montagehallen für Turbogeneratoren großer Abmessungen. Stahlbau 42 (1973) 186–191.

Bräuer, H.-M.; Keh, B. W.; Reinig, G.: Der Neubau für das Fluggastabfertigungsgebäude Scheremetjewo-2 in Moskau. Stahlbau 49 (1980) 316–322.

Bregman, S.: Das „Toronto-Dominion" Center in Toronto (Kanada). Acier-Stahl-Steel 36 (1971) 337–347.

Buchmann, F.-U.: Die Zentrale der Hongkong und Shanghai Bank in Hongkong. Stahlbau 54 (1985) 345–346 (zudem 158–159).

Carlsson, K.-I.: Halle Nr. 2 der SAS auf dem Flughafen Arlanda, Stockholm (Schweden). Acier-Stahl-Steel 39 (1974) 351–355.

Colaco, J. P.; Mahendra, H.: Hochhaus in Southfield (Michigan, USA). Acier-Stahl-Steel 40 (1975) 250–253.

Cosandey, M.: Que répond l'ingénieur aux questions de l'architecte? Mitt. Techn. Komm. H. 21. Zürich: Schweiz. Zentralstelle für Stahlbau 1960, 22–51.

Davies, J. M.; Bryan, E. R.: Manual of stressed skin diaphragm design. London: Granada 1982.

Dilly, P.: Die Gebäude des „Steglitzer Kreisels" in Berlin. Acier-Stahl-Steel 37 (1972) 410–417.

DSTV/DASt: Typisierte Verbindungen im Stahlhochbau, 2. Aufl. Köln: Stahlbau-Verlags GmbH 1978.

Dubas, P.: Approximate stiffness and stability considerations for framed tube structures. Stavebnicky časopis 29 (1981 a) 3–13.

Dubas, P.: Plastischer Tragwiderstand von Rahmensystemen mit aussteifender Dachscheibe. Konferenz „Mezni stavy kovových stavebnich konstrukci", Karlovy Vary 1981. Nachdruck ETH Zürich 1981 b.

Dubas, P.: Contribution au calcul des contreventements. Stability of Metal Structures, 3th Intern. Colloquium, Prel. Rep. Paris: CTICM 1983, 545–552.

Egender, K.: Das Hallenstadion in Zürich. Schweiz. Bauztg. 126 (1945) 259–269.

Eggert, H.; Kanning, W.: Feinbleche aus Stahl für Geschoßdecken. Bauing. 54 (1979) 249–253.

Europäische Konvention für Stahlbau (EKS; engl. Abk. ECCS; franz. Abk. CECM). Erwähnt sind folgende Veröffentlichungen:
— Europäische Empfehlungen für die Ausbildung und Berechnung von Stahlprofilblech-Verbunddecken. Köln: Stahlbau-Verlags-GmbH, 1975.
— European Recommendations for the Stressed Skin Design of Steel Structures. Croydon: Constrado 1977. Franz. Übersetzung: Construction Métallique 14 (1977) no 3, 27–105.
— Composite Structures. London and New York: The Construction Press 1981.
— European Recommendations for the Fire Safety of Steel Structures. Amsterdam—Oxford —New York: Elsevier Scientific Publ. Company 1983.

Engesser, F.: Die Sicherung offener Brücken gegen Ausknicken. Centralbl. Bauverw. 4 (1884) 415–417 sowie 5 (1885) 71–72.

Engesser, F.: Über die Knickfestigkeit von Rahmenstäben. Zentralbl. Bauverw. 29 (1909) 136–139.

Faltus, F.: Stabilita lomených pásů. Rozpravy Československé Akad. Věd 65 (1955) Sešit 1, 1–75.

Federolf, S.: Stahltrapezprofile für Dach, Wand und Decke — Einige Grundlagen und Bei-spiele für Dimensionierung. Stahlbau 50 (1981) 321–327, 363–372.

Feige, A.: Dreieckbinder. Merkblatt 435, 2. Aufl. Düsseldorf: Beratungsst. für Stahlverw. 1974.

Führing, H.: Das an Kabeln hängende Westcoast-Hochhaus in Vancouver. Stahlbau 42 (1973) 92–93.

Gabriel, K.: Ebene Seiltragwerke. Merkblatt 496. Düsseldorf: Beratungsst. für Stahlverw. 1980.

Geach, T. W. W.; McMillan, C. M.; Sutton, M. J.: „Penmor Towers" ein neues Hochhaus in Johannesburg (Südafrika). Acier-Stahl-Steel 40 (1975) 330–334.

Gehm, W.; Muess, H.; Schaub, W.: Neubau eines mehrgeschossigen Werkstattgebäudes in Stahlverbundbauweise für das Forschungs- und Ingenieurzentrum der Bayerischen Moto-renwerke AG. Bauing. 62 (1987) 407–417.

Gehri, E.: Nutzungsgerechter Bau einer schweren Industriehalle. Ber. Arbeitskom. Bd. 22, Zürich: IVBH 1975, 129–134.

Gehri, E.: Krafteinleitungen. Kap. 8 der Einführung in die Norm SIA 161 (1979) Stahlbauten, Publ. Nr. 79-1 Baustatik und Stahlbau ETH Zürich, 1979, 183–217.

Godfrey, G. B.: Die neuen Werks- und Verwaltungsgebäudeanlagen der Imperial Tobacco Group in Hartcliffe bei Bristol (Großbritannien). Acier-Stahl-Steel 39 (1974) 193–198.

Görgen, W. A.: Wellblech, Handbuch für Konstruktion und Montage. Gummersbach: Gesell. für Industrie-Beratung m.b.H.

Gräfe, R.: Fachwerkscheiben als Tragkonstruktion für ein Bürohaus in London. Stahlbau 47 (1978) 378–379.

Grandis, F.; Petronio, O.: Wärmekraftwerk AL-SAR in Portovesme (Italien). Acier-Stahl-Steel 36 (1971) 257–262.

Gunnin, B. L.: „First International Building" in Dallas, Texas (USA). Acier-Stahl-Steel 41 (1976) 81–84.

Hardy, A.: Neues Rathaus der Stadt Lyon (Frankreich). Acier-Stahl-Steel 42 (1977) 294–298.

Hart, F.; Henn, W.; Sontag, H.: Stahlbau-Atlas — Geschoßbauten, 2. Aufl. Köln: Deutscher Stahlbau-Verband 1982.

Hirsch, D.; Reimers, K.: Hochhäuser für die Deutsche Welle in Köln. Bauing. 53 (1978) 365–372.

Höber, E.: Die Stahlkonstruktion der Europahalle der Deutschen Industrie-Messe Hannover. Stahlbau 20 (1951) 93–97.

Hotz, R.: Traglastversuche für Stützen-Riegel-Verbindungen mit verbesserter Wirtschaftlichkeit. Stahlbau 52 (1983) 329–334.

Hotz, R.: Oberkantbündige Deckenträger-Unterzug-Anschlüsse mit verbesserter Wirtschaftlichkeit. Stahlbau 54 (1985) 193–199.

Idelberger, K.: Welthandelsgebäude — Das höchste Gebäude der Welt. Acier-Stahl-Steel 35 (1970) 273–276.

Iyengar, S. H.; Khan, F. R.; Zils, J. J.: Das Sears-Hochhaus (Chicago), das höchste Gebäude der Welt. Acier-Stahl-Steel 38 (1973) 308–313.

Janin, B.; Girard, T.: Immeubles administratifs et commerciaux Place Chauderon, Lausanne. Le gros oeuvre, les ouvrages spéciaux, la structure porteuse. Bull. techn. Suisse romande 101 (1975) 32–35. Vgl. auch Bauen in Stahl 15/1975.

Jawerth, D.: Vorgespannte Hängekonstruktion aus gegensinnig gekrümmten Seilen mit Diagonalverspannung. Stahlbau 28 (1959) 126–131.

Jawerth, D.: Das Eisstadion Stockholm-Johanneshov. Technologie, Statik, Dynamik und Bauausführung. Stahlbau 35 (1966) 86–95.

Khan, F. R.: Column-free box-type framing with and without core. IABSE (IVBH) 8th Congress, Prel. Publ. Zürich: IVBH 1968, 261—273.

Khan, F. R.; Iyengar, S. H.; Colaco, J. P.: Berechnung und Entwurf des 100geschossigen John-Hancock-Centers in Chicago. Acier-Stahl-Steel 33 (1968) 261–264 + 288.

Klöppel, K.; Moritz, W.; Schardt, R.: Neue Großflugzeughallen. Stahlbau 34 (1965) 265–274.

Kollbrunner, C. F.: Weitgespannte Hallen aus Stahl. Schweiz. Bauztg. 66 (1948) 413–417, 425–429.

Lacher, G.: Montage von 57 m weit gespannten Vollwanddachbindern — Kippstabilität bei schrägen Seilaufhängungen. Stahlbau 42 (1973) 247–250.

Langer, D.; Wirz, J.: Neubau der Fabrikationshalle „Kurt" der Brown, Boveri & Cie AG in Birr. Schweiz. Bauztg. 96 (1978) 825–834.

Leman, A.: Le nouveau Palais des Expositions et des Congrès à Genève. Ing. et Arch. Suisses 107 (1981) 375–398.

Lieberum, P.: Neuartige Stahlkonstruktion für das Norcon-Haus Hannover. Stahlbau 53 (1984) 161–164.

Liersch, K. W.: Belüftete Dach- und Wandkonstruktionen. Bd. 1 Vorhangfassaden. Bauphysikalische Grundlagen des Wärme- und Feuchteschutzes. Berlin: Bauverlag 1981.

Liersch, K. W.: Belüftete Dach- und Wandkonstruktionen. Bd. 2 Vorhangfassaden. Anwendungstechnische Grundlagen. Berlin: Bauverlag 1984.

Lindner, J.: Anschlußmomente von Trägern, die zur Kippaussteifung herangezogen werden. Bautechnik 50 (1973) 342–344.

Lindner, J.; Gregull, T.: Torsional restraint coefficients of profiled sheeting. IVBH Reports Bd. 49. Zürich: IVBH 1986, 161–168.

Lindner, J.: Stabilisierung von Trägern durch Trapezbleche. Stahlbau 56 (1987a) 9–15.

Lindner, J.: Stabilisierung von Biegeträgern durch Drehbettung — eine Klarstellung. Stahlbau 56 (1987b) 365–373.

Lozeron, A.; Halder, M.-E.; Colomb, J.-P.: Les hangars d'avions de l'aéroport de Genève-Cointrin. Bull. techn. Suisse romande 75 (1949) 89—102.

Maillard, M.: Das Hochhaus Maine-Montparnasse. Acier-Stahl-Steel 36 (1971) 16–17; zudem 38 (1973) 256–264.

Marascia G. R.; Salvadori, M. G.: Hochhaus für ein medizinisches Forschungszentrum (Augustus Long Library and Health Science Center) in New York. Acier-Stahl-Steel 41 (1976) 65–69.

McHalfie Clark, R.: Das „Norcor Building" — ein Hochhaus mit Hängetragwerk in Pretoria (Südafrika). Acier-Stahl-Steel 38 (1973) 493–499.

Mendel, G.: Berechnung der Trägerflanschbeanspruchung mit Hilfe der Plattentheorie. Fördern und Heben 20 (1970) 737–740.

Möhler, K.; Schelling, W.: Zur Bemessung von Knickverbänden und Knickaussteifungen im Holzbau. Bauing. 43 (1968) 43–48.

Möhler, K.; Abdel-Sayed, G.; Ehlbeck, J.: Zur Berechnung doppelschaliger, geleimter Tafelelemente. Holz als Roh- und Werkstoff 21 (1963) 328–333.

Monograph on Planning and Design of Tall Buildings: Vol. SB Structural Design of Tall Steel Buildings. New York: Amer. Soc. Civ. Engrs 1979.

Moritz, W.: Wassergefüllte Tragwerke. Merkblatt 467, 2. Aufl. Düsseldorf: Beratungsst. für Stahlverw. 1981.

Muess, H.: Anwendung der Verbundbauweise am Beispiel der neuen Opel-Lackiererei in Rüsselsheim. Stahlbau 51 (1982) 65–75.

Ohlemutz, A.: Stahlblechverkleidung eines Hochhauses übernimmt Windbelastung. Stahlbau 52 (1983) 187–189.

Ohlemutz, A.: Zwei neue Hochhäuser mit Rekordhöhen in Fernost. Stahlbau 55 (1986) 214–215.

Ohlemutz, A.: Stockwerkrahmen mit geschoßhohen Fachwerkriegeln. Stahlbau 56 (1987) 298.

Oxfort, J.; Hildenbrand, P.: Traglastversuch an durchlaufenden Pfetten mit Leichtbetonplatten als Dacheindeckung. Bauing. 46 (1971 a) 131–135.

Oxfort, J.; Hildenbrand, P.: Traglastversuch an durchlaufenden U-Pfetten mit Aluminium-Trapezblechen als Dacheindeckung. Bauing. 46 (1971 b) 338–342.

Parent, C.; Champlois, J.-C.: Haus des Irans im Universitätsviertel von Paris. Acier-Stahl-Steel 33 (1968) 275–280.

Peirce, D. R.: Cables support cantilevered hangar roof. Civil Engineering 26 (1956) 806–809.

Pelikan, W.: Versuche zur Ermittlung der Kippsicherheit von Stahlpfetten mit Welleternit-Eindeckung. Bauing. 40 (1965) 55–59.

Pelikan, W.: Traglastversuche mit kontinuierlichen Pfetten und Welleternit-Eindeckung. Bauing. 41 (1966) 440–444.

Picardi, E. A.: Das Hochhaus der „Standard Oil of Indiana" in Chicago. Acier-Stahl-Steel 38 (1973) 172–179.

Pickworth, J. W.: Steel framed tier buildings in American design practice. IABSE (IVBH) 6th Congress, Prel. Publ. Zürich: IVBH 1960, 467–478.

Prince, C.-M.; Delacoste, R.: Neue Lagerhalle für die Fernmeldebetriebe in Arlesheim (Schweiz). Acier-Stahl-Steel 39 (1974) 461–468.

Ptak, A.: Die neue Westhalle auf dem Messegelände in Wien. Acier-Stahl-Steel 26 (1961) 201–204.

Rauthmann, H.: Die neue Großflugzeug-Werfthalle auf dem Flughafen Hannover-Langenhagen. Bauing. 56 (1981) 331—334.

Redwood, R. G.: Design of I-beams with web perforations. Chapter 4 in "Beams and Beam Columns — Stability and Strength", Ed. R. Narayanan. London and New York: Applied Science Publ. 1983, 95–133.

Reimers, K.; Stucke, W.: Neubau der Flugzeugwartungshalle VI in Frankfurt/Main. Stahlbau 51 (1982) 289–299.

Reinig, A.: Das Aufbau- und Verfügungszentrum (AVZ) der Universität Osnabrück. Stahlbau 43 (1974) 353–361.

Reyer, E.: Zur Konstruktion lochrandgestützter Platten. Bauing. 57 (1982) 11–17.

Roik, K.; Bürkner, K.-E.: Beitrag zur Tragfähigkeit von Kopfbolzendübeln in Verbundträgern mit Stahlprofilblechen. Bauing. 56 (1981) 97–101.

Roš, M.: Träger in Verbund-Bauweise. Bericht Nr. 149. Zürich: Eidg. Materialprüfungs- und Versuchsanstalt für Industrie, Bauwesen und Gewerbe 1944, 5–72.

Rosemeier, G.: Winddruckprobleme bei Bauwerken. Berlin: Springer 1976.

Schardt, R.; Strehl, C.: Theoretische Grundlagen für die Bestimmung der Schubsteifigkeit von Trapezblechscheiben — Vergleich mit anderen Berechnungsverfahren und Versuchsergebnissen. Stahlbau 45 (1976) 97–108, 256.

Schardt, R.; Strehl, C.: Stand der Theorie zur Bemessung von Trapezblechscheiben. Stahlbau 49 (1980) 325–333.

Schiller, A.; Würker, K.-G.: Rohre und Rechteckhohlprofile im Stahlbau. Beitrag in „Theorie und Berechnung von Tragwerken". Berlin: Springer 1974, 104–115.

Schmidt, H.; Harre, W.: Querkraftbeanspruchte I-Trägeranschlüsse mit Winkeln bei drehstarrer Anschlußebene. Stahlbau 52 (1983) 225–230.

Schmitt, H.: Die Stahlkonstruktion des Maschinenhauses im Atomkraftwerk Mühleberg. Schweiz. Bauztg. 88 (1970) 176–178.

Schneeberger, B.; Bäuerlein, B.: Erweiterung der Fabrikanlagen von Brown Boveri in Birr. Schweiz. Bauztg. 88 (1970) 195–203.

Schneider, M.: Hochhäuser mit hängenden Geschossen. Stahlbau 37 (1968) 33–44, 89–96.

Schneider, H. H.: Das John Hancock Center — ein neues Hochhaus in Chicago. Stahlbau 38 (1969) 150–154.

Schneider, H. H.: Das neue United-States-Steel-Bürohochhaus in Pittsburgh. Stahlbau 39 (1970) 298–305.

Schröter, H.-J.: Pyramidenförmiges Hochhaus in San Francisco. Stahlbau 41 (1972) 190.

Schweiz. Ingenieur- und Architekten-Verein (SIA): Feuerwiderstand von Bauteilen aus Stahl. Rechnerisches Verfahren zur Klassierung. Dok. 82. Zürich: SIA und SZS 1985.

Schweiz. Zentralstelle für Stahlbau (SZS, früher SSV). Erwähnt sind folgende Veröffentlichungen:
— Stahlhochbauten — Gewichte. Zürich: SSV 1965.
— Berechnungsgrundlagen für Kranbahnen, B1. Zürich: SZS 1979.
— Verbundträger im Hochbau, A3. Zürich: SZS 1982.
— Stahlbaupraxis, C9.1: Stirnplattenverbindungen mit hochfesten Schrauben; Trägeranschlüsse mit Doppelwinkeln; Rippenlose Trägerauflager. Zürich: SZS 1983.
— Brandschutz-Verkleidungen von Stahlbauteilen, C2.2. Zürich: SZS 1986.
— Rahmentragwerke in Stahl unter besonderer Berücksichtigung der steifenlosen Bauweise, A4. Zürich: SZS 1987 (sowie Wien: ÖSTV 1987).

Seghezzi, H.-D.; Beck, F.; Thurner, E.: Profilblechbefestigung mit Setzbolzen — Grundlagen und Anwendung. Stahlbau 47 (1978) 225–233.

Seibert, P. P.; Steingass, J.: Die neue Sporthalle in Krefeld. Stahlbau 42 (1973) 33–42.

Sockel, H.: Aerodynamik der Bauwerke. Braunschweig; Wiesbaden: Vieweg 1984.

Sontag, H.: Stahlkonstruktion für den Neubau der Hamburg-Mannheimer Versicherungs-Aktien-Gesellschaft. Stahlbau 42 (1973) 353–357.

Sontag, H.: Industrialisierte Stahlbauweise bei europäischen Großbauten. Acier-Stahl-Steel 39 (1974) 256–266.

Sontag, H.: Stahlgeschoßbauten, Grundlagen für Entwurf und Konstruktion. Merkblatt 115, 2. Aufl. Düsseldorf: Beratungsst. für Stahlverw. 1983.

Stahl im Hochbau 14. Aufl., Bd II/Teil 1: Verbundkonstruktionen im Hochbau. Düsseldorf: Verlag Stahleisen mbH 1987.

Stüssi, F.: Profilträger, kombiniert mit Beton oder Eisenbeton, auf Biegung beansprucht. IVBH 1. Kongreß, Schlußbericht. Zürich: IVBH 1932, 579–595.

Stüssi, F.: Der unsymmetrische Dreigelenkbogen. Schweiz. Bauztg. 67 (1949) 28–29.

Stüssi, F.: Der erste Hangar des Zürcher Flughafens in Kloten. Entwurf der Stahlkonstruktion. Schweiz. Bauztg. 68 (1950) 3–4.

Stüssi, F.: Das Problem der großen Spannweite. Mitt. der TKVSB Nr. 10. Zürich: Verlag Schweiz. Zentralstelle für Stahlbau 1954.

Stüssi, F.: Ausgewählte Kapitel aus der Theorie des Brückenbaues. Taschenbuch für Bauingenieure, 2. Aufl., 1. Band 905–963, herausgeg. von F. Schleicher. Berlin: Springer 1955.

Stüssi, F.: Grundlagen des Stahlbaues, 2. Aufl. Berlin: Springer 1971.

Stüssi, F.: Baustatik I, 5. Aufl. Basel und Stuttgart: Birkhäuser 1975.

Tschemmernegg, F.: Zur Bemessung von Schenkeldübeln, eines neuen Dübels für Verbundkonstruktionen im Hochbau. Bauing. 60 (1985) 351–360.

Tschemmernegg, F.; Tautschnig, A.; Klein, H.; Braun, Ch.; Humer, Ch.: Zur Nachgiebigkeit von Rahmenknoten. Stahlbau 56 (1987) 299–306.

Varga, R.; Moritz, W.: Eine gelungene Synthese von Stahl und Beton. Acier-Stahl-Steel 46 (1981) 10–12.

Vevey: Die neue Werkshalle der Ateliers de Constructions Mécaniques de Vevey (Schweiz). Acier-Stahl-Steel 29 (1964) 349–350.

Vogel, U.: Zur Berechnung von durchlaufenden Stahlpfetten in geneigten Dächern nach dem Traglastverfahren. Stahlbau 35 (1966) 302–308.

Vorländer, H.; Stirböck, K.: Fortschritte des Kesselgerüstbaues. Stahlbau 45 (1976) 129–136.

Waltersdorf, K. P.: Der Neubau für das Bundeskanzleramt. Stahlbau 44 (1975) 353–358.

Weber, H.: Dach und Wand. Planen und Bauen mit Aluminium-Profiltafeln. Düsseldorf: Aluminium-Verlag 1982.

Williams, D. T.: Zwei neue Hängekonstruktionen in der Londoner City. Acier-Stahl-Steel 34 (1969) 269–276.

Winkhaus, F.: Stahltrapezprofil im Hochbau. Inst. zur Förderung des Bauens mit Bauelementen aus Stahlblech. Stuttgart: Krämer 1980.

Witte, H.: Einfache Regeln zur Vorbemessung von Raumfachwerken. Merkblatt 110. Düsseldorf: Beratungsst. für Stahlverw. 1981.

Zingg, Th.: Die maximalen Schneelasten und ihre Abhängigkeit von der Meereshöhe. Schweiz. Bauztg. 69 (1951) 627.

Zingg, Th.: Maximale Schneelasten in der Schweiz. Schweiz. Bauztg. 86 (1968) 555–557.